Bernd Heesen

Investitionsrechnung für Praktiker

Bernd Heesen

Investitionsrechnung für Praktiker

Fallorientierte Darstellung der Verfahren und Berechnungen

GABLER

Bibliografische Information der Deutschen Nationalbibliothek
Die Deutsche Nationalbibliothek verzeichnet diese Publikation in der Deutschen Nationalbibliografie; detaillierte bibliografische Daten sind im Internet über <http://dnb.d-nb.de> abrufbar.

1. Auflage 2010

Lektorat: RA Andreas Funk

Gabler ist Teil der Fachverlagsgruppe Springer Science+Business Media.
www.gabler.de

Umschlaggestaltung: KünkelLopka Medienentwicklung, Heidelberg
Druck und buchbinderische Verarbeitung: MercedesDruck, Berlin
Gedruckt auf säurefreiem und chlorfrei gebleichtem Papier
Printed in Germany

ISBN 978-3-8349-2093-5

Vorwort

Dieses Buch ist für Praktiker im Studium und im Beruf, die Investitionen planen, begleiten und überprüfen müssen. Es ist aber auch ein Buch für alle diejenigen, die über Finanzierungen von Investitionen reden, diese verhandeln und genehmigen und damit geplante Investitionen generell präsentieren müssen.

Es ist hingegen kein trockenes Lehrbuch, das akademisch geprägt möglichst viele Facetten abbilden möchte. Vollständigkeit im wissenschaftlichen Sinn ist nicht Ziel dieses Buches.

‚***Für Praktiker***' heißt aber auch nicht, dass hier versucht wird, die mathematische Basis und das Verständnis um betriebswirtschaftliche Zusammenhänge möglichst einfach zu halten bzw. teilweise auszublenden. ‚***Für Praktiker***' heißt, dass das Wesentliche und die wichtigsten Ansätze im Detail anhand eines *durchgehenden konkreten* Excel basierten Berechnungsbeispiels durchgesprochen bzw. durchgearbeitet werden.

Wir erarbeiten uns somit im Buch eine komplette mehrperiodische Investitionsrechnung, die aus verschiedenen Blickwinkeln heraus und mit unterschiedlichen Ansätzen ausgewertet wird. Die Investition wird auch in eine für Banken wichtige Gewinn- und Verlustrechnung überführt.

Dafür sind auch mathematische Zusammenhänge von Bedeutung und die Formeln sehen auf den ersten Blick nicht immer einladend aus. Aber, wir brechen diese Formeln auf, zerlegen Sie also und gehen Schritt für Schritt vor, immer auch mit den Zahlen aus unserem Excel basierten Beispiel.

Das genannte Excel Tool können Sie sich aus dem Internet entweder auf der Seite des Gabler Verlages (www.gabler-steuern.de) oder auf der Homepage meiner Akademie (www.ifak-bgl.com) kostenfrei herunterladen. Es ist dort in zwei Versionen erhältlich:

- eine Übungsversion, mit der Sie selbst alle Rechen- und Analyseschritte parallel zur Lektüre des Buches aufbauen und nachrechnen können
- eine fertige Version, in der Sie nur „Ihre" Werte eingeben müssen und Sie dann sofort alle besprochenen Auswertungen sofort ohne weitere Eigenarbeiten berechnet bekommen.

Zum besseren Verständnis sollten Sie aber parallel zum Lesen selbst mit dem Rechentool in der Übungsvariante arbeiten. Es hilft ungemein beim Verständnis und macht Spaß.

Haben Sie keine Lust auf oder keinen Zugang zu Excel? Das macht trotzdem nichts. Alle Analysen und Berechnungen sowie die Ergebnisse werden sukzessiv besprochen und mit den entsprechenden Originaltabellen und Grafiken (aus dem Excel Tool) dargestellt.

‚***Durchgehendes Beispiel***' heißt, dass wir nicht mit vielen verschiedenen kurzen Übungen arbeiten, sondern nach dem 1. Kapitel ‚*Grundlagen der Investitionsrechnung*' permanent anhand des genannten sehr umfangreichen Beispiels arbeiten werden.

Und ‚***konkret***' bedeutet, dass die Investition derzeit von einer ‚richtigen' Firma in der Tat angedacht wird. Daher werden als Ausgangsbasis des großen Beispiels auch die Gewinn- und Verlustrechnung sowie die Bilanz dieser Gesellschaft dargestellt (Ist Zahlen 2010 und Planungen für 2011 und 2012) und am Ende des Buches die Auswirkungen auf das Zahlenwerk durch die Investition abgebildet.

Die gewählte Gesellschaft ist wieder die HTC – Heesen Top Cars. Diese Gesellschaft kennen manche von Ihnen eventuell schon und zwar von meinem Buch ‚Bilanzgestaltung – Fallorientierte Bilanzerstellung und Beratung'[1]. Dort zeige ich, ebenfalls an einem durchgehenden Excel basierten Fall

1 Ebenfalls erschienen im Gabler Verlag, Wiesbaden, 2009: Bernd Heesen: Bilanzgestaltung - Fallorientierte Bilanzerstellung und Beratung, ISBN 978-3-8349-0872-8

(HTC), wie man Bilanzen und GuVs sukzessiv analysieren und mittels geeigneter und mathematisch logischer Planungsparameter auch leicht planen und wirklich intelligent und legal gestalten kann[2].

Dieses Buch ‚*Investitionsrechnung für Praktiker*' ist damit quasi der 2. Band in einer Reihe analytischer Werke für Praktiker mit dem immer identischen Unternehmen HTC – Heesen Top Cars und den immer identischen Zahlen.

Die HTC, ein Automobilhändler, muss also eine Investition tätigen. Diese rechnen wir hier im Detail konkret durch und integrieren dann zum Schluss diese Investition in die Bilanzen und GuV der HTC, also quasi ‚Vorher' und ‚Nachher' in der Gegenüberstellung.

Sie werden sehen, auch wenn manchmal die Optik bezüglich einer Formel eher abschreckt, es wird Spaß machen, umso mehr, je tiefer man in die Materie eindringt und sie verinnerlicht.

2 Auch diese Excel Tools können Sie sich unter www.gabler-steuern.de oder www.ifak-bgl.com kostenfrei in ebenfalls 2 Versionen (fertig und als Übungsdatei) auf Ihre Rechner laden.

Inhaltsübersicht

§ 1 Grundlagen der Investitionsrechnung

A. Definition Investitionsbegriff

Jede Auszahlung, mit der sich die Erwartung verbindet, Einzahlungen erzielen zu können, kann als Investition bezeichnet werden. Auszahlungen für Maschinen, Geldanlagen am Kapitalmarkt, Auszahlungen für die Entwicklung neuer Produkte sind genauso Investitionen wie Auszahlungen für Rohstoffe, Löhne, Gehälter und Mieten. 1

Ein derart weit gefasster Investitionsbegriff ist für unsere Zwecke zu umfangreich und nicht geeignet. Als Investitionen sollen deshalb hier nur jene Auszahlungen bezeichnet werden, die längerfristige Nutzungspotenziale bzw. Vermögenspositionen zur Folge haben, wie z. B. Maschinen, neue Produkte oder Geldanlagen am Kapitalmarkt. Dabei muss es sich nicht um Vermögenspositionen im Sinne des deutschen Bilanzrechts handeln. Der am Bilanzbild ausgerichtete, vermögensorientierte Investitionsbegriff beschreibt Investition als Umwandlung von Kapital in Vermögen. Auszahlungen für Forschung und Entwicklung sind dementsprechend genauso als Investition zu interpretieren wie der Bau von Gebäuden, die Beschaffung von Maschinen sowie die Ausbildung von Mitarbeitern.

Der Begriff Investition beinhaltet also die Anlage von finanziellen Mitteln in Anlagegüter. Dabei ist es zunächst einmal unwesentlich, ob diese Geldmittel aus Eigen- oder Fremdfinanzierung stammen, da eigentlich die zu erzielende Rendite des eingesetzten Kapitals maßgeblich ist. Von Desinvestition spricht man, wenn durch Anlagevermögen in Folge einer Veräußerung wieder Kapital freigesetzt wird.

Alle in diesem Kapitel aufgezeigten Beispiele können Sie übrigens als Excel Datei unter www.gabler-steuern.de oder bei mir auf meiner Akademie-Homepage www.ifak-bgl.com kostenfrei herunterladen. 2

I. Investitionsarten

Es gibt in der Literatur mehrere Ansätze, wobei hier 4 Verfahren herausgestellt werden sollen. Einerseits wird der Investitionsbegriff in Leistungs- und finanzwirtschaftliche Investitionen unterteilt. 3

Leistungsinvestitionen werden in immaterielle Investitionen (z.B. für den Eigengebrauch entwickelte EDV Programme, Ausbildungs- und Forschungsprogramme, Patente, usw.) und Sachinvestitionen unterteilt. Finanzinvestitionen werden in Forderungs- und Beteiligungsinvestitionen unterteilt. Zu Forderungsinvestitionen bzw. Forderungsrechte werden unter anderem Anleihen, Obligationen, Sparverträge und Geldmarktfonds zugeteilt. Ein Aktienerwerb und Investmentzertifikate hingegen werden den Beteiligungsinvestitionen zugerechnet.

Eine weitere Einteilung von Investitionen kann nach deren Verwendungszweck erfolgen. Dabei kann nach Anfangs-, Erhaltungs-, Rationalisierungs- Erweiterungs- und sonstige Investitionen unterschieden werden. Durch die Neugründung eines Unternehmens respektive die Errichtung eines Zweigbetriebes kann es zu den ersten Investitionsüberlegungen und somit zu den so genannten Anfangsinvestitionen kommen. Diese Anfangsinvestitionen werden in weiterer Folge von den Erhaltungsinvestitionen (auch Ersatzinvestitionen genannt) abgelöst. Dabei handelt es sich um Investitionen, welche die Leistungsfähigkeit eines Betriebes erhalten, in dem alte und nicht mehr verwendete Investitionsobjekte durch neuwertige und gleichartige Objekte eingetauscht werden. Im Gegensatz dazu dienen Rationalisierungsinvestitionen nicht der Erhaltung der Leistungsfähigkeit eines Unternehmens, sondern der Steigerung der Produktivität. Um eine Erweiterungsinvestition handelt es 4 sich, wenn die vorhandenen Kapazitäten eines Unternehmens erhöht werden. Unter sonstige Investitionen werden unter anderem z.B. diverse Sicherheits- oder Schutzinvestitionen angeführt.

5 Ich persönlich bevorzuge die 3. Klassifizierung, die Unterscheidung nach Anlageform.

- Finanzinvestitionen
- Real- oder Sachinvestitionen
- immaterielle Investitionen

Letztendlich kann auch nach dem Freiheitsgrad des Entscheiders differenziert werden.

Investitionen ohne Entscheidungsfreiheit. Solche Investitionen müssen durchgeführt werden, unabhängig davon, ob sie aus wirtschaftlicher Sicht vorteilhaft sind oder nicht. Es gibt keine Entscheidungsmöglichkeit des Investors. Sie sind durch Auflagen oder gesetzliche Vorschriften erzwungen. Beispiele: Abgasreinigungsanlage bei einem Hochofen, allgemeine Umweltschutzauflagen, Arbeitsschutzauflagen.

Investitionen mit Entscheidungsfreiheit. Ob eine Investition durchgeführt wird oder nicht, liegt am Investor. Er hat die Entscheidungsfreiheit, nach seinen Präferenzen bzw. unternehmerischen Zielsetzungen zu entscheiden. Beispiele: Erweiterungsinvestitionen, Ersatzinvestitionen.

6 Generell gilt, unabhängig von der Art der Investition und welcher Investitionszweck damit erfüllt wurde, dass eine Investition im Normalfall für einen länger andauernden Zeitraum dem Betrieb bereitstehen soll. Je länger allerdings eine Investition einem Betrieb zugehören soll, desto höher werden auch die damit verbundenen Risiken eines Unternehmens wie z.B. die Marktentwicklung oder die langfristige Kapitalbindung. Zudem können einmal getroffene Investitionen kaum oder meist nur sehr kostenintensiv wieder korrigiert oder rückgängig gemacht werden.

B. Investitionsprozess

7 Schauen wir uns zunächst die einzelnen Schritte, welche ein Investor (egal welcher Art) bis zur abgeschlossenen Investition zu bewältigen hat, näher an. Dabei umfasst der Prozess die Vorbereitungen bis hin zur endgültigen Investitionsentscheidung und darüber hinaus das Controlling der Ergebnisse.

Eigentlich beginnt der Prozess dann wieder von vorne, da Schwachstellen und zeitlich versetzte Erweiterungen die gleichen Schritte erneut auslösen. Im Allgemeinen unterteilt sich der Investitionsprozess in vier Stufen, die als Investitionskette bezeichnet werden können.

8 Investitionsentscheidungen beeinflussen das Betriebsgeschehen nachhaltig, weil sie durch ihre langfristige Kapitalbindung nicht ohne erheblichen Aufwand und Kosten rückgängig gemacht werden können. Des Weiteren fallen die ihnen zugerechneten Aufwendungen und Kosten i.d.R. beschäftigungsunabhängig an, so dass sich bei Rückgang der Auslastung die Stückkosten erhöhen. Investitionen beeinflussen aber nicht nur das Erreichen betrieblicher Ziele, sie sind eine wesentliche Grundlage des Wachstums und des Fortschritts von Unternehmen.

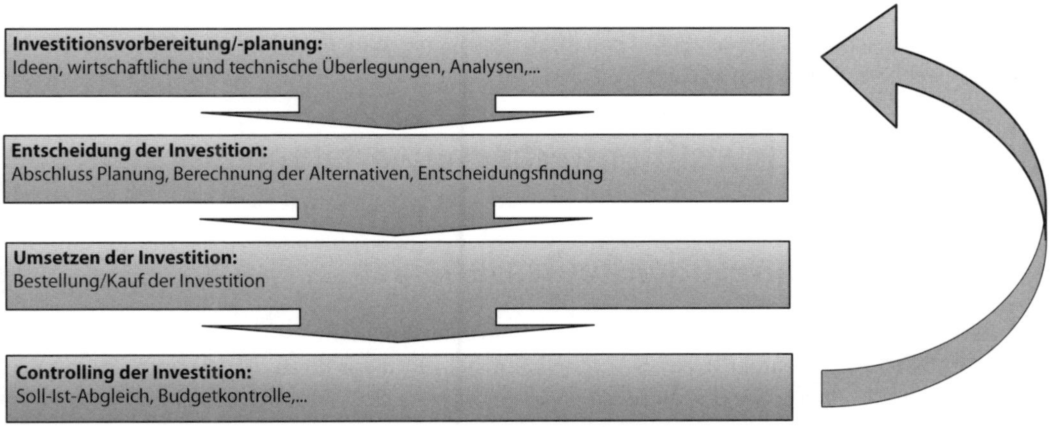

Bei kleinen Betrieben wird die Investitionsplanung und -entscheidung in den meisten Fällen vom Betriebsleiter gemeinsam mit dem Eigentümer und/oder Geschäftsführer geplant und in weiterer Folge auch durchgeführt. Dabei sollten allerdings dennoch alle Schritte des Investitionsprozesses eingehalten und mit ausreichender Objektivität betrachtet und analysiert werden. Mit einer steigenden Betriebsgröße werden bei der Planung meist die Mitarbeiter verschiedenster Abteilungen (Technik, Finanzen, Vertrieb, Marketing, Controlling) zu der Entscheidung hinzugezogen. 9

Die Investitionsvorbereitung beinhaltet zwei essentielle Aufgaben, diese sind das Bewusstsein über den möglichen Investitionsbedarf und die Beschaffung der dazu notwendigen Informationen.

Der zweite Schritt bei der Investitionsplanung beschäftigt sich mit der Beschaffung der für die Investitionsvorschläge notwendigen Informationen. Dabei wird versucht, diverse Alternativmöglichkeiten den Vorschlägen gegenüberzustellen. Zudem erfolgt zu diesem Zeitpunkt eine Analyse der vorhandenen Vorschläge und Alternativen. So können diverse Prognosen, Umwelt- und Unternehmensanalysen, rechtliche Auswirkungen, usw. hilfreiche Informationen für oder gegen eine Investition sein. 10

Im nächsten Schritt des Investitionsprozesses ist das Ziel die Investitionsentscheidung. Dabei wird der bisherige Planungsprozess abgeschlossen und mit der Einleitung in den Realisierungsprozess der beschlossenen Investition begonnen. Dazu werden mittels der verschiedenen Investitionsrechenverfahren die technisch durchführbaren Alternativen auf ihren Zielerreichungsgrad bewertet. Des Weiteren werden die Chancen und Risiken für die Investitionsvorschläge ermittelt und ebenfalls mit in den Entscheidungsprozess aufgenommen. Für die endgültige Entscheidungsfindung werden die bisher ermittelten Ergebnisse der Investitionsvorschläge unter der Berücksichtigung der finanziellen Gegebenheiten des Unternehmens gegeneinander abgewogen, um so zu einem eindeutigen Ergebnis zu gelangen.

Die Investitionsumsetzung beginnt mit der Ausführung der Planung, daher mit der Bestellung und dem Kauf des Investitionsobjektes. Dabei ist es unwesentlich, ob es sich bei der Investition um materielle oder immaterielle Anlagegüter handelt. Der erste Teil der Investitionsumsetzung endet mit der Inbetriebnahme der Investition, während das Ende dieses Prozessabschnittes das Ausscheiden des Investitionsobjektes aus dem Unternehmen ist, dies kann zum Beispiel als Folge einer Desinvestition geschehen. 11

Der letzte Schritt im Investitionsprozess ist das Controlling und sollte bereits während der Durchführungsphase durch die Unternehmen durchgeführt werden. Maßgeblich für diesen Schritt ist die Zielerreichung, meist die Ermittlung der (Zusatz)Rendite des eingesetzten (Investiv)Kapitals. Leider wird in der Praxis dieser Schritt aber meist vernachlässigt.

In diesem Buch werden wir aber die eigentliche Investitionsrechnung und die Auswirkung der Investition auf die Geschäftszahlen als Fokus haben, so dass wir auch nicht viel tiefer auf die Theorie der Investitionsrechnung eingehen wollen.

C. Klassische Investitionsrechnungsverfahren

I. Übersicht Investitionsrechenverfahren

12 Investitionsrechenverfahren sind Verfahren zur Beurteilung von Investitionsvorhaben bezüglich quantifizierbarer Unternehmensziele. Es kann sich dabei um die isolierte Beurteilung der Vorteilhaftigkeit eines einzelnen Investitionsobjekts handeln oder um den Vergleich verschiedener Investitionsalternativen mit dem gleichen Verwendungszweck.

Investitionsrechnungen können als ermittelnde oder optimierende Rechenverfahren sowohl bei der Vorbereitung als auch der Kontrolle von Investitionsentscheidungen eingesetzt werden. Beim ersten Fall handelt es sich um Planungsrechnungen, mit deren Hilfe die Entscheidungen so weit wie möglich einer wirtschaftlichen Optimierung zugeführt werden, im zweiten Fall erfolgt eine Überprüfung bereits durchgeführter Investitionsvorhaben.

13 Hinsichtlich der anzuwendenden Verfahren und der Anwendungsbereiche ist keine allgemein gültige, übertragbare Empfehlung möglich. Wichtig ist jedoch, die Wirkungsweise der verschiedenen Verfahren zu kennen, um ihre Aussagemöglichkeiten und -grenzen beurteilen zu können.

Zu den Investitionsrechenverfahren zählen alle Verfahren zur Beurteilung von Investitionsalternativen hinsichtlich ihrer quantitativen Vorteilhaftigkeit.

Die klassischen Investitionsrechnungsverfahren unterteilen sich in die

- statische (Kosten-, Gewinn-, Rentabilitätsvergleichsrechnung und statische Amortisationsrechnung)
- und dynamische Investitionsrechnung (Kapitalwertmethode, Interner-Zinsfuß-Methode, Annuitätenmethode und dynamische Amortisation)

und sollen dem Unternehmer helfen, die richtige Investitionsentscheidung zu treffen.

14 Der entscheidende Unterschied zwischen den statischen und dynamischen Investitionsrechenverfahren liegt in der unterschiedlichen Berücksichtigung der Zahlungsströme und des Zeitfaktors.

In der Praxis ist die Ermittlung der für die Investitionsrechnungen benötigten Daten häufig nur sehr schwer möglich, weil diese überhaupt nicht bzw. nur mit zu großem Aufwand zu beschaffen oder zu ungenau sind.

Da auch die Erstellung von Investitionsrechnungen dem Wirtschaftlichkeitsprinzip unterliegt, wird bei kleinen Investitionen häufig auf sie verzichtet und bei einfachen Investitionsvorgängen mittlerer Größe lediglich der Einsatz einfacher, meist statischer Investitionsrechenverfahren praktiziert.

15 Investitionsvorhaben, deren Vorteilhaftigkeit isoliert gemessen werden soll, sind zweckmäßigerweise anhand von Maßstäben zu beurteilen, die möglichst aus unternehmensspezifischen Daten abgeleitet sein sollen.

II. Statische Investitionsrechenverfahren

Statische Investitionsrechenverfahren werden zwar in der Literatur immer wieder angeführt, haben allerdings in der Praxis kaum Bedeutung. Statische Modelle der Wirtschaftlichkeitsrechnung sind einfache Vergleichsverfahren. Diese Verfahren rechnen regelmäßig mit Jahresdurchschnitten. Sie werden als statisch bezeichnet, weil sie zeitliche Unterschiede bei Einzahlungen und Auszahlungen einer Investition nicht oder nur unvollkommen berücksichtigen, also außer Acht lassen, wann Beträge tatsächlich fließen. Statische Verfahren sind somit ‚zeitindifferent'. 16

Aus diesem Grund werden wir hier auch nur kurz auf die statischen Verfahren eingehen.

Grundsätzlich werden vier statische Verfahren unterschieden, die teilweise aufeinander aufbauen und mit unterschiedlichen Vorteilskriterien arbeiten:

- *Kosten(vergleichs)rechnung*
- *Gewinn(vergleichs)rechnung*
- *Rentabilität(vergleichs)rechnung*
- *Amortisations(vergleichs)rechnung*

1. Kosten(vergleichs)rechnung

Die Kosten(vergleichs)methode (z. B. Maschinenstundensatzrechnung) versucht über den Vergleich der Kosten von zwei oder mehreren Alternativinvestitionen mit identischen Leistungsmerkmalen diejenige zu bestimmen, die langfristig die geringsten Kosten verursacht. Unter den gegebenen Alternativen wird also diejenige ausgesucht, die am wenigsten Kosten verursacht. Es kann sich dabei sowohl um einen Vergleich zwischen alter und neuer Anlage (Ersatzinvestitionen) als auch um einen Vergleich mehrerer neuer Anlagen (Erweiterungsinvestitionen) handeln. Der Kostenvergleich kann sinnvoll angewendet werden, wenn es für eine Entscheidung auf Kostendifferenzen ankommt (z. B. bei limitierten periodischen Budgets). 17

Die Kosten(vergleichs)methode hat die **durchschnittlichen Periodenkosten** als primäres Beurteilungskriterium.

Grundsätzlich sind in den Vergleich alle durch das geplante Projekt verursachten Kosten einzubeziehen. Nicht berücksichtigt werden hingegen die Erlöse. Damit wird allerdings unterstellt, dass jede Alternative die gleiche Leistung und damit den gleichen Erlös erwirtschaftet. 18

Die Kosten können sowohl ‚pro Periode' als auch „pro Stück" betrachtet werden. Bei einem Periodenkostenvergleich wird also unterstellt, dass die Investitionsobjekte die gleiche quantitative und qualitative Leistung abgeben. Sind die Kapazitäten der verglichenen Investitionsobjekte nicht gleich, so muss an die Stelle des Periodenkostenvergleichs ein Stückkostenvergleich treten. Bestehen auch qualitative Unterschiede, ist ein Gewinn- oder Rentabilitätsvergleich erforderlich.

Folgende Kostenarten sind im Allgemeinen wesentlich:

- Betriebsstoffkosten
- Reparaturkosten
- Instandhaltungskosten
- Raumkosten
- Materialkosten
- Werkzeugkosten

1

- kalkulatorische Abschreibungen
- kalkulatorische Zinsen
- Löhne und Gehälter sowie Lohnnebenkosten

19 Fixe (leistungsunabhängige) und variable (leistungsabhängige) Kosten sind im Einzelfall zu trennen. Die kalkulatorischen Zinsen sind auf das durchschnittlich gebundene Kapital während der Projektdauer zu beziehen.

Gesamtkosten	Anlage A	Anlage B
Anschaffungswert (AW)	100.000	80.000
Nutzungsdauer (Jahre)	10	8
Auslastung (LE/Jahr)	20.000	15.000
Kosten p.a.		
Abschreibungen	10.000	10.000
Zinsen (10% auf ½ AW)	5.000	4.000
Sonstige Kosten	2.000	2.500
Summe Fixkosten	**17.000**	**16.500**
Personalkosten	24.000	18.000
Fertigungsmaterial	7.000	7.000
Energie	1.000	1.200
Sonstige Kosten	1.500	1.000
Summe variable Kosten	**33.500**	**27.200**
Gesamtkosten p.a.	**50.500**	**43.700**

20 In diesem Beispiel wäre bei einer Planauslastung von jeweils 10.000 Stück pro Jahr die Anlage B der Anlage A vorzuziehen.

Vielleicht haben Sie sich gewundert, warum die Zinsen lediglich auf 50% des Anschaffungswertes berechnet wurden. Dies ist leicht zu erklären.

Wenn wir uns das durchschnittlich gebundene Kapital einmal grafisch abbilden, sehen wir den Zusammenhang sofort.

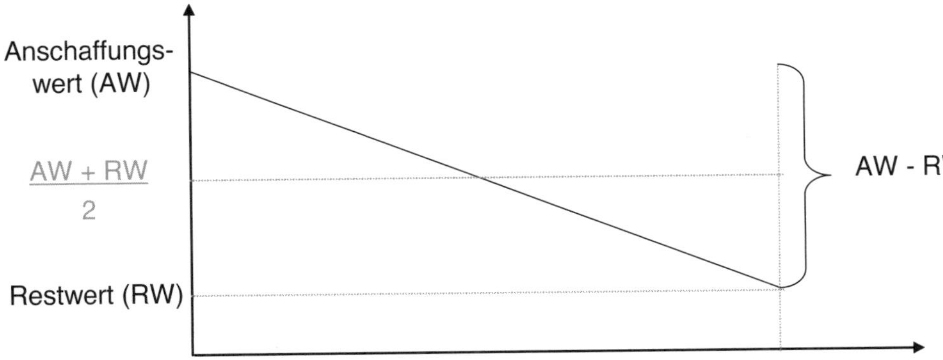

In unserem Beispiel haben wir den Restwert nicht betrachtet, also mit ‚Null' angesetzt. Durch die Abschreibungen wird der (Buch)Wert der Anlage sukzessiv reduziert. Das durchschnittlich gebundene Kapital (DGK) ergibt sich mathematisch dann als 21

$$DGK = \frac{AW + RW}{2}$$

Mit einem Restwert in Höhe von ‚Null' ergibt sich dann

$$DGK = \frac{AW}{2}$$

Sagt uns dieser Rechenansatz aber jetzt wirklich viel? Nein, denn es fehlen wichtige Aussagen. 22

- Die Kostenvergleichsrechnung wendet eine nur sehr kurzfristige Betrachtungsweise (in der Regel nur ein Jahr) an, aus der sich keine sicheren Rückschlüsse über die zukünftigen mittel- bis langfristigen Kosten- und Erlösentwicklungen ziehen lassen.
- Unterschiedlich lange Nutzungsperioden werden nicht berücksichtigt, ebenso wenig künftige Veränderungen der Kapazität und Qualitätsunterschiede der Anlagen.
- Es kann nur die relative Wirtschaftlichkeit ermittelt werden, da die Erlöse nicht berücksichtigt werden. Deshalb erlaubt dieses Verfahren keine Analyse der Rentabilität des eingesetzten Kapitals.
- Die angesetzten Durchschnittswerte werden als repräsentativ für die folgenden Perioden betrachtet, obwohl dies in der Realität nur sehr selten der Fall sein wird.
- Die Kostenvergleichsrechnung ist statischer Natur und erlaubt damit nur einen Vergleich zweier Zustände.
- Der Restwert der alten Anlage (im Ersatzfall) wird nicht berücksichtigt.

Lassen Sie uns also festhalten.

Es muss bessere Ansätze geben!

1

2. Gewinn(vergleichs)rechnung

23 Bei den meisten Investitionen ist ein reiner Kostenvergleich im Sinne einer Wirtschaftlichkeitsanalyse nicht aussagefähig, da sich auch die Ertragsseite verändert. Die Gewinnvergleichsrechnung stellt gewissermaßen eine Erweiterung des Kostenvergleichs dar und zwar in der Weise, dass nicht mehr von konstanten Absatzpreisen und einheitlicher Leistung ausgegangen wird, sondern die Auswirkungen auf die Absatzseite berücksichtigt werden.

Die Gewinn(vergleichs)rechnung berücksichtigt im Gegensatz zur Kosten(vergleichs)-methode also die Erlöse und vergleicht bei verschiedenen Investitionen die zu erwartenden Jahresgewinne. Bei Ersatzinvestitionen bezieht sich der Vergleich auf den durchschnittlichen Jahresgewinn der alten und den geschätzten durchschnittlichen Jahresgewinn der neuen Anlage, bei Erweiterungsinvestitionen auf den erwarteten durchschnittlichen Jahresgewinn der verschiedenen Investitionsalternativen. Deshalb ist die Gewinn(vergleichs)rechnung auch gerade für Erweiterungsinvestitionen geeignet.

24 Bei der Investitionsbeurteilung werden bei diesem Verfahren neben den Kosten also auch die Erlöse bzw. der Jahresgewinn mit einbezogen. Grundlage der Gewinn(vergleichs)rechnung ist also die Kosten(vergleichs)rechnung, zu der lediglich die Erlösseite ergänzt wird.

Das Entscheidungskriterium bei diesem Verfahren lautet: **durchschnittlicher Periodengewinn!**

Grundsätzlich können mit dieser Methode Investitionen jeder Art vorbereitet werden, sofern jeweils Erlöse zugerechnet werden können.

Die Gewinn(vergleichs)rechnung ist im Gegensatz zum Kostenvergleich also auch zur Beurteilung von einzelnen Investitionsobjekten anwendbar.

Beispiel:

	Anlage A	Anlage B
Kapitalkosten	350.000	400.000
Betriebskosten	150.000	180.000
Gesamtkosten p.a.	500.000	580.000
Umsatzerlöse p.a.	800.000	820.000
Gewinn	**300.000**	**240.000**

25 Trotz der geringeren Umsatzerlöse ist die Anlage A gewinnmäßig mit 60.000 im Vorteil.

Als Hauptvorteile der Gewinn(vergleichs)rechnung können die relativ leichte Erhältlichkeit der benötigten Informationen (einschließlich der Erlösseite) und die einfache Durchführbarkeit genannt werden.

Nachteile der Gewinn(vergleichs)rechnung:

- Die Vergleichbarkeit durch die Gewinn(vergleichs)rechnung ist nur dann gewährleistet, wenn die Investitionsobjekte dieselbe Nutzungsdauer und denselben Kapitaleinsatz aufweisen, da eine Renditebetrachtung (Kapitalrückfluss pro Invest-Euro über die gesamte Nutzungsdauer) nicht erfolgt.
- Die zeitliche Verteilung zukünftiger Kosten und Erträge innerhalb der Investitionsdauer wird nicht berücksichtigt.

- Sind die Finanzmittel beschränkt, so führen Kosten- und Gewinn(vergleichs)rechnungen häufig zu einer fehlerhaften Lösung des Auswahlproblems.
- Trotz der Berücksichtigung der Gewinne sagt dieses Verfahren auch nichts über die Verzinsung des eingesetzten Kapitals aus.
- Durch die Gewinn(vergleichs)rechnung wird somit nur ein Ziel des Investitionscontrollings, 26 nämlich die Ermittlung des *jährlichen* Überschusses einer Anlage, erreicht. Es ist jedoch keine Aussage möglich, ob der Verzicht auf eine andere Verwendung des eingesetzten Kapitals zu rechtfertigen ist.
- Durch die Gewinn(vergleichs)rechnung erhält man also Informationen über die absolute Gewinnhöhe, jedoch ist dies normalerweise für eine Investitionsentscheidung weniger interessant. Es interessiert vielmehr die Rentabilität des eingesetzten Kapitals. Die Aussagefähigkeit könnte durch die Einbeziehung aller Perioden der gesamten Lebensdauer des Objekts (= Totalperioden) und durch einen Vergleich der Gewinnbarwerte (mit den Kapitalkosten abgezinste Werte, dazu kommen wir noch bei den dynamischen Ansätzen) erhöht werden.

3. Rentabilitäts(vergleichs)rechnung (ROI – Return on Investment)

Eine Rentabilitäts(vergleichs)rechnung (ROI-Methode, statisches Rentabilitätsverfahren) wird er- 27 forderlich, wenn Investitionsgewinne mit unterschiedlichem Kapitaleinsatz erzielt werden und Kapital nicht unbeschränkt zur Verfügung steht.

Dieses Verfahren basiert entweder auf einer Kostenvergleichs- oder einer Gewinn(vergleichs)rechnung, stellt also eine etwas verbesserte Form dieser Verfahren dar.

Im Unterschied zur Kosten- bzw. Gewinn(vergleichs)rechnung berücksichtigt die Rentabilitäts- 28 (vergleichs)rechnung, dass Investitionsobjekte unterschiedlich viel Kapital binden. Dies wir dadurch erreicht, dass die jährlichen (durchschnittlichen) Gewinne einer Investition vor Zinsen zu ihrem durchschnittlichen Kapitaleinsatz ins Verhältnis gesetzt werden.

Beispiel:

	Anlage A	Anlage B
Kapitaleinsatz	1.000.000	800.000
Gewinn	150.000	100.000
Rendite	**15,0%**	**12,5%**

Bei diesem Verfahren wird also der Jahresgewinn einer Investition zum Kapitaleinsatz ins Verhältnis 29 gesetzt, wobei in der Praxis teilweise nicht mit dem durchschnittlichen, sondern mit dem ursprünglichen Kapitaleinsatz gerechnet wird und (leider auch) die unterschiedlichsten Gewinndefinitionen verwendet werden.

Durch Berücksichtigung des Umsatzes kann dieses Verfahren aufschlussreicher gemacht werden:

$$ROI = \frac{Gewinn}{inv.Kapital}$$

Dies kann allerdings auch anders dargestellt werden.

$$ROI = \frac{Gewinn}{Umsatz} \times \frac{Umsatz}{inv.Kapital}$$

30 Der ‚Umsatz' kürzt sich raus!

Der Fokus dieses Ansatzes liegt auf dem **Gesamtrückfluss, gemessen am Kapitaleinsatz.**

Am vorteilhaftesten ist also die Alternative, die die größte Rentabilität bzw. die beste Verzinsung in der Abrechnungsperiode aufweist.

Ein positiver Return on Investment – ROI – sagt aus:

- Der anfängliche Kapitaleinsatz wird erwirtschaftet,
- die laufenden Kosten werden gedeckt,
- es wird eine Rendite auf das Kapital erzielt.

31 Dabei können – je nach Definition der Begriffe Gewinn- und Kapitaleinsatz – unterschiedliche Rentabilitätsgrößen für das gleiche Projekt ermittelt werden.

Um die Vorteilhaftigkeit einer einzelnen Investition festzustellen, wird ihre Rentabilität mit der gewünschten Mindestrendite verglichen. Wenn die Rentabilität darüber liegt, so ist eine Investition vorteilhaft, liegt sie darunter, so wird die Investition nicht durchgeführt.

Voraussetzung für die Anwendung der Rentabilitäts(vergleichs)rechnung ist wie bei der Gewinn(vergleichs)rechnung, dass eine Zurechnung von Erlösen und Gewinnen zu den Investitionsobjekten möglich ist. Soll die Vorteilhaftigkeit eines Investitionsprojekts mit Hilfe dieses Verfahrens beurteilt werden, sind spezielle Annahmen bezüglich unterschiedlicher Nutzungsdauern und Kapitaleinsätze zu berücksichtigen.

32 Eine Vergleichbarkeit ist nur gegeben, wenn unterstellt wird, dass die Kapitaleinsatzdifferenz ebenfalls die gleiche Rentabilität erwirtschaftet und dass dies auch über die Nutzungsdauer des längerlebigen Investitionsobjekts möglich ist.

Dieses Verfahren ist sicherlich der Kosten- und/oder Gewinn(vergleichs)rechnung zu bevorzugen, allerdings sind hier Nachteile zu nennen.

Nachteile der Rentabilitätsrechnung:

- Es liegt auch diesem Verfahren nur eine kurzfristige, statische (d. h. in der Regel einperiodische) Betrachtungsweise zugrunde.
- Es ist bei diesem Verfahren sehr schwierig, Umsätze und Gewinne einzelnen Investitionsprojekten zuzuordnen, da häufig nur auf Basis einer Gesamt-Gewinn-und-Verlust-Rechnung Ergebnisse analysiert werden und bei mehreren parallelen Investitionen dann keine detaillierte Aussage möglich ist.
- Der zeitliche Anfall der Gewinne wird nicht berücksichtigt und bereits realisierte Gewinne werden mit Zukunftsgewinnen verglichen.

Da es sich bei diesem Verfahren um eine Erweiterung bzw. Kombination von Kosten- und Gewinnvergleich handelt, gelten die dort genannten Kritikpunkte hier analog.

1

4. Amortisations(vergleichs)rechnung (Statische Pay-off-Methode)

Bei der Amortisations(vergleichs)rechnung wird die Überlegung zugrunde gelegt, ob sich eine Investition in einem geplanten bzw. gewünschten Zeitraum amortisiert hat oder nicht. Die Amortisationsdauer ist folglich das Kriterium, von dem die Investitionsentscheidung abhängt. 33

Bei der Amortisations(vergleichs)rechnung (Kapitalrückfluss-, Pay-off-, Pay-back-Methode) wird also wie auch bei der Rentabilitäts(vergleichs)rechnung auf dem Kosten- oder Gewinnvergleich aufgebaut. Durch sie wird der Zeitraum ermittelt, in dem die Anschaffungsauszahlungen über die Erlöse wieder zurück in das Unternehmen fließen und für weitere Investitionen zur Verfügung stehen. Die Anlage hat sich also amortisiert, sobald die Erlöse die Anschaffungsauszahlungen und die laufenden Betriebskosten decken. Dieses Verfahren orientiert sich nicht am Vermögens- oder Gewinnstreben, sondern es ist ein Verfahren zur überschlägigen Berücksichtigung der Risikoeinschätzung des Investors, also ein Verfahren, das sich am Sicherheitsstreben orientiert.

Die Dauer der Wiedergewinnung (die Amortisation) des anfangs eingesetzten Geldbetrages erfolgt rechnerisch aus dem Rückfluss (dem ‚Cash Flow' bzw. in deutscher Sprache ‚Einzahlungsüberschuss') der Investition. 34

Die Fokus ist also gerichtet auf die **Amortisationsdauer**, wobei gilt: je kürzer, desto besser!

Allgemeine Formel:

$$Amotisationsdauer = \frac{Kapitaleinsatz}{Rückfluss(p.a.)}$$

Berechnet wird die Zeitspanne, in der das investierte Kapital wieder zurückgeflossen ist, also sich die Rückflüsse mit den Anschaffungsauszahlungen decken (Amortisation).

Die Amortisationsvergleichsrechnung liegt in zwei Varianten vor:

- *Durchschnittsmethode (einperiodisches Verfahren)*
- *Kumulationsmethode (mehrperiodisches Verfahren)*

a) Durchschnittsmethode

Der Kapitaleinsatz wird wie oben durch die durchschnittlichen Rückflüsse dividiert. Die Durchschnittsmethode geht also, genauso wie die bisher betrachteten einperiodischen statischen Verfahren, von den durchschnittlichen Kosten und Erlösen aus. 35

Beispiel:

	Anlage A	**Anlage B**
Kapitaleinsatz	1.000.000	800.000
/ Gewinn	150.000	100.000
= Rendite (ROI)	15,0%	12,5%
+ Abschreibungen (10% p.a.)	100.000	80.000
= Cash Flow	250.000	180.000
Amortisationsdauer	**4,0 Jahre**	**4,4 Jahre**

Anlage A ist wieder attraktiver.

b) Kumulationsmethode

36 Im Gegensatz zum oben erläuterten einperiodischen Verfahren (Durchschnittsmethode) berücksichtigt das mehrperiodische Verfahren (Kumulationsmethode) Ein- und Auszahlungen.

Für jede Periode werden die dem Investitionsobjekt zurechenbaren Einzahlungsüberschüsse (Rückflüsse) aufaddiert, bis die Summe der Einzahlungsüberschüsse die Anschaffungsauszahlungen erreicht.

Da sie den zeitlichen Anfall der Aus- bzw. Einzahlungen wertmäßig nicht berücksichtigt, ist sie allerdings kein dynamisches Verfahren.

37 Formelmäßig ist durch die Kumulationsrechnung die Amortisationsfrist nicht zu bestimmen. Vielmehr ist die Ermittlung dieser Frist nur grafisch bzw. durch einfache Addition der jährlichen Rückflüsse, bis sie die Höhe des Kapitaleinsatzes erreichen (notfalls durch grafische Interpolation), möglich.

Mit der Kumulationsmethode lässt sich neben der Ermittlung der Amortisationsdauer, d. h. der Periode, in der die Einzahlungsüberschüsse die Anschaffungsauszahlungen übertreffen, auch der exakte Amortisationszeitpunkt berechnen.

Beispiel:

	Anlage A	Anlage B
Kapitalbedarf in t0 (Auszahlung)	-20.000	-30.000
Einzahlungsüberschuss t1	6.000	15.000
Einzahlungsüberschuss t2	8.000	16.000
Einzahlungsüberschuss t3	10.000	18.000
Amortisation im Jahr n	3	2
Überschuss im Jahr n	4.000	1.000

38 Probleme der Amortisationsrechnung:

- Die Amortisationsrechnung kann zu Fehlentscheidungen führen, da die Betrachtung schon im Amortisationszeitpunkt endet.
- Generelle Investitionsentscheidungen können nicht allein auf diese Methode gestützt werden, da der Amortisationszeitpunkt zwar früh liegt, die Rendite über die Gesamtlaufzeit dann aber einbrechen und somit schwach sein kann. Amortisationsüberlegungen können somit die anderen Investitionsrechnungen nur ergänzen, aber nicht ersetzen.
- Investitionsvorhaben müssen zum Vergleich die gleiche Lebensdauer aufweisen, um aussagekräftige Ergebnisse zu erzielen.

39 Die Amortisationsdauer ist ein einfaches Maß für die Beurteilung eines Investitionsrisikos. Je kürzer die Amortisationsdauer, umso sicherer kann ein Investitionsvorhaben vorausgeplant werden bzw. desto sicherer ist die Rückgewinnung des ursprünglich investierten Betrages. Zwar kann die Amortisationsrechnung oft nicht alle Ziele eines Investors zutreffend bzw. ausreichend berücksichtigen, aber es ist in jedem Falle für den Investor von Bedeutung, in welcher Zeit das gebundene Geld wieder in liquider Form bereitsteht.

Die Amortisationsrechnung kann also die Rentabilitätsrechnung prinzipiell nicht ersetzen, sondern nur ergänzen, in dem sie ein zusätzliches Beurteilungskriterium liefert.

III. Genereller Aussagewert statischer Verfahren

Trotz der mannigfaltigen Kritikpunkte der statischen Investitionsrechenverfahren werden diese Ver- 40
fahren in der Praxis (leider doch) häufiger zur Auswahl von Investitionen herangezogen, da sie

- kostengünstig
- leicht verständlich
- ohne größeren Aufwand zu verwirklichen
- keine höheren Mathematikkenntnisse verlangen und
- oftmals (subjektiv) genügend genaue Ergebnisse liefern.

Der wesentliche Nachteil der statischen Wirtschaftlichkeitsrechnung liegt aber darin, dass sie zeitliche Unterschiede im Auftreten von Einnahmen und Ausgaben nicht oder nur unvollkommen berücksichtigt. Jeder Euro geht in die Durchschnittsbildung mit dem gleichen Gewicht ein, unabhängig davon, ob er sofort oder in fünf Jahren gezahlt wird. Abhilfe kann in diesem Falle die Berücksichtigung der Zinseffekte im Wege der Abzinsung (Diskontierung) bzw. Aufzinsung der Zahlungsgrößen bringen, wie sie die dynamischen Verfahren vorsehen.

Je nach Wahl des statischen Rechenverfahrens gelangt man zu unterschiedlichen Ergebnissen bezüg- 41
lich der Vorteilhaftigkeit von Investitionsobjekten. Wählt man eines dieser statischen Investitionsrechenverfahren, so muss man die damit verbundenen Probleme und Mängel akzeptieren, ansonsten muss man andere Methoden heranziehen, z. B. dynamische Investitionsrechenverfahren.

Ich persönlich arbeite allerdings nie mit den statischen Verfahren, da die Aussagekraft gegenüber den dynamischen Verfahren sehr begrenzt ist.

IV. Dynamische Investitionsrechenverfahren

1. Zielsetzung

Die finanzmathematischen Methoden der Investitionsrechnung berücksichtigen im Gegensatz zu 42
den statischen Methoden die Vorteilhaftigkeit einer Investition nicht nur für eine Periode oder einen kurzen Zeitraum, sondern für die gesamte Nutzungsdauer oder einen bestimmten Planungshorizont der Investition. Sie zeichnen sich also dadurch aus, dass sie dem zeitlichen Ablauf der Investitions- und darauf folgenden Desinvestitionsvorgänge konzeptionell Rechnung tragen, indem sie die effektiven Zahlungen **auf- oder abzinsen**. Wir sprechen bei der Abzinsung auch von der Diskontierung.

Die Grundlage der Berechnung bilden der Zu- und der Abfluss von Zahlungsmitteln während des gesamten Zeitraums, d. h. eine Einzahlungs- und Auszahlungsreihe. Die Auszahlungen setzen sich zusammen aus den Anschaffungsauszahlungen und den laufenden fixen Auszahlungen für die Aufrechterhaltung der Betriebsbereitschaft und proportionalen Auszahlungen für den Einsatz von Material, Energie, Arbeitsleistung u. a.

Vielleicht haben Sie bis jetzt gemerkt, dass ich immer von Ein- und Aus**zahlungen** gesprochen habe. 43
Dies ist jetzt wirklich von Bedeutung. Investitionsrechnungen sind Zahlungsstrom orientierte Betrachtungen (‚cash in' und ‚cash out'). Alle Aufwendungen, die nicht auszahlungswirksam werden

(also z.B. Abschreibungen und kalkulatorische Größen – ebenfalls zusätzliche Abschreibungen und/oder Zinsen, um die späteren höheren Wiederbeschaffungskosten im Laufe des Lebenszyklus einer Investition ebenfalls als Aufwand zu berücksichtigen), haben in der Investitionsrechnung eigentlich nichts zu suchen. Wir sehen dies in der Praxis zwar immer wieder, aber dies ist nicht richtig. Umgekehrt gilt dann auch für Erträge, die nicht einzahlungswirksam werden, dass auch diese in der Investitionsrechnung außen vor bleiben. Nicht einzahlungswirksame Erträge haben wir z.B. bei der Auflösung von Rückstellungen (wir buchen diese Beträge nur von einem auf ein anderes Konto, verfügen deswegen aber nicht über mehr Geld – sie wurden damit nicht einzahlungswirksam). Allerdings ist dieser Fall eher die Ausnahme, da Rückstellungsauflösungen in der Regel nicht bei Investitionsprojekten geplant werden.

44 Die Einzahlungen stammen aus den verkauften Leistungen des Investitionsobjektes, entsprechen damit eigentlich den Netto-Umsatzerlösen.

Das Bestreben der Investitionstheorie geht dahin, möglichst viele Nachteile der statischen Verfahren abzubauen. Durch die traditionellen dynamischen Verfahren kann eine Verbesserung dieses Ziels in zweierlei Hinsicht erfolgen:

- Zins und Zinseszins werden mit einbezogen.
- Es erfolgt eine genaue Erfassung der Zahlungsströme während der gesamten Nutzungsdauer.

Um allerdings dynamisch rechnen zu können, müssen wir zunächst einen Blick auf die mathematischen Grundlagen für die Abzinsung werfen und da sind wir dann in der Zinseszinsrechnung.

45 Keine Angst, dies ist recht einfach, obwohl die Formeln eher schlimm aussehen. Aber wie häufig im Leben gilt auch hier: hat man es einmal selbst gemacht, verlieren viele Sachen ihren ursprünglichen Schrecken.

2. Grundlagen der Finanzmathematik

46 Mittels der Auf- bzw. Abzinsung wird der Wert einer Investition unter der Berücksichtigung des Zinseszinseffektes berechnet. Die entscheidenden Fragestellungen dabei sind:

- Aufzinsung – Welcher Betrag ergibt sich zum Ende einer festgelegten Laufzeit?
- Abzinsung – Wie hoch ist der Kapitaleinsatz, um eine geplante Endsumme am Ende einer festgelegten Laufzeit zu erreichen?

In beiden Fällen wird von einem über die gesamte Laufzeit konstantem Zins ausgegangen.

Unter Zinseszinseffekt wird die Kapitalisierung (Einrechnung) der über einen bestimmten Zeitraum angefallenen Zinsen verstanden, wenn diese in den Folgeperioden (meist Jahre) weiterhin mitverzinst werden, also Zinseszinsen. Wesentlich hierbei ist, dass sich der Zinseszinseffekt mit zunehmender Laufzeit immer stärker auswirkt und so zu einer exponentiellen Vermehrung des Kapitals führt.

47 Zinsrechnungen und Anrechnung der in den Folgeperioden ebenfalls verzinsten Zinsen (Zinseszinsen) sind nämlich keine linearen mathematischen Gleichungen, sondern exponentielle Gebilde. Aber nochmals, es sieht viel schwieriger aus als es ist.

Beschäftigen wir uns also zunächst mit der Aufzinsung. Hierbei sprechen wir allerdings nicht von der Kontierung (bei der späteren Abzinsung sprechen wir ja von der Diskontierung). Die Kontierung ist eine Belegzuordnung im externen Rechnungswesen (Buchhaltung).

a) Aufzinsung

Arbeiten wir doch gleich mit einem Beispiel. 48

Ihre Bank bietet Ihnen eine Sparanlage zu folgenden Konditionen. 10.000 € werden für 12 Jahr mit 10% p.a. verzinst, wobei die jährlich erwirtschafteten Zinsen nicht ausgezahlt, sondern mit in die gesamte Sparsumme einfließen, also dann in den Folgeperioden ebenfalls wieder mitverzinst werden, somit mit Zinseszinseffekt.

Damit wir die spätere Formel auch gleich verstehen, wollen wir die Ausgangsparameter auch sofort mit mathematischen Bezeichnungen versehen.

K_0: Dies ist der zu Beginn der Sparanlage der Bank zur Verfügung gestellte Betrag in Höhe von 100.000 €. Die Anlage beginnt in der Periode 0.

i: Dies ist der von der Bank angebotene konstante Zins in Höhe von 10% über die gesamte Laufzeit von 12 Jahren (i steht für ‚interest', englisch für Zins).

n: Dies ist die Laufzeit der Sparanlage, also 12 für 12 Jahre.

K_n: Dies ist die zu berechnende Unbekannte, also die Ihnen nach Ende der Sparanlage zur Verfügung stehende Summe inklusive Zinsen und Zinseszinsen.

Formel Aufzinsung:

$$K_n = K_0 \times (1 + i)^n$$

Dies ist die Formel für die nachschüssige Berechnung, d.h. die Zinsen werden jeweils am Ende der Betrachtungsperiode (Jahr) gutgeschrieben. In der Praxis wird immer so gerechnet. 49

Der in der Formel dargestellte Multiplikator $(1+i)^n$ wird auch als Aufzinsungsfaktor bezeichnet. Wir können nicht direkt mit einem i^n multiplizieren, da i eine Größe unter ‚Eins' ist (10%, also 0,10) die beim Potenzieren immer kleiner wird ($0{,}1^2 = 0{,}01$). Da wir aber eine Größe größer ‚Eins' zur Multiplikation benötigen (unsere Anlagesumme soll ja wachsen), müssen wir mit (1+i)n rechnen. Dabei sprechen wir vom Faktorisieren, wir arbeiten mit einem Aufzinsungsfaktor.

Somit müssen wir dann rechnen:

$$K_n = K_0 \times (1+i)^n$$

also:

$$K_n = 100.000 \times (1 + 0{,}10)^{12}$$

$$K_n = 100.000 \times 1{,}1^{12}$$

$$K_n = 100.000 \times 3{,}13842$$

$$K_n = 313.842{,}84$$

Wir erhalten also nach 12 Jahren für den Sparbetrag in Höhe von 100.000,00 bei einer Verzinsung von 10% p.a. (inklusive Zinseszins) ein Rückzahlung in Höhe von 313.842,84! 50

Zum besseren Verständnis werden die finanziellen Auswirkungen einer Investition/dieser Sparanlage unter Berücksichtigung der Zinseszinsen anhand der folgenden Abbildung nochmals dargestellt. Hierbei werden die bekannten Daten für eine endfällige Investition/Sparanlage verwendet:

1

K_o = 100.000 €
i = 10% (konstant über die gesamte Laufzeit)
n = 12 Jahre

51 In der Abbildung wird auch zwischen den drei wesentlichen Größen

- Investiertes Kapital, also die ursprüngliche Sparanlage
- Zinsen auf die ursprüngliche Sparanlage und
- Zinseszinsen

unterschieden, um den Anspareffekt deutlicher herauszustellen.

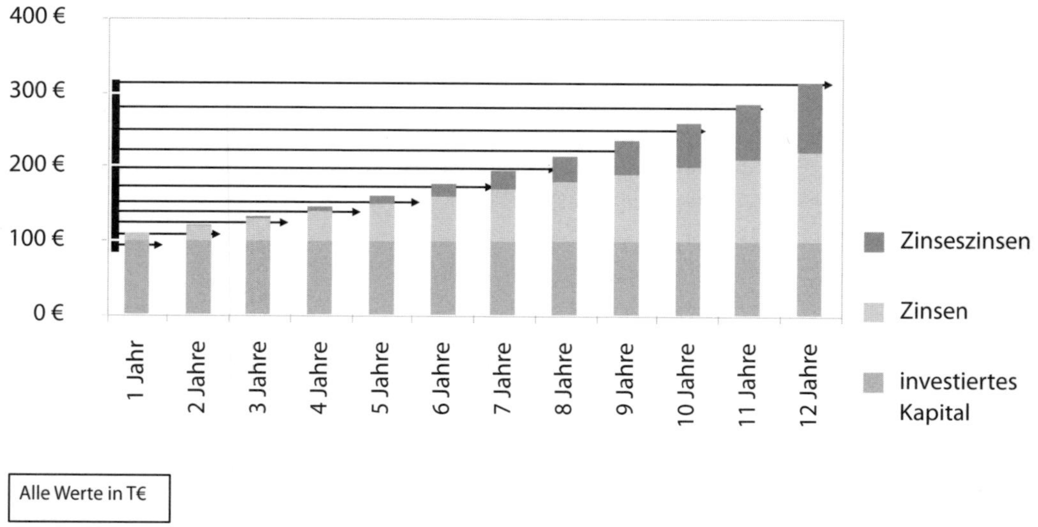

52 Wie aus dieser Abbildung ersichtlich wird, steigen die Zinsen und Zinseszinsen enorm im Verlauf der 12 Jahre an. Unter der Annahme, dass keine Veränderung des Zinssatzes über die gesamte Laufzeit eintritt, so beträgt der Wert der Zinsen bei dem eingesetzten ursprünglichen Kapital von € 100.000 nach zwei Jahren bereits € 20.000 und die dazu angehäuften Zinseszinsen € 1.000 Betrachten wir allerdings die gesamten Zinsen und Zinseszinsen, welche sich über die gesamte Laufzeit ansammeln, dann kommt es zu einer enormen Steigerung des ursprünglichen Investitionsbetrages aufgrund des Zeitfaktors.

Schauen wir uns die ersten 3 Jahre einmal grafisch im Detail mit o.g. konkreten Zahlen (T€) an.

Die Auswirkungen von Zinseszins:

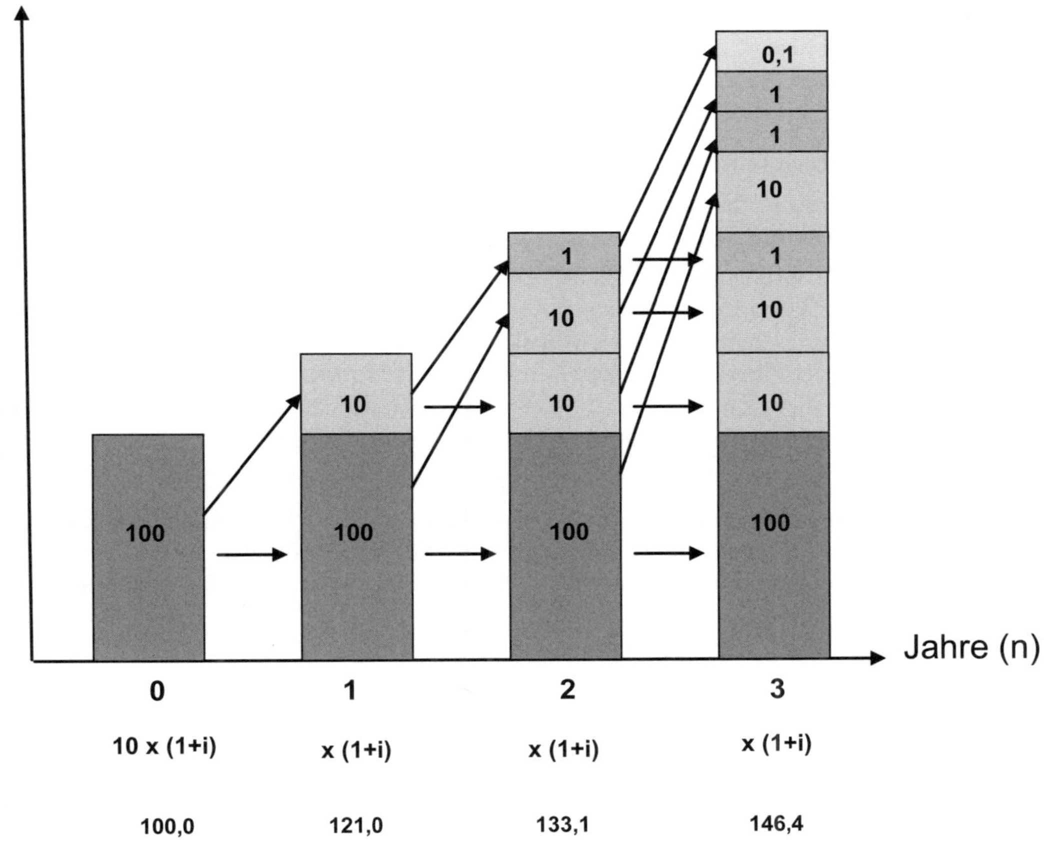

Lassen Sie uns die Effekte der Zinseszinsrechnung daher auch in Tabellenform nach Jahren darstellen. Wir kennen die Lösung für unser Beispiel bereits – es muss sich eine Gesamtsumme in Höhe von 313.842,84 errechnen. 53

Dann schauen wir einmal:

Jahre	Sparanlage	Zinsen p.a.	kum. Zinsen	Zinseszins	Summe Zinseszins	Gesamt
1	100.000	10.000,00	10.000,00	0,00	0,00	110.000,00
2	100.000	10.000,00	20.000,00	1.000,00	1.000,00	121.000,00
3	100.000	10.000,00	30.000,00	2.100,00	3.100,00	133.100,00
4	100.000	10.000,00	40.000,00	3.310,00	6.410,00	146.410,00
5	100.000	10.000,00	50.000,00	4.641,00	11.051,00	161.051,00
6	100.000	10.000,00	60.000,00	6.105,10	17.156,10	177.156,10
7	100.000	10.000,00	70.000,00	7.715,61	24.871,71	194.871,71
8	100.000	10.000,00	80.000,00	9.487,17	34.358,88	214.358,88
9	100.000	10.000,00	90.000,00	11.435,89	45.794,77	235.794,77
10	100.000	10.000,00	100.000,00	13.579,48	59.374,25	259.374,25
11	100.000	10.000,00	110.000,00	15.937,42	75.311,67	285.311,67
12	100.000	10.000,00	120.000,00	18.531,17	93.842,84	313.842,84
	100.000,00	120.000,00		93.842,84		313.842,84

54 Man sieht in der Tat sehr schön, dass auch die Zinseszinsen über die Laufzeit mächtig zum Gesamtbetrag beitragen können.

Sparanlage:	100.000,00	32%
Zinsen auf Sparanlage:	120.000,00	38%
Zinseszins:	94.842,84	30%
Gesamt (Auszahlung nach 12 Jahren):	313.842,84	100%

Doch die Erstellung solcher Tabellen ist recht aufwendig, wie Sie sehen, und daher sollten Sie sich angewöhnen, mit den Formeln zu arbeiten.

55 Wie stellen wir die Aufzinsung nun in Excel dar? Leser mit Excel Kenntnissen springen bitte an dieser Stelle sofort einige Zeilen nach unten zu **b) Abzinsung**. Wir werden ja später ein ziemlich umfangreiches Excel basiertes Beispiel rechnen, von daher müssen/sollten wir die Rechnungen auch in Excel ausführen können. Einerseits könnten wir uns zwar die vorprogrammierten Funktionen von Excel einspielen, aber dies ist mir zu einfach. Meistens werden die einfachen Funktionen von Personen genutzt, die ohne diese Funktionen aufgeschmissen sind, es also selbst gar nicht können.

Praktiker hingegen zeigen, dass sie es auch ohne vorprogrammierte Funktionen beherschen.

Die Multiplikation innerhalb der Formel ist ja nicht das Problem, aber wie potenziert man (‚hoch n') in Excel? Ganz einfach – bei den meisten Tastaturen sehen Sie links oben unterhalb ‚ESC' das ° Zeichen und ebenfalls auf dieser Taste darunter das ^ Zeichen. Und diesen Haken, ich nenne es immer das ‚Hütchen', brauchen wir.

Also geben wir in Excel ein: = 100.000 * (1+0,1)^12.

56 Wenn Sie das ‚Hütchen' einmal drücken, passiert zunächst gar nichts, drücken Sie es ein zweites Mal, haben Sie sofort 2 davon und müssen eines wieder löschen. Alternativ können Sie nach Eingabe des ‚Hütchens' auch die Leertaste drücken und dann haben Sie sofort das gewünschte Ergebnis.

Warum arbeitet Excel so? Hier muss man Excel eine gewisse Intelligenz unterstellen, denn dieses ‚Hütchen' gibt es auch in der französischen Sprache, um bei bestimmten Wörtern einen Buchstaben damit zu schmücken. Man spricht vom ‚Accent Circonflex'. Excel weiß bei Eingabe des ^ nicht, ob Sie in der französischen Sprache arbeiten oder generell rechnen wollen, und somit müssen wir Hilfestellung leisten. Die Unklarheiten sind für Excel sofort beseitigt, wenn wir die Leertaste drücken, denn dann wollen wir zwingend rechnen.

b) Abzinsung (Diskontierung)

57 Ist der Endwert einer Investition bekannt, wird mit Hilfe der Abzinsung der Anfangswert (Barwert – im englischen sprechen wir vom PV, dem Present Value) einer Investition ermittelt. Das heißt, dass die in den Vorjahren durchgeführte Kapitalisierung der Zinsen wieder rückgängig gemacht wird.

So wird übrigens auch die Inflation aus einer Zahlenreihe herausgerechnet. Wir sprechen dann von deflationierten Werten.

Rechnen wir auch hier sofort wieder mit einem Beispiel:

58 Ihre Bank sagt Ihnen zu, dass Sie am Ende einer Investition/Sparanlage über einen Betrag in Höhe von 100.000 € verfügen werden, wenn Sie sich bereit erklären, einmalig über 12 Jahre einen Geldbetrag zu investieren, der jedes Jahr mit 10% verzinst wird. Zinseinnahmen werden nicht ausgezahlt, sondern werden wieder verzinst (Zinseszins).

Frage: Wie hoch ist der Betrag, den Sie zu Beginn der Sparanlage zur Verfügung stellen müssen?

Die mathematische Formel ist auch nicht schwieriger als bei der Aufzinsung und wenn Sie genau hinsehen, erkennen Sie „alte Bekannte", nur in einer etwas anderen Darstellung. 59

Gesucht wird jetzt:

K_0: Dies ist zu Beginn der Sparanlage der zur Verfügung zu stellende Betrag, den es zu berechnen gilt.

Bekannt sind jetzt: 60

i: Dies ist der von der Bank angebotene konstante Zins in Höhe von 10% über die gesamte Laufzeit von 12 Jahren (i steht für ‚interest', englisch für Zins).

n: Dies ist die Laufzeit der Sparanlage, also 12 für 12 Jahre.

K_n: Dies ist der Ihnen von der Bank zugesagte Endbetrag nach 12 Jahren und 10% Verzinsung p.a., also die Ihnen nach Ende der Sparanlage zur Verfügung stehende Summe inklusive Zinsen und Zinseszinsen in Höhe von 100.000 €.

Formel Abzinsung (Diskontierung):

$$K_o = K_n \times \frac{1}{(1+\ i)^n}$$

Sie sehen, im Vergleich zur Aufzinsung sind K_0 und K_n ausgetauscht, der Aufzinsungsfaktor $(1+ i)^n$ steht jetzt allerdings auch im Nenner. 61

Auch hier wollen wir uns die Abzinsung zunächst anhand einer Grafik anschauen. Diese ist eigentlich von rechts nach links zu lesen, da der Anfangswert K0 die gesuchte Unbekannte ist.

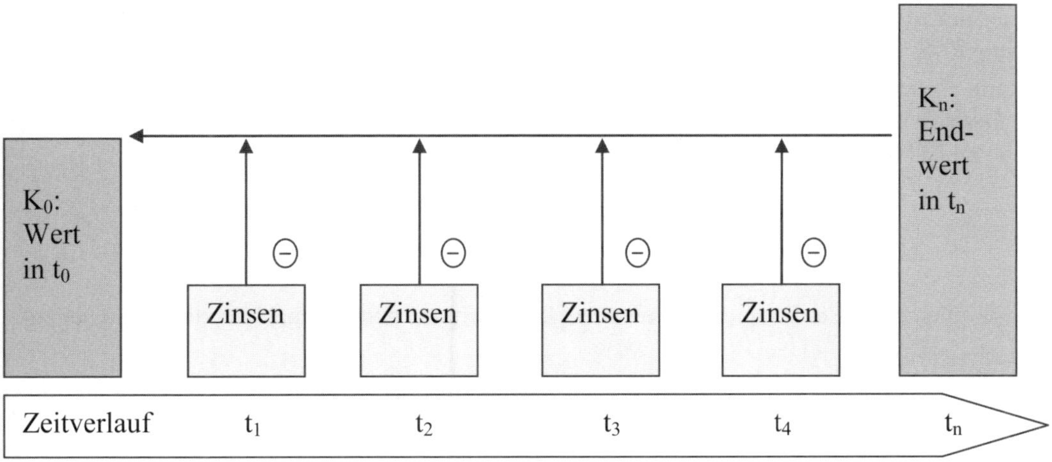

Diejenigen, die sich in der Mathematik ein wenig mehr auskennen, können an dieser Stelle anmerken, dass man die Abzinsungsformel auch anders bzw. eleganter darstellen kann. Dies ist richtig und daher lassen Sie uns ein wenig darüber sprechen bzw. Ihnen einige Erfahrungen mitteilen. 62

Die Abzinsungsformel bei uns sah folgendermaßen aus:

$$K_0 = K_n \times \frac{1}{(1+i)^n}$$

63 Diese können wir in der Tat auch ‚eleganter' darstellen als

$$K_0 = K_n \times (1+i)^{-n}$$

Meine Erfahrung damit ist jedoch, dass mathematisch weniger Interessierte hier aussteigen, da eine Potenzierung mit (‚hoch') minus n zu viel ist. Besonders, wenn Berechnungen an Dritte, die mathematisch schwächer ausgebildet sind, elektronisch verschickt werden und dieses ‚hoch minus n' auftaucht, schwindet sehr schnell die Begeisterung. Ich vermeide diese Darstellung daher immer, obwohl sie sicherlich eleganter ist.

Eine weitere Möglichkeit der Darstellung ist

$$K_0 = K_n \div (1+i)^n$$

64 Sieht auf den ersten Blick einfacher aus, als die Formel, mit der wir gearbeitet haben. Das ist auch richtig, aber bei Benutzung dieses Rechenweges kommen wir teilweise mit unserer Hirnleistung in Konflikt.

Stellen wir dieses Problem sofort am Beispiel dar.

Bitte berechnen Sie (wenn möglich im Kopf) folgende Aufgaben:

1.000 × 0,75 und

1.000 ÷ 1,33

65 Während wir bei der ersten Gleichung wenige Probleme haben und die Lösung mit 750 recht leicht ermitteln können, tun wir uns bei der zweiten Aufgabe schwerer. Unser Gefühl, denn rechnen wollen wir eigentlich nicht, sagt uns, dass die Lösung 666 sein könnte. Aber dies ist leider falsch, denn die Lösung heißt erneut 750. 1,33 ist nämlich der Kehrwert von 0,75 (1 ÷ 0,75 = 1,33)!

Wir tun uns mit Divisionen viel schwerer als mit Multiplikationen, erst recht bei nicht geraden Zahlen. Deshalb habe ich mir angewöhnt, die Schwäche auch nicht formelmäßig zu unterstützen und bleibe im Fall der Abzinsung bei der Multiplikation mit dem Kehrwert, also

$$K_0 = K_n \times \frac{1}{(1+i)^n}$$

66 Dann wollen wir unser Beispiel auch rechnen. Rufen wir uns noch einmal kurz die Parameter auf.

Gesucht wird jetzt:

K_0: Dies ist zu Beginn der Sparanlage der zur Verfügung zu stellende Betrag, den es zu berechnen gilt.

Bekannt sind jetzt:

i: Dies ist der von der Bank angebotene konstante Zins in Höhe von 10% über die gesamte Laufzeit von 12 Jahren (i steht für ‚interest', englisch für Zins).

n: Dies ist die Laufzeit der Sparanlage, also 12 für 12 Jahre.

K_n: Dies ist der Ihnen von der Bank zugesagte Endbetrag nach 12 Jahren und 10% Verzinsung p.a., also die Ihnen nach Ende der Sparanlage zur Verfügung stehende Summe inklusive Zinsen und Zinseszinsen in Höhe von 100.000 €.

Dann arbeiten wir kurz die Formel ab.

$$K_0 = 100.000 \times \frac{1}{(1+0{,}10)^{12}}$$

$$K_0 = 100.000 \times \frac{1}{1{,}10^{12}}$$

$$K_0 = 100.000 \times 0{,}31863082$$

$$K_0 = 31.863{,}08$$

Wir müssen also 31.863,08 heute anlegen, um bei einer Verzinsung von 10% p.a. (inklusive Zinseszins) nach 12 Jahren den Betrag in Höhe von 100.000,00 zu erhalten. 67

Sie können ja jetzt die Probe per erneuter Aufzinsung rechnen. Mit der Auzinsung haben wir uns ja schon beschäftigt. Also ran!

$$K_n = K_0 \times (1+i)^n$$

also:

$$K_n = 31.863{,}08 \times (1 + 0{,}10)^{12}$$

$$K_n = 31.863{,}08 \times 1{,}1^{12}$$

$$K_n = 31.863{,}08 \times 3{,}13842$$

$$K_n = 100.000{,}00$$

Es passt also! Die berechneten 31.863,08 (gerundet) sind in der Tag richtig. 68

Damit haben wir auch schon das mathematische Basiswissen erarbeitet und können uns mit den dynamischen Investitionsrechenverfahren im Detail beschäftigen.

3. Die dynamischen Ansätze

In der Literatur ist man sich eigentlich gar nicht so einig über die Anzahl der Verfahren, da besonders auch bei dem wichtigsten Verfahren weitere nachgelagerte Analysen möglich sind, aber in der Regel spricht man von 4 dynamischen Ansätzen: 69

- die Bar- oder Kapitalwertmethode (identische Verfahren, lediglich unterschiedliche Bezeichnung),
- die Methode des internen Zinsfußes
- die Annuitätenmethode
- die dynamische Amortisation (Break Even)

Die Ansätze haben allerdings unterschiedliche Ausrichtungen und Zielmerkmale, die nachfolgend dargestellt werden.

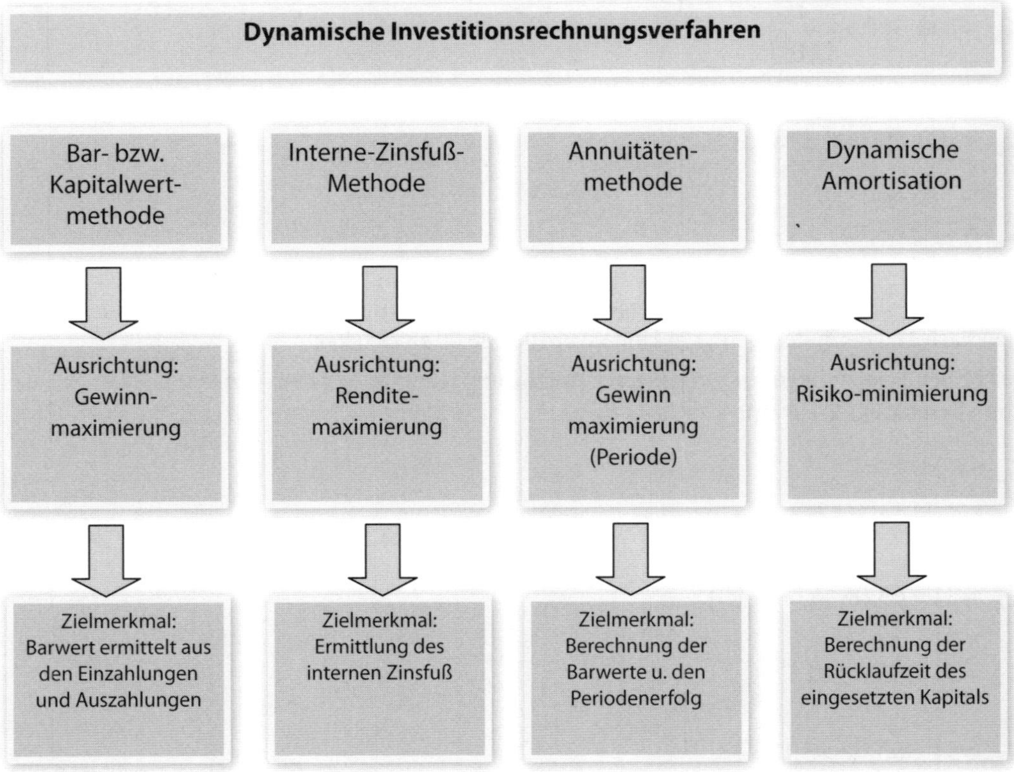

70 Manchmal wird die dynamische Amortisation auch als Teil der Bar- bzw. Kapitalwertmethode ausgewiesen. Mir geht es in diesem Buch aber nicht um wissenschaftliche Definitionen, sondern um Praxiswissen und ich werde im Folgenden auf die hier abgebildeten 4 Ansätze im Detail eingehen.

a) Bar- bzw. Kapitalwertmethode

71 Bei der Kapitalwertmethode werden die gesamten von einer Investition verursachten Ein- und Auszahlungen miteinander verglichen. Dies erfolgt, in dem die Zahlungsströme mittels des so genannten Kalkulationszinsfußes bis zu dem Datum des Investitionsbeginns abgezinst werden. Die Höhe des Kalkulationszinssatzes entspricht im Allgemeinen dem Mindestzinssatz, welcher von den Investoren erwartet respektive gefordert wird. Allerdings fließen auch andere Faktoren mit in die Wahl des Kalkulationszinssatzes mit ein, unter anderem können das ein Risikoaufschlag, Kosten für Eigenkapital, erwartete Inflationsrate, branchenübliche Verzinsung oder auch voraussichtliche Steuerbelastungen sein. Wir werden diesen Zins an späterer Stelle noch sehr genau besprechen und berechnen, dies erfolgt im Kapitel Kapitalkosten. Daher sprechen wir zu diesem Zeitpunkt lediglich von Zins oder Kalkulationszinsfuß.

72 Der Nachteil der Kapitalwertmethode liegt darin, dass die Wirtschaftlichkeit einer Investition sehr stark an diesen Kalkulationszinsfuß gebunden ist. Wird dieser falsch gewählt, kann dadurch das Ergebnis sehr irreführend sein und in weiterer Folge zu einer falschen Entscheidung führen.

Der Kapitalwert einer Investition ist die Summe der abgezinsten Einzahlungsüberschüsse (wir sprechen von Barwerten) vor Steuern, aber nach ursprünglicher Investitionsauszahlung (Investitionssumme) und

Zinszahlungen (Forderungen Dritter), ausgedrückt entweder als absolute Größe oder als Prozentsatz (in Relation zu dieser ursprünglichen Investitionssumme).

Der Kapitalwert ist zunächst einmal ein Absolutbetrag aus der Sicht bzw. zum Zeitpunkt ‚Null' (t0), der dem Wert der Investition über die Laufzeit äquivalent ist.

Der Kapitalwert ist damit die Differenz der barwertigen Ein- und Auszahlungen eines Investitionsobjektes. Die ursprüngliche Investitionssumme gilt ebenfalls als Auszahlung.

Dies kann man natürlich wieder mathematisch ausdrücken. Was brauchen wir? 73

- K_o = Kapitalwert (€) im Jahr 0
- A_o = Investitionsauszahlung (€) im Jahr 0
- e_t = Einzahlung in Periode t (€/Jahr)
- a_t = Auszahlung in Periode t (€/Jahr)
- n = Jahre
- i = Zinssatz (%)
- R_n = Resterlös am Ende der Nutzungsdauer (€)

Damit können wir den Bar- bzw. Kapitalwertansatz folgendermaßen darstellen 74

$$K_0 = -A_0 + \frac{(e_1 - a_1)}{(1+i)^1} + \frac{(e_2 - a_2)}{(1+i)^2} + \frac{(e_3 - a_3)}{(1+i)^3} + \ldots + \frac{(e_{n-1} - a_{n-1})}{(1+i)^{n-1}} + R_n$$

Eleganter mit einer Sigma (so nennt sich dieses Summenzeichen Σ) Formel dargestellt, ergibt sich:

$$K_0 = -A_0 + \sum_{t=1}^{n} (e_t - a_t) \times \frac{1}{(1+i)^t} + R_n \times \frac{1}{(1+i)^n}$$

Manchmal sieht man die Gleichung auch so dargestellt, wobei die Differenz zwischen en und an als auch Rückflüsse Rn und damit als Cash Flows (CF, in deutscher Sprache ‚Einzahlungsüberschuss') bezeichnet werden. 75

$$K_0 = -A_0 + \sum_{t=1}^{n} \frac{CF_n}{(1+i)^n}$$

Dies setzt voraus, dass $R_n = (e_t - a_t)$.

Sie sehen aber auch, dass ich selbst in den eleganteren ‚Sigma' Darstellung auf negative Potenzen verzichte. Letzte Gleichung hätte ich nämlich auf folgendermaßen schreiben können:

$$K_0 = -A_0 + \sum_{t=1}^{n} CF_n \times (1+i)^{-n}$$

Was haben wir jetzt als Formel vor uns. Lassen Sie uns zwei Beispiele anschauen und dann verliert sich sofort die Scheu vor diesen auf den ersten Blick ‚grausigen' Formeln. 76

Im ersten Beispiel wollen wir genau eben dargestellte Formel

$$K_0 = -A_0 + \frac{(e_1 - a_1)}{(1+i)^1} + \frac{(e_2 - a_2)}{(1+i)^2} + \frac{(e_3 - a_3)}{(1+i)^3} + \ldots + \frac{(e_{n-1} - a_{n-1})}{(1+i)^{n-1}} + R_n$$

abbilden.

77 Die Ausgangsdaten:

- Vorabinvestition (Auszahlung) A_0 (vor Produktivstart in Periode 0): 50
- Laufzeit der Investition: 5 Jahre
- Rückflüsse (Einzahlungsüberschüsse) in den Perioden 1 bis 5:
  - Periode 1: Einzahlungen 20, Auszahlungen 10
  - Periode 2: Einzahlungen 25, Auszahlungen 10
  - Periode 3: Einzahlungen 33, Auszahlungen 13
  - Periode 4: Einzahlungen 40, Auszahlungen 15
  - Periode 5: Einzahlungen 45, Auszahlungen 15
- Abzinsungsfaktor 10 %
- Restwert (Liquidationserlös) nach 5 Jahren: 0

78 Damit ergibt sich folgendes Bild, den Restwert ‚Null' führen wir erst gar nicht auf:

$$K_0 = -50 + \frac{20-10}{(1+0{,}1)^1} + \frac{25-10}{(1+0{,}1)^2} + \frac{33-13}{(1+0{,}1)^3} + \frac{40-15}{(1+0{,}1)^4} + \frac{45-15}{(1+0{,}1)^5}$$

$$K_0 = -50 + \frac{10}{1{,}1^1} + \frac{15}{1{,}1^2} + \frac{20}{1{,}1^3} + \frac{25}{1{,}1^4} + \frac{30}{1{,}1^5}$$

$$K_0 = -50 + \frac{10}{0{,}91} + \frac{15}{0{,}83} + \frac{20}{0{,}75} + \frac{25}{0{,}68} + \frac{30}{0{,}62}$$

$$K_0 = -50 + 9{,}09 + 12{,}40 + 15{,}03 + 17{,}08 + 18{,}63$$

$$K_0 = -50 + 72{,}22$$

$$K_0 = 22{,}77$$

79 Die Investition rechnet sich bei den angenommenen Ausgangsdaten mit einem Kapitalwert in Höhe von 22,77 vor Steuern. Diese Summe versteht sich nach ursprünglichem Investment und nach Zinsen. Wir sagen auch: die Investition rentiert mit einem ‚NPV – Net Present Value' in Höhe von 22,77.

Die kumulierten Barwerte (abgezinste zukünftige Einzahlungsüberschüsse) betragen 72,22. Diese Größe heißt im englischen: ‚Cumulated Present Values', meist in seiner Abkürzung ‚PV' gebraucht. In der Praxis sagen wir meist auch nicht ‚Einzahlungsüberschüsse', sondern den englischen Begriff ‚Cash Flows', abgekürzt mit CF.

Kumulierte Barwerte der Einzahlungsüberschüsse (CF)	72,22
– Ursprüngliche Investitionsausgabe	- 50,00
= Kapitalwert	22,22

Im englischen:

Cumulated Present Values of Cash Flows (PVs of CFs)	72,22
– Initial Investment	- 50,00
= Net Present Value (NPV)	22,22

Die englischen Begriffe sind deshalb so wichtig, weil man sie in der Praxis häufiger hört als die deutschen Bezeichnungen. Während wir für den dargestellten Ansatz aber in deutscher Sprache Barwert- und Kapitalwertansatz sagen können, ist im englischen diese Methode zwingend mit NPV – Net Present Value Ansatz zu bezeichnen. Der Begriff ‚Present Value Approach' existiert nicht. 80

A propos Praxis: Die oben gewählte Darstellung analog den Formeln ist zwar richtig, allerdings würde so niemand eine Investitionsrechnung in Excel aufbauen. Dazu wählen wir in der Regel eine elegantere Darstellung, die uns ein Tabellenkalkulationsprogramm wie Excel gerade aufzwingt.

Hier werden alle Informationen sukzessiv aufgenommen und dann periodisch die Barwerte durch Abzinsung mit dem Abzinsungsfaktor, in unserem Fall bei 10%, also mit

$(1+0{,}10)^{\text{jeweilige Periode}}$ 81

multipliziert und damit diskontiert. Somit wird eine übersichtliche und auch für Dritte leicht nachvollziehbare Rechnung aufgebaut und die zuerst betrachteten Formeln haben jede Komplexität verloren.

Periode	Aus-zahlung	Ein-zahlung	Aus-zahlung	Ein-zahlungs-überschuss	Abzinsungs-faktor	Barwert
0	-50,00				1,000000	-50,00
1		20,00	10,00	10,00	0,909091	9,09
2		25,00	10,00	15,00	0,826446	12,40
3		33,00	13,00	20,00	0,751315	15,03
4		40,00	15,00	25,00	0,683013	17,08
5		45,00	15,00	30,00	0,620921	18,63
						22,22

Beurteilung der Ergebnisse 82

Wird mittels der Bar- bzw. Kapitalwertmethode ein positives Ergebnis (Kapitalwert) für eine Investition erzielt, bedeutet dies für den Investor, dass die Rückflüsse höher als die getätigten Ausgaben über die gesamte Laufzeit der Investition sind. Wurden mehrere Investitionen berechnet, so ist zunächst einmal jene für das Unternehmen am vorteilhaftesten, welche den höchsten positiven Kapitalwert ausweisen kann.

Weist eine Investition hingegen einen negativen Kapitalwert aus, so sollte diese Anschaffung nicht getätigt werden, da die durch den Investor festgelegte Mindestverzinsung nicht erreicht wird bzw. die Ausgaben für die Investition höher als die Rückflüsse sind. Kein wirtschaftlicher Einfluss auf das Unternehmen besteht, wenn Einnahmen und Ausgaben in gleicher Höhe sind, denn das würde bedeuten, dass das Ergebnis des Kapitalwertes null ist. Hierbei ist bei der Beurteilung zu berücksichtigen, dass die Ergebnisse nur dann korrekt sind, wenn eine jederzeitige Anlage der freien Gelder zum Kalkulationszinsfuß möglich ist.

Aber Achtung, wir müssen bei Vergleichen von alternativen Investitionen noch tiefer einsteigen, um uns eindeutig für eine Anlage A oder B entscheiden zu können.

83 Generell kann aber herausgestellt werden, dass bei der Bar- bzw. Kapitalwertmethode die

- Höhe und zeitliche Verteilung der Zahlungen u. U. schwierig zuzurechnen sind
- Erst- als auch Ersatzinvestitionen zwar mathematisch „leicht" über mehrere Jahre hinweg zu berechnen sind, die Datenbasis hingegen erwartete bzw. geschätzte zukünftige Werte darstellen, die aufgrund ihres Zustandekommens natürlich von Unsicherheit geprägt und daher nur schwer zu kalkulieren sind.

Ein positiver Kapitalwert bedeutet somit:

- eine vollständige Wiedergewinnung der Anschaffungsauszahlung
- eine Verzinsung aller ausstehenden Beträge mit dem Kalkulationszinssatz i
- einen barwertigen Überschuss (in Höhe von K_0)

84 Auch wenn die weit in der Zukunft liegenden (häufig) geschätzten Einzahlungsüberschüsse durch den geringen (sich ‚Null' annähernden) Abzinsungsfaktor sehr stark relativiert werden, ist dies ein Punkt, der nicht vergessen werden darf. Mathematisch können unsere Berechnungen bis auf die 10. stelle hinter dem Komma korrekt sein, allerdings kann die Aussage dennoch falsch sein, wenn die geplanten zukünftigen Ein- und Auszahlungen falsch sind. Aus diesem Grund ist auch das periodische Investitionscontrolling, also eine periodische Nach- bzw. Neuberechnung, von großer Bedeutung. Ist die Rechnung allerdings in Excel sauber aufgebaut, dann ist auch diese periodische Nach- bzw. Neuberechnung relativ leicht, da die angepassten Werte sofort übernommen und damit das (neue) Ergebnis sofort abgelesen werden kann.

Wie hoch ist denn jetzt der Kapitalwert als prozentuale Größe?

Auch dies ist schnell gerechnet, da wir den Kapitalwert nur auf das ursprüngliche Investment (Investitionsauszahlung in t0) beziehen müssen, also

$$KW(\%) = \frac{KW(abs.)}{A_0} \times 100$$

somit

$$KW(\%) = \frac{22{,}22}{50{,}00} \times 100 = 44{,}4\%$$

85 Bitte beachten Sie, dass Sie die ursprüngliche Auszahlung als absolute Zahl einrechnen, das bisher immer genutzte negative Vorzeichen also außen vor lassen müssen.

Wenn sie allerdings Eindruck schinden möchten, können Sie Ihren Freunden oder besser Feinden auch folgende Formel anbieten:

$$K_0(\%) = \frac{-A_0 + \sum_{t=1}^{n} \frac{R_n}{(1+i)^n}}{A_0} \times 100$$

mit

$$R_n = (e_n - a_n) = CF_n$$

weil

1

$$(e_n - a_n) = Einzahlungsüberschüsse_n = CashFlows_n(CF)$$

also

$$K_0(\%) = \frac{-A_0 + \sum_{t=1}^{n} \frac{CF_n}{(1+i)^n}}{A_0} \times 100$$

Klasse, oder? Sie sehen, Mathematik in Formeln kann Mathematik erst richtig schwierig machen! 86

Und das ist ein Punkt, den ich immer wieder bei betriebswirtschaftlichen Zusammenhängen leider sehe. Es wird alles viel zu komplex dargestellt, wenn möglich mit tollen Formeln (wie oben), auf das jede Lust vergeht, sich damit zu beschäftigen, obwohl es eigentlich ganz einfach ist.

Dieses Buch soll auch dazu beitragen, Investitionsrechnung als etwas ganz Einfaches zu verstehen und anzuwenden und Blendversuche (komplexe Formel für einfache Zusammenhänge) zu erkennen.

Die Investition rechnet sich also bei den angenommenen Ausgangsdaten mit einem Kapitalwert in 87
Höhe von 22,77 vor Steuern, nach ursprünglichem Investment und nach Forderungen Dritter (Zinsen). Dies entspricht einer Gesamtrendite in Höhe von 44,4%. Wir sagen auch: die Investition rentiert mit einem ‚NPV – Net Present Value' in Höhe von 22,77 bzw. 44,4%.

Jetzt ist an dieser Stelle das Wort Rendite gefallen und lassen Sie uns diesen Begriff in die bereits aufgestellte Definition integrieren.

Der Kapitalwert ist die Gesamt*rendite einer Investition über die* gesamte *Laufzeit* vor Steuern, *aber* nach ursprünglicher Investitionsauszahlung *(Investitionssumme) und* nach Zinszahlungen *(Forderungen Dritter), ausgedrückt entweder als absolute Größe oder als Prozentsatz (in Relation zu dieser ursprünglichen Investitionssumme).*

Jetzt sind Sie aber erst einmal an der Reihe. Bitte berechnen Sie folgendes Investitionsvorhaben auf 88
seine Sinnhaftigkeit auf der Basis des Bar- bzw. Kapitalwertansatzes:

Investitionssumme:	60.000
Laufzeit:	10 Jahre
Restwert:	0
Kalkulationszins:	4,0%
Einzahlungsüberschüsse:	8.520 konstant in allen 10 Perioden

89 Also, folgende Berechnung ist zu vollenden:

Periode	Aus-zahlung	Ein-zahlungs-überschuss	Abzinsungs-faktor	Barwert
0	-60.000			
1		8.520		
2		8.520		
3		8.520		
4		8.520		
5		8.520		
6		8.520		
7		8.520		
8		8.520		
9		8.520		
10		8.520		

90 Dies ist jetzt nicht weiter schwierig, sei es per Taschenrechner oder Excel. Bitte beachten Sie aber, dass das ursprüngliche ‚Investment' in Höhe von 60.000 eine Auszahlung ist und dementsprechend mit einem negativen Vorzeichen gekennzeichnet werden muss.

Ich habe nachfolgend keine Kommastellen bei den Barwerten abgebildet – arbeitet man mit Excel, so werden diese aber trotzdem bei der Berechnung des Kapitalwertes in Höhe von 9.105 berücksichtigt.

Periode	Aus-zahlung	Ein-zahlungs-überschuss	Abzinsungs-faktor	Barwert
0	-60.000		1,000000	-60.000
1		8.520	0,961538	8.192
2		8.520	0,924556	7.877
3		8.520	0,888996	7.574
4		8.520	0,854804	7.283
5		8.520	0,821927	7.003
6		8.520	0,790315	6.733
7		8.520	0,759918	6.474
8		8.520	0,730690	6.225
9		8.520	0,702587	5.986
10		8.520	0,675564	5.756
				9.105

Als prozentuale Größe für den Kapitalwert ergibt sich dann: 91

$$KW(\%) = \frac{9.105}{60.000} \times 100 = 15{,}2\%$$

Jetzt wollen wir dieses Beispiel noch weiter ausbauen, jeweils mit unterschiedlichen Ein- und Auszahlungen in den Perioden und einem Restwert am Ende der Laufzeit.

Investitionssumme: 60.000

Laufzeit: 10 Jahre

Restwert: 1.500 am Ende des 10. Jahres

Kalkulationszins: 4,0%

- Periode 1: Einzahlungen 5.000, Auszahlungen 1.000
- Periode 2: Einzahlungen 6.000, Auszahlungen 1.200
- Periode 3: Einzahlungen 7.000, Auszahlungen 1.500
- Periode 4: Einzahlungen 8.000, Auszahlungen 2.000
- Periode 5: Einzahlungen 9.500, Auszahlungen 2.500
- Periode 6: Einzahlungen 10.000, Auszahlungen 3.000
- Periode 7: Einzahlungen 10.000, Auszahlungen 3.500
- Periode 8: Einzahlungen 13.500, Auszahlungen 4.000
- Periode 9: Einzahlungen 17.000, Auszahlungen 4.500
- Periode 10: Einzahlungen 20.000, Auszahlungen 5.000

Damit ergibt sich in Tabellenform folgende Aufgabenstellung: 92

Periode	urspr. Auszahlung	per. Einzahlung	per. Auszahlung	Einzahlungsüberschuss	Restwert	Abzinsungsfaktor	Barwert
0	-60.000						
1		5.000	1.000				
2		6.000	1.200				
3		7.000	1.500				
4		8.000	2.000				
5		9.500	2.500				
6		10.000	3.000				
7		10.000	2.500				
8		13.500	4.000				
9		17.000	4.500				
10		20.000	5.000		1.500		

93 Das Ergebnis ist aber nicht schwieriger zu berechnen:

Periode	urspr. Auszahlung	per. Einzahlung	per. Auszahlung	Einzahlungsüberschuss	Restwert	Abzinsungsfaktor	Barwert
0	-60.000					1,000000	-60.000
1		5.000	1.000	4.000		0,961538	3.846
2		6.000	1.200	4.800		0,924556	4.438
3		7.000	1.500	5.500		0,888996	4.889
4		8.000	2.000	6.000		0,854804	5.129
5		9.500	2.500	7.000		0,821927	5.753
6		10.000	3.000	7.000		0,790315	5.532
7		10.000	2.500	7.500		0,759918	5.699
8		13.500	4.000	9.500		0,730690	6.942
9		17.000	4.500	12.500		0,702587	8.782
10		20.000	5.000	15.000	1.500	0,675564	11.147
							2.158

Bei der Berechnung des Barwertes in Periode 10 sind der Einzahlungsüberschuss in Höhe von 15.000 und der Restwert in Höhe von 1.500 zunächst addiert und dann mit dem Abzinsungsfaktor 0,675564 multipliziert worden.

Mathematisch hätte man den Restwert auch bei den Einzahlungen berücksichtigen, also anstatt 20.000 direkt 21.500 ausweisen können. Allerdings mögen Controller keine Vermischung von periodisch revolvierenden operativen Ergebnissen und Einmaleffekten. Daher empfehle ich den separaten Ausweis des Restwertes oder von Anlagenabgängen.

94 **Merke aber:**

Je höher der Diskontsatz (Zinssatz), desto niedriger der Kapitalwert bzw.

je niedriger der Diskontsatz, desto höher der Kapitalwert.

Dies gilt natürlich nur bei ansonsten konstanten Parametern.

Abschließend berechnen Sie mir bitte das Ergebnis, wenn anstatt mit 4,0% lediglich mit 3,5% abzuzinsen wäre.

Sie sehen, das Ergebnis wird jetzt besser, da weniger vom Ergebnis an Kapitaldienst für Dritte verloren geht.

Periode	urspr. Auszahlung	per. Einzahlung	per. Auszahlung	Einzahlungsüberschuss	Restwert	Abzinsungsfaktor	Barwert
0	-60.000					1,000000	-60.000
1		5.000	1.000	4.000		0,966184	3.865
2		6.000	1.200	4.800		0,933511	4.481
3		7.000	1.500	5.500		0,901943	4.961
4		8.000	2.000	6.000		0,871442	5.229
5		9.500	2.500	7.000		0,841973	5.894
6		10.000	3.000	7.000		0,813501	5.695
7		10.000	2.500	7.500		0,785991	5.895
8		13.500	4.000	9.500		0,759412	7.214
9		17.000	4.500	12.500		0,733731	9.172
10		20.000	5.000	15.000	1.500	0,708919	11.697
							4.101
							6,84%

Der Kapitalwert entspricht einer Gesamtrendite über die gesamte Laufzeit unter Einrechnung des Restwertes von 6,84%. Ohne Restwerteinrechnung sinkt der Kapitalwert bzw. die Gesamtrendite allerdings auf 1.145 bzw. 1,91%. 95

Periode	urspr. Auszahlung	per. Einzahlung	per. Auszahlung	Einzahlungsüberschuss	Restwert	Abzinsungsfaktor	Barwert
0	-60.000					1,000000	-60.000
1		5.000	1.000	4.000		0,961538	3.846
2		6.000	1.200	4.800		0,924556	4.438
3		7.000	1.500	5.500		0,888996	4.889
4		8.000	2.000	6.000		0,854804	5.129
5		9.500	2.500	7.000		0,821927	5.753
6		10.000	3.000	7.000		0,790315	5.532
7		10.000	2.500	7.500		0,759918	5.699
8		13.500	4.000	9.500		0,730690	6.942
9		17.000	4.500	12.500		0,702587	8.782
10		20.000	5.000	15.000	0	0,675564	10.133
							1.145
							1,91%

b) Weitergehende Betrachtungen – der CAGR

Starten wir sofort mit einem einfachen Beispiel: 96

Ihre Bank bietet Ihnen eine Sparanlage zu folgenden Konditionen. 10.000 € werden für 10 Jahr mit 4% p.a. verzinst, wobei die jährlich erwirtschafteten Zinsen nicht ausgezahlt, sondern mit in die gesamte Sparsumme einfließen, also dann in den Folgeperioden ebenfalls wieder mitverzinst werden, somit mit Zinseszinseffekt.

Dieses Beispiel ist ja einfach.

$$K_n = K_0 \times (1+i)^n$$

$$K_{10} = 10.000 \times (1 + 0{,}04)^{10}$$

$$K_{10} = 10.000 \times 1{,}04^{10}$$

$$K_{10} = 100.000 \times 1{,}48$$

$$K_{10} = 14.802{,}44$$

97 Die Gesamtrendite über die gesamte Laufzeit von 10 Jahren beträgt damit

$$K_{10\%} = \frac{14.802{,}44}{10.000{,}00} = 148{,}02\%$$

Jetzt wollen wir dieses Beispiel allerdings noch ein wenig erweitern. Nach Rücksprache mit dem Bankangestellten, dass Ihnen die Rendite zu gering ist, macht er Ihnen folgendes neues Angebot:

Sie investieren heute 100.000 € und erhalten nach 12 Jahren eine Summe in Höhe von 313.842,84 zurück. Dies macht eine Gesamtrendite über die Laufzeit von 12 Jahren von 313,8%.

$$K_{12\%} = \frac{313.842{,}84}{100.000} \times 100 = 313{,}8\%$$

98 Zunächst ist dies doch ein tolles Angebot: eine Gesamtrendite über die gesamte Laufzeit in Höhe von 313,8%.

Unser Anlageberater hat uns damit aber auch gleichzeitig den Kapitalwert dieser Anlage gesagt. Wir müssen dazu nur noch das ursprüngliche Investment von 100.000 € in Abzug bringen.

Somit ergibt sich ein Kapitalwert absolut in Höhe von

$$K_{0abs} = 313.842{,}84 - 100.000{,}00 = 213.842{,}84$$

bzw.

$$K_{0\%} = \frac{313.842{,}84 - 100.000{,}00}{100.000{,}00} \times 100 = 213{,}8\%$$

99 Aber was fehlt Ihnen jetzt? Wollen Sie wirklich nur die Gesamtrendite über die gesamte Laufzeit wissen? Nein, Sie interessieren sich vielmehr für die durchschnittliche Rendite pro Periode!

Und genau diese Größe wird als **‚CAGR – Compound Annual Growth Rate'** bezeichnet.

Wir wissen aus unserem Beispiel (wir hatten es ja auch zur Erklärung der Aufzinsung genutzt, dass die 100.000 Investment sich zu einer Summe von 313.842,84 vergrößern, wenn wir über 12 Jahre einen jährlichen Zins von 10% und die entsprechenden Zinseszinsen einrechnen.

Dann müssten sich bei entsprechender Rückrechnung, also bei der Berechnung der durchschnittlichen Rendite pro Periode, dem CAGR, genau diese 10% ergeben.

Zunächst ist man immer tendiert, die Rechnung auf Basis einer Division aufbauen zu wollen, weil wir so immer Durchschnitte berechnen. Aber dies geht hier nicht, da wir beim Aufzinsen, also bei der Berechnung der 313.842,84 nicht linear, sondern exponenziell (die Zinseszinsrechnung ist eine exponenzielle Betrachtung) vorgegangen sind. Also müssen wir die Umkehrrechnung der Zinseszinsrechnung anwenden: die Wurzelberechnung. 100

Gehen wir sukzessiv vor. Wir wissen, dass der Kapitalwert (KW[1]) bei o.g. Beispiel

$$K_{0abs} = 313.842{,}84 - 100.000{,}00 = 213.842{,}84$$

beträgt. Wenn wir jetzt die durchschnittliche Rendite, also den durchschnittlichen absoluten Kapitalwert pro Periode (CAGR abs) berechnen wollen, dann müssen wir rechnen

$$CAGR_{(abs)} = \sqrt[n]{KW}$$

also

$$CAGR_{(abs)} = \sqrt[12]{212.842{,}84}$$

Dies kann Excel, allerdings nur mit vorprogrammierten Funktionen und diese wollten wir nicht nutzen. 101

Aber vielleicht erinnern Sie sich noch an Ihre Schulzeit. Obige Gleichung können wir auch folgendermaßen darstellen:

$$CAGR_{(abs)} = KW^{\frac{1}{n}}$$

somit

$$CAGR_{(abs)} = 212.842{,}84^{\frac{1}{12}}$$

$$CAGR_{(abs)} = 2{,}78083$$

Was soll das jetzt, werden Sie fragen. Doch, doch, das ist schon richtig, unser Hirn kann die Zahl aber leider nicht verstehen bzw. verarbeiten. Und, Sie haben vergessen, dass wir nicht mit 12 Jahren multiplizieren dürfen, sondern mit 12 potenzieren („hoch 12") müssen. 102

Der durchschnittliche periodische absolute Kapitalwert (die durchschnittliche periodische absolute Rendite) liegt in der Tat bei gerundet 2,78083.

Machen Sie die Probe: 2,7808312 = 213.842,13. Hätten wir exakt mit Excel ohne Rundungen gearbeitet, hätten wir unseren alten Wert erhalten.

Die Formel für Probe lautet somit:

$$Kapitalwert_{(abs)} = CAGR_{(abs)}^{\ n}$$

also in unserem Beispiel

$$Kapitalwert_{(abs)} = 2{,}78083^{12} = 213.842{,}13$$

1 Ich werde jetzt zur Vereinfachung im Folgenden den Kapitalwert immer mit KW und nicht mehr mit K_0 abkürzen.

103 Aber das war ja dennoch nicht, was wir suchten – wir wollten doch den Zinssatz in Höhe von 10% ‚rückwärts' ermitteln. Unsere Bank nennt uns ja auch keine absolute Zahl, sondern eine prozentuale Größe.

Da haben Sie natürlich Recht und ich gebe zu, dass man diese durchschnittliche absolute Rendite in der Regel nicht rechnet. Allerdings habe ich mich dennoch dafür entschieden, um Sie ein wenig wieder mit der Wurzelrechnung vertraut zu machen und Ihnen damit die Scheu vor der eigentlichen von uns zu nutzenden Formel zu nehmen.

104 Hier ist sie und sie sieht ja doch ein wenig komplexer aus, gerade wenn man sich schon länger nicht mehr mit dieser Art der Mathematik beschäftigt hat.

$$CAGR_{(\%)} = \left(\sqrt[n]{1 + \frac{Kapitalwert}{Investition}} - 1\right) \bullet 100$$

Was sehen wir außer der Wurzel?

$$\frac{Kapitalwert(KW)}{Investition}$$

105 Und diese Gleichung kennen wir schon, denn so haben wir doch den Kapitalwert in % berechnet. Da wir aus einem Prozentsatz keine Wurzel ziehen können, müssen wir (wieder) faktorisieren, also

$$1 + \frac{Kapitalwert(KW)}{Investition}$$

Ja und den Rest haben wir schon bei der durchschnittlichen absoluten periodischen Rendite gemacht. Wir wissen also, dass wir die ursprüngliche Gleichung wieder umformen müssen, wenn wir keine vorprogrammierten Excel Funktionen nutzen wollen. Dann ran:

$$CAGR_{(\%)} = \left(\sqrt[n]{1 + \frac{Kapitalwert}{Investition}} - 1\right) \times 100$$

$$= CAGR_{(\%)} = \left[\left(1 + \frac{Kapitalwert}{Investition}\right)^{\frac{1}{n}} - 1\right] \times 100$$

Dann übertragen wir diese Formel auf unseren Fall

$$CAGR_{(\%)} = \left[\left(1 + \frac{213.842,13}{100.000}\right)^{\frac{1}{12}} - 1\right] \times 100$$

$$= CAGR_{(\%)} = \left[\left(1 + 2,1384213^{\frac{1}{12}}\right) - 1\right] \times 100$$

$$= CAGR_{(\%)} = \left(3{,}1384213^{\frac{1}{12}} - 1\right) \times 100$$

$$= CAGR_{(\%)} = (1{,}10 - 1) \times 100$$

$$= CAGR_{(\%)} = 0{,}10 \times 100$$

$$= CAGR_{(\%)} = 10{,}0\%$$

Und da sind sie wirklich: Die 10% Verzinsung, die der Banker uns nicht gesagt hatte. Sie erinnern sich, er hatte uns nur den Anlagebetrag (100.000) und den Endbetrag nach 12 Jahren (313.842,13) genannt. 106

Auch hier steht die Probe an, ob unsere Rechnungen korrekt waren. Zunächst müssen wir wieder faktorisieren, also gilt

$$Kapitalwert_{(\%)} = \left[(1 + CAGR_{(\%)})^n - 1\right] \times 100$$

$$Kapitalwert_{(\%)} = \left[(1 + 0{,}10)^{12} - 1\right] \times 100$$

$$Kapitalwert_{(\%)} = \left[(1{,}10)^{12} - 1\right] \times 100$$

$$Kapitalwert_{(\%)} = 3{,}138 \times 100 = 313{,}8\%$$

und dies ist exakt der von uns berechnete Kapitalwert, siehe oben.

Macht man es Schritt für Schritt, dann ist auch diese Rechnung recht einfach. Mit Excel ist dies sogar noch bequemer, denn wir müssen nur die Parameter in einer Excelzelle richtig mit mathematischen Operanden eingeben und das Rechnen selbst übernimmt Excel. 107

Probieren Sie es doch einmal. Geben Sie sofort die erste Umformung der eigentlichen Formel, und denken Sie bitte daran, im Zähler innerhalb der Klammer den Kapitalwert und nicht den Endbetrag einzugeben, also

$$CAGR_{(\%)} = \left[\left(1 + \frac{Kapitalwert}{Investition}\right)^{\frac{1}{n}} - 1\right] \times 100$$

oder mit Zahlen

1

$$CAGR_{(\%)} = \left[\left(1 + \frac{213.842,13}{100.000} \right)^{\frac{1}{12}} - 1 \right] \times 100$$

ein.

108 Ich helfe Ihnen: Geben Sie bitte folgende Gleichung in eine Zelle ein:

=((1+213842,13/100000)^(1/12)-1)x100

und Sie erhalten 0,10. Dann mit 100 multiplizieren oder einfach die Zelle entsprechend formatieren und schon haben wir die gesuchten und (von der Aufzinsungsübung schon bekannten) 10,0%.

Damit können wir das uns von der Bank angebotene Investment folgendermaßen zusammenfassen.

Die Sparlange über 100.000 rentiert über die Gesamtlaufzeit von 12 Jahren mit insgesamt 213,8%, das entspricht einer durchschnittlichen jährlichen Verzinsung (Rendite) von genau 10,0% inklusive Zinseszinsen. Steuern sind keine berücksichtigt. Der Kapitalwert (absolute Gesamtrendite über gesamte Laufzeit) beträgt 213.842,13.

Jetzt sind Sie wieder an der Reihe. Bitte berechnen Sie den CAGR absolut und in Prozent für ein weiteres uns bekanntes Beispiel.

Periode	Auszahlung	Einzahlung	Auszahlung	Einzahlungsüberschuss	Abzinsungsfaktor	Barwert
0	-50,00				1,000000	-50,00
1		20,00	10,00	10,00	0,909091	9,09
2		25,00	10,00	15,00	0,826446	12,40
3		33,00	13,00	20,00	0,751315	15,03
4		40,00	15,00	25,00	0,683013	17,08
5		45,00	15,00	30,00	0,620921	18,63
						22,22

109 Sie müssen also rechnen:

CAGR absolut – durchschnittliche periodische Rendite absolut:

$$CAGR_{(abs)} = \sqrt[n]{KW}$$

$$= CAGR_{(abs)} = KW^{\frac{1}{n}}$$

also

$$CAGR_{(abs)} = 22,22^{\frac{1}{5}} = 1,86$$

Machen wir kurz auch die Probe:

$$Kapitalwert_{(abs)} = CAGR_{(abs)}{}^{n}$$

somit $Kapitalwert_{(abs)} = 1,86^{5} = 22,22$.

Übrigens, ich habe hier nicht mit den gerundeten Werten gerechnet, sondern die exakten Werte eingesetzt, die ich mir parallel in Excel berechnet habe.

Jetzt wollen wir den Wert in Prozent ermitteln. 110

CAGR % – durchschnittliche periodische Rendite in Prozent:

$$CAGR_{(\%)} = \left(\sqrt[n]{1 + \frac{Kapitalwert}{Investition}} - 1 \right) \times 100$$

$$= CAGR_{(\%)} = \left[\left(1 + \frac{Kapitalwert}{Investition} \right)^{\frac{1}{n}} - 1 \right] \times 100$$

also

$$CAGR_{(\%)} = \left[\left(1 + \frac{22{,}22}{50{,}00} \right)^{\frac{1}{5}} - 1 \right] \times 100$$

$$CAGR_{(\%)} = 1{,}44^{\frac{1}{5}} - 1 \times 100 = 7{,}63\%$$

Machen wir auch hier die Probe.

$$Kapitalwert_{(\%)} = \left[\left(1 + CAGR_{(\%)} \right)^n - 1 \right] \times 100$$

$$Kapitalwert_{(\%)} = \left[\left(1 + 0{,}0763 \right)^5 - 1 \right] \times 100$$

$$Kapitalwert_{(\%)} = \left[1{,}0763^5 - 1 \right] \times 100 = 44{,}44\%$$

111 Wenn Sie jetzt Routine erlangt haben, probieren Sie es doch auch noch mit diesem Beispiel:

Periode	Aus-zahlung	Ein-zahlungs-überschuss	Abzinsungs-faktor	Barwert
0	-60.000		1,000000	-60.000
1		8.520	0,961538	8.192
2		8.520	0,924556	7.877
3		8.520	0,888996	7.574
4		8.520	0,854804	7.283
5		8.520	0,821927	7.003
6		8.520	0,790315	6.733
7		8.520	0,759918	6.474
8		8.520	0,730690	6.225
9		8.520	0,702587	5.986
10		8.520	0,675564	5.756
				9.105

112 Der von mir gewählte Zinssatz zur Diskontierung lautet 4,00%.
Hier helfe ich Ihnen allerdings schon weniger.

$$CAGR_{(\%)} = \left(\sqrt[10]{1 + \frac{9.105}{60.000}} - 1 \right) \times 100$$

also rechnen Sie

$$CAGR_{(\%)} = \left[\left(1 + \frac{9.105}{60.000} \right)^{\frac{1}{10}} - 1 \right] \times 100$$

Das Ergebnis lautet: CAGR = 1,42%

Ich zeige Ihnen allerdings, dass das Ergebnis richtig ist. Machen wir erneut die Probe

$$Kapitalwer\ t_{(\%)} = \left[\left(1 + CAGR_{(\%)} \right)^{10} - 1 \right] \times 100$$

$$Kapitalwer\ t_{(\%)} = \left[\left(1 + 0{,}0142 \right)^{10} - 1 \right] \times 100$$

Das Ergebnis lautet 15,17%. Auch hier wurde wieder nicht mit gerundeten Werten gerechnet.

Somit müssen Sie folgende Tabelle erhalten: 113

Investitionssumme	60.000
Zinssatz	4,0%
Laufzeit in Jahren	10

Periode	Auszahlung	Einzahlungsüberschuss	Abzinsungsfaktor	Barwert
0	-60.000		1,000000	-60.000
1		8.520	0,961538	8.192
2		8.520	0,924556	7.877
3		8.520	0,888996	7.574
4		8.520	0,854804	7.283
5		8.520	0,821927	7.003
6		8.520	0,790315	6.733
7		8.520	0,759918	6.474
8		8.520	0,730690	6.225
9		8.520	0,702587	5.986
10		8.520	0,675564	5.756
		Kapitalwert absolut:		9.105
		Kapitalwert (%):		15,17%
		CAGR (%):		1,42%

c) Dynamische Amortisationsmethode (‚Break Even')

Der Namen für diesen Ansatz ist leider ziemlich kompliziert in der deutschen Sprache, im englischen sprechen wir vom Break Even. Meist wird Break Even einfach mit BE abgekürzt. 114

Dieses Wort lässt sich übrigens in allen möglichen Varianten schreiben, klein und zusammen oder getrennt, groß zusammen und getrennt, jeweils mit oder ohne Bindestrich bei getrennter Schreibweise. Es gibt aber einen Grund, warum ich gerade diese Schreibweise (Break Even) gewählt habe. Würde ich es mit einem Trennstrich schreiben, dann wird in den mathematischen Formeln der Eindruck erweckt, dass hier etwas subtrahiert wird. Dies möchte ich vermeiden.

Vielleicht sind Sie jetzt auch ein wenig überrascht, dass ich nicht, wie in der Aufzählung zu Beginn des Kapitels über die dynamischen Verfahren, zunächst die Interne Zinsfuß Methode erkläre. Dies hat den Grund, dass ich bei der Erklärung des internen Zinsfußes den Break Even Zeitpunkt brauche. 115

Was ist der ‚Break Even'?

Es handelt sich dabei um den Zeitpunkt, zu dem das investierte Kapital zuzüglich einer Verzinsung in Höhe des Kalkulationszinsfußes wieder aus den Rückzahlungen des Projektes gewonnen wurde, es sich also amortisiert hat.

116 Wir müssen also berechnen, wann nach wie vielen Jahren, Monate, Wochen, Tagen....die mit dem Kalkulationszinsfuß abgezinsten kumulierten Einzahlungsüberschüsse erstmals die ursprüngliche Investitionssumme übersteigen…

oder anders ausgedrückt…

sich genau ein Kapitalwert von 0 errechnet.

Ist eine Investition entsprechend dem dynamischen Amortisationsverfahren von wirtschaftlichem Vorteil, so kann darüber hinaus auch von einer positiven Rentabilität bei der Berechnung der Bar- bzw. Kapitalwertmethode ausgegangen werden, die Investition hat dann am Ende der Laufzeit einen positiven Kapitalwert.

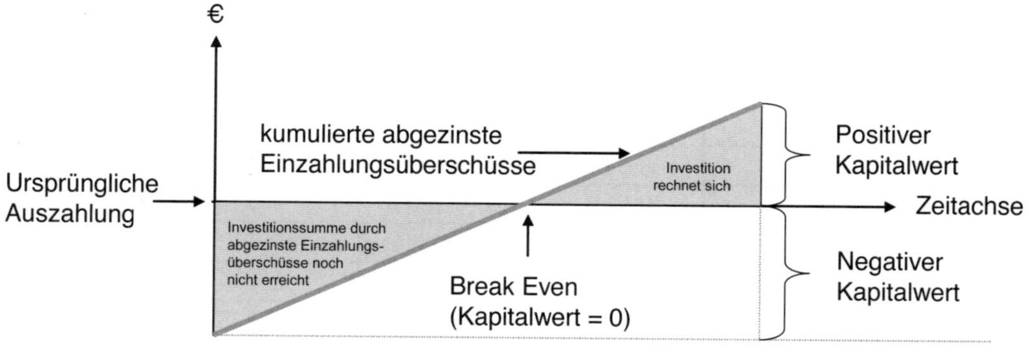

117 Der Unterschied zur statischen Amortisation liegt darin, dass bei der dynamischen Amortisation die Verzinsung mit in die Berechnung einfließt.

An dieser Stelle müssen wir aber sofort auf eine Problematik aufmerksam machen. Sollten nach Erreichen des Break Even die kumulierten abgezinsten Einzahlungsüberschüsse (Cash Flows) aufgrund von Verlusten wieder unter die ursprüngliche Investitionssumme fallen und erst dann richtig ‚durchstarten' (also eine liegende S-Kurve entstehen), dann kann kein eindeutiges Ergebnis ermittelt werden, da mehrere Nullstellen auftreten und dies ein mehrdeutiges Ergebnis zur Folge hat.

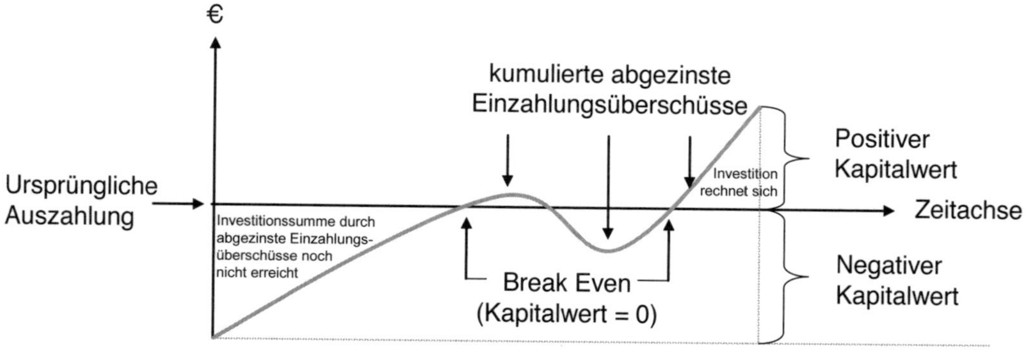

118 Das dynamische Investitionsrechenverfahren (Die Break Even Analyse) eignet sich in diesem Fall nicht für die Beurteilung einer Investition. Wir werden übrigens genau den gleichen Sachverhalt später beim internen Zinsfuß sehen.

Wie berechnet man jetzt diesen Break Even Zeitpunkt?a

Auch dies ist schnell gemacht, weil es wieder eine (in diesem Fall sogar sehr leichte) Formel gibt.

1

$$BreakEven = PeriodevonC_1 - \frac{C_1}{C_2 - C_1}$$

mit

- C1 = letzter negativer Kapitalwert (€)
- C2 = erster positiver Kapitalwert (€)

Bitte fragen Sie mich nicht, warum in der Literatur gerade der Buchstabe c genutzt wird – ich weiß es auch nicht. 119

Lassen Sie uns wieder an unserem Standardbeispiel arbeiten. Es macht ja viel mehr Sinn, sofort an konkreten Fällen Formeln zu erklären. Wir rufen daher das Beispiel zunächst noch einmal auf. Jetzt wollen wir aber auch die weiteren uns bekannten Analyseergebnisse mit einspielen, damit wir jeweils ein vollständiges Bild haben.

Also wir brauchen die Ausgangsdaten, die periodischen Ein- und Auszahlungen, die Diskontfaktoren, Barwerte und dann

- den Kapitalwert absolut
- den Kapitalwert in Prozent
- den CAGR %

Den CAGR als absolute Größe lassen wir besser außen vor, da er sowieso nur verwirrt und in der Praxis eigentlich auch nur sehr selten ausgewiesen wird. Übrigens, auch Praktiker haben durchaus Verständnisprobleme mit dem absoluten CAGR. 120

Laufzeit in Jahren	5
Anfangsinvestitions/-auszahlung	50,00
Zins	10,0%

Periode	Aus-zahlung	Ein-zahlung	Aus-zahlung	Ein-zahlungs-überschuss	Abzinsungs-faktor	Barwert
0	-50,00				1,000000	-50,00
1		20,00	10,00	10,00	0,909091	9,09
2		25,00	10,00	15,00	0,826446	12,40
3		33,00	13,00	20,00	0,751315	15,03
4		40,00	15,00	25,00	0,683013	17,08
5		45,00	15,00	30,00	0,620921	18,63

Ergebnisse aus heutiger (t_0) Sicht		
	Kapitalwert absolut:	22,22
	Kapitalwert (%):	44,43%
	CAGR (%):	7,63%

Jetzt können wir beginnen. Wir benötigen zunächst die Periode von c_1, also die Periode, in der wir den letzten negativen Kapitalwert sehen. Wir sehen aber leider gar nichts dergleichen, denn wir haben die periodischen Kapitalwerte bisher nicht gebraucht und daher auch nicht ausgewiesen. 121

1

Mit Excel aber ist dies alles kein Problem. Wir berechnen einfach auch die fehlenden Werte und weisen sie in einer weiteren Spalte ganz rechts aus.

122 Wir investieren in t_0 (am Ende des Jahres) 50,00 haben somit eine Auszahlung von -50. am Ende des 1. Jahres haben wir 9,09 nach Abzinsung verdient (Barwert), so dass der periodische Kapitalwert am Ende des 1. Jahres -40,91 beträgt. Im 2. Jahr kommen weitere 12,40 Barwerte hinzu, also beträgt unser periodischer Kapitalwert dann nur noch -28,51. So fahren wir in allen Jahren fort und erhalten nach 5 Jahren die uns bekannten 22,22.

Laufzeit in Jahren	5
Anfangsinvestitions/-auszahlung	50,00
Zins	10,0%

Periode	Aus-zahlung	Ein-zahlung	Aus-zahlung	Ein-zahlungs-überschuss	Abzinsungs-faktor	Barwert	Periodische Kapitalwerte
0	-50,00				1,000000	-50,00	-50,00
1		20,00	10,00	10,00	0,909091	9,09	-40,91
2		25,00	10,00	15,00	0,826446	12,40	-28,51
3		33,00	13,00	20,00	0,751315	15,03	-13,49
4		40,00	15,00	25,00	0,683013	17,08	3,59
5		45,00	15,00	30,00	0,620921	18,63	22,22

Ergebnisse aus heutiger (t_0) Sicht

Kapitalwert absolut:	22,22
Kapitalwert (%):	44,43%
CAGR (%):	7,63%

123 Wir brauchen also für die o.g. Formel die Periode des letzten negativen Kapitalwertes. Dies ist die Periode 3!

Außerdem brauchen wir den Kapitalwert c_1 selbst. Er beträgt -13,49. Für den Nenner unserer Formel benötigen wir jetzt noch den Wert von C_2, also 3,59.

Jetzt können wir die Formel komplettieren, los geht's.

$$BreakEven = PeriodevonC_1 - \frac{C_1}{C_2 - C_1}$$

$$BreakEven = 3 - \frac{-13{,}49}{3{,}59 - -13{,}49}$$

Im Nenner sehen wir ‚Minus Minus (--)', also müssen wir im Nenner addieren:

$$BreakEven = 3 - \frac{-13{,}49}{3{,}59 + 13{,}49}$$

$$BreakEven = 3 - \frac{-13{,}49}{17{,}08}$$

Der Bruch bleibt aber aufgrund des negativen Zählers weiterhin negativ, also müssen wir erneut die beiden verbleibenden ‚Minus' Zeichen durch ein ‚Plus' Zeichen ersetzen. Denken Sie noch daran, dass zunächst der Bruch gerechnet werden muss und wir erhalten 124

$$BreakEven = 3 + \frac{13{,}49}{17{,}08} = 3{,}79$$

Dieses Investment geht genau nach 3,79 Jahren „Break Even", bzw. erreicht dann seine Gewinnschwelle. Aber Achtung: Nach 3,70 Jahren heißt, dass wir dann im 4. Jahr sind, der Break Even somit auch erst im Jahr 4 erreicht wird!

Damit können wir auch diesen Punkt unserer Auswertung hinzufügen.

Laufzeit in Jahren	5
Anfangsinvestitions/-auszahlung	50,00
Zins	10,0%

Periode	Aus-zahlung	Ein-zahlung	Aus-zahlung	Ein-zahlungs-überschuss	Abzinsungs-faktor	Barwert	Periodische Kapitalwerte
0	-50,00				1,000000	-50,00	-50,00
1		20,00	10,00	10,00	0,909091	9,09	-40,91
2		25,00	10,00	15,00	0,826446	12,40	-28,51
3		33,00	13,00	20,00	0,751315	15,03	-13,49
4		40,00	15,00	25,00	0,683013	17,08	3,59
5		45,00	15,00	30,00	0,620921	18,63	22,22

Ergebnisse aus heutiger (t_0) Sicht

Kapitalwert absolut:	22,22
Kapitalwert (%):	44,43%
CAGR (%):	7,63%
Break Even (in Jahren)	3,79

Können wir das weiter konkretisieren? Na klar, denn wir können jetzt auch den Tag berechnen. Wir müssen dazu nur 79% von 365 (Tagen) berechnen, also nach (gerundet) 288 Tagen im 4. Jahr. Wenn wir jetzt durch 30 dividieren, haben wir auch den Monat, aber darauf verzichte ich jetzt (aus einem bestimmten Grund, dazu aber später). 125

Die Break Even Formel ist einfach und kommt natürlich auch nur zu richtigen Ergebnissen, wenn man eine lineare Entwicklung der diskontierten Einzahlungsüberschüsse innerhalb der einzelnen Perioden unterstellt. In der Praxis wird aber auch nicht detaillierter gerechnet, denn das große Problem ist immer noch die Ableitung der zukünftigen Ein- und Auszahlungsströme. Daher berechnet man auch die Tage (288 im 4. Jahr) bis zum genauen mathematischen Break Even eigentlich nie und sagt viel mehr „…nach ca. 3,8 Jahren".

Die durch die lineare Interpolation (so wird diese Berechnungstechnik genannt) entstehenden Ungenauigkeiten hier bei der Break Even Ermittlung kann man deshalb auch ohne weiteres vernachlässigen. 126

Trotzdem mag ich die Formel persönlich eigentlich nicht. Was mir daran nicht gefällt, ist der Punkt, dass in einer Formel einerseits Jahre und dann Werte miteinander vermischt werden. Sie müssen diese Sichtweise aber nicht teilen.

Ich berechne außerdem den Break Even bei meinen Projekten immer auch noch über einen anderen Weg, quasi als Probe, der mich zum identischen Ergebnis führt, allerdings aus einer anderen ‚Perspektive'. Ich nenne dies dann den ‚**logischen Break Even Berechnungsansatz**'. Dies ist meine persönliche Bezeichnung und sicherlich nicht in der Literatur zu finden. Wir werden damit das exakte Break Even Datum aber leichter berechnen können.

127 Dieser Weg braucht aber auch wieder eine Jahreszahl und periodische Ergebnisse, allerdings nicht in einer gemeinsamen Formel.

Lassen Sie uns nochmals rekapitulieren, was wir aus der tabellarischen Berechnung wissen. Wir sehen in der letzten Spalte ‚Periodische Kapitalwerte', dass wir im 4. Jahr Break Even erreichen, denn in diesem Jahr haben wir laut unseren Berechnungen zum ersten Mal einen positiven Kapitalwert.

Also, das können wir uns auch merken: Break Even in Jahr 4!

Weiter wissen wir, dass uns am Ende des 3. Jahres noch 13,49 (sagen wir €uro) bis zum Break Even fehlten, denn dieser Wert wird auch bei den Kapitalwerten für das 3. Jahr in der Tabelle ausgewiesen und zwar mit einem negativen Vorzeichen. Außerdem können wir der Tabelle im 4. Jahr bei den Barwerten der Einzahlungsüberschüsse (nochmals zur Erinnerung: wir sprechen von Barwerten, wenn wir abgezinst, also diskontiert haben) entnehmen, dass im Jahr 4 genau 17,08 (sagen wir erneut €uro) hinzukommen.

128 Damit haben wir dann auch die Basis für eine erneute lineare Interpolation. Nehmen wir erneut an, dass sich bei unserem Investment die jährlichen Einzahlungsüberschüsse gleichmäßig auf die 12 Monate verteilen, wir haben also keine Schwankungen wie bei einem Saisongeschäft. Und damit haben wir bereits die Lösung.

Keine Schwankungen unterstellt, erzielen wir im Jahr 4 pro Monat 17,08 € ÷ 12 = 1,42 € neue Barwerte. Und zum Ende des 3. Jahres fehlten uns noch wie viele? Genau 13,49 €, das negative Vorzeichen benötigen wir nicht. Also dann brauchen wir doch nur noch die 13,49 durch 1,42 dividieren und erhalten unser gesuchtes Ergebnis. 13,49 ÷ 1,42 = 9,50. Es braucht also 9,50 Monate, bis die 13,49 erreicht sind. Damit sind wir im Oktober (nach 9 Monaten – September – und 50% des nächsten Monats, also genau in der Mitte des Oktobers)

129 Break Even ist erreicht ca. am 15. Oktober im 4. Jahr! Ist doch einfach und logisch, oder? Und dies entspricht dann wieder dem zuvor berechneten 288. Tag.

Bauen wir noch eine Formel dafür auf. Dann werden wir sehen, dass dieser Weg ziemlich gleich mit der erstgenutzten Berechnung ist. Damit keine Verwechslungen entstehen, arbeite ich jetzt mit ‚L' wie logisch

Wir ‚beziehen' uns auf das Jahr des Break Even (Periode mit dem ersten positiven Kapitalwert und rechnen dann für dieses Jahr:

$$BE = \frac{|L_1|}{L_2 \div 12} Monate \quad \text{im Jahr mit dem ersten positiven Kapitalwert}$$

mit

L1 = letzter negativer Kapitalwert (€) als absoluter Wert

L2 = Barwert der Cash Flows in der Periode des ersten positiven KW (€)

Vielleicht erinnern sie sich noch an Ihre Schulzeit? Man kann mathematisch ‚absolut' kennzeichnen, in dem man die Zahl zwischen zwei vertikale Striche schreibt, also $|L1|$.

Damit errechnet sich der Break Even 130

$$nach \frac{13{,}49}{17{,}08 \div 12} Monaten \text{ im Jahr 4,}$$

$$\text{somit } nach \frac{13{,}49}{1{,}42} Monaten \text{ im Jahr 4,}$$

$$\text{also } nach 9{,}5 Monaten \text{ im Jahr 4.}$$

In unserem Fall ist die Bestimmung des Tages natürlich besonders einfach, da wir 9,5 Monate ermittelt haben und es damit der 15. Oktober sein muss. Bitte vernachlässigen Sie generell, dass nicht alle Monate 30 Tage haben. Aber, sorry, da sind Sie mir zu schnell gefolgt. Nach 50% des Oktobers heißt, dass es sich um den 16. Oktober handelt.

Hätten wir als Ergebnis z.B. 9,28 ermittelt, dann hätten wir noch ein wenig rechnen müssen. Aber 131
dies ist ja auch einfach: 28% von 30 Tagen, damit wäre es im Laufe des 9. Oktobers gewesen. Das mathematisch richtige Ergebnis lautet 8,40, also nach 8 Tagen, somit am 9. Oktober. Jetzt können Sie gerne auch noch die Stunde bestimmen. 40% von 24 Stunden….hier hören wir aber besser auf, denn unsere geplanten Ein- und Auszahlungen haben sicherlich nicht 100% Planungssicherheit.

Fassen wir also zusammen. Für die Ermittlung des Break Even gibt es zwei Wege, die beide richtig sind, das Datum allerdings aus anderen ‚Perspektiven' (Anzahl der Tage bzw. Monats- und Tagesberechnung beim 2. Ansatz, jeweils im Jahr des Break Even) darstellen und sich somit ergänzen. Eine Investition rechnet sich, wenn das Objekt eine kürzere Amortisationzeit (Break Even) als Nutzungsdauer aufweist oder sich innerhalb einer zuvor festgelegten Sollamortisationsdauer befindet.

Und jetzt sind Sie wieder mit dem anderen Fall an der Reihe. Bitte berechnen Sie den Break Even mit beiden Ansätzen für das 2. Beispiel.

132 Die Ausgangsdaten gebe ich Ihnen wieder

Investitionssumme	60.000
Zinssatz	4,0%
Laufzeit in Jahren	10

Periode	Auszahlung	Einzahlungsüberschuss	Abzinsungsfaktor	Barwert
0	-60.000		1,000000	-60.000
1		8.520	0,961538	8.192
2		8.520	0,924556	7.877
3		8.520	0,888996	7.574
4		8.520	0,854804	7.283
5		8.520	0,821927	7.003
6		8.520	0,790315	6.733
7		8.520	0,759918	6.474
8		8.520	0,730690	6.225
9		8.520	0,702587	5.986
10		8.520	0,675564	5.756
		Kapitalwert absolut:		9.105
		Kapitalwert (%):		15,17%
		CAGR (%):		1,42%

Wie immer helfe ich Ihnen mit den Formeln und Rechnungen, aber nicht mehr so detailliert wie beim ersten Beispiel. Beschäftigen wir uns zunächst mit dem ersten Ansatz:

Zunächst mussten wir einmal die periodischen Kapitalwerte in einer weiteren Spalte berechnen.

Periode	Auszahlung	Einzahlungsüberschuss	Abzinsungsfaktor	Barwert	Periodische Kapitalwerte
0	-60.000		1,000000	-60.000	-60.000
1		8.520	0,961538	8.192	-51.808
2		8.520	0,924556	7.877	-43.930
3		8.520	0,888996	7.574	-36.356
4		8.520	0,854804	7.283	-29.073
5		8.520	0,821927	7.003	-22.070
6		8.520	0,790315	6.733	-15.337
7		8.520	0,759918	6.474	-8.862
8		8.520	0,730690	6.225	-2.637
9		8.520	0,702587	5.986	3.349
10		8.520	0,675564	5.756	9.105
		Kapitalwert absolut:			9.105
		Kapitalwert (%):			15,17%
		CAGR (%):			1,42%

Und jetzt die Formel und die Werte: 133

$$BreakEven = PeriodevonC_1 - \frac{C_1}{C_2 - C_1}$$

mit

C_1 = letzter negativer Kapitalwert (€)

C_2 = erster positiver Kapitalwert (€)

also $BreakEven = 8 - \frac{-2.637}{3.349 - -2.637}$

Break Even wird somit erreicht nach 8,44 Jahren

Für den 2. Ansatz gilt:

$\frac{|L_1|}{L_2 \div 12} Monate$ im Jahr mit dem ersten positiven Kapitalwert, mit

L_1 = letzter negativer Kapitalwert (€) als absoluter Wert

L_2 = Barwert der Cash Flows in der Periode des ersten positiven KW(€)

also $\frac{2.637}{5.986 \div 12} Monate$ im Jahr 9

134 Break Even wird somit erreicht im Jahr 9 und 5,29 Monaten, also ca. am 9. Juni.

Fassen wir unsere Ergebnisse wieder tabellenartig zusammen:

Investitionssumme	60.000
Zinssatz	4,0%
Laufzeit in Jahren	10

Periode	Auszahlung	Einzahlungsüberschuss	Abzinsungsfaktor	Barwert	Periodische Kapitalwerte
0	-60.000		1,000000	-60.000	-60.000
1		8.520	0,961538	8.192	-51.808
2		8.520	0,924556	7.877	-43.930
3		8.520	0,888996	7.574	-36.356
4		8.520	0,854804	7.283	-29.073
5		8.520	0,821927	7.003	-22.070
6		8.520	0,790315	6.733	-15.337
7		8.520	0,759918	6.474	-8.862
8		8.520	0,730690	6.225	-2.637
9		8.520	0,702587	5.986	3.349
10		8.520	0,675564	5.756	9.105
		Kapitalwert absolut:			9.105
		Kapitalwert (%):			15,17%
		CAGR (%):			1,42%
		Beak Even		nach Jahren:	8,44
				also im Jahr 9 und Monaten:	5,29
					somit am 9. Juni

Können wir unser Ergebnis auch noch anders verifizieren?

Ja, nur dieses Hilfsmittel haben wir bisher nicht erstellt.

d) Grafische Darstellung(en)

135 Für uns, die Investitionsrechnungen erstellen und weitere Analysen dann anstellen, sind die Ergebnisse meist klar. Nur solche Tabellen kann man nur schwer Dritten erklären oder präsentieren. Deshalb brauchen wir für jede Investitionsrechnung auch eine grafische Darstellung.

Sie wissen schon, was jetzt kommt. Wir haben ja Excel…

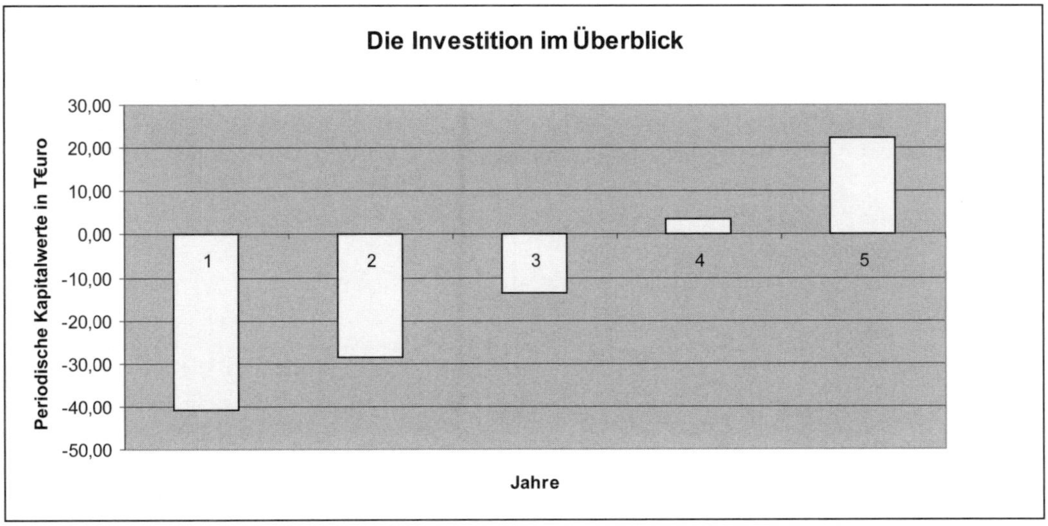

Klasse, oder? Wir sehen, dass wir am Ende des vierten Jahres erstmals einen positiven Kapitalwert erreicht haben, also genau, wie wir es berechnet hatten. Wäre hier jetzt ein Liniendiagramm präziser? 136

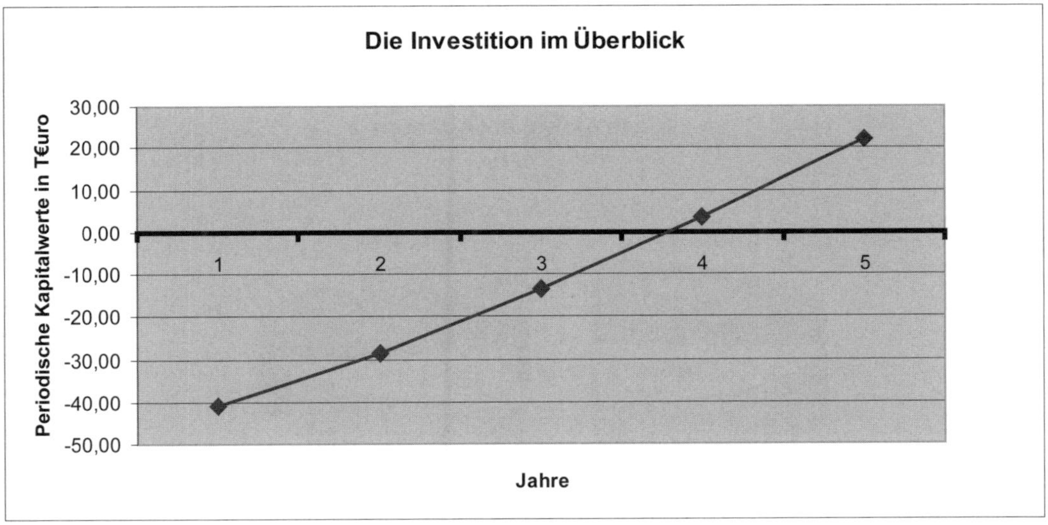

Ja schon, wenn man weiß, wie Excel Liniendiagramme aufbaut. Der Linienpunkt wird immer direkt unter- oder oberhalb der Jahreszahl gesetzt, damit sind die kleinen Striche auf der Zeitachse jeweils Halbjahresmarkierungen. Und hier sehen wir sehr schön, fast genau zwischen 3,5 und 4 Jahren, wie die kumulierten periodischen Kapitalwerte die Nulllinie nach vorab berechneten 3,79 Jahren schneidet. 137

Dennoch bevorzuge ich das erstgezeigte Balkendiagramm, weil da meiner Meinung nach mehr „Pepp" drin ist, obwohl ich gleichzeitig für die Break Even Darstellung die Linie schon schätze.

Daher stelle ich beide Formen (Linie und Balken) gerne zusammen in einem Diagramm dar…

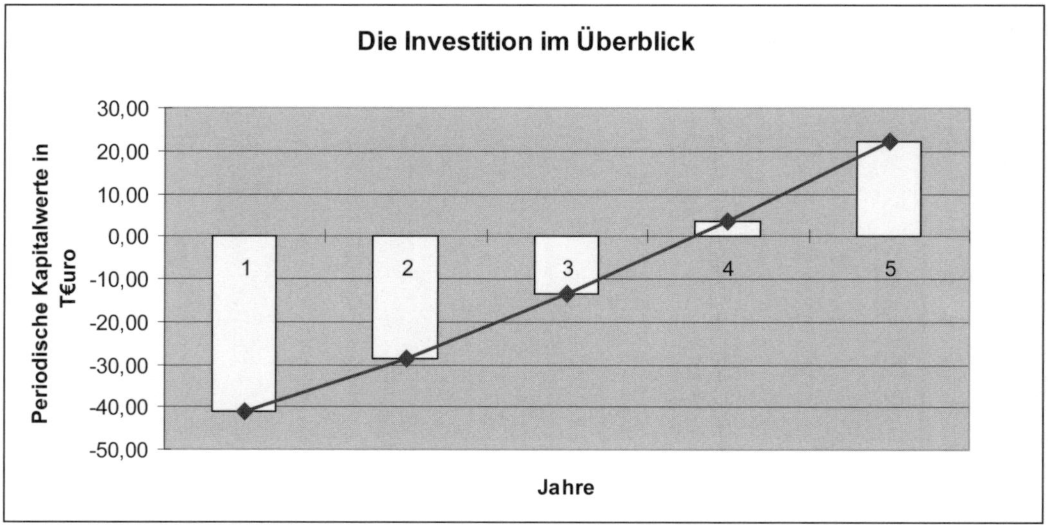

138 Trotzdem fehlt noch etwas aus meiner Sicht sehr wichtiges.

Wie hoch sind die diskontierten Rückflüsse in den einzelnen Jahren und wie viel tragen sie zum gesamten Kapitalwert bei?

Auch dies können wir uns leicht abbilden und hier bietet sich dann ein Kuchendiagramm an:

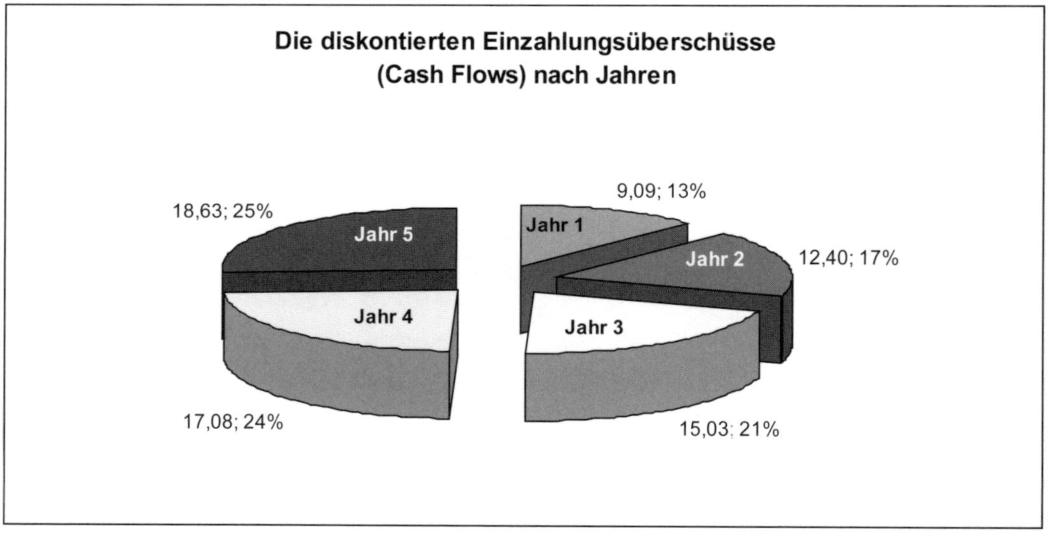

139 Häufig mache ich es dann so, dass ich beide Darstellungen nebeneinander stelle, unmittelbar unterhalb der tabellarischen Berechnungen sowie den weiteren Analyseergebnissen.

Aber stellen Sie sich Ihr ‚Executive Summary' selbst zusammen. Wichtig ist meiner Meinung nach, dass Tabelle und Diagramm parallel abgebildet werden und dass es auf eine Seite passt. Kurz und bündig!

Hier zeige ich Ihnen aber meinen Favoriten, den wir allerdings noch ein wenig erweitern werden.

Die Investition im Überblick 140

Laufzeit in Jahren	5
Anfangsinvestitions/-auszahlung	50,00
Zins	10,0%

Periode	Aus-zahlung	Ein-zahlung	Aus-zahlung	Ein-zahlungs-überschuss	Abzinsungs-faktor	Barwert	Periodische Kapitalwerte
0	-50,00				1,000000	-50,00	-50,00
1		20,00	10,00	10,00	0,909091	9,09	-40,91
2		25,00	10,00	15,00	0,826446	12,40	-28,51
3		33,00	13,00	20,00	0,751315	15,03	-13,49
4		40,00	15,00	25,00	0,683013	17,08	3,59
5		45,00	15,00	30,00	0,620921	18,63	22,22

Ergebnisse aus heutiger (t_0) Sicht

Kapitalwert absolut:	22,22
Kapitalwert (%):	44,43%
CAGR (%):	7,63%
Break Even (in Jahren)	3,79
also im Jahr 4 und Monaten	9,5

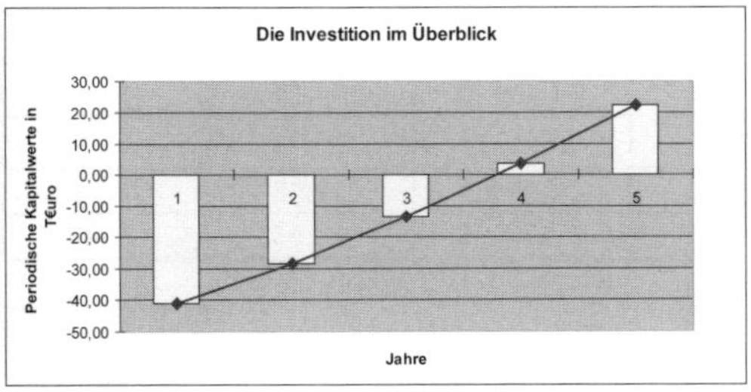

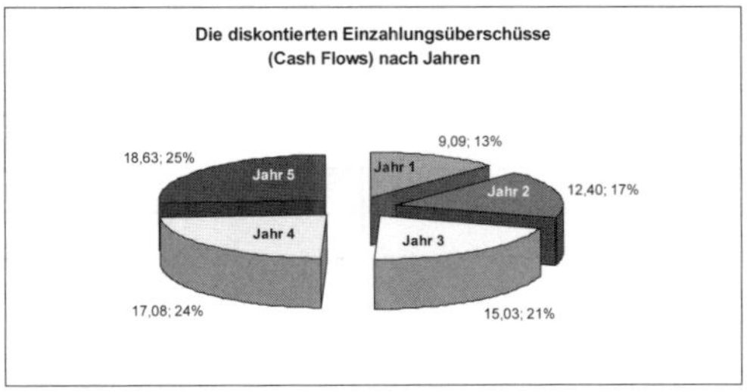

Und, gefällt es Ihnen auch so besser?

e) Die Annuitätenmethode

Unter Annuität wird eine regelmäßige und gleich bleibende Zahlung verstanden. Diese Methode ist ähnlich der Kapitalwertmethode, welche allerdings nicht den Periodenerfolg, sondern den Gesamterfolg des Investitionsobjektes aufzeigt. In der Investitionsrechnung wird mit der Annuitätenmethode der Kapitalwert einer Investition auf die Projektdauer verteilt. 141

Dadurch wird der Tatsache Rechnung getragen, dass ein innerhalb kürzerer Dauer erwirtschafteter Kapitalwert im Vergleich höher zu werten ist, da diese Investition möglicherweise wiederholt werden kann.

Um den Periodenerfolg zu ermitteln, werden der Anschaffungsbetrag, der Restwert, die Zinsen und Zinseszinsen auf die gesamte Nutzungsdauer des Investitionsobjektes verteilt. Die Annuität ist dann ein periodisch gleich bleibender Betrag. Dieses Investitionsrechnungsverfahren eignet sich übrigens auch für die Bewertung von Investitionsobjekten mit unterschiedlicher Nutzungsdauer. 142

Dazu gibt es natürlich auch eine Formel, die aber lediglich auf den ersten Blick schwierig erscheint. Wir müssen nur wieder systematisch und Schritt für Schritt vorgehen.

143 Berechnung Annuität:

$$An = K_0 \times \frac{(1+i)^n \times i}{(1+i)^n - 1}$$

mit

- A_n = Annuität (€)
- i = Kalkulationszinssatz (%)
- K_o = Kapitalwert (€)
- n = Jahre

Also gehen wir es wieder ganz langsam an und zwar wie immer an unseren Beispielen. Rufen wir uns wieder die Ausgangsdaten auf und zwar inklusive der bereits von uns gemachten Analyseergebnise.

Laufzeit in Jahren	5
Anfangsinvestitions/-auszahlung	50,00
Zins	10,0%

Periode	Aus-zahlung	Ein-zahlung	Aus-zahlung	Ein-zahlungs-überschuss	Abzinsungs-faktor	Barwert	Periodische Kapitalwerte
0	-50,00				1,000000	-50,00	-50,00
1		20,00	10,00	10,00	0,909091	9,09	-40,91
2		25,00	10,00	15,00	0,826446	12,40	-28,51
3		33,00	13,00	20,00	0,751315	15,03	-13,49
4		40,00	15,00	25,00	0,683013	17,08	3,59
5		45,00	15,00	30,00	0,620921	18,63	22,22

Ergebnisse aus heutiger (t_0) Sicht

Kapitalwert absolut:	22,22
Kapitalwert (%):	44,43%
CAGR (%):	7,63%
Break Even (in Jahren)	3,79
also im Jahr 4 und Monaten	9,5

144 Wenn wir die Formel betrachten, sehen wir ein Element, das für uns ein alter Bekannter ist: Wir brauchen nämlich den Kapitalwert K_o wieder. Wie wir sofort an unserer obigen Ergebnisspalte sehen, beträgt dieser 22,22.

Dann allerdings treffen wir auch auf einen etwas hässlichen Bruch. Daher schlage ich vor, dass wir uns zunächst nur um den Zähler und dann um den Nenner kümmern.

Der Zähler $(1+i)^n \times i$ sieht losgelöst schon viel einfacher aus und daher geben wir sofort unsere Zahlen in unsere Formel ein.

$$An = K_0 \times \frac{(1+i)^n \times i}{(1+i)^n - 1}$$

In unserem Fall ergibt sich somit

$$Zähler = (1+0{,}10)^5 \times 0{,}10$$

1

$$=1{,}10^5 \times 0{,}10 = 0{,}161051$$

Der Nenner $(1+i)^n - 1$ sieht losgelöst sogar noch einfacher aus und daher sind auch auch gleich fertig. 145

$$Nenner = (1 + 0{,}10)^5 - 1$$

$$= 1{,}10^5 - 1 = 0{,}61051$$

Vielleicht haben Sie ja früher schon einmal mit Annuitäten gearbeitet und dazu nicht den Taschenrechner, sondern Tabellen aus Formelsammlungen genutzt. Da haben Sie dann einen Annuitätenfaktor gesucht und zwar mussten Sie diesen über zwei Achsen (Jahre und Zins) mit einem scharfen Auge aus einer kompletten Zahlenseite heraussuchen.

Dieser Annuitätenfaktor ist genau dieser hier berechnete Zähler, dividiert durch den Nenner, also 146

$$Annuit\ddot{a}tenfaktor = \frac{(1+i)^n \times i}{(1+i)^n - 1}$$

bei uns also

$$Annuit\ddot{a}tenfaktor = \frac{0{,}161051}{0{,}61051} = 0{,}263797$$

Jetzt brauchen wir nur noch den Annuitätenfaktor mit dem Kapitalwert 22,22 zu mutliplizieren und wir haben die Annuität dieser Investition, also 147

$$An = 22{,}22 \times 0{,}263797 = 5{,}86.$$

Diese 5,86 sind auf 2 Stellen hinter dem Komma gerundet.

Unsere Investition rentiert also mit einer Annuität in Höhe von 5,86. Dies bedeutet, dass wir über alle 5 Perioden gleichmäßig je 5,86 pro Periode entnehmen könnten. Der Kapitalwert 22,22 wird also auf die Laufzeit gleichmäßig verteilt, wobei die Restbeträge in den jeweiligen Perioden immer noch Zins und Zinseszins generieren. Auch bei den Entnahmen wird unterstellt, dass sie weiterhin zum Kalkulationszinssatz für den Rest der Laufzeit inklusive Zinseszins angelegt werden können. Genau diese Tatsache stellt sicher, dass auch in den weitern Perioden je 5,86 entnommen werden können.

Es versteht sich von alleine, dass eine hohe Annuität erzielenswert ist. 148

Damit haben wir erneut ein weiteres Beurteilungskriterium für Investitionen. Zum jetzigen Zeitpunkt wollen wir aber noch nicht darüber sprechen, welche der Analysen denn die wichtigsten Ansätze sind. Zunächst müssen wir noch den internen Zinsfuß besprechen.

Aber da sind noch auch noch nicht, denn einerseits müssen wir unser Executive Summary komplettieren und außerdem steht auch noch das 2. Beispiel an.

149 Unser Executive Summary, erweitert um die Annuität:

Laufzeit in Jahren	5
Anfangsinvestitions/-auszahlung	50,00
Zins	10,0%

Periode	Aus-zahlung	Ein-zahlung	Aus-zahlung	Ein-zahlungs-überschuss	Abzinsungs-faktor	Barwert	Periodische Kapitalwerte
0	-50,00				1,000000	-50,00	-50,00
1		20,00	10,00	10,00	0,909091	9,09	-40,91
2		25,00	10,00	15,00	0,826446	12,40	-28,51
3		33,00	13,00	20,00	0,751315	15,03	-13,49
4		40,00	15,00	25,00	0,683013	17,08	3,59
5		45,00	15,00	30,00	0,620921	18,63	22,22

Ergebnisse aus heutiger (t_0) Sicht

Kapitalwert absolut:	22,22
Kapitalwert (%):	44,43%
CAGR (%):	7,63%
Break Even (in Jahren)	3,79
also im Jahr 4 und Monaten	9,5
Annuität	5,86

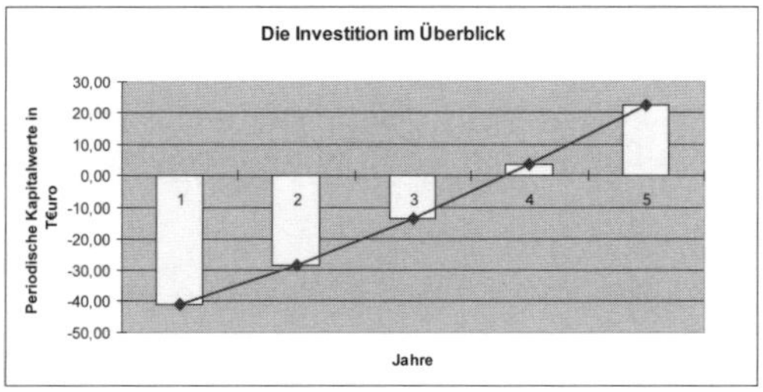

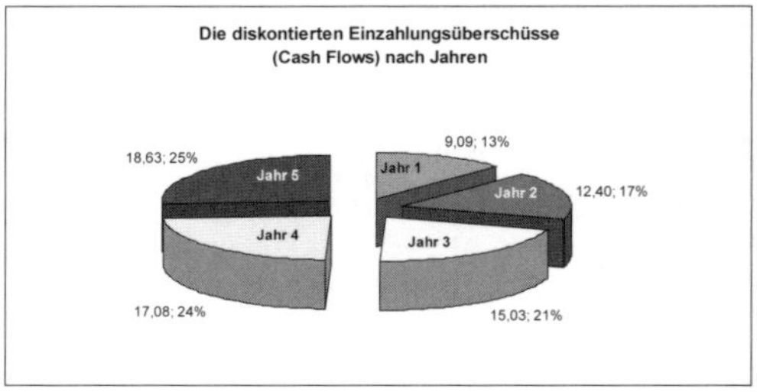

150 <u>Beurteilung der Ergebnisse:</u>

Die Wirtschaftlichkeit einer Investition ist gegeben, wenn diese Investition eine positive Annuität aufweist. Sind mehrere Objekte zu bewerten, so liegt für das Unternehmen bei der höchsten Annuität auch die höchste Vorteilhaftigkeit. Diese Methode setzt allerdings voraus, dass alle freien Gelder, die während der Nutzungsdauer entnommen werden, zum Kalkulationszinsfuß wieder angelegt werden können.

Die Annuitätenrechnung sieht man in der Praxis aber eher wenig. Sie ist uns meist aus der Baufinanzierung bekannt, wo wir die Tilgung der Darlehen über eine Annuität gestalten. Die in der Regel monatlich zu leistende Zahlung setzt sich jeden Monat anders zusammen – der Zinsanteil nimmt ab, der Tilgungsanteil jedoch zu, wobei die Summe der Zahlung immer gleich bleibt. Ansonsten mag ich die Annuitätenrechnung persönlich jedoch sehr, weil sie die Rentabilität einer Investition gerade bei alternativen Möglichkeiten sehr deutlich herausstellt.

War doch auch gar nicht so schwierig, oder?

Also ran an das 2. Beispiel. Ich gebe Ihnen die Aufgabenstellung wieder vor.

1

Investitionssumme	60.000
Zinssatz	4,0%
Laufzeit in Jahren	10

Periode	Aus-zahlung	Ein-zahlungs-überschuss	Abzinsungs-faktor	Barwert	Periodische Kapitalwerte
0	-60.000		1,000000	-60.000	-60.000
1		8.520	0,961538	8.192	-51.808
2		8.520	0,924556	7.877	-43.930
3		8.520	0,888996	7.574	-36.356
4		8.520	0,854804	7.283	-29.073
5		8.520	0,821927	7.003	-22.070
6		8.520	0,790315	6.733	-15.337
7		8.520	0,759918	6.474	-8.862
8		8.520	0,730690	6.225	-2.637
9		8.520	0,702587	5.986	3.349
10		8.520	0,675564	5.756	9.105
		Kapitalwert absolut:			9.105
		Kapitalwert (%):			15,17%
		CAGR (%):			1,42%
		Beak Even		nach Jahren:	8,44
			also im Jahr 9 und Monaten:		5,29
					somit am 9. Juni

Formel für die Annuitätenrechnung: 151

$$An = K_0 \times \frac{(1+i)^n \times i}{(1+i)^n - 1}$$

Kapitalwert 9.105

Mit dem Zähler des Annuitätenfaktors

$$Zähler = (1+i)^n \times i = (1+0{,}04)^{10} \times 0{,}04 = 1{,}480244 \times 0{,}04 = 0{,}059210$$

und dem Nenner des Annuitätenfaktors

$$Nenner = (1+i)^n - 1 = (1+0{,}04)^{10} - 1 = 1{,}480244 - 1 = 0{,}480244$$

Ergibt sich der Annuitätenfaktor selbst.

Annuitätenfaktor = 0,123290944

152 Der letzte Schritt ist die Berechnung der eigentlichen Annuität

$$An = K_0 \times Annuitätenfaktor$$

$$An = 9.105 \times 0{,}123290944$$

$$An = 1.122{,}54 \text{ (gerundet)}$$

Ging doch auch schnell oder?

Damit steht wieder eine Information mehr auch in unserem 2. Beispiel.

Investitionssumme	60.000
Zinssatz	4,0%
Laufzeit in Jahren	10

Periode	Aus-zahlung	Ein-zahlungs-überschuss	Abzinsungs-faktor	Barwert	Periodische Kapitalwerte
0	-60.000		1,000000	-60.000	-60.000
1		8.520	0,961538	8.192	-51.808
2		8.520	0,924556	7.877	-43.930
3		8.520	0,888996	7.574	-36.356
4		8.520	0,854804	7.283	-29.073
5		8.520	0,821927	7.003	-22.070
6		8.520	0,790315	6.733	-15.337
7		8.520	0,759918	6.474	-8.862
8		8.520	0,730690	6.225	-2.637
9		8.520	0,702587	5.986	3.349
10		8.520	0,675564	5.756	9.105
		Kapitalwert absolut:			9.105
		Kapitalwert (%):			15,17%
		CAGR (%):			1,42%
		Beak Even		nach Jahren:	8,44
			also im Jahr 9 und Monaten:		5,29
		Annuität:			1.122,54
		Interner Zinsfuß			6,94%

Jetzt sind wir mit unseren Analysen bis auf eine durch. Diese hatten wir anfangs bereits genannt, dann aber ein wenig geschoben, weil wir zur Erklärung des internen Zinsfußes auch den Break Even brauchen und somit Letztere bei unseren Erklärungen vorgezogen haben.

f) Interne-Zinsfuß-Methode

Unter internem Zinsfuß (im englischen ‚IRR – Internal Rate of Return') wird jener Zinssatz verstanden, bei dem eine Übereinstimmung der diskontierten Einzahlungen und Auszahlungen gegeben ist. 153

Daraus kann man 4 mögliche Definitionen ableiten:

- Der interne Zinsfuß ist der Zinsfuß, bei dem das Abzinsen von Ein- und Auszahlungsströmen zu einem **Kapitalwert von ‚Null'** führt.
- Der interne Zinsfuß ist der Zinsfuß, bei dem das Abzinsen von Ein- und Auszahlungsströmen (Cash Flows) **zu kumulierten abgezinsten Barwerten in identischer Höhe mit der ursprünglichen Investitionsauszahlung** führt.
- Der interne Zinsfuß ist der Zinsfuß, bei dem das Abzinsen von Ein- und Auszahlungsströmen zu einem **Break Even am letzten Tag (letzte Stunde, letzte Minute) der Laufzeit der Investition** führt.
- Der interne Zinsfuß ist der Zinsfuß, bei dem das Abzinsen von Ein- und Auszahlungsströmen zu einer **Annuität von ‚Null'** führt.

Dies kann man grafisch wieder sehr schön darstellen. Gesucht wird nämlich der Zins i, bei dem die oben genannten Effekte eintreten. 154

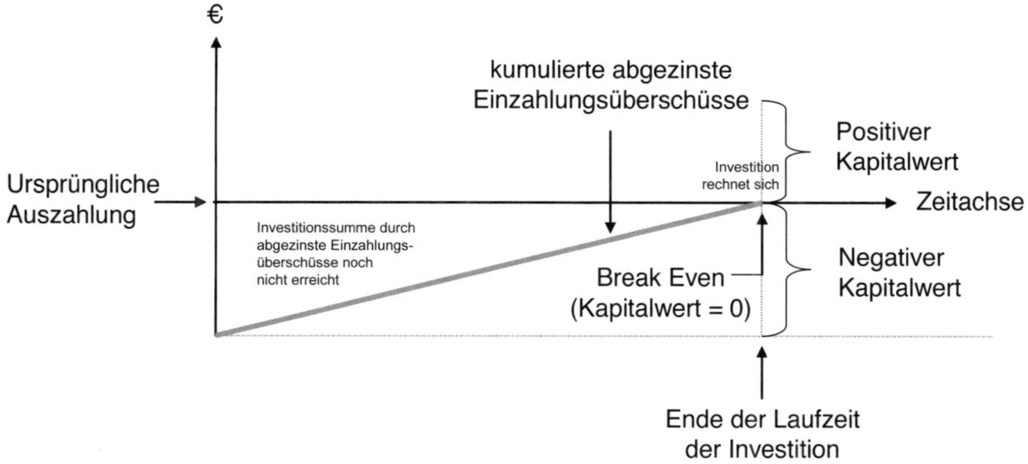

Die Rechenschritte sind ähnlich der Kapitalwertmethode, allerdings wird bei der Interne-Zinsfuß-Methode nicht eine Gewinnrechnung durchgeführt, sondern ein Rentabilitätsvergleich mit Rücksicht auf den Zinseszinseffekt.

Das Investment ist dann lohnend, wenn der interne Zinsfuß r größer als der Kalkulationszinssatz i ist. Ist r = i, müssen wir nicht rechnen, denn dann hätten wir bereits beim Bar- bzw. Kapitalwertverfahren einen Kapitalwert in Höhe von Null erhalten. 155

Die errechnete Differenz zwischen internem Zinsfuß und Kalkulationszinsfuß bezeichnet man als Investitionsmarge. Hierbei gilt analog, dass eine vorteilhafte Investition eine positive Investitionsmarge aufweisen muss.

156 Für die Errechnung des internen Zinssatzes wird das sogenannte ‚Regula-Falsi-Verfahren'[2] verwendet, das wir in ähnlicher Form bereits bei der Break Even Berechnung gesehen haben. Es handelt sich dabei um ein Näherungsverfahren zur Ermittlung der Nullstelle einer Funktion. Mit dieser Funktion werden die Kapitalwerte mit Hilfe von zwei Versuchszinssätzen ermittelt, bevor die Regula-Falsi-Gleichung angewendet wird. Hier ist anzumerken, dass die Ergebnisse bei der Verwendung des Regular-Falsi-Verfahrens je nach verwendetem Versuchszinssatz differieren können. Die Genauigkeit des Resultats kann erhöht werden, indem die Versuchszinssätze möglichst eng beieinander gewählt werden.

Probleme hinsichtlich der Ergebnisse können allerdings auftreten, wenn eine Investition nicht die Eigenschaften einer ‚Normalinvestition' erfüllt. Eine ‚Normalinvestition' zeichnet sich durch eine Nettoausgabe zu Beginn einer Zahlenreihe und den Einzahlungsüberschüssen in Folge (= kein weiterer Vorzeichenwechsel) aus. Zudem müssen die Einnahmen den Wert der Ausgaben übersteigen. Sind diese Eigenschaften oder Teile davon nicht gegeben (z.B. aufgrund weiterer Vorleistungen, die in negativen periodischen Cash Flows resultieren), so kann es in der Berechnung zu mehreren Nullstellen und somit zu mehrdeutigen Ergebnissen kommen.

157 Eine klare Bewertung für das Investitionsobjekt mithilfe der Internen-Zinsfuß-Methode ist dann nicht in allen Fällen gegeben.

Berechnung der Internen-Zinsfuß-Methode

Das Ziel (Kapitalwert = 0) lautet formeltechnisch beschrieben folgendermaßen.

$$K_0 = 0 = -A_0 + \frac{(e_1 - a_1)}{(1+i)^1} + \frac{(e_2 - a_2)}{(1+i)^2} + \frac{(e_3 - a_3)}{(1+i)^3} + \ldots + \frac{(e_n - a_n)}{(1+i)^n}$$

mit

- e_n = Einzahlung (€) im Jahr n
- a_n = Auszahlung (€) im Jahr n
- n = Jahre
- i = Kalkulationszinssatz (%)
- K_o = Kapitalwert (€), wobei Ko zwingend = 0 sein muss

158 Eine Lösung für diese Gleichung ist allerdings nur per Iteration möglich. Mit dem Taschenrechner macht dies dann ganz bestimmt keinen Spaß mehr, da immens viele Schleifen gerechnet werden müssen. Mit Excel ist diese Iteration zwar möglich, es bedarf allerdings einiger Excel Kenntnisse.

Trotzdem gibt es eine Möglichkeit, mit wenig Aufwand in Excel eine genaue Lösung zu finden, dazu aber später.

Deshalb kommt auch hier wieder das o.g. ‚Regula-Falsi-Verfahren' bei der mathematischen Bestimmung des Zinssatzes zur Anwendung. Es ist zwar nicht ganz korrekt, aber Sie werden sehen, dass wir mit den Ungenauigkeiten sehr gut leben können.

Ermittlung des internen Zinsfußes (IZF) mittels der ‚Regula-Falsi-Gleichung':

$$IZF = i_1 + K_1 \times \frac{i_2 - i_1}{K_1 - K_2}$$

2 Das ‚Regula-Falsi-Verfahren' (lat. „Regel des Falschen"), auch regula duarum falsarum posicionum (lat. „Regel vom zweifachen falschen Ansatz") oder lineares Eingabeln genannt, ist eine Methode zum numerischen Berechnen von Nullstellen reeller Funktionen.

mit

- IZF = Interner Zinsfuß (%)
- i_1 = Versuchszinsfuß 1(%), der zu einem positiven Kapitalwert K1 führt
- i^2 = Versuchszinsfuß 2 (%), der zu einem negativen Kapitalwert K2 führt
- K_1 = positiver Kapitalwert (€) auf der Basis von i1
- K_2 = negativer Kapitalwert (€) auf der Basis von i2

Die Interne Zinsfuß-Methode gibt aber auch Anlass zu negativer Kritik, insbesondere wegen der in manchen Fällen auftretenden Mehrdeutigkeit ihrer Lösungen. 159

- Bei Zahlungsreihen mit mehrfachem Vorzeichenwechsel kann die Gleichung mehrere oder keine Lösung besitzen. ‚Mehrere Vorzeichenwechsel' treten bei allen Zahlungsreihen von Investitionen auf, bei denen neben der Anfangsinvestition, die immer ein negatives Vorzeichen hat, noch mindestens ein weiteres Jahr mehr Aus- als Einzahlungen haben wird. Gibt es aber mehr als nur einen Zinssatz, versagt die interne Zinsfußmethode bei der Frage nach der Vorteilhaftigkeit einer Investition. Wenn das Vorzeichen mehrfach wechselt, kann sogar der Fall eintreten, dass überhaupt kein interner Zinssatz existiert, d. h., es gibt also keinen Zinssatz, mit dem ein Kapitalwert von null berechnet werden könnte, obwohl die Investition nach dem Kapitalwertkriterium vorteilhaft ist.
- Der (exakte) interne Zins errechnet sich normalerweise nur mit mathematischen Suchverfahren (per Iteration), da sich die auf ‚Null' gesetzte Kapitalwertformel meistens nicht nach dem Zinssatz auflösen lässt.

Aufgrund dieser Einwände sollte die Zinsfußmethode als einziger Ansatz nur ausnahmsweise angewendet werden. Sie ist eine klassische Zusatzanalyse zum Barwertansatz, um die „finanzielle Manövrierfähigkeit" zu bestimmen.

Dann wollen wir wieder rechnen. Wir beginnen mit Beispiel 1, das wir uns erneut einspielen. Lassen wir zunächst alle uns bekannten Analyseergebnisse zunächst einmal ausnahmsweise ausgeblendet. 160

Laufzeit in Jahren	5
Anfangsinvestitions/-auszahlung	50,00
Zins	10,0%

Periode	Auszahlung	Einzahlung	Auszahlung	Einzahlungsüberschuss	Abzinsungsfaktor	Barwert	Periodische Kapitalwerte
0	-50,00				1,000000	-50,00	-50,00
1		20,00	10,00	10,00	0,909091	9,09	-40,91
2		25,00	10,00	15,00	0,826446	12,40	-28,51
3		33,00	13,00	20,00	0,751315	15,03	-13,49
4		40,00	15,00	25,00	0,683013	17,08	3,59
5		45,00	15,00	30,00	0,620921	18,63	22,22

Ergebnisse aus heutiger (t_0) Sicht	Kapitalwert absolut:	22,22
	Kapitalwert (%):	44,43%

Jetzt brauchen wir allerdings die identische Rechnung mit einem Kalkulationszinssatz i_2, der uns zu einem negativen Kapitalwert K_2 führt. Also müssen wir die gleiche Rechnung erneut ausführen, d.h. den Zins i so lange erhöhen, bis wir erstmals auf einen negativen Kapitalwert stoßen.

161 Ich kürze dieses „try and error‘ Verfahren jetzt ab und sage Ihnen: Mit einem Zins in Höhe von 24% erhalten wir erstmals bei ansonsten identischen Werten für Ein- und Auszahlungen einen negativen Kapitalwert. Sie sehen als Kapitalwert nach 5 Perioden -0,88.

Laufzeit in Jahren	5
Anfangsinvestitions/-auszahlung	50,00
Zins	24,0%

Periode	Aus-zahlung	Ein-zahlung	Aus-zahlung	Ein-zahlungs-überschuss	Abzinsungs-faktor	Barwert	Periodische Kapitalwerte
0	-50,00				1,000000	-50,00	-50,00
1		20,00	10,00	10,00	0,806452	8,06	-41,94
2		25,00	10,00	15,00	0,650364	9,76	-32,18
3		33,00	13,00	20,00	0,524487	10,49	-21,69
4		40,00	15,00	25,00	0,422974	10,57	-11,12
5		45,00	15,00	30,00	0,341108	10,23	-0,88

Ergebnisse aus heutiger (t_0) Sicht

Kapitalwert absolut:	-0,88
Kapitalwert (%):	-1,77%

162 Jetzt können wir unsere Zahlen in die ‚Regula-Falsi-Gleichung‘ zur Bestimmung des internen Zinsfußes (IZF) eingeben

$$IZF = i_1 + K_1 \times \frac{i_2 - i_1}{K_1 - K_2}$$

eingeben:

$$IZF = 0{,}10 + 22{,}22 \times \frac{0{,}24 - 0{,}10}{22{,}22 - -0{,}88}$$

$$IZF = 0{,}10 + 22{,}22 \times \frac{0{,}14}{23{,}10}$$

$$IZF = 0{,}10 + 22{,}22 \times \frac{0{,}14}{23{,}10}$$

$$IZF = 0{,}10 + 22{,}22 \times 0{,}006$$

$$IZF = 0{,}10 + 0{,}1347 = 0{,}2347 = 23{,}47\%$$

163 Bei dieser Berechnung wurde wieder mit exakten und nicht gerundeten Zahlen gearbeitet. Ergebnis: Bei einem (internen) Zinsfuß in Höhe von 23,47% (gerundet) erhalten wir

- einen **Kapitalwert von ‚Null'**
- **kumulierte abgezinste Barwerte der Cash Flows in identischer Höhe mit der ursprünglichen Investitionsauszahlung von 500**
- einen **Break Even am letzten Tag (letzte Stunde, letzte Minute) der Laufzeit der Investition, also am 31.12.t5**
- eine **Annuität von ‚Null'.**

Dies müssen wir natürlich überprüfen. Daher setzen wir die genannten 23,47% (exakt sind es 23,46501846584%) als Kalkulationszinsfuß in unsere bekannte Gleichung ein. 164

Laufzeit in Jahren	5
Anfangsinvestitions/-auszahlung	50,00
Zins	23,465018466%

Periode	Aus-zahlung	Ein-zahlung	Aus-zahlung	Ein-zahlungs-überschuss	Abzinsungs-faktor	Barwert	Periodische Kapitalwerte
0	-50,00				1,000000	-50,00	-50,00
1		20,00	10,00	10,00	0,809946	8,10	-41,90
2		25,00	10,00	15,00	0,656013	9,84	-32,06
3		33,00	13,00	20,00	0,531335	10,63	-21,43
4		40,00	15,00	25,00	0,430352	10,76	-10,67
5		45,00	15,00	30,00	0,348562	10,46	-0,22

Ergebnisse aus heutiger (t_0) Sicht

Kapitalwert absolut:	-0,22
Kapitalwert (%):	-0,44%
CAGR (%):	-0,09%
Break Even (in Jahren)	-
also im Jahr ? und Monaten	-
Annuität	0,00

Wir sehen in der Tat einen Kapitalwert und CAGR nahe ‚Null', aber leider auch nur nahe ‚Null'. Beim Break Even sind wir ganz leicht über das Ziel hinausgeschossen. Die Annuität allerdings zeigt uns in der Tat ‚Null'. 165

Das Ergebnis ist trotzdem korrekt, wenn man akzeptiert, dass wir hier eine Annäherungsrechnung gewählt, von der wir von Anfang wussten, dass das Ergebnis nicht 100% richtig ist. Deshalb heißt der gewählte Ansatz ja auch ‚Regula-Falsi-Gleichung'.

Das ist natürlich trotzdem nicht befriedigend.

Deshalb möchte ich Ihnen einen anderen Weg aufzeigen, allerdings müssen wir hier die Möglichkeiten von Excel in Anspruch nehmen. Excel verfügt nämlich über die Möglichkeit, nach einer Unbekannten aufzulösen, vorausgesetzt die Zellen sind alle sauber miteinander verknüpft. Wir müssen keine Funktion aufrufen, sonder klicken zunächst oben in der Leiste auf **‚Extras'** und das ‚Drop Down Menü' bietet uns dann als erstes im 4. Block die **‚Zielwertsuche'** an. 166

In den neueren Microsoft Versionen wie ‚Vista' gehen Sie bitte folgendermaßen vor, um zur Zielwertsuche zu gelangen. Sie klicken oben in der Leiste auf die Registerkarte **‚Daten'** und dann auf ‚Was-wäre-wenn-Analyse'. Dann sehen Sie auch schon die gesuchte **‚Zielwertsuche'**, die Sie auch noch einmal anklicken müssen.

167 Dort werden Sie gefragt nach:

- Zielzelle
- Zielwert
- Veränderbare

Also, was ist denn bei uns die Zielzelle? Die des Kapitalwertes, wo bis jetzt noch 22,22 steht. Der Zielwert (wir müssen den Curser zunächst händisch nach unten in die Zelle ‚Zielwert' bewegen) ist mit ‚Null' einzugeben. Und die Veränderbare ist die Zelle, in der bisher der Kalkulationszins 10% steht.

Wichtig ist in diesem Zusammenhang, dass Excel sich nur auf eine ‚Quell-Zelle' beziehen kann. Dies ist eine Zelle, in der händisch ein (Ausgangs)Wert eingetragen wurde. Eine Zelle, in der ein Wert aus anderen Daten bzw. Zellen heraus berechnet wird, kann nicht für die Zielwertanalyse als „Veränderbare" herangezogen werden.

168 Wenn wir dann auf ‚OK' klicken, sagt uns Excel:

„Zielwertsuche hat für die Zelle XYZ eine Lösung gefunden." und darunter

- „Zielwert: 0"
- „Aktueller Wert: 0,00"

Wenn wir nochmals auf ‚OK' klicken, zeigt uns Excel sofort die Zielwertrechnungen, denn Sie sehen, der Kapitalwert ist in der Tat ‚Null' geworden.

Laufzeit in Jahren	5
Anfangsinvestitions/-auszahlung	50,00
Zins	23,3%

Periode	Aus-zahlung	Ein-zahlung	Aus-zahlung	Ein-zahlungs-überschuss	Abzinsungs-faktor	Barwert	Periodische Kapitalwerte
0	-50,00				1,000000	-50,00	-50,00
1		20,00	10,00	10,00	0,811083	8,11	-41,89
2		25,00	10,00	15,00	0,657856	9,87	-32,02
3		33,00	13,00	20,00	0,533576	10,67	-21,35
4		40,00	15,00	25,00	0,432774	10,82	-10,53
5		45,00	15,00	30,00	0,351016	10,53	0,00

Ergebnisse aus heutiger (t_0) Sicht

Kapitalwert absolut:	0,00
Kapitalwert (%):	0,00%

169 Unseren „internen Zinssatz" finden wir jetzt in der Zelle ‚Zins', Excel hat ‚einfach' zurückgerechnet.

Es kann passieren, dass keine oder mehrere Lösungen durch Excel gefunden werden. Die möglichen Gründe dafür haben wir bereits angesprochen.

Wir sehen einen Zins in Höhe von 23,3%. Dieser ist natürlich gerundet. Blendet man ein paar Stellen mehr hinter dem Komma ein, dann sieht man, dass der Zins eigentlich 23,2919332221081% lautet. Wenn wir diesen Zins jetzt händisch in eine Proberechnung eingeben, müssten auch CAGR und Annuität ‚Null' werden und die Rechnungen einen Break Even genau am 1. Tag des 5. Jahres bzw. nach 4 Jahren und 12 Monaten ausweisen. Machen wir dies.

Die Annuität müssten wir eigentlich gar nicht ausweisen, weil sie ‚Null' sein muss, wenn der Kapitalwert nachweislich schon ‚Null' ist. Schauen Sie nochmals in die Annuitätenformel.

1

$$An = K_0 \times \frac{(1+i)^n \times i}{(1+i)^n - 1}$$

Wenn K_0 = ‚Null' ist, dann muss auch jedes Produkt mit K_0 ‚Null' werden! 170

Laufzeit in Jahren	5
Anfangsinvestitions/-auszahlung	50,00
Zins	23,2919332221081%

Periode	Aus-zahlung	Ein-zahlung	Aus-zahlung	Ein-zahlungs-überschuss	Abzinsungs-faktor	Barwert	Periodische Kapitalwerte
0	-50,00				1,000000	-50,00	-50,00
1		20,00	10,00	10,00	0,811083	8,11	-41,89
2		25,00	10,00	15,00	0,657856	9,87	-32,02
3		33,00	13,00	20,00	0,533576	10,67	-21,35
4		40,00	15,00	25,00	0,432774	10,82	-10,53
5		45,00	15,00	30,00	0,351016	10,53	0,00

Ergebnisse aus heutiger (t_0) Sicht

Kapitalwert absolut:	0,00
Kapitalwert (%):	0,00%
CAGR (%):	0,00%
Break Even (in Jahren)	5,00
also exakt nach 4 Jahren und Monaten	12,0
Annuität	0,00

Was Excel nicht alles kann. 171

Der Nachteil dieser Zielwertsuche ist, dass die vorhergehenden Zins- und Berechnungswerte überschrieben werden. Man muss sich also den internen Zinsfuß merken, dann händisch in eine Zelle schreiben und dann wieder die alten 10% als Zins eingeben.

Wagen wir uns jetzt an das 2. Beispiel. Einmal wollen wir wieder mit der ‚Regula-Falsi- Formel' rechnen und dann mittels Zielwertsuche unser Ergebnis überprüfen.

Damit Sie nicht blättern müssen, kopieren wir die uns bekannten Daten des 2. Beispiels wieder ein.

1

Investitionssumme	60.000
Zinssatz	4,0%
Laufzeit in Jahren	10

Periode	Aus-zahlung	Ein-zahlungs-überschuss	Abzinsungs-faktor	Barwert	Periodische Kapitalwerte
0	-60.000		1,000000	-60.000	-60.000
1		8.520	0,961538	8.192	-51.808
2		8.520	0,924556	7.877	-43.930
3		8.520	0,888996	7.574	-36.356
4		8.520	0,854804	7.283	-29.073
5		8.520	0,821927	7.003	-22.070
6		8.520	0,790315	6.733	-15.337
7		8.520	0,759918	6.474	-8.862
8		8.520	0,730690	6.225	-2.637
9		8.520	0,702587	5.986	3.349
10		8.520	0,675564	5.756	9.105
		Kapitalwert absolut:			9.105
		Kapitalwert (%):			15,17%
		CAGR (%):			1,42%
		Beak Even		nach Jahren:	8,44
				also im Jahr 9 und Monaten:	5,29
		Annuität:			1.122,54

172 Wir rufen zunächst auch wieder die nicht ganz korrekte Formel zur Berechnung auf:

$$IZF = i_1 + K_1 \times \frac{i_2 - i_1}{K_1 - K_2}$$

mit

- IZF = Interner Zinsfuß (%)
- i_1 = Versuchszinsfuß 1(%), der zu einem positiven Kapitalwert K_1 führt
- i_2 = Versuchszinsfuß 2 (%), der zu einem negativen Kapitalwert K_2 führt
- K_1 = positiver Kapitalwert (€) auf der Basis von i1
- K_2 = negativer Kapitalwert (€) auf der Basis von i2

Als erstes müssen wir also die o.g. Rechnung ein zweites Mal machen und so lange den Zins erhöhen, bis wir einen negativen Kapitalwert erhalten.

Dies erfolgt zum ersten Mal bei einem Zins in Höhe von 7%. Der Kapitalwert beträgt dann (gerundet) -159.

1

Invesitionssumme	60.000
Zinssatz	7,0%
Laufzeit in Jahren	10

Periode	Aus-zahlung	Ein-zahlungs-überschuss	Abzinsungs-faktor	Barwert	Periodische Kapitalwerte
0	-60.000		1,000000	-60.000	-60.000
1		8.520	0,934579	7.963	-52.037
2		8.520	0,873439	7.442	-44.596
3		8.520	0,816298	6.955	-37.641
4		8.520	0,762895	6.500	-31.141
5		8.520	0,712986	6.075	-25.066
6		8.520	0,666342	5.677	-19.389
7		8.520	0,622750	5.306	-14.083
8		8.520	0,582009	4.959	-9.125
9		8.520	0,543934	4.634	-4.490
10		8.520	0,508349	4.331	-159
		Kapitalwert absolut:			-159
		Kapitalwert (%):			-0,27%

Jetzt können wir unsere berechneten Werte in die ‚Regula-Falsi-Formel' eingeben (jeweils wieder gerundet): 173

$$IZF = 0{,}04 + 9.105 \times \frac{0{,}07 - 0{,}04}{9.105 - -159}$$

$$IZF = 0{,}04 + 9.105 \times \frac{0{,}03}{9.264}$$

$$IZF = 0{,}04 + 9.105 \times \frac{0{,}03}{9.264}$$

$$IZF = 6{,}94848228911\%$$

Damit machen wir jetzt die Probe. 174

Wir sehen das Gleiche wie in Beispiel 1. Wir haben uns sehr nahe dem Zielwert ‚Null' im Kapitalwert angenähert, allerdings haben wir mit der Annäherungsrechnung erneut keine Punktlandung hingelegt.

1

Investitionssumme	60.000
Zinssatz	6,94848228911%
Laufzeit in Jahren	10

Periode	Aus-zahlung	Ein-zahlungs-überschuss	Abzinsungs-faktor	Barwert	Periodische Kapitalwerte
0	-60.000		1,000000	-60.000	-60.000
1		8.520	0,935030	7.966	-52.034
2		8.520	0,874280	7.449	-44.585
3		8.520	0,817478	6.965	-37.620
4		8.520	0,764366	6.512	-31.107
5		8.520	0,714705	6.089	-25.018
6		8.520	0,668270	5.694	-19.324
7		8.520	0,624853	5.324	-14.001
8		8.520	0,584256	4.978	-9.023
9		8.520	0,546296	4.654	-4.368
10		8.520	0,510803	4.352	-16

Kapitalwert absolut:		-16
Kapitalwert (%):		-0,03%
CAGR (%):		0,00%
Beak Even	nach Jahren:	-
	also im Jahr ? und Monaten:	-
Annuität:		-2,32

175 Mit der Zielwertsuche gibt uns Excel einen (internen) Zins in Höhe von gerundet 6,94% (exakter: 6,942605241175 33%).

Dann rechnen wir einmal mit diesem Wert.

Es passt wieder genau – klasse! Der interne Zinsfuß beträgt also 6,94260524117533%, gerundet wieder 6,94%

1

Investitionssumme	60.000
Zinssatz	6,94260524118%
Laufzeit in Jahren	10

Periode	Aus-zahlung	Ein-zahlungs-überschuss	Abzinsungs-faktor	Barwert	Periodische Kapitalwerte
0	-60.000		1,000000	-60.000	-60.000
1		8.520	0,935081	7.967	-52.033
2		8.520	0,874377	7.450	-44.583
3		8.520	0,817613	6.966	-37.617
4		8.520	0,764534	6.514	-31.104
5		8.520	0,714901	6.091	-25.013
6		8.520	0,668491	5.696	-19.317
7		8.520	0,625093	5.326	-13.991
8		8.520	0,584513	4.980	-9.011
9		8.520	0,546567	4.657	-4.354
10		8.520	0,511084	4.354	0

Kapitalwert absolut:		**0**
Kapitalwert (%):		**0,00%**
CAGR (%):		**0,00%**
Beak Even	nach Jahren:	**10,00**
	also im Jahr 9 und Monaten:	**12,00**
Annuität:		**0,00**

Auf die Aktualisierung unseres ‚Executive Summary' um den internen Zinsfuß verzichte ich jetzt auch nicht. 176

1

Investitionssumme	60.000
Zinssatz	4,0%
Laufzeit in Jahren	10

Periode	Aus-zahlung	Ein-zahlungs-überschuss	Abzinsungs-faktor	Barwert	Periodische Kapitalwerte
0	-60.000		1,000000	-60.000	-60.000
1		8.520	0,961538	8.192	-51.808
2		8.520	0,924556	7.877	-43.930
3		8.520	0,888996	7.574	-36.356
4		8.520	0,854804	7.283	-29.073
5		8.520	0,821927	7.003	-22.070
6		8.520	0,790315	6.733	-15.337
7		8.520	0,759918	6.474	-8.862
8		8.520	0,730690	6.225	-2.637
9		8.520	0,702587	5.986	3.349
10		8.520	0,675564	5.756	9.105
		Kapitalwert absolut:			9.105
		Kapitalwert (%):			15,17%
		CAGR (%):			1,42%
		Beak Even		nach Jahren:	8,44
				also im Jahr 9 und Monaten:	5,29
		Annuität:			1.122,54
		Interner Zinsfuß			6,94%

177 Wir sind jetzt am Ende unserer ersten Reise durch die Investitionsrechnung. Klasse, nicht wahr?

Lassen Sie mich aber abschließend noch einige Anmerkungen zu den Abweichungen der ‚Regula-Falsi-Methode' machen. Bitte bedenken Sie, dass wir auch mit diesem Interpolationsansatz ziemlich gut in beiden Fällen unterwegs waren. Die Abweichungen spielen aber auch aus einem ganz anderen weiteren Grund eigentlich keine Rolle.

Jeder, der schon einmal mehrere Jahre in die Zukunft geplant hat, weiß, dass Abweichungen bereits im ersten Jahr von +/- 5% als sehr gut gelten. Planungen für die Perioden 4 und 5 (Beispiel 1) bzw. 8, 9 und 10 (Beispiel 2) sind sicherlich mit einem Wahrscheinlichkeitsfaktor sehr weit unter 100%, also eher in Richtung 0 – 10% anzusiedeln. Und da regen wir uns über Abweichungen in der ersten Stelle nach dem Komma auf?

178 Unabhängig von der Präzision der Berechnung halte ich es für wichtig, dass man Dritten erklären kann, wie der interne Zinsfuß berechnet wird bzw. werden kann. Und dies durchaus mit der nicht ganz korrekten Formel. Eine lineare Interpolation kann nun einmal nicht ganz korrekt sein. Dann nutzen Sie aber in diesem Fall bitte die Möglichkeiten von Excel mit der Zielwertsuche, weil es einfach, sehr schnell und außerdem noch präzise ist.

Damit haben wir auch den Bogen über die in der Praxis genutzten Verfahren gespannt. Man kann noch weiter in die Tiefe gehen, dann allerdings bekommen die Rechnungen akademischen Charakter und dies ist nicht die Zielsetzung dieses Buches.

Viele Rechnungen sehen in der Formel zunächst einmal schwierig aus, entpuppen sich dann aber bei 179
sukzessiver Herangehensweise als recht einfach und schnell gemacht.

Über Sie ein wenig und nach kurzer Zeit bereiten Ihnen die Berechnungen überhaupt keine Probleme mehr.

Jetzt wollen wir aber weitergehen und mit dem Wissen ein komplexes Beispiel durchrechnen, bei dem wir weitere Analysen und Darstellungen trainieren werden. Das Pflichtprogramm haben wir uns erarbeitet. Jetzt wollen wir mit weiteren Elementen eine grandiose Kür anbieten.

§ 2 Investitionsrechnung in der Praxis – Die große Fallstudie Teil I

A. Ausgangsdaten

1 Wir wollen jetzt beginnen, einen großen Fall zu rechnen, wo wir weit über das hinausgehen werden, was wir uns bisher erarbeitet haben. Alle weiteren für die Investitionsrechnung relevanten Zusammenhänge werden wir dann auch immer anhand dieses Falles besprechen.

Diejenigen, die bereits mein Buch ‚Bilanzgestaltung – Fallorientierte Bilanzerstellung und Beratung‘[1] gelesen habe, kennen den Fall bereits. Es handelt sich um den Automobilhändler HTC – Heesen Top Cars GmbH. Die Gesellschaft ist recht erfolgreich, wenngleich in der Bilanz und GuV auch Schwächen zu erkennen sind. Darauf wollen wir aber nicht näher eingehen, da dies im o.g. Buch geschieht.

2 Analog zu diesem Buch „Bilanzgestaltung“ werden wir aber wieder mit einem umfangreichen Excel Tool arbeiten, das Sie sich in 2 Versionen kostenfrei von der Homepage des Gabler Verlages www.gabler-steuern.de oder von der Seite meiner Akademie www.ifak-bgl.com herunterladen können.

Einmal finden Sie dort eine Übungsversion, in der zwar die Texte in den einzelnen Berechnungsblättern stehen, die Rechnungen aber von Ihnen parallel zur Buchlektüre selbst nachvollzogen werden können. Und außerdem finden Sie dort auch die fertige Variante, in der alle Rechnungen, wie sie nun im Folgenden beschrieben werden, bereits gemacht wurden. Dieses Tool können Sie gerne auch für Ihre eigenen Investitionsrechnungen einsetzen.

3 Das Übungsbeispiel ist mit einer Laufzeit von 5 Jahren angesetzt. Dies ist eigentlich zu wenig, da in der Praxis die meisten Investitionen längere Laufzeiten haben. Allerdings sind Excel Tabellen mit 10 bis 15 Jahren auch leicht rechenbar und in Excel auch schön präsentierbar, aber nur sehr schwer in einem Buch darstellbar, da dann die Zahlen so klein werden, dass man sie nicht mehr lesen kann. Aus diesem Grund habe ich mich entschlossen, das Beispiel auf 5 Jahre anzulegen.

Es ist an Ihnen, das fertige Excel Tool auf die Anzahl der Jahre zu erweitern, die Sie persönlich benötigen. Wenn man ein wenig Erfahrung mit Excel hat, dann wissen Sie, dass mit ‚Kopieren‘ und ‚Einfügen‘ ein 5 jähriges Tool ganz einfach erweitert werden kann. Die eingegebenen Rechenoperationen werden mitgezogen, so dass die Individualisierung recht schnell erfolgen kann. Außerdem können Sie nochmals üben und Ihr Wissen festigen.

Das Tool ist daher auch bewusst so gestaltet, dass diese Erweiterung einfach möglich ist.

I. Die investierende Gesellschaft HTC – Heesen Top Cars GmbH

4 Damit Sie einen Eindruck vom Unternehmen bekommen, für welches wir die Investitionsrechnung im Detail aufbauen, zeige ich Ihnen zunächst einmal die Gewinn- und Verlustrechnung (GuV) und die Bilanz der HTC[2].

Es wird aber im Folgenden darum gehen, wieder in das Anlagevermögen zu investieren, denn dieses ist in den letzten Jahren doch recht alt geworden und damit bereits weit abgeschrieben. Lassen Sie

1 Bernd Heesen, Bilanzgestaltung – Fallorientierte Bilanzerstellung und Beratung, Gabler Verlag Wiesbaden, 2008, ISBN 978-3-8349-0872-8, 320 Seiten.

2 Auch dieses Excel Tool aus dem Buch ‚Bilanzgestaltung – Fallorientierte Bilanzerstellung und Beratung‘ mit kompletter GuV, Bilanz und sehr vielen Analysen können Sie sich kostenfrei auf der Gabler oder meiner Akademie Homepage herunterladen.

uns einmal annehmen, dass generell in technische Ausrüstung investiert werden soll (Hebebühnen, Prüfstände, Diagnosegeräte, etc.).

Aber schauen wir zunächst in die Bilanz und GuV der HTC, wobei die (Plan)Jahre 2010 bis 2012 für uns relevant sind. In den hier ausgewiesenen Zahlen ist die Investition noch nicht enthalten.

	Ohne Investition					
	Tsd. EUR		Tsd. EUR		Tsd. EUR	
(Kalender) Jahr	2010		2011		2012	
Periode	1		2		3	
Aktiva						
Ausstehende Einlagen	0	0%	0	0%	0	0%
I. Immaterielle Wirtschaftsgüter	**66**	0%	**95**	0%	**80**	0%
... davon Konzessionen, Schutzrechte, Lizenzen	*66*	0%	*95*	0%	*80*	0%
... davon Geschäfts- und Firmenwert	*0*	0%	*0*	0%	*0*	0%
... davon geleistete Anzahlungen	*0*	0%	*0*	0%	*0*	0%
II. Sachanlagen	**1.523**	7%	**1.549**	6%	**1.300**	5%
... davon Grundstücke und Gebäude	*0*	0%	*0*	0%	*0*	0%
... davon technische Anlagen & Maschinen	*1.523*	7%	*1.549*	6%	*1.300*	5%
... davon andere Anlage, Betriebs- Geschäftsausstattung	*0*	0%	*0*	0%	*0*	0%
... davon geleistete Anzahlungen und Anlagen im Bau	*0*	0%	*0*	0%	*0*	0%
III. Finanzanlagen	**775**	4%	**1.040**	4%	**1.500**	5%
... davon Anteile an verbundenen Unternehmen	*0*	0%	*0*	0%	*0*	0%
... davon Ausleihungen an verbundene Unternehmen	*0*	0%	*0*	0%	*0*	0%
... davon Beteiligungen	*0*	0%	*0*	0%	*0*	0%
... davon Ausleihungen an Unternehmen, mit den ein Beteiligungsverhältnis besteht	*0*	0%	*0*	0%	*0*	0%
... davon Wertpapiere des Anlagevermögens	*775*	4%	*1.040*	4%	*1.500*	5%
... davon Sonstige Ausleihungen	*0*	0%	*0*	0%	*0*	0%
A Summe Anlagevermögen	**2.364**	11%	**2.684**	11%	**2.880**	10%
I. Vorräte	**7.187**	34%	**12.560**	49%	**12.270**	45%
... davon Roh-, Hilfs- und Betriebsstoffe	*5.001*	24%	*5.770*	23%	*6.999*	25%
...davon unfertige Erzeugnisse, unfertige Leistungen	*888*	4%	*1.363*	5%	*1.720*	6%
... davon fertige Erzeugnisse und Waren	*1.033*	5%	*5.126*	20%	*3.100*	11%
... davon Handelswaren	*265*	1%	*301*	1%	*451*	2%
... davon geleistete Anzahlungen	*0*	0%	*0*	0%	*0*	0%
II. Forderungen und sonstige Vermögensgegenstände	**6.610**	31%	**7.392**	29%	**8.010**	29%
... davon Forderungen aus Lieferungen und Leistungen	*5.664*	27%	*6.148*	24%	*6.760*	25%
... davon Forderungen gegen verbundene Unternehmen	*0*	0%	*0*	0%	*0*	0%
... davon gegen Unternehmen, mit denen ein Beteiligungsverhältnis besteht	*0*	0%	*0*	0%	*0*	0%
... davon sonstige Vermögensgegenstände	*946*	4%	*1.244*	5%	*1.250*	5%
III. Wertpapiere	**0**	0%	**0**	0%	**0**	0%
... davon Anteile an verbundene Unternehmen	*0*	0%	*0*	0%	*0*	0%
... davon eigene Anteile	*0*	0%	*0*	0%	*0*	0%
... davon sonstige Wertpapiere	*0*	0%	*0*	0%	*0*	0%
IV Kasse, Bank und Schecks	***3.746***	18%	***1.824***	7%	**3.399**	12%
B Summe Umlaufvermögen	**17.543**	83%	**21.776**	86%	**23.679**	86%
C Rechnungsabgrenzungsposten	**1.124**	5%	**953**	4%	**910**	3%
***D* Nicht durch Eigenkapital gedeckter Fehlbetrag**	**0**	0%	**0**	0%	**0**	0%
Summe Aktiva	**21.031**	100%	**25.413**	100%	**27.469**	100%

	2010		2011		2012	
Passiva						
I. Gezeichnetes Kapital	2.100	10%	2.100	8%	2.100	8%
II. Kapitalrücklage	2.023	10%	2.023	8%	2.023	7%
III. Gewinnrücklagen	404	2%	1.157	5%	2.017	7%
... davon gesetzliche Rücklage	*0*	0%	*0*	0%	*0*	0%
... davon Rücklage für eigene Anteile	*0*	0%	*0*	0%	*0*	0%
... davon satzungsgemäße Rücklagen	*0*	0%	*0*	0%	*0*	0%
... davon andere Gewinnrücklagen	*404*	2%	*1.157*	5%	*2.017*	7%
IV. Gewinnvortrag/Verlustvortrag	0	0%	0	0%	0	0%
V. Jahresüberschuss/Jahresfehlbetrag	2.955	14%	3.485	14%	3.276	12%
VI. Sonderposten mit Rücklageanteil	11	0%	0	0%	0	0%
A Eigenkapital	**7.493**	36%	**8.765**	34%	**9.416**	34%
I. Rückstellungen für Pensionen & ähnliche Verpflichtungen	1.184	6%	1.213	5%	1.240	5%
II. Steuerrückstellungen	1.153	5%	2.416	10%	2.700	10%
III. Sonstige Rückstellungen	2.168	10%	3.582	14%	3.500	13%
B Rückstellungen	**4.505**	21%	**7.211**	28%	**7.440**	27%
... davon Anleihen, davon konvertibel	*0*	0%	*0*	0%	*0*	0%
... davon Verbindlichkeiten gegenüber Kreditinstituten	*1.841*	9%	*2.328*	9%	*2.596*	9%
... davon erhaltene Anzahlungen auf Bestellungen	*37*	0%	*9*	0%	*20*	0%
... davon Verbindlichkeiten aus Lieferungen & Leistungen	*3.970*	19%	*3.743*	15%	*4.346*	16%
... davon Verbindlichkeiten aus der Annahme gezogener/Ausstellung eigener Wechsel	*2.064*	10%	*2.052*	8%	*2.400*	9%
... davon Verbindlichkeiten gegen verbundene Unternehmen	*0*	0%	*0*	0%	*0*	0%
... davon Verbindlichkeiten gegenüber Unternehmen, mit denen ein Beteiligungsverhältnis besteht	*0*	0%	*0*	0%	*0*	0%
... davon sonstige Verbindlichkeiten	*1.121*	5%	*1.251*	5%	*1.200*	4%
a) aus Steuern	*771*	4%	*901*	4%	*850*	3%
b) davon im Rahmen der sozialen Sicherheit	*350*	2%	*350*	1%	*350*	1%
C Verbindlichkeiten	**9.033**	43%	**9.383**	37%	**10.562**	38%
D Rechnungsabgrenzungsposten	**0**	0%	**54**	0%	**51**	0%
Summe Passiva	**21.031**	100%	**25.413**	100%	**27.469**	100%

6 Dann werfen wir auch einen Blick auf die GuV für die gleichen Jahre, ebenfalls ohne neue Investitionen.

		Ohne Investition					
	(Kalender) Jahr	**Tsd. EUR** 2010		**Tsd. EUR** 2011		**Tsd. EUR** 2012	
	Periode	**1**		**2**		**3**	
1.	**Gesamterlöse/Umsatzerlöse**	**54.007**	100%	**69.617**	100%	**92.000**	100%
1.1	*... davon Umsatzerlöse Sparte I*	*22.745*	42%	*31.178*	45%	*41.020*	45%
1.2	*... davon Umsatzerlöse Sparte II*	*18.153*	34%	*22.392*	32%	*28.550*	31%
1.3	*... davon Umsatzerlöse Sparte III*	*8.122*	15%	*10.002*	14%	*12.300*	13%
1.4	*... davon Umsatzerlöse Sparte IV*	*3.998*	7%	*5.012*	7%	*7.840*	9%
1.5	*... davon Umsatzerlöse Sparte V*	*989*	2%	*1.033*	1%	*2.290*	2%
2.	Bestandsveränderungen (Erhöhung +; Verminderung -)	186	0%	4.568	7%	-2.000	-2%
3.	Andere aktivierte Eigenleistungen	0	0%	0	0%	0	0%
4.	Sonstige betriebliche Erträge	423	1%	408	1%	450	0%
	Betriebsleistung	**54.616**	101%	**74.593**	107%	**90.450**	98%
5.	Materialaufwand	36.813	68%	53.695	77%	64.800	70%
5.1	*... für Roh-, Hilfs- und Betriebsstoffe und bezogenen Waren*	*27.140*	50%	*43.706*	63%	*53.450*	58%
5.2	*... für bezogene Leistungen*	*9.673*	18%	*9.989*	14%	*11.350*	12%
	Bruttoertrag/Rohertrag/Wertschöpfung	**17.803**	33%	**20.898**	30%	**25.650**	28%
6.	Personalkosten	9.862	18%	10.743	15%	14.400	16%
6.1	*... davon Geschäftsführergehalt*	*822*	2%	*822*	1%	*1.120*	1%
6.2	*... davon Löhne & Gehälter*	*6.765*	13%	*7.454*	11%	*9.050*	10%
6.3	*... davon soziale Abgaben/Aufwendungen für Altersververversorgung*	*2.275*	4%	*2.467*	4%	*4.230*	5%
7.	Abschreibungen	435	1%	499	1%	420	0%
7.1	*... davon auf Vermögensgegenstände des Anlagevermögens*	*435*	1%	*499*	1%	*420*	0%
7.2	*... davon auf Vermögensgegenstände des Umlaufvermögens*	*0*	0%	*0*	0%	*0*	0%
8.	Sonstige betriebliche Aufwendungen	3.522	7%	4.849	7%	6.300	7%
8.1	*... davon Miet- und Leasingaufwendungen*	*1.409*	3%	*2.102*	3%	*2.900*	3%
8.2	*... davon Vertriebskosten*	*775*	1%	*896*	1%	*1.150*	1%
8.3	*... davon Verwaltungskosten*	*1.338*	2%	*1.705*	2%	*2.250*	2%
8.4	*... davon Sonstige*	*0*	0%	*146*	0%	*0*	0%
	Gesamtaufwand (ohne Material und bezogene Waren/Leistungen)	**13.819**	26%	**16.091**	23%	**21.120**	23%
	Betriebsergebnis	**3.984**	7%	**4.807**	7%	**4.530**	5%
9.	Erträge aus Beteiligungen	0	0%	0	0%	0	0%
9.1	*...davon aus verbundenen Unternehmen*	*0*	0%	*0*	0%	*0*	0%
10.	Erträge aus Wertpapieren und Ausleihungen des Finanz-AV	218	0%	144	0%	125	0%
10.1	*...davon aus verbundenen Unternehmen*	*0*	0%	*0*	0%	*0*	0%
11.	Sonstige Zinsen und Erträge	40	0%	71	0%	50	0%
11.1	*...davon aus verbundenen Unternehmen*	*0*	0%	*0*	0%	*0*	0%
12.	Abschreibungen auf Finanzanlagen/Wertpapiere des UV	0	0%	0	0%	0	0%
13.	Zinsen und ähnliche Aufwendungen	119	0%	128	0%	140	0%
13.1	*...davon an verbundene Unternehmen*	*0*	0%	*0*	0%	*0*	0%
	Finanzergebnis	**139**	0%	**87**	0%	**35**	0%
14.	**Ergebnis der gewöhnlichen Geschäftstätigkeit (EGT)**	**4.123**	8%	**4.894**	7%	**4.565**	5%
15.	Außerordentliche Erträge	0	0%	0	0%	0	0%
16.	Außerordentliche Aufwendungen	0	0%	0	0%	0	0%
17.	**Außerordentliche Ergebnis**	**0**	0%	**0**	0%	**0**	0%
	Ergebnis vor Steuern	**4.123**	8%	**4.894**	7%	**4.565**	5%
18.	Steuern vom Einkommen und Ertrag	1.055	2%	1.224	2%	1.126	1%
19.	Sonstige Steuern	113	0%	185	0%	163	0%
20.	**Jahresüberschuss/Jahresfehlbetrag**	**2.955**	5%	**3.485**	5%	**3.276**	4%

7 Sie sehen in der letzten GuV Zeile (GuV Position 20: Jahresüberschuss/Jahresfehlbetrag) eine Umsatzrendite (Jahresüberschuss dividiert über die Umsatzerlöse in GuV Zeile 1) nach Steuern für die drei (Plan)Jahre in Höhe von 5%, 5% und 4% (jeweils gerundet), was für einen Automobilhändler wirklich sehr gut ist.

Die Bilanz sieht auch recht gut aus, allerdings ist das Anlagevermögen doch weit bis auf 11%, 11% und 10% gesunken. Diese prozentualen Werte beziehen sich auf die gesamte Bilanzsumme.

I. Immaterielle Wirtschaftsgüter	**66**	0%	**95**	0%	**80**	0%
... davon Konzessionen, Schutzrechte, Lizenzen	*66*	0%	*95*	0%	*80*	0%
... davon Geschäfts- und Firmenwert	*0*	0%	*0*	0%	*0*	0%
... davon geleistete Anzahlungen	*0*	0%	*0*	0%	*0*	0%
II. Sachanlagen	**1.523**	7%	**1.549**	6%	**1.300**	5%
... davon Grundstücke und Gebäude	*0*	0%	*0*	0%	*0*	0%
... davon technische Anlagen & Maschinen	*1.523*	7%	*1.549*	6%	*1.300*	5%
... davon andere Anlage, Betriebs- Geschäftsausstattung	*0*	0%	*0*	0%	*0*	0%
... davon geleistete Anzahlungen und Anlagen im Bau	*0*	0%	*0*	0%	*0*	0%
III. Finanzanlagen	**775**	4%	**1.040**	4%	**1.500**	5%
... davon Anteile an verbundenen Unternehmen	*0*	0%	*0*	0%	*0*	0%
... davon Ausleihungen an verbundene Unternehmen	*0*	0%	*0*	0%	*0*	0%
... davon Beteiligungen	*0*	0%	*0*	0%	*0*	0%
... davon Ausleihungen an Unternehmen, mit den ein Beteiligungsverhältnis besteht	*0*	0%	*0*	0%	*0*	0%
... davon Wertpapiere des Anlagevermögens	*775*	4%	*1.040*	4%	*1.500*	5%
... davon Sonstige Ausleihungen	*0*	0%	*0*	0%	*0*	0%
A Summe Anlagevermögen	**2.364**	**11%**	**2.684**	**11%**	**2.880**	**10%**

Rechnet man die Finanzanlagen und die immateriellen Wirtschaftsgüter – das sind Patente und Lizenzen, die käuflich erworben wurden (unter A.I und A.III) noch heraus, dann fällt die so genannte Anlagenintensität (Sachanlagevermögen dividiert durch die gesamte Bilanzsumme) sogar auf gerundet 7%, 6%, und 5%. Dies bedeutet, dass das Sachanlagevermögen doch wahrscheinlich schon ziemlich in die Jahre gekommen ist und neue Investitionen dringend notwendig sind. 8

Die HTC kann sich diese auch leisten, denn unten auf der Aktivseite der Bilanz (linke Seite der Bilanz) stehen doch zum Ende des letzten Jahres 3.399 T€ an liquiden Mitteln.

III. Wertpapiere	**0**	0%	**0**	0%	**0**	0%
... davon Anteile an verbundene Unternehmen	*0*	0%	*0*	0%	*0*	0%
... davon eigene Anteile	*0*	0%	*0*	0%	*0*	0%
... davon sonstige Wertpapiere	*0*	0%	*0*	0%	*0*	0%
IV Kasse, Bank und Schecks	*3.746*	18%	*1.824*	7%	*3.399*	12%

Im ersten Schritt stehen bei der HTC sowieso nur 500 T€ als Investitionssumme an und aufgrund der guten Eigenkapitalquote in Höhe von zuletzt gerundet 34% (siehe ersten Punkt auf der Passivseite der Bilanz ‚A Eigenkapital') sollen diese auch noch zu 70% mit Fremdkapital finanziert werden. Bitte bedenken Sie, dass die Kosten für Fremdkapital (Zinsen) als Aufwand in der GuV anerkannt sind (sie stehen oberhalb der Steuern in der GuV) und somit steuerlich anerkannt werden. Eigenkapitalkosten (Dividenden) hingegen müssen aus dem (versteuerten) Jahresüberschuss gezahlt werden und sind damit steuerlich nicht als Aufwand anerkannt. 9

Diese Zinsen werden in der GuV im Finanzergebnis ausgewiesen, die Zinsen für die Banken dann speziell unter Punkt 13 des HGB (Handelsgesetzbuch) Gliederungsschemas.

9. Erträge aus Beteiligungen	0	0%	0	0%	0	0%
9.1 ...davon aus verbundenen Unternehmen	*0*	0%	*0*	0%	*0*	0%
10. Erträge aus Wertpapieren und Ausleihungen des Finanz-AV	218	0%	144	0%	125	0%
10.1 ...davon aus verbundenen Unternehmen	*0*	0%	*0*	0%	*0*	0%
11. Sonstige Zinsen und Erträge	40	0%	71	0%	50	0%
11.1 ...davon aus verbundenen Unternehmen	*0*	0%	*0*	0%	*0*	0%
12. Abschreibungen auf Finanzanlagen/Wertpapiere des UV	0	0%	0	0%	0	0%
13. Zinsen und ähnliche Aufwendungen	119	0%	128	0%	140	0%
13.1 ...davon an verbundene Unternehmen	*0*	0%	*0*	0%	*0*	0%
Finanzergebnis	**139**	0%	**87**	0%	**35**	0%

Sie sehen auch, dass die bisherig gezahlten Zinsen in allen drei letzten Jahren gerundet nicht einmal die 1% Marke (gemessen an den Umsatzerlösen) erreicht haben. Das ist aus Bankensicht „Spitze". 10

Die Gespräche mit den Banken haben zwar noch nicht stattgefunden, allerdings ist man aufgrund der langjährigen sehr erfolgreichen Zusammenarbeit mit den Banken und natürlich sehr guter Jahresergebnisse sicher, dass die Bank mit o. g. 70% „ins Boot" steigt.

I. Gezeichnetes Kapital	2.100	10%	2.100	8%	2.100	8%
II. Kapitalrücklage	2.023	10%	2.023	8%	2.023	7%
III. Gewinnrücklagen	404	2%	1.157	5%	2.017	7%
... davon gesetzliche Rücklage	*0*	0%	*0*	0%	*0*	0%
... davon Rücklage für eigene Anteile	*0*	0%	*0*	0%	*0*	0%
... davon satzungsgemäße Rücklagen	*0*	0%	*0*	0%	*0*	0%
... davon andere Gewinnrücklagen	*404*	2%	*1.157*	5%	*2.017*	7%
IV. Gewinnvortrag/Verlustvortrag	0	0%	0	0%	0	0%
V. Jahresüberschuss/Jahresfehlbetrag	2.955	14%	3.485	14%	3.276	12%
VI. Sonderposten mit Rücklageanteil	11	0%	0	0%	0	0%
A Eigenkapital	**7.493**	**36%**	**8.765**	**34%**	**9.416**	**34%**

11 Dies reicht erst einmal als Überblick über die HTC und der damit gegebenen Ausgangslage.

Sollten Sie aber mit den vielen Details in der GuV und Bilanz Ihre Schwierigkeiten haben, dann empfehle ich Ihnen einen Blick in die so genannte Struktur-Bilanz und Struktur-GuV. Diese sind quasi in einem ‚Schraubstock' zusammengepresste Zahlenwerke, in denen jeweils mehrere Posten zusammengefasst sind, welche deshalb aber nicht weniger aussagefähig sind. Und wenn sie nicht täglich oder häufiger mit Bilanzen und GuVs zu tun haben, dann reicht dieser Detaillierungsgrad auf jeden Fall.

Schauen wir uns zunächst wieder die Bilanz an, dieses Mal in der strukturierten Form.

	Tsd. EUR		Tsd. EUR		Tsd. EUR	
(Kalender) Jahr	**2010**		**2011**		**2012**	
Periode	**1**		**2**		**3**	
Aktiva						
Ausstehende Einlagen	0,00	0%	0,00	0%	0,00	0%
I. Immaterielle Wirtschaftsgüter und Finanzanlagen	*841,00*	4%	*1.135,00*	4%	*1.580,00*	6%
II. Sachanlagen	*1.523,00*	7%	*1.549,00*	6%	*1.300,00*	5%
A Summe Anlagevermögen	**2.364,00**	**11%**	**2.684,00**	**11%**	**2.880,00**	**10%**
I. Vorräte	*7.187,00*	34%	*12.560,00*	49%	*12.270,00*	45%
II. Forderungen und sonstige Vermögensgegenstände	*7.734,00*	37%	*8.345,00*	33%	*8.920,00*	32%
III. Kasse, Bank, Schecks und Wertpapiere	*3.746,00*	18%	*1.824,00*	7%	*3.399,00*	12%
B Summe Umlaufvermögen	**18.667,00**	**89%**	**22.729,00**	**89%**	**24.589,00**	**90%**
Nicht durch Eigenkapital gedeckter Fehlbetrag	**0,00**	**0%**	**0,00**	**0%**	**0,00**	**0%**
Summe Aktiva	**21.031,00**	**100%**	**25.413,00**	**100%**	**27.469,00**	100%
Passiva						
A Eigenkapital	**7.493,00**	**36%**	**8.765,00**	**34%**	**9.416,00**	**34%**
B Rückstellungen	**4.505,00**	**21%**	**7.211,00**	**28%**	**7.440,00**	**27%**
davon nicht zinstragend	3.307,00	16%	6.167,00	24%	6.089,00	22%
davon zinstragend	1.198,00	6%	1.044,00	4%	1.351,00	5%
C Verbindlichkeiten	**9.033,00**	**43%**	**9.437,00**	**37%**	**10.613,00**	**39%**
davon nicht zinstragend	*4.741,00*	23%	*4.698,00*	18%	*5.247,00*	19%
davon zinstragend	*4.292,00*	20%	*4.739,00*	19%	*5.366,00*	20%
Summe Passiva	**21.031,00**	**100%**	**25.413,00**	**100%**	**27.469,00**	**100%**

12 Das sieht doch schon ganz anders aus, oder? Sie sehen auch in diesem reduzierten Format sehr deutlich das geringe Sachanlagevermögen, die liquiden Mittel und die hohe Eigenkapitalquote, um die besagte Investition angehen zu können.

Dann wollen wir auch in die strukturierte GuV schauen.

(Kalender) Jahr Periode	Tsd. EUR 2010 1		Tsd. EUR 2011 2		Tsd. EUR 2012 3	
Gesamterlöse/Umsatzerlöse	**54.007,00**	**100%**	**69.617,00**	**100%**	**92.000,00**	**100%**
Betriebsleistung	*54.616,00*	*101%*	*74.593,00*	*107%*	*90.450,00*	*98%*
Bruttoertrag/Rohertrag/Wertschöpfung	**17.803,00**	**33%**	**20.898,00**	**30%**	**25.650,00**	**28%**
Gesamtaufwand (ohne Material und bezogene Waren/Leistungen)	*13.819,00*	*26%*	*16.091,00*	*23%*	*21.120,00*	*23%*
Betriebsergebnis	**3.984,00**	**7%**	**4.807,00**	**7%**	**4.530,00**	**5%**
Finanzergebnis	**139,00**	**0%**	**87,00**	**0%**	**35,00**	**0%**
Ergebnis der gewöhnlichen Geschäftstätigkeit (EGT)	**4.123,00**	**8%**	**4.894,00**	**7%**	**4.565,00**	**5%**
Außerordentliche Ergebnis	**0,00**	**0%**	**0,00**	**0%**	**0,00**	**0%**
Ergebnis vor Steuern	*4.123,00*	*8%*	*4.894,00*	*7%*	*4.565,00*	*5%*
Steuern	*1.168,00*	*2%*	*1.409,00*	*2%*	*1.289,00*	*1%*
Jahresüberschuss/Jahresfehlbetrag	**2.955,00**	**5%**	**3.485,00**	**5%**	**3.276,00**	**4%**

13 Hier sind die ‚Zinsen und ähnliche Aufwendungen' zwar nicht explizit ausgewiesen, aber ein nochmaliger Blick in die detaillierte GuV und hier speziell in das Finanzergebnis ruft uns wieder in Erinnerung, dass die ‚Zinsen und sonstigen Aufwendungen' in Position 13 des HGB Gliederungsschemas[3] gerundet 0 % vom Umsatz in allen drei Jahren ausmachten.

9.	Erträge aus Beteiligungen	0	0%	0	0%	0	0%
9.1	*...davon aus verbundenen Unternehmen*	*0*	*0%*	*0*	*0%*	*0*	*0%*
10.	Erträge aus Wertpapieren und Ausleihungen des Finanz-AV	218	0%	144	0%	125	0%
10.1	*...davon aus verbundenen Unternehmen*	*0*	*0%*	*0*	*0%*	*0*	*0%*
11.	Sonstige Zinsen und Erträge	40	0%	71	0%	50	0%
11.1	*...davon aus verbundenen Unternehmen*	*0*	*0%*	*0*	*0%*	*0*	*0%*
12.	Abschreibungen auf Finanzanlagen/Wertpapiere des UV	0	0%	0	0%	0	0%
13.	Zinsen und ähnliche Aufwendungen	119	0%	128	0%	140	0%
13.1	*...davon an verbundene Unternehmen*	*0*	*0%*	*0*	*0%*	*0*	*0%*
	Finanzergebnis	**139**	0%	**87**	0%	**35**	0%

14 Damit uns aber diese Position ‚Zinsen und ähnliche Aufwendungen' in Erinnerung bleibt, habe ich sie jetzt als Unterposition zum Finanzergebnis in der strukturierten GuV ausgewiesen. Nein, das ist übertrieben, denn wir werden diese Zinsen und ähnliche Aufwendungen später auch noch brauchen. Sie sind für die Ermittlung der Kapitalkosten durchaus wichtig, wenn wir einmal davon ausgehen, dass auch die anstehenden Investitionen mit den bisherigen Zinskosten geplant werden können.

II. Die anstehende Investition

15 Jetzt zu unserer anstehenden Investition. Wie bereits gesagt, müssen im ersten Schritt 500 T€ investiert werden, die aufgrund der guten Bilanz- und GuV Relationen zu 30% mit Eigen- und zu 70% mit Fremdkapital finanziert werden sollen.

Wir wollen außerdem mit einer steuerlichen Belastung der HTC GmbH in Höhe von 25% rechnen. Wie Sie wahrscheinlich wissen, ist dies seit der Herabsetzung der Körperschaftsteuer in Deutschland zu Beginn des Jahres 2008 von 25% auf 15% (zusätzlich Gewerbeertrag und Solidaritätszuschlag) ein ganz guter Rechenwert.

3 Der Gliederungshinweis ist bezogen auf das Gesamtkostenverfahren.

16 Das Wirtschaftsgut wird 5 Jahre halten (siehe Kommentierungen weiter oben dazu) und muss linear über diesen Zeitraum in der GuV auch abgeschrieben werden. Danach hat das Wirtschaftsgut keinen Restwert mehr, es kommt zu keinem Liquidationserlös. Wir vernachlässigen auch einen Schrottwert. Wir wissen von den Banken, obwohl wir noch nicht konkret mit Ihnen über unser Investment gesprochen haben, dass sie für das Fremdkapital (Kredit) derzeit wohl 6% p.a. verlangen werden. Wir gehen auch mit der Annahme in die Berechnungen, dass während der 5 Jahre für den Kredit nur Zinsen und keine Tilgungsbeiträge gezahlt werden. Die gesamte Rückzahlung des Darlehens wird am Ende der Laufzeit, also nach 5 Jahren, erfolgen. Wir sprechen in einem solchen Fall auch von *endfällige Tilgung*.

Somit sieht dann die Ausgangslage für die HTC Investition folgendermaßen aus. Sie können diese Informationen auch im Excel Tabellenblatt ‚*Basis Informationen*' nachlesen.

Basis Informationen

Anfangsinvestition t_0	500,00	Fertigstellung Ende t_0
Restwert n. Laufzeit	0,0	(Basis Zeitwert)
Afa (linear) p.a.	20,0%	
Steuern	25,0%	
Bankzins	6,0%	nur Zinsdienst, Tilgung erst am Ende der Laufzeit (endfällige Tilgung)
EK-Quote	30,0%	
FK-Quote	70,0%	
Laufzeit (Jahre)	5	

17 Die Geschäftsleitung teilt uns mit, dass wir bei dieser Investitionsrechnung einen Abzinsungssatz in Höhe von 10% nehmen sollen.

Die 6,0% der Banken für Fremdkapital können wir nicht nehmen, denn die Eigenkapitalgeber wollen ja auch noch etwas haben. Die Geschäftsführung hat diese bereits eingerechnet und so kommen die genannten 10% zustande. Wir werden später in einem eigenen Kapitel nochmals sehr intensiv diesen Zinssatz beleuchten und im Detail selbst rechnen. Wir sprechen dann vom gewichteten durchschnittlichen Gesamtkapitalkostensatz WACC.

18 An dieser Stelle soll die Aussage reichen, dass es sich um einen Mischsatz aus den Forderungen der Eigenkapitalgeber, gewichtet mit der Eigenkapitalquote, und den Forderungen der Fremdkapitalgeber, gewichtet mit der Fremdkapitalquote, handelt.

Formeltechnisch sieht dieser gewichtete durchschnittliche Gesamtkapitalkostensatz WACC dann so aus:

$$WACC = EKGF \times \frac{EK}{GK} + FKGF \times \frac{FK}{GK}$$

mit

- EKGF Eigenkapitalgeberforderungen
- FKGF Fremdkapitalgeberforderungen
- EK Eigenkapital
- FK Fremdkapital
- GK Gesamtkapital = EK + FK

Dazu aber in einem späteren separaten Kapitel mehr. In diesem Kapitel werden wir dann auch sehen, dass dieser gewichtete durchschnittliche Gesamtkapitalkostensatz WACC immer ein Nach-Steuer Satz ist! 19

Wir werden die 10% an dieser Stelle somit nicht weiter hinterfragen und akzeptieren die Anweisung der Geschäftsführung – wir arbeiten also mit 10% nach Steuern.

Wenn Sie sich jetzt noch einmal an das Kapitel ‚*Grundlagen der Investitionsrechnung*' und die gemeinsam erarbeiteten Beispiele erinnern, dann fällt Ihnen hier an dieser Stelle jetzt eventuell ein Problem auf. Die Einzahlungsüberschüsse (Cash Flows), mit denen wir gearbeitet haben, sind immer vor Vor-Steuer Größen. Wir haben an keiner Stelle eine Steuer berechnet und diese dann von den periodischen Einzahlungsüberschüssen abgezogen. Jetzt werden wir aber aufgefordert, mit einem Diskontierungszins nach Steuern (10%) zu arbeiten.

Sie haben Recht, bisher habe ich auf diese Problematik nicht hingewiesen. Das macht ja auch nichts, wollen wir doch jetzt noch viel weiter in die Details und damit in die Tiefe der Investitionsrechnung gehen. 20

Allerdings können wir die Ausgangslage mit Vor-Steuer Cash Flows und einem Nach-Steuer Diskont auch nicht so stehen lassen. Also müssen wir eine Position um die Steuer anpassen. Dies machen wir mit dem Abzinsungssatz.

Aber bitte merken Sie sich zuvor:

Investitionsrechnungen, wie wir sie in Zentraleuropa rechnen, sind immer Vor-Steuer Kalkulationen!

Die Umrechnung von vor auf nach Steuern und umgekehrt ist ganz einfach. Wir müssen nur mit dem Steuerschutz (im englischen ‚tax shield') multiplizieren bzw. durch diesen Steuerschutz dividieren. Und der Steuerschutz ist definiert als 21

$$Steuerschutz = (1 - t)$$

Dabei entspricht t dem Steuersatz, in unserem Fall also 25%.

Damit ergibt sich Folgendes:

Berechnung einer Vor-Steuer Größe auf der Basis der Nach-Steuer Größe:

$$Vorsteuersatz = Nachsteuersatz \div (1 - Steuersatz)$$ [4]

also in unserem Fall

$$Vorsteuersatz = 0{,}10 \div (1 - 0{,}25)$$
$$Vorsteuersatz = 0{,}10 \div 0{,}75 = 0{,}1333 = 13{,}33\%$$

Machen wir die Probe

$$Nachsteuersatz = Vorsteuersatz \times (1 - Steuersatz)$$

in unserem Fall

$$Nachsteuersatz = 0{,}1333 \times (1 - 0{,}25)$$
$$Nachsteuersatz = 0{,}1333 \times 0{,}75 = 0{,}10 = 10{,}00\%$$

Sie sehen, wie immer überhaupt kein Problem.

4 Mir ist bewusst, dass ich ansonsten immer die Wörter Vor-Steuersatz und Nach-Steuersatz mit einem Trennstrich schreibe. Tue ich dies in der Formel aber auch, dann sieht es so aus, als wenn ich eine Subtraktion tätigen müsste.

22 Wir müssen also in unserem Beispiel, den Anweisungen der Geschäftsführung folgend, mit 13,33% rechnen, da die Vorgabe 10,0% bei einem Steuersatz in Höhe von 25,0% lautete.

Wir können damit das Ausgangsszenario um diese Informationen erweitern. Sie sehen jetzt im unteren Feld den ‚*Vorgabe-Zins nach Steuern*' von 10,0%. Eine Zeile darunter lesen Sie ‚*Rechen-Zins vor Steuern*' 13,33%. Links daneben ist die Vorgabe der Geschäftsleitung nochmals wiederholt.

Dies ist eigentlich überflüssig, ich brauche diese Zeile aber für später, wenn wir auf einem detaillierten mathematischen Weg einen speziell für die HTC und für diese Investition gültigen gewichteten durchschnittlichen Gesamtkapitalkostensatz WACC errechnet haben werden.

23 Mittels verschiedener ‚WENN' Abfragen in Excel werden wir dann mehrere Szenarien rechnen können. Der gerade genutzte Nach-Steuer Rechenzins wird dann immer unterhalb des ‚*Vorgabe-Zins nach Steuern*' 10% erscheinen.

Basis Informationen

Anfangsinvestition t_0	500,00	Fertigstellung Ende t_0
Restwert n. Laufzeit	0,0	(Basis Zeitwert)
Afa (linear) p.a.	20,0%	
Steuern	25,0%	
Bankzins	6,0%	nur Zinsdienst, Tilgung erst am Ende der Laufzeit (endfällige Tilgung)
EK-Quote	30,0%	
FK-Quote	70,0%	
Laufzeit (Jahre)	5	

Kapitalkosten (Abzinsungssatz)			
Vorgabe-Zins nach Steuern	10,0%		
	10,0%	Rechen-Zins vor Steuern	13,3%

24 Jetzt haben wir die externen Parameter zusammen und brauchen noch Informationen zu den Ein- und Auszahlungen, damit wir die zukünftigen Einzahlungsüberschüsse (Cash Flows) berechnen können.

Hier haben wir bereits mit der Verkaufsabteilung und den Abteilungsleitern in der Werkstatt im Detail gearbeitet und wir haben uns gemeinsam auf folgendes Zahlenwerk geeinigt. Diese Angaben sind direkt aus dem Excel Tabellenblatt ‚*Datenmaterial*' entnommen.

Datenmaterial für die Investitionsrechnung

Jahre	1	2	3	4	5	6
(Zusatz) Umsätze	1.000	1.100	1.200	1.300	1.400	
Prokos (Variable Kosten)	450	470	500	500	510	
Promotion	50	55	60	65	70	
Vertriebskosten	60	80	70	80	90	
(Fixe) Strukturkosten der Produktion (ohne AfA und Zinsen)	30	40	45	40	50	
(Fixe) Strukturkosten der Produktion (mit ev. (kalk) AfA und Zinsen)	30	40	45	40	50	
(Fixe) Strukturkosten der Administration	80	80	55	60	70	
Summe Kosten	670	725	730	745	790	

25 Die hier ausgewiesene 6. Periode hat vorerst keine Bedeutung. Wir werden sie aber später benötigen. Außerdem sehen Sie zweimal einen fast identischen Kostenblock ‚(Fixe) Strukturkosten der Produktion (ohne AfA und Zinsen)' und ‚(Fixe) Strukturkosten der Produktion (mit ev. (kalk) AfA und Zinsen)'. Bitte beachten Sie diese zwei Zeilen zum jetzigen Zeitpunkt noch nicht. Für Sie ist erst einmal nur die erste der beiden Zeilen relevant, also ohne Abschreibungen und Zinsen.

Der Begriff ‚Prokos' steht für proportionale Kosten (proportional zum Output), ein anderer Ausdruck für variable Kosten. 26

Den zusätzlich durch die Investition geplanten Umsatzerlösen stehen natürlich auch zusätzliche Kosten gegenüber.

III. Die Investition in der Deckungsbeitragsrechnung

Für den Controller können wir jetzt leicht daraus auch eine **Deckungsbeitragsrechnung** gestalten. 27
Die Deckungsbeitragsrechnung ist ein Verfahren zur Ermittlung des Betriebsergebnisses eines Unternehmens mit Hilfe der Deckungsbeiträge (DB) der hergestellten Produkte. Man unterscheidet die *einstufige* Deckungsbeitragsrechnung *(Direct Costing)* sowie die *mehrstufige* Deckungsbeitragsrechnung (Fixkostendeckungsrechnung). Bei der einstufigen Deckungsbeitragsrechnung werden zunächst die aufsummierten Deckungsbeiträge ermittelt und von diesen dann die kompletten Fixkosten abgezogen. Die mehrstufige Deckungsbeitragsrechnung versucht, den Fixkostenblock weiter aufzuspalten und die Kosten den verursachenden Unternehmensbereichen zuzurechnen. Ziel ist es, eine Preisuntergrenze zu finden. Dies ist besonders dann interessant, wenn Erweiterungen zwar mit höheren variablen Kosten verbunden sind, aber die Fixkosten (zumindest ein Teil davon) konstant bleiben kann. Dies ist zum Beispiel der Fall, wenn eine gemietete Produktionshalle noch freie Flächen hat. Werden diese genutzt, fallen weiterhin die identischen Mietkosten (fixe Kosten) wie ohne Produktionserweiterung an.

Ich habe einmal eine solche mehrstufige Deckungsbeitragsrechnung aus unserem Zahlenmaterial entwickelt.

Deckungsbeitragsrechnung

		1	2	3	4	5
	Umsatz	**1.000,00**	**1.100,00**	**1.200,00**	**1.300,00**	**1.400,00**
-	Proportionale Kosten (ProKo)	450,00	470,00	500,00	500,00	510,00
=	**Deckungsbeitrag (DB) I**	**550,00**	**630,00**	**700,00**	**800,00**	**890,00**
-	Promotion	50,00	55,00	60,00	65,00	70,00
=	**Deckungsbeitrag (DB) II**	**500,00**	**575,00**	**640,00**	**735,00**	**820,00**
-	Vertriebskosten	60,00	80,00	70,00	80,00	90,00
=	**Deckungsbeitrag (DB) III**	**440,00**	**495,00**	**570,00**	**655,00**	**730,00**
-	Strukturkosten der Produktion	30,00	40,00	45,00	40,00	50,00
=	**Deckungsbeitrag (DB) IV**	**410,00**	**455,00**	**525,00**	**615,00**	**680,00**
-	Strukturkosten der Administration	80,00	80,00	55,00	60,00	70,00
=	**Deckungsbeitrag (DB) V = Standardergebnis**	**330,00**	**375,00**	**470,00**	**555,00**	**610,00**
	Geplante Umsatzrendite (Basis KORE)	**33,00%**	**34,09%**	**39,17%**	**42,69%**	**43,57%**

In unserem Fall ist natürlich die Strukturierung des Datenmaterials sehr hilfreich, muss doch nach jeder Kostenposition jeweils nur ein neuer Saldo berechnet werden. 28

29 Deshalb denken Sie bitte bei Ihren Investitionsrechnungen daran, wie das Datenmaterial strukturiert sein soll, um parallel auch Auswertungen auf der Basis eines bereits in Ihrer Firma benutzten ‚Reporting' Formates ‚fahren' zu können.

Sie können die Kosten auch nach Kostengruppen, wie sie in der GuV genutzt werden, also

- Umsatzerlöse
- Material und bezogene Leistungen
- Personalkosten
- Sonstige betriebliche Aufwendungen und Erträge

gliedern[5], dies liegt an Ihnen. Außerdem übernehmen Sie dann bitte auch die Begrifflichkeiten Ihres Controllings und die Zurechnung der Kostengruppen zu den Deckungsbeitragsstufen. Diese können in Ihrem Unternehmen anders heißen und eine andere Zuordnung zu einer DB Stufe haben.

30 Ich persönlich bevorzuge allerdings die Gliederung auf der Basis von Controllingformaten, da wir, wie Sie später sehen werden, sowieso aus dem Zahlenmaterial noch eine GuV für die Banken gestalten werden bzw. rechnen müssen. Außerdem ist die Investitionsrechnung eine Kalkulation, die dem internen Rechnungswesen (Controlling) und nicht dem externen Rechnungswesen (Bilanzierung) zuzuordnen ist.

Die Deckungsbeitragsrechnung teilt uns außerdem eine geplante Umsatzrendite auf der Basis der Kostenrechnung in Höhe von (letzte Zeile der DB Rechnung)

Geplante Umsatzrendite (Basis KORE)	**33,00%**	**34,09%**	**39,17%**	**42,69%**	**43,57%**

mit.

31 Das sieht doch in den einzelnen Jahren richtig gut aus. Können wir denn hier nicht schon aufhören.

Die Antwort heißt nein, denn

- es handelt sich bei den Umsatzerlösen und Kosten um zukünftige Werte, die aber noch
- mit dem durchschnittlichen gewichteten Kapitalkostensatz WACC vor Steuern abgezinst werden müssen, da die Forderungen der Kredit- und Eigenkapitalgeber sich dahinter verstecken und
- die ursprüngliche Investition in Höhe von 500 T€ ist ja auch noch nicht in den Berechnungen berücksichtigt.

32 Die DB-Rechnung sagt uns lediglich etwas zum periodischen Erfolg. Und hier ist ganz wichtig, was in den Kostengruppen alles enthalten ist, denn bei Investitionen dürfen eigentlich nicht alle Belastungen eingerechnet werden.

Kommen wir aber zu unserer eigentlichen Investitionsrechnung zurück, denn jetzt wollen wir die Angelegenheit ein wenig verkomplizieren und eigentlich auch den Weg der ‚richtigen' Investitionsrechnung verlassen. Keine Angst, wir werden dennoch richtig unterwegs sein.

Merken Sie sich zunächst noch einmal einen Zusammenhang, den wir bereits im Kapitel ‚*Grundlagen der Investitionsrechnung*' herausgestellt haben.

Investitionsrechnungen sind zahlungsorientierte Betrachtungen – es werden nur Ein- und Auszahlungen betrachtet. Deshalb sprechen wir in der deutschen Sprache beim Saldo auch vom Einzahlungsüberschuss (im englischen Cash Flow). Aufwendungen, die nicht auszahlungswirksam sind (z.B. Abschreibungen)

5 Abschreibungen und Zinsen für Fremdkapital sind ganz bewusst hier nicht aufgeführt – dazu später.

und Erträge, die nicht einzahlungswirksam sind (z.B. Rückstellungsauflösungen[6]) haben in der Investitionsrechnung nichts zu suchen!

Wir müssen jetzt zwischen 2 Fällen differenzieren. Einen eigentlich falschen, den man aber immer wieder in der Praxis sieht und den richtigen Ansatz zur Berechnung von Investitionen. 33

Obwohl Investitionsrechnungen reine **zahlungs**getriebenen Kalkulationen sind, werden bei der Kostenermittlung in den zukünftigen Perioden häufig auch die Abschreibungen und die Zinsen für Kredite eingerechnet. In beiden Fällen geht man sogar noch weiter und setzt dann auf beide noch einen kalkulatorischen Aufschlag, auf dass zum Ende der Laufzeit auch die wahrscheinlich höheren Wiederbeschaffungskosten von Anfang an berücksichtigt sind. Zwar ist es Usus, kalkulatorische Größen entweder auf die Abschreibungen oder die Zinsen zu rechnen, aber hier habe ich das Programm so gestaltet, dass man sowohl auf die Abschreibungen als auch auf die Zinsen entsprechende Erhöhungen einrechnen kann.

Nochmals, dieser Ansatz ist eigentlich falsch. Weder Abschreibungen noch Zinsen, geschweige denn kalkulatorische Aufschläge, haben hier etwas zu suchen. Die Abschreibungen sind nicht auszahlungswirksam und Zinsen für Kredite sind bereits in den von der Geschäftsleitung genannten durchschnittlichen gewichteten Gesamtkapitalkosten WACC (nach Steuern) in Höhe von 10,00% enthalten. Schauen Sie sich den hinteren Teil der WACC Berechnungsformel noch einmal an. Dort werden die Zinsen für das Fremdkapital mit der Fremdkapitalquote multipliziert und sind somit Teil des WACC. Werden sie jetzt hier nochmals erfasst, sind die Zinsen für Kredite doppelt in unserer Investitionsrechnung enthalten. 34

Hier nochmals die genannte Formel.

$$WACC = EKGF \times \frac{EK}{GK} + FKGF \times \frac{FK}{GK}$$

mit

- EKGF Eigenkapitalgeberforderungen
- FKGF Fremdkapitalgeberforderungen (Zinsen auf Kredite)
- EK Eigenkapital
- FK Fremdkapital
- GK Gesamtkapital = EK + FK

Die Fremdkapitalkosten (Zinsen auf Kredite) gehen anteilig zur Fremdkapitalquote

$$FKGF \times \frac{FK}{GK}$$

als Summand in die Berechnung ein und sind somit bereits erfasst.

Wir werden aber im Folgenden trotzdem beide Fälle rechnen, die dann bei den Ergebnissen der Investitionsrechnung natürlich auch zu anderen Werten führen. Verlassen wir dann aber später die Controllingsicht und bauen eine Sicht auf Basis des externen Rechnungswesens auf (GuV und Bilanz für das Investitionsprojekt), dann werden Sie sehen, dass beide Wege zu identischen Ergebnissen führen. Dies ist dann aber auch logisch, Sie werden sehen! 35

6 Rückstellungsauflösungen sollen hier nur als Beispiel für nicht einzahlungswirksame Erträge genannt werden. In Investitionsrechnungen planen wir solche jedoch nur äußerst selten.

36 Warum ich dies tue? Ich möchte Ihnen zeigen, dass man trotz richtiger Mathematik eine Investition falsch und dann „runter" rechnen kann. Gehen wir einmal davon aus, dass die Planungsparameter für zukünftige Ein- und Auszahlungen ansonsten richtig sind.

B. Investitionen wirklich richtig rechnen

37 Fangen wir zunächst einmal mit dem richtigen Ansatz an. Die Investitionsrechnung, speziell die Kostenpositionen, dürfen keine nicht auszahlungswirksamen Aufwendungen beinhalten, damit natürlich auch keine Abschreibungen und auch keine kalkulatorischen Zuschläge.

I. Richtige Daten als Investitionsparameter

38 Wenn Sie jetzt in das Excel Tool in das Tabellenblatt ‚*Datenmaterial*' schauen, dann finden Sie dort die entsprechenden Eingabefelder und Berechnungen zu den Abschreibungen und Zinsen bzw. zu eventuellen zusätzlichen kalkulatorischen Aufschlägen.

Abschreibungen in o.g. Kostenpositionen	nein				
Zinsen in o.g. Kostenpositionen	nein				
Kalkulatorische Zuschläge auf Abschreibungen	nein				
Kalkulatorische Zuschläge auf Zinsen	nein				
zusätzliche kalkulatorische AfA	0,00%			(Faktor zu bilanziellen AfA)	1,00
zusätzliche kalkulatorische Zinsen	0,00%			(Faktor zu bilanziellen Zinsen)	1,00
Bilanzielle AfA	100,00	100,00	100,00	100,00	100,00
Kalkulatorische AfA	100,00	100,00	100,00	100,00	100,00
Differenz	0,00	0,00	0,00	0,00	0,00
Bilanzielle Zinsen	21,00	21,00	21,00	21,00	21,00
Kalkulatorische Zinsen	21,00	21,00	21,00	21,00	21,00
Differenz	0,00	0,00	0,00	0,00	0,00

Die gelben Felder sind jeweils Eingabefelder, hier müssen Sie manuell tätig werden.

39 Wir wollen zunächst den richtigen Ansatz rechnen. Daher müssen die Felder ‚Abschreibungen und Zinsen in o.g. Kostenpositionen' und ‚Kalkulatorische Zuschläge auf AfA und Zinsen' jeweils mit ‚nein' gekennzeichnet werden. Sollten Sie (später im 2. Fall) mit Abschreibungen, Zinsen und kalkulatorischen Zuschlägen arbeiten wollen, dann müssen wir jeweils ‚ja' eingeben. Bitte geben Sie genau dieses ‚ja' mit kleinen Buchstaben ein, da das Programm jedes andere Wort und jede andere Schreibweise in diesem Fall als ein ‚nein' wertet!

Wie Sie sehen, habe ich das auch gemacht. Überall steht ein ‚nein'. Die prozentualen Zuschläge für die kalkulatorischen Elemente sind damit auch auf ‚Null' gestellt, obwohl dies eigentlich nicht notwendig ist, da bereits bei der darüber liegenden Frage nach der Einrechnung kalkulatorischer Zuschläge ein ‚nein' in beiden Fällen (Abschreibungen und Zinsen) gesetzt wurde.

40 Unterhalb dieser gelben Eingabefelder sehen Sie jetzt die Berechnung der Abschreibungen und Zinsen für Fremdkapital. Hätten wir oben einmal mit ‚ja' markiert, wurden hier dann andere Werte zu sehen sein. Sie können das gerne im Excel Tool einmal ausprobieren. Ich habe hier nur ein paar ‚WENN' Funktionen hinterlegt. Diese möchte ich aber nicht weiter besprechen, da es nicht um Excel, sondern um die Investitionsrechnung geht.

Die Berechnungen sind aus einem anderen Tabellenblatt (‚*Überleitungen*'), welches wir später noch brauchen werden, einkopiert. Ich möchte an dieser Stelle daher auch darauf verzichten, die Berechnung zu erklären, wir kommen dann bei der Umrechnung der Investitionsgrößen in eine Gewinn- und Verlustrechnung dazu.

Oben in den Kostenpositionen werden analog unserer Einstellungen nun die jeweils richtigen Werte übernommen. Meine Annahme dabei war, dass Abschreibungen und Zinsen unabhängig von der Auslastung der HTC Werkstatt sind (damit nicht variabel) und ich die entsprechenden Positionen somit den Fixkosten der Produktion zugeordnet habe. 41

Je nach Betriebstyp kann aufgrund eines anderen Aufbaus der Kosten- und Deckungsbeitragsrechnung die Zuordnung auch anders erfolgen, In vielen Fällen sind Abschreibungen und Zinsen aber als fix, unabhängig von Auslastung und Produktionsvolumina, zu betrachten und daher passt meine Zuordnung ganz gut.

Jahre	1	2	3	4	5	6
(Zusatz) Umsätze	1.000,00	1.100,00	1.200,00	1.300,00	1.400,00	
Prokos (Variable Kosten)	450,00	470,00	500,00	500,00	510,00	
Promotion	50,00	55,00	60,00	65,00	70,00	
Vertriebskosten	60,00	80,00	70,00	80,00	90,00	
(Fixe) Strukturkosten der Produktion (ohne AfA und Zinsen)	30,00	40,00	45,00	40,00	50,00	
+ Abschreibungen und Zinsen	0,00	0,00	0,00	0,00	0,00	
+ Zinsen	0,00	0,00	0,00	0,00	0,00	
+ kalkulatorische Aufschläge auf Abschreibungen	0,00	0,00	0,00	0,00	0,00	
+ kalkulatorische Aufschläge auf Zinsen	0,00	0,00	0,00	0,00	0,00	
(Fixe) Strukturkosten der Produktion (mit ev. (kalk) AfA und Zinsen)	30,00	40,00	45,00	40,00	50,00	
(Fixe) Strukturkosten der Administration	80,00	80,00	55,00	60,00	70,00	
Summe Kosten	670	725	730	745	790	

Hier stehen in den Zeilen 16 bis 19 im Excel Tool natürlich immer Werte von ‚Null', weil wir die entsprechenden Posten vorher mit ‚nein' ausgeschlossen hatten. Daher können wir die Tabelle auch per Klick auf das + links von Zeile 20 schließen. 42

Jahre	1	2	3	4	5	6
(Zusatz) Umsätze	1.000,00	1.100,00	1.200,00	1.300,00	1.400,00	
Prokos (Variable Kosten)	450,00	470,00	500,00	500,00	510,00	
Promotion	50,00	55,00	60,00	65,00	70,00	
Vertriebskosten	60,00	80,00	70,00	80,00	90,00	
(Fixe) Strukturkosten der Produktion (ohne AfA und Zinsen)	30,00	40,00	45,00	40,00	50,00	
(Fixe) Strukturkosten der Produktion (mit ev. (kalk) AfA und Zinsen)	30,00	40,00	45,00	40,00	50,00	
(Fixe) Strukturkosten der Administration	80,00	80,00	55,00	60,00	70,00	
Summe Kosten	670	725	730	745	790	

Jetzt haben wir unsere Vorarbeiten abgeschlossen und können wieder in die dynamischen Investitionsrechnungen einsteigen, die wir bereits vorne im Buch an mehreren Beispielen durchgerechnet haben. 43

II. Dynamische Investitionsrechnungen

Wir werden also erneut 44

- den Kapitalwert (über die gesamte Laufzeit) absolut und in % (NPV – Net Present Value)
- den Kapitalwert (durchschnittlich pro Periode) in % (CAGR – Compound Annual Growth Rate)
- die dynamische Amortisation (Break Even)
- die Annuität (Annuity)
- den internen Zinsfuß (Internal Rate of Return)

berechnen. Dies erfolgt im Excel Tool im Tabellenblatt ‚*Investitionsrechnung*'.

45 Hier sehen wir dann auch sofort die bereits bekannte Struktur. Diese Struktur bzw. den Aufbau von Investitionsrechnungen kann man in der deutschen Sprache recht schön zusammenfassen:

- Saldieren (Ein- und Auszahlungen zum Cash Flow, dem Einzahlungsüberschuss)
- Diskontieren (gemeint ist hier die Berechnung des Abzinsungsfaktors)
- Multiplizieren (die Cash Flows mit den Abzinsungsfaktoren zum Barwert)
- Kumulieren (die Barwerte der Cash Flows)
- Subtrahieren (die ursprüngliche Investitionssumme, Ergebnis: der Kapitalwert)

Dann schauen wir einmal, wie dies jetzt bei unserem Beispiel aussieht. Ziel ist die Berechnung des Kapitalwertes.

1. Berechnung des Kapitalwertes als absolute Größe

46 Die Cash Flows (Einzahlungsüberschüsse) haben wir alternativ aus den Tabellenblättern ‚*Datenmaterial*' (Zeile 23) bzw. ‚*DB Rechnung*'(Zeile 28) kopiert. Der Restwert, auch Liquidationserlös genannt, ist uns im Tabellenblatt ‚*Basis Informationen*' in Zeile 7 mitgeteilt worden. Dieser wird auch automatisch auf diese Seite übernommen. Hier hatten wir aber zu Beginn unserer Arbeit gesagt, dass wir nicht einmal mehr einen Schrottwert nach 5 Jahren haben werden.

Investitionsrechnung					
Jahre	**1**	**2**	**3**	**4**	**5**
Cash Flow - Einzahlungsüberschuss	**330,00**	**375,00**	**470,00**	**555,00**	**610,00**
Restwert (Liquidationserlöse 31.12.)					**0,00**
Gesamt	**330,00**	**375,00**	**470,00**	**555,00**	**610,00**

47 Damit stehen die periodischen Cash Flows vor Steuern und wir können auf der Basis des zur Zeit noch von der Geschäftsleitung vorgegebenen durchschnittlichen gewichteten Gesamtkapitalkostensatzes WACC in Höhe von 10,00% nach Steuern die Abzinsungsfaktoren berechnen.

Aber Achtung, die Cash Flows sind vor Steuern, also müssen wir auch den WACC als eine Vor-Steuer Größe heranziehen. Diesen hatten wir bereits mit 13,33% berechnet und damit kalkulieren wir jetzt die Abzinsungsfaktoren (ABZF) auf dieser Vor-Steuer Basis:

$$ABZF = \frac{1}{(1+i)^n}$$

also

$$ABZF = \frac{1}{(1+0{,}1333)^{Periode}}$$

$$ABZF = \frac{1}{(1{,}1333)^{Periode}}$$

Somit erhalten wir:

Diskontfaktor	0,88	0,78	0,69	0,61	0,53

Dann sind sogleich auch die Barwerte der Cash Flows (CF) schnell durch Multiplikation (der Abzinsungsfaktoren mit den zukünftigen Cash Flows) berechnet. Genauso einfach ist dann das Kumulieren der CF Barwerte in den einzelnen Perioden und zum Schluss wird einfach in jeder Periode das ursprüngliche Investment in Höhe 500 T€ subtrahiert und wir erhalten den jeweils periodischen und den gesamten Kapitalwert (NPV – Net Present Value) über die gesamte Laufzeit: 1.068,65 T€. 48

Gesamt	330,00	375,00	470,00	555,00	610,00
Diskontfaktor	0,88	0,78	0,69	0,61	0,53
Diskontierter CF	291,18	291,96	322,87	336,40	326,24
Kum. Diskontierte CF (Kapitalwert)	291,18	583,13	906,00	1.242,40	1.568,65 1.068,65
Kapitalwerte der Cash Flows	-208,82	83,13	406,00	742,40	1.068,65

Unsere Formel für den absoluten Kapitalwert

$$K_0 = -A_0 + \sum_{t=1}^{n} \frac{CF_n}{(1+i)^n}$$

Der Kapitalwert berechnet die absolute Gesamtrendite über die gesamte Laufzeit der Investition, nach Forderungen Dritter (Zinsen für die Banken und Dividenden für die Eigenkapitalgeber) durch Abzinsung über den WACC und nach ursprünglicher Investitionsauszahlung A_0, vor Steuern t. 49

Hier nochmals der gesamte Rechenverlauf.

Investitionsrechnung

Jahre	1	2	3	4	5
Cash Flow - Einzahlungsüberschuss	330,00	375,00	470,00	555,00	610,00
Restwert (Liquidationserlöse)					0,00
Gesamt	330,00	375,00	470,00	555,00	610,00
Diskontfaktor	0,88	0,78	0,69	0,61	0,53
Diskontierter CF	291,18	291,96	322,87	336,40	326,24
Kum. Diskontierte CF (Kapitalwert)	291,18	583,13	906,00	1.242,40	1.568,65 1.068,65
Kapitalwerte der Cash Flows	-208,82	83,13	406,00	742,40	1.068,65

2. Berechnung des Kapitalwertes als prozentuale Größe

50 Lassen Sie uns sofort die prozentuale Größe für den Kapitalwert (NPV) rechnen:

$$KW(\%) = \frac{KW(abs.)}{A_0} \times 100$$

also

$$KW(\%) = \frac{1.068,65}{500} \times 100 = 213,73\%$$

Die prozentuale Gesamtrendite über die gesamte Laufzeit nach Forderungen Dritter (Zinsen für die Banken und Dividenden für die Eigenkapitalgeber) und nach ursprünglicher Investitionsauszahlung, vor Steuern beträgt damit 213,73%

3. Grafische Darstellungen

51 Als nächsten Schritt brauchen wir erst einmal die Grafiken dazu, damit wir uns und besonders Dritte sich ein besseres Bild über die Investition machen können. Diese finden Sie im Tabellenblatt ‚*Investitionsgrafiken*' in gleicher Form wie vorne im Buch .

- Periodische Kapitalwerte als Linien- und Säulendiagramm in einer Abbildung und
- Periodische Barwerte der Cash Flows nach Jahren im Kuchendiagramm

Die Investition als grafische Darstellungen

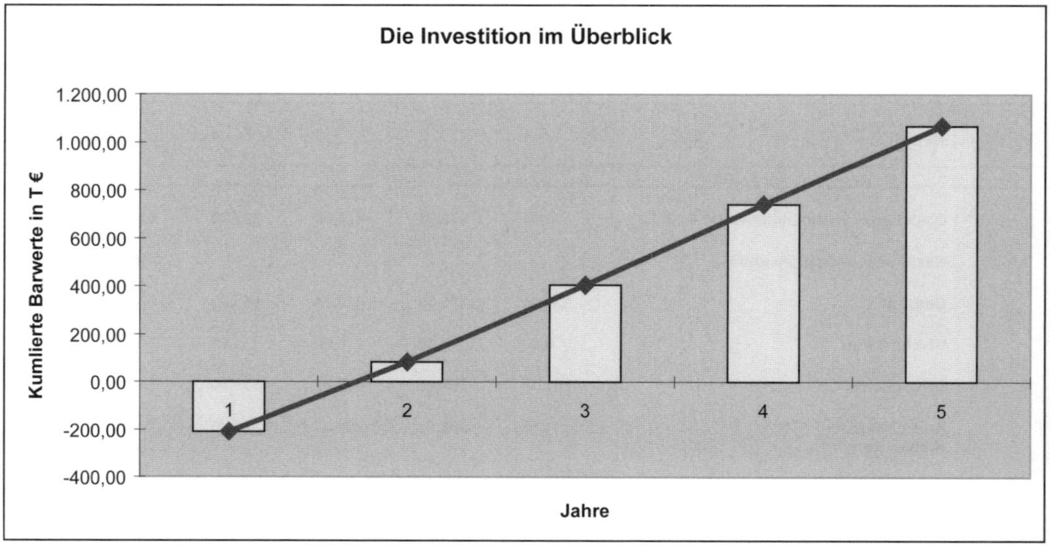

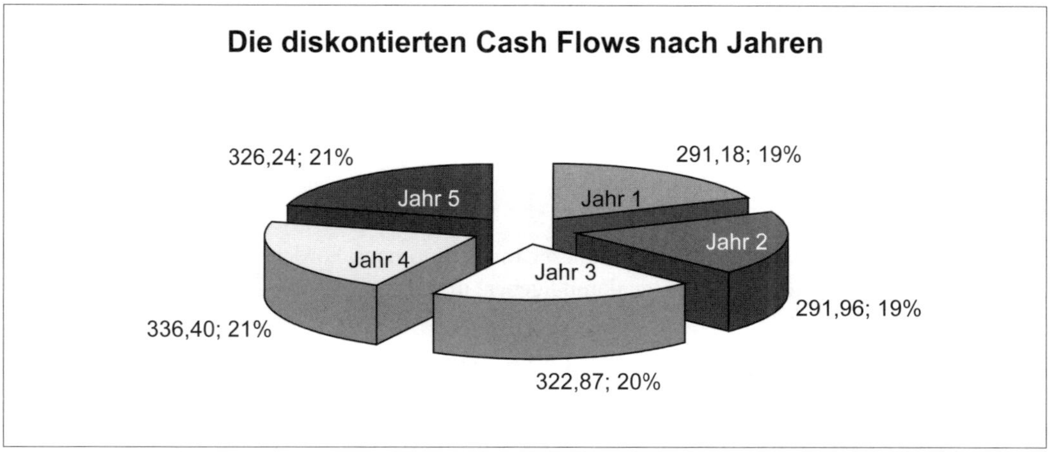

Wir wissen schon, wie wir die Grafiken zu lesen haben, besonders im Punkt Break Even. Bevor wir aber beim Break Even in die Tiefe gehen, müssen wir noch einige andere Berechnungen machen. 52

4. Berechnung des ‚CAGR – Compound Annual Growth Rate'

Der ‚CAGR – Compound Annual Growth Rate' berechnet die durchschnittliche prozentuale Rendite pro Periode nach Forderungen Dritter (Zinsen für die Banken und Dividenden für die Eigenkapitalgeber) und nach ursprünglicher Investitionsauszahlung, vor Steuern. 53

Die Formel dazu lautet:

$$CAGR_{(\%)} = \left(\sqrt[n]{1+\frac{Kapitalwert}{Investition}}-1\right)\bullet 100$$

also

$$CAGR_{(\%)} = \left(\sqrt[n]{1+\frac{K_0}{A_0}}-1\right)\bullet 100$$

oder anders geschrieben

$$CAGR_{(\%)} = \left(\sqrt[n]{1+KW_{\%}}-1\right)\bullet 100\ ,$$

somit in unserem Beispiel

$$CAGR_{(\%)} = \left(\sqrt[5]{1+\frac{1.068,6}{500}}-1\right)\bullet 100\ .$$

Umgeformt in

$$CAGR_{(\%)} = \left[\left(1+\frac{1.068,6}{500}\right)^{\frac{1}{5}} - 1\right] \times 100$$

ergibt sich 25,69%.

54 Die durchschnittliche Rendite pro Periode dieser Investition nach Forderungen Dritter (Zinsen für die Banken und Dividenden für die Eigenkapitalgeber) und nach ursprünglicher Investitionsauszahlung, vor Steuern beträgt 25,69%.

Dann wollen wir als nächstes die Dynamische Amortisation, also den ‚Break Even', berechnen.

5. Berechnung des ‚Break Even'

55 Dafür hatten wir bereits 2 Wege kennen gelernt. Sie werden sehen, dass ich bei beiden Berechnungsalternativen im Excel Tool mit ‚WENN' Abfragen gearbeitet habe (Zeilen 61 und 62 im Tabellenblatt ‚*Investitionsrechnung*', so dass keine manuellen Eingaben mehr notwendig werden. Damit kann sich viel Zeit ersparen, gerade dann, wenn man später simuliert, Alternativen rechnet oder zwischen verschiedenen Kapitalkosten hin- und her springt. Aber rechnen wir besser noch einmal nach, dann wissen Sie, dass Sie es können und ich, dass ich keine Fehler gemacht habe.

‚Break Even' werde ich im folgenden immer mit ‚BE' abkürzen.

Der 1. Weg geht über folgende Formel:

$$BE = Periode von C_1 - \frac{C_1}{C_2 - C_1}$$

mit

- C_1 = letzter negativer Kapitalwert (€)
- C_2 = erster positiver Kapitalwert (€),

also in unserem Fall

$$BE = 1 - \frac{-208,82}{83,13 - -208,82}$$

$$BE = 1 - \frac{-208,82}{291,95} = 1,72$$

56 Dieses Investment geht nach 1,72 Jahren ‚Break Even' bzw. dieses Investment wird sich nach 1,72 Jahren amortisiert haben.

Der Berechnungsweg über die 2. Formel lautet:

$$BE = \frac{|L_1|}{L_2 \div 12} Monate$$ im Jahr mit dem ersten positiven Kapitalwert

mit

L^1 = letzter negativer Kapitalwert (€) als absoluter Wert

L_2 = Barwert der Cash Flows in der Periode des ersten positiven KW (€),
also

$$BE = \frac{208{,}82}{291{,}96 \div 12} Monate$$

bzw.

$$BE = \frac{208{,}82}{24{,}33} = 8{,}58 \text{ Monate},$$

somit im September des Jahres 2 und dies am 18. (nach $0{,}58 * 30 = 17{,}40$ Tagen) des Monats.

Unsere Investition geht also nach 1,72 Jahren, das entspricht dem 18. September im 2. Jahr (wenn man übertrieben genau rechnet) ‚Break Even' bzw. wird sich nach dieser Zeit amortisiert haben. 57

Im Excel Tool habe ich die Beschreibung von C1, C2 und L1 und L2 ausgeblendet. Wenn Sie links im Tabellenblatt ‚*Investitionsrechnung*' erneut auf die + in den Zeilen 51 und 59 klicken, dann öffnen sich die Beschreibungen wieder und Sie können später auch dort die Bezeichnungen immer wieder nachlesen.

6. Berechnung der Annuität

Jetzt kommen wir wieder zur Annuität. Die Formel dafür lautet: 58

$$Annuität = K_0 \times \frac{(1+i)^n \times i}{(1+i)^n - 1}$$

Als wir uns erstmals mit der Annuität beschäftigten, haben wir gesehen, dass die Formel ihren Schrecken bei sukzessiver Rechnung des Zählers und Nenners verliert. So wollen wir auch hier vorgehen. Im Excel Tool ist es genauso gemacht, wobei Sie dann die entsprechenden Einzelberechnungen von Kapitalwert, Zähler und Nenner wieder ein- und ausblenden können.

- Der Kapitalwert K0 ist bekannt: 1.068,65
- Der Zähler $(1+i)^n \times i$ stellt sich bei konkreter Rechnung mit unseren Beispielgrößen, bedenken Sie bitte, dass Sie wieder den Vor-Steuer Gesamtkapitalkostensatz WACC benötigen.

  $$Zähler = (1+0{,}1333)^5 \times 0{,}1333$$

  also

  $$Zähler = 1{,}1333^5 \times 0{,}1333 = 0{,}2493027.$$

- Der Nenner $(1+i)^n - 1$ ist auch wieder schnell berechnet.

  $$Nenner = (1+0{,}1333)^5 - 1$$

also

$$Nenner = 1{,}1333^5 - 1 = 0{,}8697705.$$

2

Damit haben wir auch schon das Ergebnis.

$$Annuität = 1.068{,}65 \times \frac{0{,}4493027}{0{,}8697705}$$

also

$$Annuität = 1.068{,}65 \times \frac{0{,}4493027}{0{,}8697705}$$

somit

$$Annuität = 1.068{,}65 \times 0{,}2866305 = 306{,}31$$

Unsere Investition rentiert mit einer Annuität (über 5 Jahre) in Höhe von 306,31T€.

7. Berechnung des internen Zinsfußes

59 Jetzt kommen wir zur letzten zusätzlichen Auswertung, der Analyse des internen Zinsfußes IZF. Was war das noch gleich?

Der interne Zinsfuß, im englischen ‚Internal Rate of Return – IRR' ist der Zinsfuß WACC,

- bei dem das Abzinsen von Ein- und Auszahlungsströmen zu einem **Kapitalwert von ‚Null'** führt.
- bei dem das Abzinsen von Ein- und Auszahlungsströmen (Cash Flows) **zu kumulierten abgezinsten Barwerten in identischer Höhe mit der ursprünglichen Investitionsauszahlung** führt.
- bei dem das Abzinsen von Ein- und Auszahlungsströmen zu einem **Break Even am letzten Tag (letzte Stunde, letzte Minute) der Laufzeit der Investition** führt.
- bei dem das Abzinsen von Ein- und Auszahlungsströmen zu einer **Annuität von ‚Null'** führt.

60 Auch hier gab es zwei Wege der Berechnung. Einerseits konnten wir mit einer mathematischen Annäherungsrechnung (lineare Interpolation über die ‚Regula-Falsi Formel', arbeiten, andererseits war es auch möglich, die Rechnung recht schnell in Excel mittels der ‚Zielwertanalyse' durchzuführen.

Die Formel für den ‚Regula-Falsi-Ansatz' lautet:

$$IZF = i_1 + K_1 \times \frac{i_2 - i_1}{K_1 - K_2}$$

mit

- IZF = Interner Zinsfuß (%)
- i_1 = Versuchszinsfuß 1(%), der zu einem positiven Kapitalwert K1 führt
- i_2 = Versuchszinsfuß 2 (%), der zu einem negativen Kapitalwert K2 führt

- K_1 = positiver Kapitalwert (€) auf der Basis von i_1
- K_2 = negativer Kapitalwert (€) auf der Basis von i_2

Dieser Ansatz hatte allerdings den Nachteil, dass wir eine erneute Kapitalwertberechnung durchführen müssten und zwar mit einem WACC Zins i_2, der uns zu einem negativen Kapitalwert K_2 führt. Im Excel Tool habe ich dieses gemacht. Die Ergebnisse auf der Basis eines Vor-Steuer WACC i_2 in Höhe von 80,0% schauen wir uns jetzt einmal an. 61

Zweitrechnung für negativen Kapitalwert bzw. zur Überprüfung der Ergebnisse mittels Zielwertsuche

Testzins i_2 (Vor-Steuer Satz)	80,00%				
Jahre	1	2	3	4	5
Cash Flow - Einzahlungsüberschuss	330,00	375,00	470,00	555,00	610,00
Restwert (Liquidationserlöse)					0,00
Gesamt	330,00	375,00	470,00	555,00	610,00
Diskontfaktor	0,56	0,31	0,17	0,10	0,05
Diskontierter CF	183,33	115,74	80,59	52,87	32,28
Kum. Diskontierte CF	183,33	299,07	379,66	432,53	464,82
(Kapitalwert)					-35,18
Kapitalwerte der Cash Flows	-316,67	-200,93	-120,34	-67,47	-35,18

Dann können wir nach der ‚Regula-Falsi-Formel' den internen Zinsfuß IZF auch schrittweise berechnen. 62

$$IZF = i_1 + K_1 \times \frac{i_2 - i_1}{K_1 - K_2}$$

also

$$IZF = 0{,}1333 + 1.068{,}65 \times \frac{0{,}8000 - 0{,}1333}{1.068{,}65 - -35{,}18}$$

somit

$$IZF = 0{,}1333 + 1.068{,}65 \times \frac{0{,}67}{1.103{,}83}$$

$$IZF = 0{,}1333 + 1.068{,}65 \times 0{,}000604 = 0{,}7819 = 78{,}19\%$$

Würden wir mit nicht gerundeten Zahlen, sondern mit exakten Werten wie im Excel Programm arbeiten, dann lautet der interne Zinsfuß IZF 77,88%. Die Differenz zwischen 77,19% und 77,88% stört mich aber überhaupt nicht, da diese ‚Regula-Falsi-Rechnungen' einerseits Annährungsrechnungen sind und ich bereits mehrfach betont habe, dass das viel größere Problem die Erarbeitung der zukünftigen Cash Flows ist. 63

64 Jetzt wollen wir unsere Rechnung allerdings überprüfen und zwar mit der ‚*Zielwertsuche*' in Excel. Wie wir zur ‚*Zielwertsuche*' kommen haben wir bereits vorne im Buch beschrieben.

In Office 2007 klicken Sie bitte in der Excel Menüleiste auf ‚*Extras*' und dann direkt auf die Funktion ‚*Zielwertsuche*'. In Vista und Office 2009 klicken Sie bitte in der Menüleiste auf ‚*Daten*', dann auf ‚*Was-wäre-wenn-Analyse*' und schon sind Sie auch hier bei der ‚*Zielwertsuche*'.

Wir werden wieder gefragt nach

- Zielzelle
- Zielwert
- Veränderbare

also

- Zielzelle = die Zelle H 22, in der wir den Kapitalwert 1.068,65 im Tabellenblatt ‚*Investitionsrechnung*' berechnet haben
- Zielwert = ‚Null', also ‚0' eingeben
- Veränderbare ist die Zelle ‚Vorgabe Zins' im Tabellenblatt ‚*Basis Informationen*'. Bitte denken Sie nochmals daran, dass Excel sich nur auf eine ‚Quell-Zelle' beziehen kann. Dies ist eine Zelle, in der händisch ein (Ausgangs)Wert eingetragen wurde. Eine Zelle, in der ein Wert aus anderen Daten bzw. Zellen heraus berechnet wird, kann nicht für die Zielwertanalyse als ‚Veränderbare' herangezogen werden.

65 Wir geben also die Daten in die genannten Zellen ein und Excel sagt uns wieder:

„Zielwertsuche hat für die Zelle H 22 eine Lösung gefunden." und darunter

- „Zielwert: 0"
- „Aktueller Wert: 0,00"

Wir klicken wieder auf ‚ok' und dann hat Excel auch schon wieder neu gerechnet, der Kapitalwert in Zelle H 22 ist in der Tat ‚Null' und die Summe der Cash Flow Barwerte ist natürlich identisch mit dem ursprünglichen Investment in Höhe von 500 T€.

Investitionsrechnung

Jahre	1	2	3	4	5
Cash Flow - Einzahlungsüberschuss	330,00	375,00	470,00	555,00	610,00
Restwert (Liquidationserlöse)					0,00
Gesamt	330,00	375,00	470,00	555,00	610,00
Diskontfaktor	0,57	0,33	0,19	0,11	0,06
Diskontierter CF	189,40	123,53	88,86	60,22	37,99
Kum. Diskontierte CF	189,40	312,93	401,79	462,01	500,00
(Kapitalwert)					0,00
Kapitalwerte der Cash Flows	-310,60	-187,07	-98,21	-37,99	0,00

66 Alle unsere weiteren Berechnungen weisen auch die gewünschten Werte aus,

- ein **CAGR von 0%,**
- ein **Break Even am letzten Tag (letzte Stunde, letzte Minute) der Laufzeit der Investition**

- eine **Annuität von ‚Null‘**

Hier die kompletten Ergebnisse, die automatisch im Excel Tool nach Berechnung des internen Zinsfußes mit der ‚Zielwertanalyse‘ ausgeworfen werden. 67

Weitergehende Analysen und Ergebnisse

Kapitalwert (NPV) absolut $K_0 = -A_0 + \sum_{t=1}^{n} \frac{CF_n}{(1+i)^n}$ **0,00**

Kapitalwert (NPV) in % $KW(\%) = \frac{KW(abs.)}{A_0} \times 100$ **0,00%**

CAGR in % $CAGR_{(\%)} = \left(\sqrt[n]{1 + \frac{KW}{A_0}} - 1 \right) \times 100$ **0,00%**

Break Even

Weg 1 $BreakEven = Periode von\ C1 - \frac{C1}{C2 - C1}$

Weg 2 $BreakEven = \frac{|L_1|}{L_2 \div 12} Monate$ im Jahr des 1. positiven Kapitalwertes

Jahre	**1**	**2**	**3**	**4**	**5**
Weg 1: BE nach Jahren	-	-	-	-	**5,00**
Weg 2: BE nach Monaten	-	-	-	-	**12,00**

Annuität $An = K_0 \times \frac{(1+i)^n \times i}{(1+i)^n - 1}$ **0,00**

Interner Zinsfuß IZF
Regula-Falsi Formel $IZF = i_1 + K_1 \times \frac{i_2 - i_1}{K_1 - K_2}$ **Vor-St. 74,23%** **Nach-St. 55,68%**

Wo finden wir jetzt in den Excel Tabellenblättern auch wieder den internen Zinsfuß IZF? Hier in unseren Zusatzberechnungen sehen wir ihn jetzt bei der ‚Regula-Falsi-Formel‘ auch noch weiter konkretisiert in Höhe von 74,23% vor Steuern und 55,68% nach Steuern. Im Tabellenblatt ‚*Basis Informationen*‘ in der Quellzelle C 22 und der berechneten Zelle G 22 sehen wir die identischen Werte 74,23% vor Steuern und 55,68% nach Steuern. 68

Klasse, oder, denn wir wissen jetzt auch, dass mit den ganzen erfüllten Konditionen

- Kapitalwert von ‚Null‘
- kumulierte abgezinste Barwerte der Cash Flows in identischer Höhe mit der ursprünglichen Investitionsauszahlung von 500 T€
- Break Even am letzten Tag (letzte Stunde, letzte Minute) der Laufzeit der Investition, also am 31.12.t_5
- Annuität von ‚Null‘

unsere Rechnungen im Rahmen dieser weitergehenden Analysen absolut korrekt gemacht wurden. Unsere Formeln und die jeweils eingesetzten Werte sind an jeder Stelle richtig!

69 Jetzt müssen wir nur noch im Tabellenblatt ‚*Basis Informationen*' den Wert in Zelle C 22 wieder auf 10,00% setzen und unsere Investitionsrechnung ist wieder perfekt, d.h. im alten Zustand.

Haben wir dies getan, können wir uns alle Berechnungen und Ergebnisse bei diesen vertiefenden Analysen nochmals in der Übersicht und im Detail anschauen.

Investitionsrechnung

Jahre	1	2	3	4	5
Cash Flow - Einzahlungsüberschuss	330,00	375,00	470,00	555,00	610,00
Restwert (Liquidationserlöse)					0,00
Gesamt	330,00	375,00	470,00	555,00	610,00
Diskontfaktor	0,88	0,78	0,69	0,61	0,53
Diskontierter CF	291,18	291,96	322,87	336,40	326,24
Kum. Diskontierte CF	291,18	583,13	906,00	1.242,40	1.568,65
(Kapitalwert)					1.068,65
Kapitalwerte der Cash Flows	-208,82	83,13	406,00	742,40	1.068,65

70 Die Parallelrechnung für den internen Zinsfuß setzen wir sofort daran,.....

Zweitrechnung für negativen Kapitalwert bzw. zur Überprüfung der Ergebnisse mittels Zielwertsuche

Testzins i_2 (Vor-Steuer Satz)	80,00%				
Jahre	1	2	3	4	5
Cash Flow - Einzahlungsüberschuss	330,00	375,00	470,00	555,00	610,00
Restwert (Liquidationserlöse)					0,00
Gesamt	330,00	375,00	470,00	555,00	610,00
Diskontfaktor	0,56	0,31	0,17	0,10	0,05
Diskontierter CF	183,33	115,74	80,59	52,87	32,28
Kum. Diskontierte CF	183,33	299,07	379,66	432,53	464,82
(Kapitalwert)					-35,18
Kapitalwerte der Cash Flows	-316,67	-200,93	-120,34	-67,47	-35,18

...um dann zum großen Finale auszuholen:

8. Zusammenfassung

Hier kommen alle unsere Rechenergebnisse noch einmal in der Übersicht.

Weitergehende Analysen und Ergebnisse

Kapitalwert (NPV) absolut

$$K_0 = -A_0 + \sum_{t=1}^{n} \frac{CF_n}{(1+i)^n}$$

1.068,65

Kapitalwert (NPV) in %

$$KW(\%) = \frac{KW(abs.)}{A_0} \times 100$$

213,73%

CAGR in %

$$CAGR_{(\%)} = \left(\sqrt[n]{1 + \frac{KW}{A_0}} - 1 \right) \times 100$$

25,69%

Break Even

Weg 1

$$BreakEven = Periode von\ C1 - \frac{C1}{C2 - C1}$$

mit Periode c_1 = letzter negativer Kaptialwert
Kapitalwert Periode c_1 (letzter neg. KW)
Kapitalwert Periode c_2 (erster pos. KW)

Weg 2

$$BreakEven = \frac{|L_1|}{L_2 \div 12} Monate$$

im Jahr des 1. positiven Kapitalwertes

mit L_1 = letzter negativer Kapitalwert als absoluter Wert
L2 = Barwert in der Periode des 1 positives Kapitalwertes

Jahre	**1**	**2**	**3**	**4**	**5**
Weg 1: BE nach Jahren	-	**1,72**	-	-	-
Weg 2: BE nach Monaten	-	**8,58**	-	-	-

Annuität

$$An = K_0 \times \frac{(1+i)^n \times i}{(1+i)^n - 1}$$

306,31

K_0 = Kapitalwert	**1.068,65**
Zähler	**0,24930274**
Nenner	**0,86977053**
Annuitätenfaktor	**0,28663047**

Interner Zinsfuß IZF
Regula-Falsi Formel

$$IZF = i_1 + K_1 \times \frac{i_2 - i_1}{K_1 - K_2}$$

Vor-St.	**77,88%**
Nach-St.	**58,41%**

Zins i_1: **WACC, der zu einem positiven Kapitalwert K_1 führt**
Zins i_2 **WACC, der zu einem negativen Kapitalwert K_2 führt**

Zins i_1:	13,33%
Zins i_2	80,00%
KW K_1 :	1.068,65
KW K_2 :	-35,18
i_2 - i_1	0,67
KW_1 - KW_2	1.103,83

Was für Berechnungen und doch so einfach, wenn man langsam vorgeht.

C. Richtige Rechnungen, aber falsche Daten

72 Erinnern Sie sich noch? Es gab auch einen Weg der Investitionsberechnung, der zwar eigentlich falsch ist, den man aber immer wieder (leider) sieht. Ich hatte Ihnen gesagt, dass wir diesen Ansatz auch rechnen werden, um Ihnen aufzuzeigen, dass man zwar mathematisch komplett richtig liegen kann, dennoch aber ein völlig falsches Ergebnis bekommt, weil bei den Kostenpositionen gravierende Fehler bei den Abschreibungen und Zinsen gemacht wurden.

Für Sie hat es den Vorteil, dass Sie nochmals durch die Kalkulationen geführt werden und damit wieder üben können und somit noch mehr Sicherheit bekommen.

Allerdings gehen wir jetzt im 2. Umlauf viel schneller vor.

I. Falsche Daten als Investitionsparameter

73 Wir hatten gesagt, dass Investitionsrechnungen, speziell die Kostenpositionen, keine nicht auszahlungswirksamen Aufwendungen beinhalten dürfen, damit natürlich auch keine Abschreibungen und auch keine kalkulatorischen Zuschläge.

Jetzt wollen wir im Excel Tool im Tabellenblatt ‚*Datenmaterial*' die entsprechenden Einstellungen vornehmen.

Wir treffen dabei folgende Annahme:

74 Dem Ausführenden ist bewusst, dass er keine Zinsen einrechnen darf, weil im Abzinsungssatz WACC auch bereits die Fremdkapitalkosten enthalten sind. Kalkulatorische Kosten wird er damit bei den Zinsen auch nicht ansetzen, da er es sowieso gewohnt ist, kalkulatorische Zuschläge auf die Abschreibungen zu beziehen.

Dann kommt aber der Fehler: unser Kandidat rechnet in die Kostenposition ‚*Fixkosten der Produktion*' die zukünftigen Abschreibungen des hier geplanten Investments ein (lineare Abschreibung über 5 Jahre, also 20,0% p.a., kein Restwert) und möchte auch von Anfang an die höheren Wiederbeschaffungskosten von geschätzt dann 650 T€ nach 5 Jahren mit integrieren. Wir sprechen also von einer geschätzten Verteuerung in Höhe von 150 T€ oder 30% über die Laufzeit.

75 Bitte lachen Sie nicht – dies kommt sehr häufig in der Praxis vor, da Investitionsrechnungen fast immer von den Controllingabteilungen ausgeführt werden und die dort arbeitenden Personen es gewohnt sind, kalkulatorische Kosten in ihre Aufstellungen einzurechnen.

Dies ist auch bei den periodischen Controllingberichten fast immer richtig, daher tritt der Fehler in Investitionsrechnungen ja auch so häufig auf.

Somit stellen wir jetzt die gelben Felder in unserem Tabellenblatt ‚*Datenmaterial*' folgendermaßen ein:

Abschreibungen in o.g. Kostenpositionen	ja				
Zinsen in o.g. Kostenpositionen	nein				
Kalkulatorische Zuschläge auf Abschreibungen	ja				
Kalkulatorische Zuschläge auf Zinsen	nein				
zusätzliche kalkulatorische AfA	30,00%			(Faktor zu bilanziellen AfA)	1,30
zusätzliche kalkulatorische Zinsen	0,00%			(Faktor zu bilanziellen Zinsen)	1,00
Bilanzielle AfA	100,00	100,00	100,00	100,00	100,00
Kalkulatorische AfA	130,00	130,00	130,00	130,00	130,00
Differenz	30,00	30,00	30,00	30,00	30,00
Bilanzielle Zinsen	21,00	21,00	21,00	21,00	21,00
Kalkulatorische Zinsen	21,00	21,00	21,00	21,00	21,00
Differenz	0,00	0,00	0,00	0,00	0,00

Weitere Aktivierungen	0	0	0	0	0

Die eingerechnete Verteuerung von 30% über Jahre mag zu hoch erscheinen, für ein demonstratives 76
Beispiel ist sie aber sehr gut gewählt.

Weitere Investitionen in den Folgeperioden, die aktivierungspflichtig[7] sind, werden auch weiterhin nicht eingeplant. Diese würden den Fehler sogar noch gravierender werden lassen.

Wir sehen, dass sich periodisch zwischen den bilanziellen[8] und den kalkulatorischen Abschreibungen eine Differenz in Höhe von 30 errechnet.

Oben in den Kostenpositionen werden analog unserer Einstellungen nun die jeweils neuen Werte (Abschreibungen und kalkulatorische Zuschläge darauf) mit in die Fixkosten der Produktion übernommen.

Datenmaterial für die Investitionsrechnung

Jahre	1	2	3	4	5	6
(Zusatz) Umsätze	1.000,00	1.100,00	1.200,00	1.300,00	1.400,00	
Prokos (Variable Kosten)	450,00	470,00	500,00	500,00	510,00	
Promotion	50,00	55,00	60,00	65,00	70,00	
Vertriebskosten	60,00	80,00	70,00	80,00	90,00	
(Fixe) Strukturkosten der Produktion (ohne AfA und Zinsen)	30,00	40,00	45,00	40,00	50,00	
+ Abschreibungen und Zinsen	100,00	0,00	0,00	0,00	0,00	
+ Zinsen	0,00	0,00	0,00	0,00	0,00	
+ kalkulatorische Aufschläge auf Abschreibungen	30,00	0,00	0,00	0,00	0,00	
+ kalkulatorische Aufschläge auf Zinsen	0,00	0,00	0,00	0,00	0,00	
(Fixe) Strukturkosten der Produktion (mit ev. (kalk) AfA und Zinsen)	160,00	40,00	45,00	40,00	50,00	
(Fixe) Strukturkosten der Administration	80,00	80,00	55,00	60,00	70,00	
Summe Kosten	800	725	730	745	790	

Blendet man die Details zu Abschreibungen und kalkulatorischen Zuschlägen aus, dann übersieht 77
man sehr schnell, dass da weitere Posten eingerechnet wurden.

Und fragen Sie bitte nicht, in wie vielen Fällen so etwas schon passiert ist und auch Investitionen verhindert hat. Ich will es ja gar nicht wissen. Bitte bedenken Sie, dass Investitionen im Jahr der Anschaffung zwar (viel) Geld kosten, aber in den Folgeperioden aufgrund der nicht auszahlungswirksamen Abschreibungen einerseits die Steuerbelastung wieder senken und damit andererseits die Liquidität wieder positiv beeinflussen. Gerade in Krisenzeiten kann das dann durchaus von Vorteil sein.

7 Mit diesem Zusammenhang werden wir noch später detaillierter beschäftigen.

8 Ich weiß sehr wohl, dass die Abschreibungen nicht in der Bilanz, sondern in der GuV stehen, aber ich möchte mit diesem Begriff deutlich machen, dass es sich bei diesen Summen um die Posten handelt, die wir für die Bilanzierung später benötigen.

2

Datenmaterial für die Investitionsrechnung

Jahre	1	2	3	4	5	6
(Zusatz) Umsätze	1.000,00	1.100,00	1.200,00	1.300,00	1.400,00	
Prokos (Variable Kosten)	450,00	470,00	500,00	500,00	510,00	
Promotion	50,00	55,00	60,00	65,00	70,00	
Vertriebskosten	60,00	80,00	70,00	80,00	90,00	
(Fixe) Strukturkosten der Produktion (ohne AfA und Zinsen)	30,00	40,00	45,00	40,00	50,00	
(Fixe) Strukturkosten der Produktion (mit ev. (kalk) AfA und Zinsen)	160,00	40,00	45,00	40,00	50,00	
(Fixe) Strukturkosten der Administration	80,00	80,00	55,00	60,00	70,00	
Summe Kosten	800	725	730	745	790	

78 Daher mein Rat – schauen Sie sich die Kostenpositionen sehr genau an, besonders in Bezug auf die Abschreibungen und Zinsen und eventuelle kalkulatorische Zuschläge!

Jetzt haben wir unsere Vorarbeiten erneut abgeschlossen und können wieder in die dynamischen Investitionsrechnungen einsteigen.

II. Korrekte Dynamische Investitionsrechnungen mit falschen Ausgangsdaten

79 Wir werden also erneut

- den Kapitalwert (über die gesamte Laufzeit) absolut und in % (‚NPV – Net Present Value')
- den Kapitalwert (durchschnittlich pro Periode) in % (‚CAGR – Compound Annual Growth Rate')
- die dynamische Amortisation (‚Break Even')
- die Annuität (‚Annuity')
- den internen Zinsfuß ('Internal Rate of Return')

berechnen. Dies erfolgt auch wieder parallel im Excel Tool im Tabellenblatt ‚*Investitionsrechnung*'.

Dann schauen wir uns mal die Rechnungen mit den neuen falschen Daten an.

1. Berechnung des Kapitalwertes als absolute Größe und Vergleich der Ergebnisse

80 Der ‚Net Present Value' also Kapitalwert (Gesamtrendite über die gesamte Laufzeit nach Forderungen Dritter – Zinsen für die Banken und Dividenden für die Eigenkapitalgeber – und nach ursprünglicher Investitionsauszahlung, vor Steuern) fällt sofort auf 615,10, mitunter eine Verschlechterung um satte 453,55 T€ oder 42,44%.

2

Investitionsrechnung					
Jahre	1	2	3	4	5
Cash Flow - Einzahlungsüberschuss	200,00	245,00	340,00	425,00	480,00
Restwert (Liquidationserlöse)					0,00
Gesamt	200,00	245,00	340,00	425,00	480,00
Diskontfaktor	0,88	0,78	0,69	0,61	0,53
Diskontierter CF	176,47	190,74	233,56	257,61	256,72
Kum. Diskontierte CF (Kapitalwert)	176,47	367,21	600,78	858,39	1.115,10 615,10
Kapitalwerte der Cash Flows	-323,53	-132,79	100,78	358,39	615,10

2. Berechnung des Kapitalwertes als prozentuale Größe und Vergleich der Ergebnisse

Das gleiche Bild zeigt sich natürlich auch bei der Berechnung des prozentualen Wertes für den neuen (falschen) Kapitalwert: 81

$$KW(\%) = \frac{KW(abs.)}{A_0} \times 100$$

also

$$KW(\%) = \frac{615,10}{500} \times 100 = 123,02\%$$

Während wir zuvor einen Kapitalwert (%) in Höhe von 213,73% hatten, zeigt sich hier nur noch eine prozentuale Gesamtrendite über die gesamte Laufzeit von 123,02%.

3. Grafische Darstellungen und Vergleich der Ergebnisse

Schauen wir uns auch die Grafiken wieder an. 82

- Periodische Kapitalwerte als Linien- und Säulendiagramm in einer Abbildung und
- Periodische Barwerte der Cash Flows nach Jahren im Kuchendiagramm

2

Die Investition als grafische Darstellungen

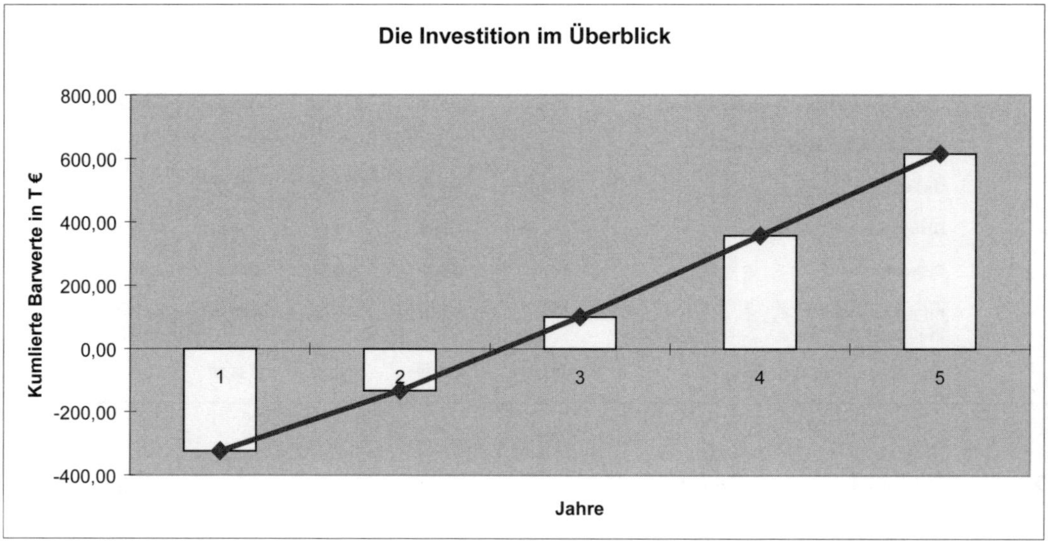

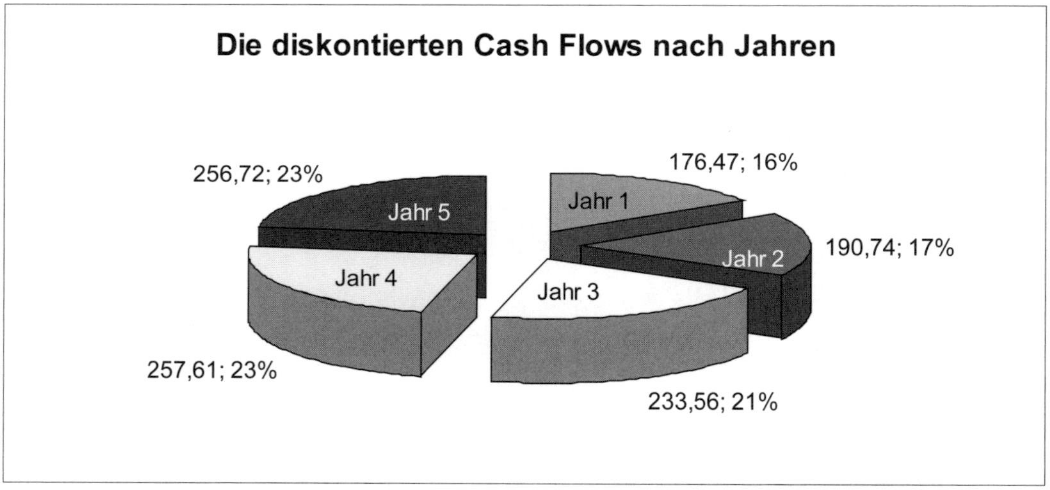

83 Während das 2. Diagramm uns nicht viel zu den Verschlechterungen (die wir ja eigentlich gar nicht haben dürften, unsere Rechnungen sind ja richtig, aber die Basis in den Kostenpositionen haben wir falsch angesetzt) sagt, zeigt uns das Linien- und Säulendiagramm doch auf den ersten Blick einiges.

Fällt es Ihnen nicht auf?

Dann machen wir einmal einen direkten Vergleich.

2

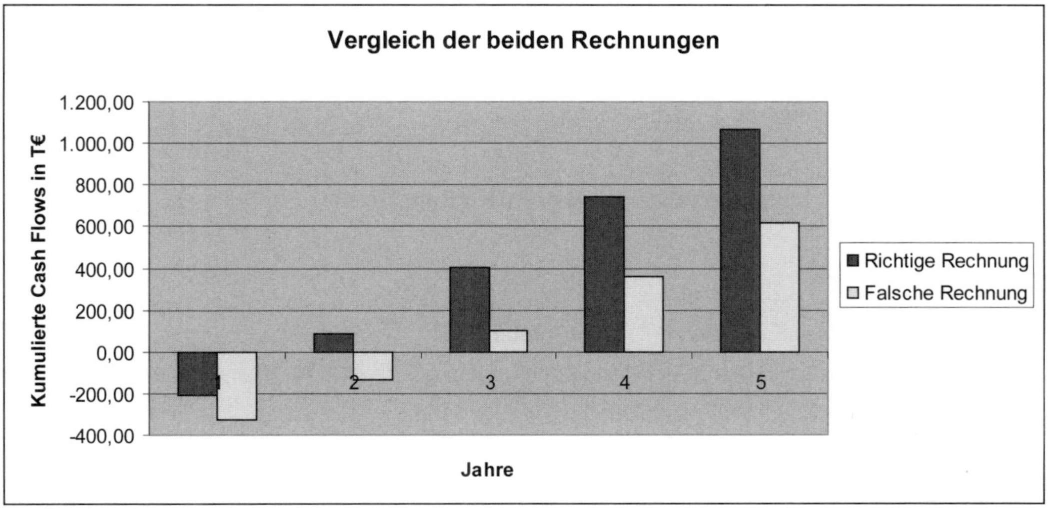

Wir wissen bereits, dass wir im 2. Fall einen um (satte) 42,44% niedrigeren Kapitalwert nach 5 Jahren erhalten. Aber schauen Sie einmal in das Jahr 2. 84

Während wir beim richtigen Rechenansatz (ohne Abschreibungen und ohne kalkulatorische Zuschläge) bereits im 2. Jahr ‚Break Even' gehen, sind wir bei falscher Definition der Kostenpositionen am Ende des 2. Jahres in Bezug auf den periodischen Kapitalwert noch negativ, d.h. ‚Break Even' erfolgt erst im 3. Jahr.

Dann bleiben wir doch direkt bei der dynamischen Amortisation.

4. Berechnung des Break Even und Vergleich der Ergebnisse

Wir werden auch hier wieder beide Wege rechnen und mit der Abkürzung BE arbeiten. 85

Der 1. Weg geht über folgende Formel:

$$BE = Periode von C_1 - \frac{C_1}{C_2 - C_1}$$

mit

- C_1 = letzter negativer Kapitalwert (€)
- C_2 = erster positiver Kapitalwert (€)

also in unserem Fall

$$BE = 2 - \frac{-132,79}{100,78 - -132,79}$$

$$BE = 2 - \frac{-132,79}{233,57} = 2,57$$

86 Das Investment geht bei diesem zweiten (falschen Kosten) Ansatz erst nach 2,57 Jahren ‚Break Even'(wird sich erst nach 2,57 Jahren amortisieren), wohingegen im ersten richtigen Ansatz der Kosten ‚Break Even' bereits nach 1,72 Jahren erreicht war (Amortisation nach 1,72 Jahren).

Der Berechnungsweg über die 2. Formel lautet.

$$BE = \frac{|L_1|}{L_2 \div 12} Monate$$ im Jahr mit dem ersten positiven Kapitalwert

mit

- L_1 = letzter negativer Kapitalwert (€) als absoluter Wert
- L_2 = Barwert der Cash Flows in der Periode des ersten positiven KW (€),

also

$$BE = \frac{132{,}79}{233{,}56 \div 12} Monate$$

bzw.

$$BE = \frac{132{,}79}{19{,}46} = 6{,}82 \text{ Monate}$$

somit im Juli des Jahres 3 und dies am 26. (nach $0{,}82 * 31 = 25{,}42$ Tagen) des Monats.

87 Unsere Investition mit falschen Kostenpositionen geht also erst nach 2,57 Jahren Break Even, ohne Abschreibungen und kalkulatorische Zuschläge, also bei richtiger Rechnung, bereits nach 1,72 Jahren. Dies sind mehr als 10 Monate später, nur wegen falscher Überlegungen zu Beginn. (18. September Jahr 2 im Vergleich zum 26. Juli Jahr 3)

5. Berechnung des CAGR und Vergleich der Ergebnisse

88 Dann wollen wir wieder die durchschnittliche prozentuale Rendite pro Periode nach Forderungen Dritter (Zinsen für die Banken und Dividenden für die Eigenkapitalgeber) und nach ursprünglicher Investitionsauszahlung, vor Steuern, berechnen.

Die Formel dazu lautet:

$$CAGR_{(\%)} = \left(\sqrt[n]{1 + \frac{Kapitalwert}{Investition}} - 1 \right) \bullet 100$$

also

$$CAGR_{(\%)} = \left(\sqrt[n]{1 + \frac{K_0}{A_0}} - 1 \right) \bullet 100$$

Somit ergibt sich in unserem aktuellen zweiten falschen Ansatz

$$CAGR_{(\%)} = \left(\sqrt[5]{1 + \frac{615,10}{500}} - 1 \right) \bullet 100 \ .$$

Umgeformt in

$$CAGR_{(\%)} = \left[\left(1 + \frac{615,10}{500} \right)^{\frac{1}{5}} - 1 \right] \times 100$$

erhalten wir dann einen ‚CAGR – Compound Annual Growth Rate' von 17,40%.

Der CAGR reduziert sich also von 25,69% auf 17,40%. Das sind Welten.

Abschließend beschäftigen wir uns wieder mit der Annuität.

6. Berechnung der Annuität und Vergleich der Ergebnisse

Die Formel dafür lautet: 89

$$Annnuität = K_0 \times \frac{(1+i)^n \times i}{(1+i)^n - 1}$$

Gehen wir wieder sukzessiv vor. Das geht aber jetzt schneller als beim ersten Durchlauf, da sich der Annuitätenfaktor

$$Annuitätenfaktor = \frac{(1+i)^n \times i}{(1+i)^n - 1}$$

nicht ändert.

- Der Kapitalwert K0 ist bekannt: 615,10
- Der Zähler des Annuitätenfaktors $(1+i)^n \times i$ bleibt gleich wie bei der richtigen Rechnung, mit konkreten Zahlen also

  $$Zähler = (1+0,1333)^5 \times 0,1333$$

  somit

  $$Zähler = 1,1333^5 \times 0,1333 = 0,2493027$$

- Der Nenner $(1+i)^n - 1$ des Annuitätenfaktors bleibt auch gleich und ist somit auch wieder schnell berechnet.

  $$Nenner = (1+0,1333)^5 - 1$$

  also

$$Nenner = 1{,}1333^5 - 1 = 0{,}8697705$$

90 Damit haben wir auch schon das neue Ergebnis.

$$Annuität = 615{,}10 \times \frac{0{,}4493027}{0{,}8697705}$$

also

$$Anuität = 615{,}10 \times \frac{0{,}4493027}{0{,}8697705}$$

somit

$$Annuität = 615{,}10 \times 0{,}2866305 = 176{,}31$$

Unsere Investition rentiert nur noch mit einer Annuität (über 5 Jahre) in Höhe von 176,31 T€ im Vergleich zu 306,31 T€, als wir die Kostenposition richtig ermittelt hatten.

7. Berechnung des internen Zinsfußes und Vergleich der Ergebnisse

91 Jetzt kommen wir nochmals zur letzten zusätzlichen Auswertung, der Analyse des internen Zinsfußes IZF.

Wir suchen auch für diesen 2. falschen Fall einen Zinssatz WACC,

- bei dem das Abzinsen von Ein- und Auszahlungsströmen zu einem **Kapitalwert von ‚Null'** führt.
- bei dem das Abzinsen von Ein- und Auszahlungsströmen (Cash Flows) **zu kumulierten abgezinsten Barwerten in identischer Höhe mit der ursprünglichen Investitionsauszahlung** führt.
- bei dem das Abzinsen von Ein- und Auszahlungsströmen zu einem **Break Even am letzten Tag (letzte Stunde, letzte Minute) der Laufzeit der Investition** führt.
- bei dem das Abzinsen von Ein- und Auszahlungsströmen zu einer **Annuität von ‚Null'** führt.

92 Wir werden wieder beide Wege rechnen. Fangen wir also wie zuvor auch wieder mit der linearen Interpolation mittels ‚Regula-Falsi-Formel' an, dann überprüfen wir unsere Ergebnis erneut mit der ‚Zielwertanalyse'.

Die Formel für den ‚Regula-Falsi-Ansatz' lautet:

$$IZF = i_1 + K_1 \times \frac{i_2 - i_1}{K_1 - K_2}$$

mit

- IZF = Interner Zinsfuß (%)
- i_1 = Versuchszinsfuß 1(%), der zu einem positiven Kapitalwert K_1 führt

- i_2 = Versuchszinsfuß 2 (%), der zu einem negativen Kapitalwert K_2 führt
- K_1 = positiver Kapitalwert (€) auf der Basis von i_1
- K_2 = negativer Kapitalwert (€) auf der Basis von i_2

Wir rechnen also zunächst mit einem Zinssatz i_2, der uns auch in diesem Ansatz zu einem negativen Kapitalwert führt. Dies ist bei einem Vor-Steuer WACC in Höhe von 50% der Fall. 93

Zweitrechnung für negativen Kapitalwert bzw. zur Überprüfung der Ergebnisse mittels Zielwertsuche

Testzins i_2 (Vor-Steuer Satz)	50,00%				
Jahre	1	2	3	4	5
Cash Flow - Einzahlungsüberschuss	200,00	245,00	340,00	425,00	480,00
Restwert (Liquidationserlöse)					0,00
Gesamt	200,00	245,00	340,00	425,00	480,00
Diskontfaktor	0,67	0,44	0,30	0,20	0,13
Diskontierter CF	133,33	108,89	100,74	83,95	63,21
Kum. Diskontierte CF (Kapitalwert)	133,33	242,22	342,96	426,91	490,12 -9,88
Kapitalwerte der Cash Flows	-366,67	-257,78	-157,04	-73,09	-9,88

Dann können wir nach der ‚Regula-Falsi-Formel' den internen Zinsfuß IZF auch schrittweise berechnen. 94

$$IZF = i_1 + K_1 \times \frac{i_2 - i_1}{K_1 - K_2}$$

also

$$IZF = 0{,}1333 + 615{,}10 \times \frac{0{,}5000 - 0{,}1333}{615{,}10 - -9{,}88}$$

somit

$$IZF = 0{,}1333 + 615{,}10 \times \frac{0{,}37}{624{,}98} = 0{,}4942 = 49{,}42$$

$$IZF = 0{,}1333 + 615{,}10 \times 0{,}0005867 = 0{,}4942 = 49{,}42\%$$

95 Jetzt müssen wir unsere Rechnung wieder überprüfen und zwar mit der ‚Zielwertsuche' in Excel. Wir werden wieder gefragt nach

- Zielzelle
- Zielwert
- Veränderbare

also

- Zielzelle = die Zelle H 22, in der wir den Kapitalwert 615,10 im Tabellenblatt ‚*Investitionsrechnung*' berechnet haben.
- Zielwert = ‚Null', also ‚0' eingeben.
- Veränderbare ist die Zelle ‚Vorgabe Zins' im Tabellenblatt ‚Basis Informationen'. Bitte denken Sie erneut daran, dass Excel sich nur auf eine ‚Quell-Zelle' beziehen kann. Dies ist eine Zelle, in der händisch ein (Ausgangs)Wert eingetragen wurde. Eine Zelle, in der ein Wert aus anderen Daten bzw. Zellen heraus berechnet wird, kann nicht für die Zielwertanalyse als „Veränderbare" herangezogen werden.

96 Wir geben also die Daten in die genannten Zellen ein und Excel sagt uns wieder:
„Zielwertsuche hat für die Zelle H 22 eine Lösung gefunden" und darunter

- „Zielwert: 0"
- „Aktueller Wert: 0,00"

Wir klicken einmal mehr auf ‚ok' und dann hat Excel auch schon wieder neu gerechnet, der Kapitalwert in Zelle H 22 ist in der Tat ‚Null' und die Summe der Cash Flow Barwerte ist natürlich identisch mit dem ursprünglichen Investment in Höhe von 500 T€.

Investitionsrechnung

Jahre	1	2	3	4	5
Cash Flow - Einzahlungsüberschuss	200,00	245,00	340,00	425,00	480,00
Restwert (Liquidationserlöse)					0,00
Gesamt	200,00	245,00	340,00	425,00	480,00
Diskontfaktor	0,67	0,45	0,30	0,20	0,14
Diskontierter CF	134,33	110,53	103,02	86,50	65,62
Kum. Diskontierte CF	134,33	244,86	347,89	434,38	500,00
(Kapitalwert)					0,00
Kapitalwerte der Cash Flows	-365,67	-255,14	-152,11	-65,62	0,00

Alle unsere weiteren Berechnungen weisen wieder die gewünschten Werte aus

- ein **CAGR von 0%,**
- ein **Break Even am letzten Tag (letzte Stunde, letzte Minute) der Laufzeit der Investition,**
- eine **Annuität von ‚Null'**.

Weitergehende Analysen und Ergebnisse

Kapitalwert (NPV) absolut	$K_0 = -A_0 + \sum_{t=1}^{n} \frac{CF_n}{(1+i)^n}$		**0,00**
Kapitalwert (NPV) in %	$KW(\%) = \frac{KW(abs.)}{A_0} \times 100$		**0,00%**
CAGR in %	$CAGR_{(\%)} = \left(\sqrt[n]{1+\frac{KW}{A_0}} - 1\right) \times 100$		**0,00%**
Break Even			
Weg 1	$BreakEven = Periodevon \quad C1 - \frac{C1}{C2 - C1}$		
Weg 2	$BreakEven = \frac{\lvert L_1 \rvert}{L_2 \div 12} Monate$	im Jahr des 1. positiven Kapitalwertes	

Jahre	1	2	3	4	5
Weg 1: BE nach Jahren	-	-	-	-	5,00
Weg 2: BE nach Monaten	-	-	-	-	12,00

Annuität	$An = K_0 \times \frac{(1+i)^n \times i}{(1+i)^n - 1}$		**0,00**
Interner Zinsfuß IZF **Regula-Falsi Formel**	$IZF = i_1 + K_1 \times \frac{i_2 - i_1}{K_1 - K_2}$	**Vor-St.** **Nach-St.**	**48,88%** **36,66%**

Wo finden wir jetzt in den Excel Tabellenblättern (auch) wieder den internen Zinsfuß IZF? Hier in unseren Zusatzberechnungen sehen wir ihn jetzt bei der ‚Regula-Falsi-Formel' erneut weiter konkretisiert in Höhe von 48,88% vor Steuern und 36,66% nach Steuern. Im Tabellenblatt ‚*Basis Informationen*' in der Quellzelle C 22 und berechneten Zelle G 22 sehen wir die identischen Werte 48,88% vor Steuern und 36,66% nach Steuern natürlich auch wieder. 97

Wir stellen auch hier signifikante Unterschiede fest: Während wir im ersten Umlauf mit der richtigen Kostenposition einen internen Zinssatz vor Steuern von 77,88% (58,41% nach Steuern) berechnet hatten, sinkt dieser bei der zweiten Berechnung mit falschen Ausgangswerten auf der Kostenseite auf 48,88% vor Steuern (36,66% nach Steuern).

Stellen wir im Tabellenblatt ‚*Basis Informationen*' den Wert in Zelle C 22 jetzt bitte wieder auf 10,00% und unsere falsche Investitionsrechnung ist wieder hergestellt und zumindest in der Mathematik ‚perfekt'. 98

Haben wir dies getan, können wir uns alle Berechnungen und Ergebnisse bei diesen vertiefenden Analysen im 2. falschen Kostenansatz auch nochmals in der Übersicht und im Detail anschauen.

Investitionsrechnung

Jahre	1	2	3	4	5
Cash Flow - Einzahlungsüberschuss	200,00	245,00	340,00	425,00	480,00
Restwert (Liquidationserlöse)					0,00
Gesamt	200,00	245,00	340,00	425,00	480,00
Diskontfaktor	0,88	0,78	0,69	0,61	0,53
Diskontierter CF	176,47	190,74	233,56	257,61	256,72
Kum. Diskontierte CF (Kapitalwert)	176,47	367,21	600,78	858,39	1.115,10 615,10
Kapitalwerte der Cash Flows	-323,53	-132,79	100,78	358,39	615,10

99 Die Parallelrechnung für den internen Zinsfuß setzen wir auch in alter Tradition sofort daran,…..

Zweitrechnung für negativen Kapitalwert bzw. zur Überprüfung der Ergebnisse mittels Zielwertsuche

Testzins i_2 (Vor-Steuer Satz)	50,00%				
Jahre	1	2	3	4	5
Cash Flow - Einzahlungsüberschuss	200,00	245,00	340,00	425,00	480,00
Restwert (Liquidationserlöse)					0,00
Gesamt	200,00	245,00	340,00	425,00	480,00
Diskontfaktor	0,67	0,44	0,30	0,20	0,13
Diskontierter CF	133,33	108,89	100,74	83,95	63,21
Kum. Diskontierte CF (Kapitalwert)	133,33	242,22	342,96	426,91	490,12 -9,88
Kapitalwerte der Cash Flows	-366,67	-257,78	-157,04	-73,09	-9,88

…um dann erneut zum großen Finale auszuholen.

8. Zusammenfassungen und Vergleich der Ergebnisse

100 Lassen Sie uns zum Schluss nochmals die Auswirkung falscher Kostenpositionen

- darstellen und dann
- gegenüberstellen

Und machen Sie sich bitte dabei bewusst, dass die Mathematik von Anfang an richtig war, die Technik der Investitionsrechnung aber im zweiten Ansatz leider nicht verstanden wurde und daher die Ergebnisse rechentechnisch bei weitem schlechter sind als bei korrektem Wissen um die Investitionsrechnung.

Weitergehende Analysen und Ergebnisse

Kapitalwert (NPV) absolut $K_0 = -A_0 + \sum_{t=1}^{n} \frac{CF_n}{(1+i)^n}$ **615,10**

Kapitalwert (NPV) in % $KW(\%) = \frac{KW(abs.)}{A_0} \times 100$ **123,02%**

CAGR in % $CAGR_{(\%)} = \left(\sqrt[n]{1 + \frac{KW}{A_0}} - 1 \right) \times 100$ **17,40%**

Break Even

Weg 1 $BreakEven = Periodevon\ C1 - \frac{C1}{C2 - C1}$

mit Periode c_1 = letzter negativer Kaptialwert
Kapitalwert Periode c_1 (letzter neg. KW)
Kapitalwert Periode c_2 (erster pos. KW)

Weg 2 $BreakEven = \frac{|L_1|}{L_2 \div 12} Monate$ im Jahr des 1. positiven Kapitalwertes

mit L_1 = letzter negativer Kapitalwert als absoluter Wert
L2 = Barwert in der Periode des 1 positives Kapitalwertes

Jahre	1	2	3	4	5
Weg 1: BE nach Jahren	-	-	2,57	-	-
Weg 2: BE nach Monaten	-	-	6,82	-	-

Annuität $An = K_0 \times \frac{(1+i)^n \times i}{(1+i)^n - 1}$ **176,31**

K_0 = Kapitalwert	**615,10**
Zähler	**0,24930274**
Nenner	**0,86977053**
Annuitätenfaktor	**0,28663047**

Interner Zinsfuß IZF
Regula-Falsi Formel $IZF = i_1 + K_1 \times \frac{i_2 - i_1}{K_1 - K_2}$

Vor-St.	**49,42%**
Nach-St.	**37,07%**

Zins i_1: **WACC, der zu einem positiven Kapitalwert K_1 führt**
Zins i_2 **WACC, der zu einem negativen Kapitalwert K_2 führt**

Zins i_1:	13,33%
Zins i_2	50,00%
KW K_1 :	615,10
KW K_2 :	-9,88
$i_2 - i_1$	0,37
$KW_1 - KW_2$	624,98

101 Jetzt zum direkten Vergleich der beiden Rechenansätze.

Sie sehen, Nichtwissen kann Investitionen verhindern! Wir haben in unserem Fall ein extrem gutes Beispiel aufgebaut, von daher ist auch der falsche zweite Ansatz von den Ergebnissen her immer noch gut.

Vergleich der beiden Berechnungen

		richtger Ansatz	falscher Ansatz
Kapitalwert	**absolut in T€**	**1.068,65**	**688,97**
Kapitalwert	**in %**	**213,73%**	**137,79%**
CAGR	**in %**	**25,69%**	**18,92%**
Break Even	**nach Jahren**	**1,72**	**2,49**
Annuität	**absolut in T€**	**306,31**	**186,88**
Interner Zinsfuß	**vor Steuern** **nach Steuern**	**77,88%** **58,41%**	**65,16%** **48,87%**

102 Diese Spreizung auf der Basis der Kapitalwerte können wir natürlich auch grafisch darstellen.

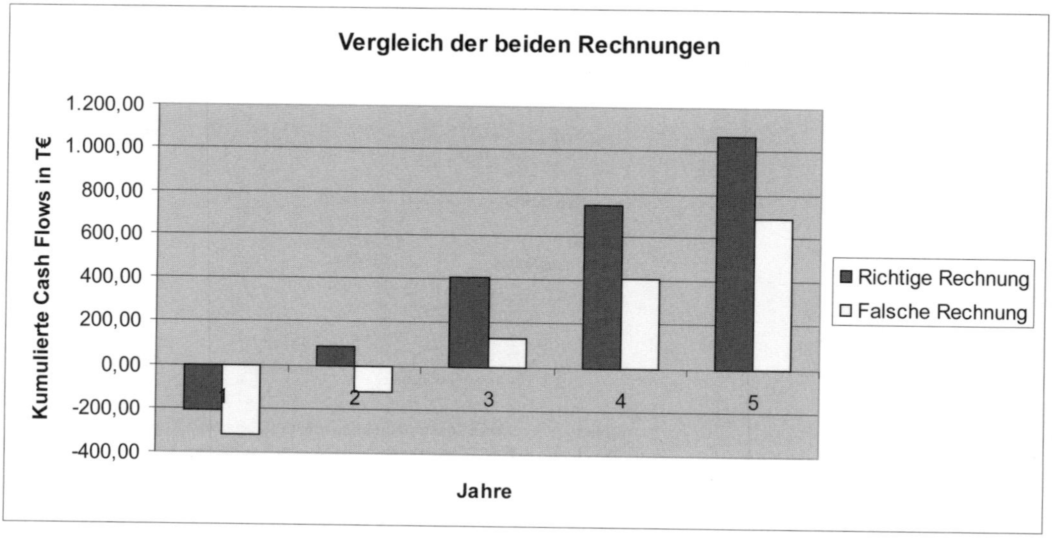

103 Dies hätte aber auch ‚nach hinten' losgehen können, wären die Beispielzahlen nicht so gut. Dann hätten wir eventuell im zweiten Ansatz nur negative Zahlen gesehen und bei der HTC hätte sogar von dieser Investition Abstand genommen werden können.

Mangelndes Wissen kann für Investitionsrechnungen richtig gefährlich werden.

Jetzt geht es aber weiter. Weiter heißt, wir werden im Folgenden nur noch die richtige Variante verfolgen, allerdings zeige ich Ihnen später an 2 Punkten noch die Auswirkungen, wenn man mit dem falschen Ansatz rechnet.

Beschäftigen wir uns jetzt zunächst mit der Frage, wie man alternative Investitionen in verschiedenen Ländern und damit in verschiedenen steuerlichen Umfeldern vergleicht.

D. Unser Weg bis hier

Jetzt haben wir an einem durchgehenden und komplexeren Beispiel alle Rechnungen und Analysen nochmals durchgespielt und aufgezeigt, dass trotz richtiger Mathematik dennoch falsche Ergebnisse ausgewiesen werden können. 104

In beiden Fällen war aber unser Weg der Folgende:

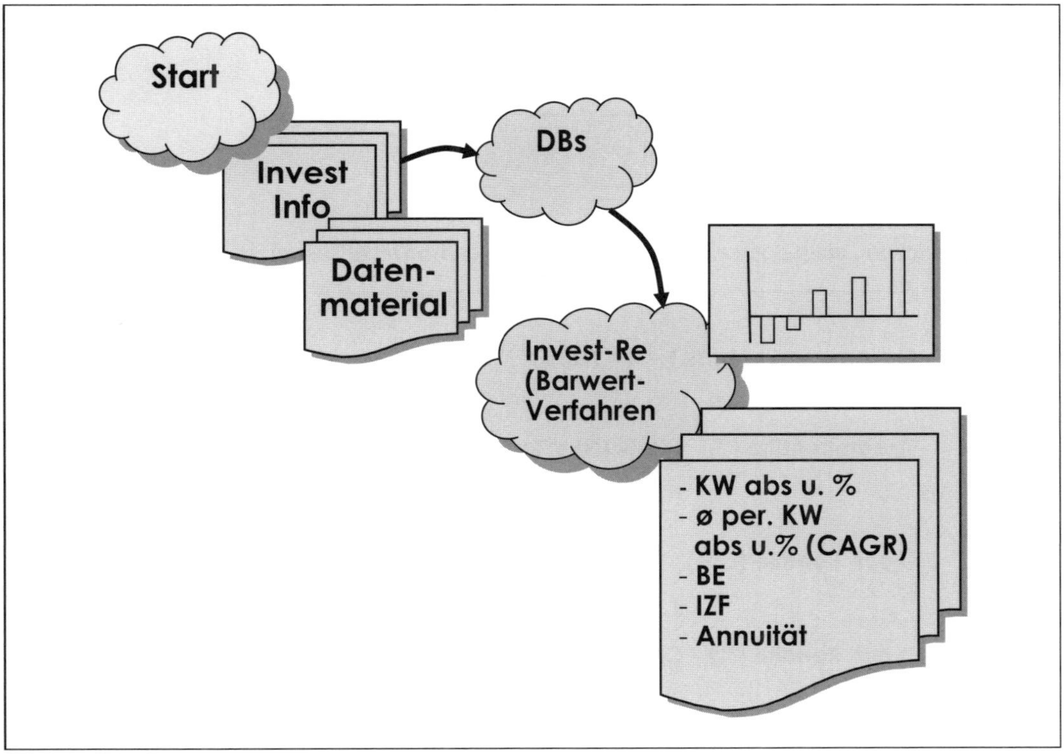

Diesen Weg können wir alternativ auch als eine Art Flussdiagramm darstellen…

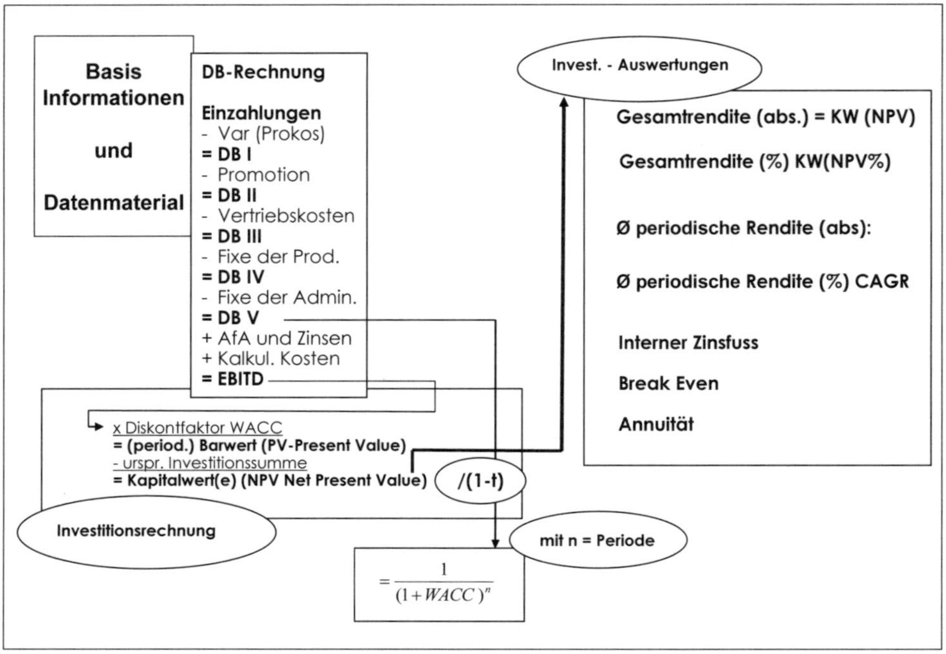

105 …und abschießend auch noch einmal alle Berechnungen im Detail ausweisen.

Gesamtrendite (abs.) = KW (NPV) $KW\,(abs) = -A_0 + \sum_{t=1}^{n} \frac{CF_n}{(1+i)^n}$

Gesamtrendite (%) = KW% (NPV%) $KW\,(\%) = \frac{KW\,(abs.)}{A_0} \times 100$

Ø per. Rendite (abs) $CAGR\ (abs) = \sqrt[n]{KW}$

Ø per. Rendite (%) - CAGR $CAGR\,(\%) = \sqrt[n]{1 + \frac{KW}{Investment}} - 1$

Interner Zinsfuss - IZF $IZF = i_1 + KW_1 \times \frac{(i_2 - i_1)}{(KW_1 - KW_2)}$

Break Even - BE $BreakEven = PeriodeC1 - \frac{C1}{C2 - C1}$

Annuität $Annuität = KW \times \frac{(1+i)^n \times i}{(1+i)^n - 1}$

106 Gar nicht übel, was wir bisher geleistet haben, oder? Wir sind aber noch lange nicht am Ende. Investitionsrechungen haben viele Nuancen, Ausprägungen und Perspektiven, diese wollen wir noch alle in den folgenden Kapiteln erfassen.

§ 3 Berechnung der Kapitalkosten

A. Definition Kapitalkosten

Um die Berechnung der Barwerte durchführen zu können, ist ein Zins notwendig, den wir bisher immer nur ‚i' genannt haben. Ich hatte bisher offen gelassen, wie sich dieser Zinssatz zusammensetzt und dieser Frage wollen wir jetzt nachgehen. 1

Die zentrale Frage bei allen Investitionsentscheidungen ist: Wie hoch soll die Mindestrendite sein? Oder drücken wir es anders aus: Wie kann auf der Basis der Investitionsstruktur, einem Steuersatz und gegebenen alternativen Anlagemöglichkeiten für (Eigen-)Kapital eine risikoadäquate Verzinsung festgelegt werden?

Wir wissen bereits aus unseren bisherigen Berechnungen, dass der Kapitalkostensatz die Untergrenze der Verzinsung angibt, die beim Einsatz des Kapitals erreicht werden muss. Wir brauchen einen positiven Kapitalwert. Wird diese Untergrenze nicht erreicht, lohnt sich der Einsatz des Kapitals für den Investor nicht, da der Kapitalwert negativ ist, ein Break Even nicht erreicht wird. Die Folge daraus wäre eine Vernichtung von Kapital. 2

Auch hier müssen wir wieder mit auf den ersten Blick unschönen Formeln arbeiten, Sie werden dann allerdings erneut sehen, dass auch bei dieser Berechnung die Formeln bei sukzessiver Abarbeitung jeden Schrecken verlieren.

Der Zins, den wir bisher immer genutzt haben (in unserem großen Beispiel war er bisher 10% nach Steuern) ist ein Mischsatz. Dieser setzt sich aus den Erwartungen der Eigenkapitalgeber (Stichwort Dividenden bzw. früher haben wir gesagt ‚kalkulatorischer Unternehmerlohn') und den vertraglich mit den Fremdkapitalgebern, also den Banken, verhandelten Kreditzinsen zusammen. Der Mischzinssatz zeigt somit die Verzinsungsansprüche aller Kapitalgeber und beinhaltet auch – dies werden wir später mathematisch integrieren – die Quantifzierung von Risiken. 3

Kapitalkosten (in der englischen Sprache ‚Opportunity Cost of Capital') umfassen somit

- Eigenkapitalkosten (EK) und
- Fremdkapitalkosten (FK).

Wir sprechen daher auch von den Gesamtkapitalkosten (GK). Es gilt:

$$EK + FK = GK$$

Fremdkapitalkosten ergeben sich in der Regel aus klar geregelten Kreditverträgen. Sind im Unternehmen verschiedene Zins tragende Fremdkapitalarten vorzufinden, so ist ein gewichteter Fremdkapitalkostensatz zu bilden. Die gewichteten Gesamtkapitalkosten entstehen dann aus der Gewichtung der vom Eigenkapitalgeber erwarteten Rendite und den Fremdkapitalkosten. Diese (gewichteten Gesamtkapitalkosten) liegen zwischen den Eigen- und Fremdkapitalkosten, obwohl Eigen- viel teurer als Fremdkapital ist. Diese Tatsache ist 4

- einerseits auf die Steuerersparnis bei Einsatz von Fremdkapital zurückzuführen und wird auch ‚Steuerschutz' oder ‚Tax-Shield' genannt und
- andererseits bedingt durch die Tatsache, dass in der Regel weniger Eigen- als Fremdkapital (aus o.g. Kostengründen) eingesetzt wird.

bedingt.

5 Während Fremdkapitalkosten auch in der Gewinn- und Verlustrechnung (GuV) ausgewiesen werden (§ 275 Abs. 2 HGB, Gesamtkostenverfahren, hier Position 13, ‚Zinsen und ähnliche Aufwendungen'), sind Eigenkapitalkosten selbst zu bestimmen. Diese Ermittlung der Eigenkapitalkosten ist hingegen nicht so einfach und kann nicht auf explizite Wertvorgaben zurückgreifen. Es gibt mehrere Methoden, Eigenkapitalkosten zu ermitteln, die meist allgemeine Marktdaten nutzen und auch die spezielle Risikosituation des Unternehmens integrieren. Es versteht sich von alleine, dass Eigenkapitalkosten auch vom Verschuldungsgrad abhängen müssen, da mit zunehmendem Fremdkapital auch das Risiko des Investors, unabhängig davon, dass Fremdkapitalkosten in der GuV Aufwand darstellen und damit steuerlich abzugsfähig sind, steigt.

Wir werden im Folgenden nur einen Ansatz betrachten, der fast immer und überall zum Einsatz kommt und der wohl auch der Bekannteste ist.

6 Ich spreche vom ‚*CAPM*' – Ansatz: das ‚*Capital Asset Pricing Model*'. Dieser Ansatz hat zwar auch seine einschränkenden theoretischen Grundlagen[1], wird aber trotz dieser eigentlich unrealistischen Basisannahmen aufgrund der hohen Nachvollziehbarkeit, einer Marktgerechtheit und der Objektivität fast immer in der Praxis genutzt.

Wir beschäftigen uns also zunächst jetzt mit den Eigenkapitalkosten.

B. Die Eigenkapitalkosten

7 Die Eigenkapitalkosten sind identisch mit den Erwartungen der Eigenkapitalgeber bzw. Investoren, abhängig vom zu erwartenden Risiko. Dieses Risiko bei den Eigenkapitalgebern bzw. den Investoren setzt sich aus zwei Klassen zusammen

- **Die vom Anteilseigner erwartete Rendite für das zu tragende Geschäftsrisiko:**

  Dieses Risiko ergibt sich durch die Geschäftstätigkeit des Unternehmens in der jeweiligen Branche. Wie bereits geschildert, hat der Anleger/der Investor ja gewisse Erwartungen an die Rendite seines eingesetzten Kapitals, aber Renditesicherheit gibt es bei Investitionen in Unternehmen generell nicht. Gegenüber seinem ‚Anlegerkollegen, der in risikolose Bundesanleihen investiert, hat der Finanzier einer Investition in einer Firma (und damit ist auch jeder Firmeneigentümer gemeint) alleine schon aufgrund der entsprechenden Geschäftstätigkeit des Unternehmens, in dem eine neue Investition ansteht, ein höheres Risiko zu tragen. Dies wird als Geschäftsrisiko bezeichnet. Eine ‚Prämie' soll den Eigenkapitalgeber dafür entschädigen, dass er sich anstatt für eine ‚risikolose' Anlageform für eine Investition mit Unsicherheit entscheidet.

8
- **Die vom Eigenkapitalgeber erwartete Rendite für das zu tragende Finanzrisiko aus der Kapitalstruktur heraus:**

  Dieses Risiko ergibt sich durch die gegebene Kapitalstruktur. Die Prämie für den Eigenkapitalgeber soll dafür entschädigen, dass er sein Anlagekapital aufgrund der Kapitalstruktur mehr gefährdet, da ja auch in der Regel Fremdkapital in erheblichem Umfang im Einsatz ist, als sein Anlegerkollege, der in „risikolose" Anlageformen wie bzw. Staatsanleihen investiert.

  Vergessen wir nicht, dass Fremdkapital bei Insolvenzen immer prioritär im Vergleich zum Eigenkapital behandelt wird. Während Aktionäre nichts mehr bekommen, gehen die Banken häufiger recht gut ‚nach Hause'.

1 Capital Asset Pricing Model (CAPM): Das CAPM basiert auf den Annahmen eines vollkommenen Kapitalmarktes (keine Informations- bzw. Transaktionskosten, Steuern oder Beschränkungen), eine homogene Erwartungshaltung der Anleger, festgelegte Anzahl der Anlagen, marktfähige und beliebig teilbare Anlagen. Es existieren risikolose Anlagen sowie unbegrenzte Geldmengen zu einem sicheren Zinssatz.

Wie setzen sich dann diese Eigenkapitalkosten zusammen? Um diese erklären zu können, müssen wir in die Kapitalmarkttheorie einsteigen und Sie werden sehen, dass wir im Folgenden immer wieder Aktien und Aktienmärkte als alternative Anlageformen (anstatt unserer Maschineninvestition) betrachten.

I. Risikofreier Satz und Risikprämie

Zunächst benötigen wir einmal die Rendite risikofreier Anlagen – sie werden in der Regel mit ‚r_f‘ 9
für ‚*risk free*‘ benannt!

Allerdings, die gänzlich risikofreie Anlageform gibt es nicht. Näherungsweise wird die Rendite langfristiger Staatsanleihen herangezogen. Eine ‚Triple A (AAA)‘ – Anleihe wird als „quasi – risikofrei“ angesehen.

Dann brauchen wir eine zusätzliche Entschädigung für das Engagement in ein unsicheres Investitionsprojekt, auch *Marktrisiko-, Risiko- oder Geduldsprämie* ‚r_p‘ (‚*risk premium*‘, bzw. auch ‚*patience premium*‘) genannt. Ausgedrückt im Risikodenken der Anleger kann dies auch folgendermaßen interpretiert werden:

Die Marktrisikoprämie ist die Differenz der tatsächlich angefallenen Rendite alternativer Anlagen 10
(meist des Aktienmarktes) über einen längeren Zeitraum und dem risikolosen Zinsfuß. Das Niveau der alternativen Anlage wird als ‚r_m‘ (return of the market) bezeichnet und die Differenz zwischen diesem Niveau ‚r_m‘ und der „risikofreien“ Rendite ‚r_f‘ stellt o.g. Marktrisiko-, Risiko- oder auch Geduldsprämie ‚r_p‘ dar.

Klingt kompliziert, nicht wahr? Ist es aber nicht. Also stellen wir den Zusammenhang einmal grafisch dar und beschreiben ‚r_f‘, ‚r_p‘ und ‚r_m‘ anhand der Darstellungen.

Im Folgenden bilden wir hier exemplarisch die langfristige Volatilität eines Aktienportfolios (Un- 11
ternehmen einer Branche) im Vergleich zu sicheren langfristigen Staatsanleihen. Man sieht, dass die jährlichen Rückflüsse (Cash Flows) aus Investitionen in Unternehmen (Aktien) über einen langen Zeitraum

- volatiler,
- aber in der Regel auch höher sind

als diejenigen der sicheren Staatsanleihen.

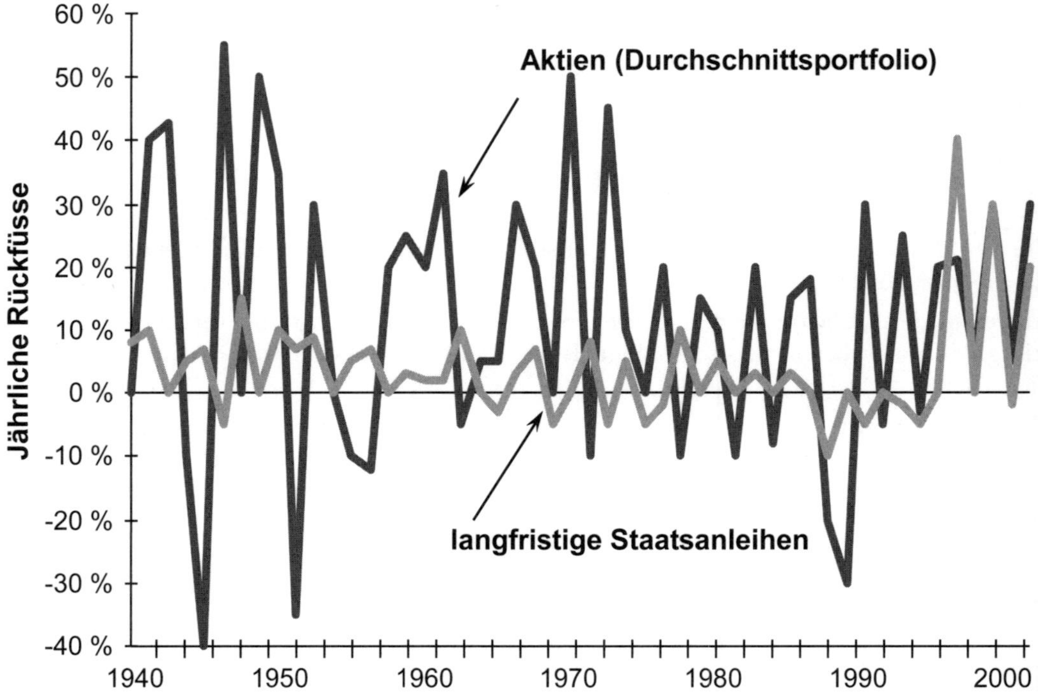

12 Berechnet man jetzt den Median[2], also die durchschnittliche Bandbreite der Aktienrendite für die letzten 25 Jahre, so sieht man, dass sich diese immer präziser, einem Trichter gleich, auf ein Niveau hin entwickelt.

2 Median (oder Zentralwert) bezeichnet eine Grenze zwischen zwei Hälften. In der Statistik halbiert der Median eine Verteilung. Gegenüber dem arithmetischen Mittel, auch Durchschnitt genannt, hat der Median den Vorteil, robuster gegenüber Ausreißern (extrem abweichenden Werten) zu sein.

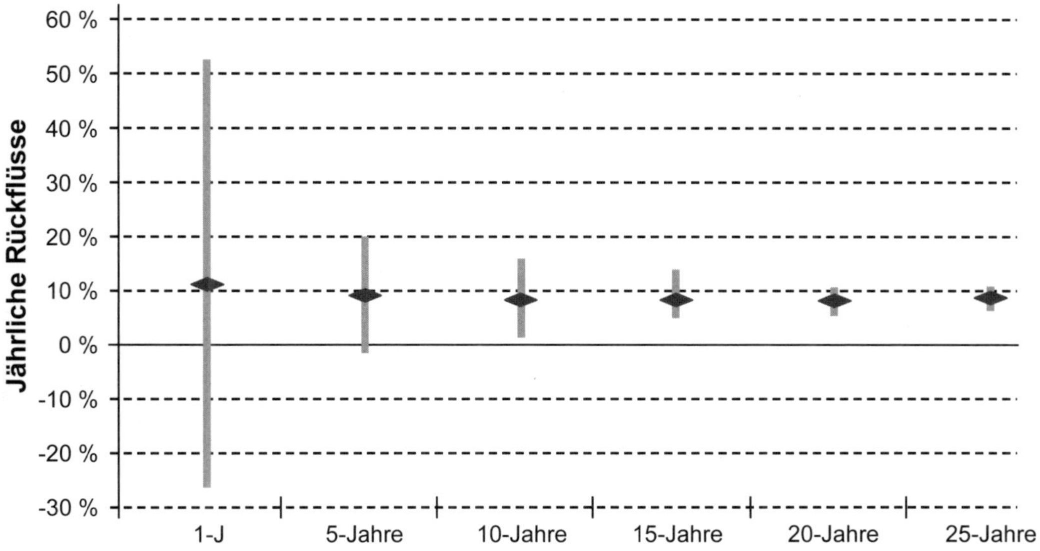

'High'	**+52,3**	**+20,1**	**+16,4**	**+13,9**	**+11,6**	**+10,2**
'Average'	**+11,4**	**+9,3**	**+8,5**	**+8,4**	**+8,4**	**+8,9**
'Low'	**-26,3**	**-2,4**	**+1,2**	**+4,3**	**+6,5**	**+7,9**

Je kürzer sich der Investitionszeitraum in Aktien darstellt, desto größer ist die mögliche Schwan- 13
kungsbreite des Risikos eines Wertpapiers und somit auch die geforderte Rendite. Über einen längeren Anlagezeitraum hinweg nivelliert sich die Rendite aller Aktien dieser Branche auf eine Höhe.

Damit ergibt sich die gesuchte Marktrisiko- Risiko- bzw. Geduldsprämie ($r_{p)}$ aus der Differenz der langfristigen durchschnittlichen Rendite von Aktienportfolios (r_m) und sicheren Staatsanleihen ($r_{f)}$ einfach durch Subtraktion:

$$\mathrm{r_p} = r_m - r_f$$

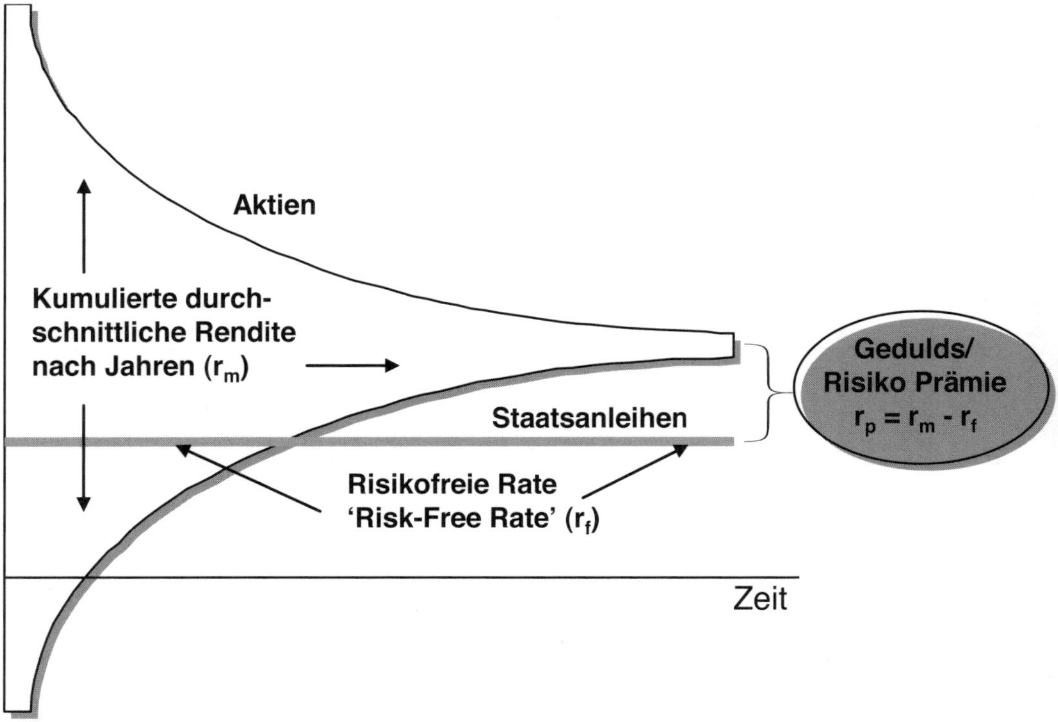

14 Somit kann die Risikoprämie auch als empirisch beobachtete Differenz zwischen dem Ertrag einer durchschnittlichen Rendite auf dem Aktienmarkt und der risikofreien Anlage betrachtet werden.

Damit können wir erstmals die Eigenkapitalkosten k_e ausweisen als

$$k_e = r_f + r_p$$

Wir sind aber noch lange nicht am Ende.

15 Jetzt müssen wir noch einen individuellen Risikofaktor in die Eigenkapitalkostengleichung integrieren, denn jedes Investment in Aktien/Unternehmen ist unterschiedlich hinsichtlich der Rückflüsse.

Die nächsten Zeilen werden jetzt in der Tat etwas heftiger, allerdings werden Sie später bei der Berechnung sehen, dass die mathematische Ermittlung der gesamten Kapitalkosten ganz einfach ist. Sollten Sie sich nicht für die theoretischen Hintergründe des jetzt folgenden ß-Faktors interessieren, lesen Sie einfach dort weiter, wo Sie diese Formel sehen.

$$k_e = r_f + \beta \times r_p$$

16 In Bezug auf die Volatilität der Cash Flows schwankt jede Aktie/jedes Unternehmen und damit jede Investition unterschiedlich stark, jeweils gemessen an einem vergleichenden Gesamtmarkt. Dieser Vergleichs-Gesamtmarkt kann als Aktiensegment, Branche, geographische Zone, Wettbewerbergruppe etc. definiert sein.

II. Der ß-Faktor

Um eine Berechnung der Eigenkapitalkosten korrekt durchführen zu können, muss daher dieser Schwankungskoeffizient, genannt der Unternehmens-Betafaktor (β), bekannt sein. 17

Beim Beta-Faktor (β) handelt es sich um ein Maß für das systematische Risiko einer Anlage. β ist das Maß der Sensitivität zwischen der erwarteten Rendite des einzelnen Wertpapiers und der erwarteten Rendite des Marktportfolios.

Hört sich auch wieder unheimlich kompliziert an. Erst einmal, der Beta-Faktor ist ein Maß für die Kurssensitivität einer Aktie (in die ich investiert bin) gegenüber Indexveränderungen. Der Faktor beschreibt, in welchem Ausmaß der Kurs der Aktie die Wertentwicklung des Index nachvollzieht.

Ist der Beta-Faktor größer (kleiner) als eins, so reagiert die Aktie im Untersuchungszeitraum überproportional (unterproportional) auf Änderungen des Index. Ist also z. B. der DAX® um 10 % gestiegen, so gibt ein Beta-Faktor von 1,2 an, dass der Wert der Aktie im selben Zeitraum um 12 Prozent gestiegen ist. Bei einem Beta-Faktor von 0,8 wäre die Aktie nur um 8 Prozent gestiegen.

Hohe Beta-Faktoren geben also an, welche Aktien in Zeiten eines steigenden Index überproportionale Gewinnchancen bieten. Dieselben Aktien bergen allerdings in Zeiten eines fallenden Index auch ein höheres Risiko. Der Beta-Faktor sollte außerdem stets zusammen mit dem Korrelationskoeffizienten betrachtet werden. 18

Der Korrelationskoeffizient ist ein Maß für die Stärke und Richtung des linearen Zusammenhangs zwischen den Verläufen zweier Zeitreihen. Auf den Wertpapiersektor übertragen heißt dies, dass der Zusammenhang zwischen dem Kursverlauf einer Aktie und dem einer Bezugsreihe – im allgemeinen einem marktrepräsentativen Aktienindex – berechnet wird. Die Deutsche Börse AG berechnet den Korrelationskoeffizienten der Titel aus DAX®, MDAX®, SDAX® und TecDAX® bezogen auf den jeweiligen Index.

Der Korrelationskoeffizient kann Werte zwischen –1 und +1 annehmen. Hat eine Aktie einen Korrelationskoeffizienten zum Index von +1, so bedeutet das, dass die Zeitreihen einen positiv linearen Zusammenhang haben. Konkret heißt das: der Kurs der Aktie verändert sich immer um genau denselben Prozentsatz wie der Index. 19

Je kleiner der Koeffizient ist, desto schwächer ist dieser Zusammenhang. Bei einem Korrelationskoeffizienten von 0 bewegt sich der Kurs der Aktie vollkommen unabhängig vom Index. Im seltenen Fall eines negativen Koeffizienten verläuft der Kurs der Aktie entgegengesetzt zum Index, womit eine Investition in diese Aktie die Möglichkeit des Risikoausgleichs bietet.

Ist die Kapitalstruktur des jeweiligen Unternehmens nicht enthalten, spricht man von einem so genannten ‚ß unlevered' (ß ohne ‚Leverage'[3] Betrachtung). 20

Damit unterstellt der Beta-Faktor einen Zusammenhang zwischen der Kursentwicklung am Aktienmarkt und dem Risiko eines Unternehmens.

Der ß-Faktor ist also das Maß für das systematische Risiko; er wird formal berechnet als Verhältnis zwischen der Kovarianz der Unternehmensrendite zur Marktrendite und der Varianz der Marktrendite

$$\beta_i = \frac{Cov(r_w, r_m)}{\sigma_m^2}$$

3 ‚Leverage' ist das Verhältnis Fremd- zu Eigenkapital.

mit

- $Cov(r_w, r_m)$ = Kovarianz der erwarteten Rendite des Wertpapiers w mit der erwarteten Rendite des Marktportfolios,
- σ_m^2 = Varianz der Rendite des Marktportfolios

21 Wirtschaftlich misst ß die Kursveränderung einer Aktie relativ zum Marktportfolio. Je höher das ß, desto höher ist das Risiko des Anlegers und die zu fordernde Risikoprämie.

Wenn Sie sich bis hier durchgekämpft haben, können Sie sich sicherlich als Eine(r) unter den ‚Harten' bezeichnen und bitte jetzt auch noch nicht erstarren: Sie müssen dies nicht selbst errechnen. Suchen doch einmal im Internet unter ‚beta Faktor' und Sie werden schnell fündig. Meine beliebteste Seite für ‚betas' von in Deutschland notierten Gesellschaften ist übrigens.

www.deutsche-boerse.com

22 Dann bitte oben rechts im Suchfeld ‚beta' eingeben und schon werden Sie weitergeleitet und erhalten einige Auswahlseiten. In den USA gibt eine Internetseite (leider natürlich in englischer Sprache), wo Sie generell zu ‚Corporate Finance' Themen und natürlich auch zu ß-Faktoren tolle Sachen finden. Klicken Sie doch mal auf folgenden Link im Internet. Sie werden überrascht sein, was Sie dort alles finden werden.

http://pages.stern.nyu.edu/~adamodar/

Dennoch einige weiteren Anmerkungen zur Herleitung/Gewinnung eines Beta-Faktors.

23 Einen nicht unwesentlichen Einfluss auf den Beta-Faktor nimmt die Kapitalstruktur des Unternehmens. Je höher der Verschuldungsgrad eines Unternehmens ist, desto höher wird das Risiko und somit die Renditeforderung der Eigenkapitalgeber. Dazu werden wir aber noch Genaueres lesen, wenn es gilt, den „Leverage" zu integrieren.

Im Falle von börsenotierten Unternehmen ist der Beta-Faktor vergleichsweise einfach zu ermitteln. Bei DAX-Gesellschaften werden beispielsweise Schätzungen für Beta-Werte aufgrund von Regression über Tagesrenditen täglich publiziert.

24 Schwieriger jedoch erweist sich die Ermittlung bei nicht börsenorientierten Unternehmen. Hier greift man z.B. auf die Verwendung eines angepassten Beta-Faktors eines vergleichbaren Unternehmens zurück.

Eine andere Möglichkeit besteht in der Hinzuziehung von Dritten errechneter Branchen-Beta-Faktoren.

Letztendlich bleibt noch die Variante, Beta-Faktoren über qualitative Verfahren zu schätzen. Man kann sich hier verschiedener Scoring-Modelle bedienen. Hier geht es dann um die Zerlegung einer Gesamtentscheidung in mehrere Teilentscheidungen. Dazu kommt dann die Definition und Gewichtung bestimmter Kriterien. Danach ergibt sich durch Aufsummieren dieser ein Nutzenwert.

BASF hat in seinem Zielrendite-Konzept alle Geschäftsbereiche einmal hinsichtlich 3 Kriterien untersucht:

- Anlagenintensität
- Fixkostenintensität
- F&E –Kostenintensität

25 Auf Basis dieser Intensitäten wurde dann ein Scoring Modell entwickelt und konzerninterne Risikokoeffizienten ermittelt, die logisch und verständlich abgeleitet und nicht auf der Basis „Kovarianz zu Varianz" hergeleitet waren, was sicherlich sehr zu Akzeptanz beitragen kann.

Was machen wir jetzt mit diesem ß?

III. Das CAPM – Capital Asset Pricing Model

Wir integrieren es in die bereits bekannte Formel für die Eigenkapitalkosten und zwar als Multiplikator zur Risikoprämie r_p. Somit erhalten wir dann als erweiterte Gleichung für die Eigenkapitalkosten: 26

$$k_e = r_f + ß \times r_p \,.$$

Diese Gleichung ist unter dem Namen ‚*CAPM – Capital Asset Pricing Model*' bekannt geworden und dient in der Praxis inzwischen fast immer als Startpunkt für die Berechnung der Eigen- bzw. Gesamtkapitalkosten.

Arbeiten wir doch direkt mit den Daten unseres Beispiels. Wir wissen

Vorgaben

Risk free Rate	3,5%
ß-Faktor	1,0
Risk Premium	5,0%
Fremdkapital	70%
Eigenkapital	30%
Gesamtkapital	100%
Steuersatz	25%
Fremdkapitalkosten (v. St.)	6,0%

Berechnung der Eigenkapitalkosten k_e:

$$k_e = r_f + ß \times r_p$$

also, ergibt sich dann mit o.g. Werten

$$k_e = 0{,}035 + 1{,}0 \times 0{,}05$$

$$k_e = 0{,}035 + 0{,}05 = 0{,}085 \text{, also } 8{,}50\%.$$

In unserem Beispiel könnten die Eigenkapitalgeber also 8,5% p.a. für Ihr eingesetztes Kapital verlangen – dieser Betrag versteht sich nach Steuern.

IV. Leverage Betrachtungen und Integration

Jetzt gehen wir zum nächsten Schritt bei den Eigenkapitalkosten. Die bisher genutzte Formel hat leider nur Richtigkeit für Investitionen, bei denen ausschließlich Eigenkapital (also kein Fremdkapital) zum Einsatz kommt. Das Verhältnis Fremd- zu Eigenkapital nennen wir ‚Finanzierungsstruktur', meist aber mit dem englischen Begriff ‚Leverage' bezeichnet. 27

In unserem Fall, unter der Annahme 100% Eigenkapital, haben wir bisher einen Finanzierungsansatz ohne ‚Leverage' – wir sprechen daher von den Eigenkapitalkosten ohne ‚Leverage', abgekürzt mit $k_{e\ unlev}$.

28 Eine Finanzierung ohne Fremdkapital ist allerdings in der Praxis sehr ungewöhnlich und wir müssen daher in unsere Eigenkapitalkostengleichung, die ja zugleich die Rendite-Erwartungen der Eigenkapitalgeber widerspiegelt, das Fremdkapital und deren Effekte ebenfalls integrieren.

Welche Effekte treten denn auf? Positiv ist, dass Fremdkapital

- fast immer kostengünstiger ist als Eigenkapital und
- zudem in der GuV noch als Aufwand anerkannt ist und
- somit steuerlich abzugsfähig ist. Sie reduzieren somit die Fremdkapitalkosten um den so genannten Steuerschutz (Tax shield) $Steuerschutz = (1-t)$

29 Negativ hingegen wirkt, dass

- mit zunehmenden Fremdkapitalanteil sich das Risiko des Eigenkapitalgeber steigert, da
- Fremdkapital zwingend zumindest Zinsen nach sich zieht (die Rückzahlung über eine vertraglich vereinbarte endfällige Tilgung einmal zunächst ausgeschlossen) und
- diese Zinsen und eventuell erst später anstehende Tilgungen immer vorrangig bedient werden müssen.

Bleibt nichts mehr übrig, geht der Aktionär leer aus – im Insolvenzfall kann sogar ein Totalverlust eintreten, hingegen sind Banken meist abgesichert und müssen aus dem Vertragsverhältnis heraus auch vorrangig bedient werden.

30 Diese gegenläufigen Effekte müssen wir auch noch in die Forderungen der Eigenkapitalgeber integrieren und hier werden immer wieder zwei Ansätze gerechnet. Beide sind anerkannt und es ist an Ihnen, sich für den einen oder anderen zu entscheiden.

Wir nutzen hauptsächlich in der Praxis die Ansätze nach

- Copeland oder
- Stewart.

Sie kommen allerdings nicht zu identischen Ergebnissen, es sei denn, ein Spezialfall tritt ein, den wir später noch aufzeigen werden.

Beschäftigen wir uns zunächst mit dem Ansatz nach Copeland.

1. Leverage Integration nach Copeland

31 Bisher wurde ja von einer zur Gänze mit Eigenkapital finanzierten Investition ausgegangen. Copeland integriert den Fremdkapitaleinsatz über die Ermittlung des ‚Leverage Factors (LF)', der wiederum um das ‚tax shield' angepasst werden muss. Der ‚Leverage Factor' errechnet sich über die Berücksichtigung des Verschuldungsgrades

$$LF = 1 + (1-t) \times \frac{FK}{EK}$$

mit

- t: individueller Steuersatz
- FK: Fremdkapital
- EK: Eigenkapital

Durch Multiplikation des Beta-Faktors $ß_{unlev}$ aus der ursprünglichen Eigenkapitalkostengleichung (bisher hatten wir ihn nur mit ß bezeichnet, richtig wäre allerdings $ß_{unlev}$ gewesen, da wir von einer Finanzierung ohne ‚Leverage', also mit 100% Eigenkapital ausgegangen waren) mit dem ‚Leverage-Faktor (LF)' wird das Beta ($ß_{lev}$) unter Berücksichtigung der Verschuldung des Unternehmens berechnet, also 32

$$\beta_{lev} = \beta_{unlev} \times LF$$

Nach Berechnung des verschuldeten Beta ($ß_{lev}$) kann die Ermittlung der bereinigten Eigenkapitalkosten ($k_{e\,lev}$) nach Copeland erfolgen. Das verschuldete Beta wird mit der Marktrisikoprämie (r_p) multipliziert und das Ergebnis zum risikofreien Basiszinssatz (r_f) addiert:

$$k_{e\,lev} = r_f + \beta_{lev} \times r_p$$

Rechnen wir auch dies zunächst wieder mit unseren Zahlen durch. Der Leverage Faktor nach Copeland berechnet sich als 33

$$LF = 1 + (1 - t) \times \frac{FK}{EK}$$

Somit sieht dies in unserem Fall folgendermaßen aus.

$$LF = 1 + (1 - 0{,}25) \times \frac{0{,}7}{0{,}3}$$

also

$$LF = 1 + 0{,}75 \times 2{,}3\overline{3}$$

somit

$$LF = 1 + 1{,}75 = 2{,}75$$

Dabei handelt es sich um einen Faktor, wie das Wort LF – Leverage Faktor bereits besagt. 34

Im nächsten Schritt ist nun das ‚verschuldete' $ß_{lev}$ zu berechnen, also

$$\beta_{lev} = \beta_{unlev} \times LF$$

somit in unserem Fall

$$\beta_{lev} = 1{,}0 \times 2{,}75 = 2{,}75$$

Und dieses $ß_{lev}$ wiederum müssen wir nun in die ursprüngliche Gleichung für die Eigenkapitalkosten

$$k_{e\,lev} = r_f + \beta_{lev} \times r_p$$

einsetzen. Für uns bedeutet das jetzt mit unseren Zahlen

$$k_{e\,lev} = 0{,}035 + 2{,}75 \times 0{,}05$$

$$k_{e\,lev} = 0{,}035 + 0{,}1375 = 0{,}1725 = 17{,}25\%$$

35 Während die Eigenkapitalgeber bei einer Investitionsfinanzierung ausschließlich mit Eigenkapital lediglich 8,50% verlangen dürften, gehen die Forderungen der Eigenkapitalgeber aufgrund des hohen Fremdkapitalanteils trotz der steuerlichen Abzugsfähigkeit der Fremdkapitalkosten (Fremdkapitalzinsen) nun aufgrund des höheren Risikos auf 17,25% hoch.

Dieser Zinssatz erschreckt zunächst einmal, aber wir müssen ihn im Kontext sehen, denn er darf ja nur auf den Anteil der Eigenkapitalfinanzierung, also 30% bezogen werden. Wir müssen deshalb im nächsten Schritt die gewichteten Eigenkapitalkosten (gew. ke $_{lev}$) berechnen, also

$$gew.k_{e\ lev} = k_{e\ lev} \times \frac{EK}{GK}$$

mit

- EK Eigenkapital
- GK = EK + FK = Gesamtkapital

also

$$gew.k_{e\,lev} = 0{,}1725 \times \frac{0{,}3}{1} = 0{,}0518 = 5{,}18\%$$

36 Diese 5,18% besagen, dass von den späteren Gesamtkapitalkosten, also inklusive der Fremdkapitalkosten, 5,18% an die Eigenkapitalgeber der Investition gehen.

Fassen wir die Berechnungen nochmals zusammen. Der Ansatz nach Copeland bringt uns Eigenkapitalkosten nach Steuern p.a. in Höhe von:

Eigenkapitalkosten ohne Leverage	**ke $_{unlev}$**	**8,50%**
Leverage (FK/EK) Faktor	**LF**	**2,75**
Eigenkapitalkosten mit Leverage	**$k_{e\ lev}$**	**17,25%**
Gewichtete Eigenkapitalkosten	**gew. ke $_{unlev}$**	**5,18%**

Diese Ergebnisse sind jetzt direkt aus unserem Excel Begleit-Programm hereinkopiert.

2. Die Eigenkapitalkosten aus steuerlicher Sicht

37 Wenn Sie jetzt fragen, wieso diese Eigenkapitalkosten eine Größe nach Steuern sind, dann lassen Sie uns nochmals die ‚Leverage' Umrechnung in der Formel betrachten.

$$LF = 1 + (1 - t) \times \frac{FK}{EK}$$

In der Formel sehen Sie, dass der ‚Leverage' (FK/EK) mit dem Steuerschutz (1-t) multipliziert wird und da liegt die Antwort auf die Frage. Wann immer Sie eine Vor-Steuer-Größe haben und bei bekanntem Steuersatz t die entsprechende Nach-Steuer-Größe wissen wollen, müssen Sie mit dem Steuerschutz (1-t) multiplizieren.

Umgekehrt bedeutet dies, dass sich eine Nach-Steuer-Größe bei bekanntem Steuersatz t durch Division durch den Steuerschutz (1-t) in die entsprechende Vor-Steuer-Größe umrechnet. 38

Beschäftigen wir uns jetzt mit den Fremdkapitalkosten.

C. Die Fremdkapitalkosten

Die Fremdkapitalkosten entsprechen dem durchschnittlichen Fremdkapitalzinssatz des Unternehmens. Der Zinsaufwand auf Fremdkapital an sich ist nach den Rechnungslegungsvorschriften (noch[4]) steuerlich abzugsfähig. Die Höhe der Fremdkapitalkosten hängt von Faktoren der aktuellen Höhe der Zinssätze am Kapitalmarkt, dem Kreditausfallrisiko des Unternehmens oder den oben angeführten Steuervorteilen, die aus der Fremdfinanzierung resultieren, ab 39

Diese Fremdkapitalkosten sind aber bei weitem einfacher und mit weniger Aufwand zu ermitteln, denn wir müssen nur zwei Stati unterscheiden:

- Fremdkapitalkosten vor Steuern
- Fremdkapitalkosten nach Steuern.

Gerade haben wir noch erklärt, warum es sich bei den Eigenkapitalkosten bei ‚Leverage'-Finanzierung zwingend um eine Nach-Steuer-Größe handelt. Dann erscheint es auch nur logisch, dass wir auch bei den Fremdkapitalkosten eine Nach-Steuer-Größe benötigen. Da Fremdkapitalkosten (Fremdkapitalzinsen) steuerlich abzugsfähig sind, und wir daher nach Akzeptanz der GuV durch die Finanzbehörden effektiv auch nur weniger dafür bezahlen müssen, ist es aus einem zweiten Grund heraus logisch, auch hier zwingend eine Nach-Steuer-Größe zu berechnen. 40

Die Formel zur Berechnung der Fremdkapitalkosten nach Steuern:

$$k_D = k_d \times (1 - t)$$

mit

- K_D Fremdkapitalkosten nach Steuern
- K_d Fremdkapitalkosten vor Steuern
- t Steuersatz

Hier sehen wir exakt, was wir vor einigen Zeilen ausgeführt haben. Wann immer Sie eine Vor-Steuer-Größe haben und bei bekanntem Steuersatz t die entsprechende Nach-Steuer-Größe wissen wollen, müssen Sie mit dem Steuerschutz (1-t) multiplizieren. 41

Also setzen wir unsere Beispieldaten ein – der Fremdkapitalzins vor Steuern beträgt 6,0%, der Steuersatz ist bereits bekannt.

$$k_D = 0{,}06 \times (1 - 0{,}25)$$

somit

$$k_D = 0{,}06 \times 0{,}75 = 0{,}045 = 4{,}50\%$$

4 Wir erinnern an die Diskussionen zu Beginn des Jahres 2008, als Überlegungen von Seiten der Regierungskoalition aufkamen, Zinsaufwendungen nicht mehr uneingeschränkt als Aufwand und damit steuerlich abzugsfähig zuzulassen. Übrigens, dies war eigentlich gar nicht so neu, denn bei der Ermittlung der Gewerbeertragsteuer sind Dauerschulden schon seit langer Zeit nur teilweise anzusetzen.

42 Auch dieser Fremdkapitalkostensatz in Höhe von 4,5% nach Steuern kann nur auf den Fremdkapitalanteil der Investitionsfinanzierung bezogen werden, also müssen wir auch in diesem Fall eine Gewichtung mit der Fremdkapitalquote rechnen.

$$gew.k_D = k_D \times \frac{FK}{GK}$$

mit

- EK Eigenkapital
- GK Gesamtkapital = EK + FK

also

$$gew.k_D = 0{,}0450 \times \frac{0{,}7}{1} = 0{,}0315 = 3{,}15\%$$

43 Die gewichteten Fremdkapitalkosten betragen somit 3,15%.

Fassen wir auch diese Ergebnisse nochmals zusammen und kopieren uns die Werte aus dem Excel Beispiel herein:

Fremdkapitalkosten vor Steuern	**k_d (v. St.)**	**6,00%**
Fremdkapitalkosten nach Steuern	**k_D (n. St.)**	**4,50%**
Gewichtete Fremdkapitalkosten	**gew. k_D**	**3,15%**

Nun haben wir sowohl die Eigenkapital- als auch die Fremdkapitalkosten berechnet und können uns den Gesamtkapitalkosten widmen.

D. Die Gesamtkapitalkosten – WACC

44 Die Gesamtkapitalkosten setzen sich aus den Eigen- und Fremdkapitalkosten zusammen und zwar jeweils gewichtet mit dem Verhältnis der Eigen- bzw. Fremdkapitalquote. Wir sprechen dann vom so genannten ‚*WACC – Weighted Average Cost of Capital*', den gewichteten durchschnittlichen (Gesamt)Kapitalkosten.

Die Formel lautet:

$$WACC = k_{elev} \times \frac{EK}{GK} + k_D \times \frac{FK}{GK}$$

Was sehen wir? Die Formel besteht auch 2 Summanden, die jeweils ein Produkt darstellen.

$$k_{elev} \times \frac{EK}{GK} \quad \text{und} \quad k_D \times \frac{FK}{GK}$$

Kennen Sie diese beiden Summanden nicht schon? Setzen wir mal unsere Zahlen ein

$$0{,}1725 \times \frac{0{,}3}{1} \quad \text{und} \quad 0{,}0450 \times \frac{0{,}7}{1}$$

Richtig, es handelt sich dabei um die bereits berechneten gewichteten Eigen- bzw. Fremdkapitalkosten 45

$$gew.k_{e_{lev}} = 0{,}1725 \times \frac{0{,}3}{1} = 0{,}0518 = 5{,}18\% \text{ und}$$

$$gew.k_D = 0{,}0450 \times \frac{0{,}7}{1} = 0{,}0315 = 3{,}15\%\ ,$$

3

wobei wir wissen, dass beide jeweils Nach-Steuer-Größen darstellen. Damit können wir die WACC Formel auch folgendermaßen darstellen.

$$WACC = gew.k_{e_{lev}} + gew.k_D$$

Wir können jetzt den WACC leicht errechnen, denn wir müssen die beiden gewichteten Kapitalkostengrößen ja lediglich addieren, also 46

$$WACC = 5{,}18\% + 3{,}15\% = 8{,}33\%$$

Der Vollständigkeit halber können wir auch nochmals die gesamte Formel darstellen.

$$WACC = k_{elev} \times \frac{EK}{GK} + k_D \times \frac{FK}{GK} \qquad \text{bzw.} \qquad WACC = gew.k_{e_{lev}} + gew.k_D$$

somit

$$WACC = 0{,}1725 \times \frac{0{,}3}{1} + 0{,}0450 \times \frac{0{,}7}{1} \qquad \text{also} \qquad WACC = 5{,}18\% + 3{,}15\% = 8{,}33\%$$

Die gewichteten Kapitalkosten nach Copeland betragen also 8,33% nach Steuern. Darauf entfallen 5,18% auf die Eigenkapitalgeber und 3,15% auf die Fremdkapitalgeber. 47

Unser Excel Tool weist natürlich auch dieses Ergebnis aus. Kopieren wir uns doch jetzt einmal die gesamte Berechnung nach Copeland aus dem Excel Tool ein.

Eigenkapitalkosten ohne Leverage	**ke_{unlev}**	**8,50%**
Leverage (FK/EK) Faktor	**LF**	**2,75**
Eigenkapitalkosten mit Leverage	**$k_{e\ lev}$**	**17,25%**
Gewichtete Eigenkapitalkosten	**gew. ke_{unlev}**	**5,18%**
Fremdkapitalkosten vor Steuern	**k_d (v. St.)**	**6,00%**
Fremdkapitalkosten nach Steuern	**k_D (n. St.)**	**4,50%**
Gewichtete Fremdkapitalkosten	**gew. k_D**	**3,15%**
Gewichtete durchschnittliche Gesamtkapitalkosten	**WACC**	**8,33%**

48 Abschließend wollen wir alle Berechnungsformeln auch noch einmal in der Übersicht darstellen. Rückwirkend müssen doch zugeben, dass es viel schwieriger und schlimmer aussieht, als es in Wirklichkeit ist. Dies hatten wir ja bereits bei den Übungen zum Kapitalwert, Annuität, CAGR, etc.

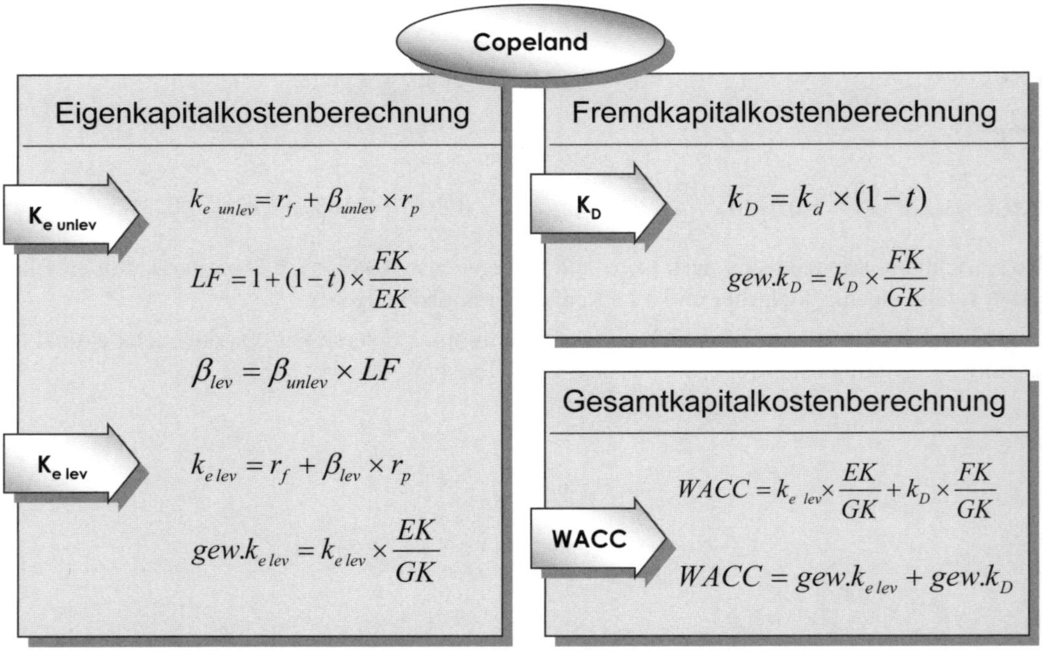

E. Die Leverage Berechnung und Integration nach Stewart

Stewart, ein anderer Autor und Forscher in Kapitalmarktfragen, geht einen etwas anderen Weg als Copeland und ich muss zugeben, dass ich persönlich diesen Weg bevorzuge. 49

Die Berechnung nach **Stewart** berücksichtigt die Grundzüge des Modigliani/Miller-Theorems, das besagt, dass die Kapitalstruktur für den Marktwert eines Unternehmens irrelevant ist.[5] Die Kapitalkosten ändern sich erst dann, wenn das Unternehmen in eine andere Risikoklasse wechselt. Die Thesen von Modigliani und Miller sind zwar eher realitätsfremd, da das Vorhandensein eines vollkommenen Kapitalmarktes[6] nur in der Theorie möglich ist, trotzdem leisten sie einen wesentlichen Beitrag für die Grundannahmen der Finanzierungstheorien.

Im Unterschied zu Copeland wird der bereits mehrfach angesprochenen Tatsache Rechnung getragen, dass Eigenkapital generell höhere Kosten verursacht als Fremdkapital. Dies geschieht durch explizite Einrechnung der Kostendifferenz, was wir dann in der Formel sehen werden. Zudem errechnet Stewart ein additives ‚*Financial Risk Premium (FRP)*' als Risikozuschlag für den Fremdkapitaleinsatz. Wir werden später noch einmal darauf zurückkommen, denn es gibt einen weiteren wesentlichen Grund, warum ich den Ansatz von Stewart bevorzuge 50

I. Eigenkapitalkosten nach Stewart

Zunächst schauen wir uns dies wieder am konkreten Beispiel an. Wir beginnen wieder mit der Basisgleichung für das ‚*Capital Asset Pricing Model – CAPM*, zunächst auch erneut unter der Annahme, dass die Investition zu 100% mit Eigenkapital finanziert wird. Damit sehen wir wieder: 51

$$k_{eunlev} = r_f + \beta_{unlev} \times r_p$$

Und wenn wir unsere Zahlen aus dem Beispiel einsetzen, erhalten wir natürlich auch wieder

$$k_e = 0{,}035 + 1{,}0 \times 0{,}0\ 5$$

$$k_e = 0{,}035 + 0{,}05 = 0{,}085 \text{ , also } 8{,}50\%.$$

An dieser Stelle trennen sich allerdings die Wege. Stewart rechnet den ‚Leverage' (Fremdkapitaleinsatz) nicht als Faktor, sondern definiert einen Summanden, die ‚*Financial Risk Premium – FRP*', die wiederum aus 3 Faktoren besteht. Einfach gesagt, setzt sie sich zusammen aus 52

Financial Risk Premium = Tax Shield × Leverage × Kostendifferenz

Aber schauen wir uns die Formel im Detail an.

5 Vgl. Modigliani, F. / Miller, M. H. (1958), S. 261 und S. 268: "The market value of any firm is independent of its capital structure."

6 Ein vollkommener Kapitalmarkt impliziert, dass alle Marktteilnehmer identische Kenntnisse über den Kapitalmarkt haben, es keine Steuern gibt, keine Transaktionskosten existieren und kein Konkursrisiko vorhanden ist.

$$FRP = (1 - t) \times \frac{FK}{EK} \times (k_{e_{unlev}} - k_d)$$

mit

$(1-t)$	Tax Shield bzw. in deutsch Steuerschutz
$\frac{FK}{EK}$	Leverage (Fremd- zu Eigenkapital)
$(k_{e_{unlev}} - k_d)$	Kostendifferenz (Eigenkapitalkosten für eine 100% Eigenkapitalfinanzierung minus Fremdkapitalkosten vor Steuern)

53 Und alle drei Elemente werden miteinander multipliziert.

Dann lassen Sie uns mit unseren Zahlen rechnen

$$FRP = (1 - t) \times \frac{FK}{EK} \times (k_{e_{unlev}} - k_d)$$

also

$$FRP = (1 - 0{,}25) \times \frac{0{,}7}{0{,}3} \times (0{,}0850 - 0{,}060)$$

somit

$$FRP = 0{,}75 \times 2{,}3\overline{3} \times 0{,}0250 = 0{,}0438 = 4{,}38\%$$

54 Die Eigenkapitalgeber erwarten aufgrund der Fremdkapitalanteile in der Finanzierung der Investition und daher aufgrund des höheren Risikos, trotz steuerlicher Abzugsmöglichkeit der Kosten der Fremdfinanzierung, einen Zinsaufschlag auf den Basiszins von 8,50% von weiteren 4,38%.

Woran lässt sich erkennen, dass es sich hierbei um einen Aufschlag handelt? Weil sich die Eigenkapitalkosten bei Fremdfinanzierung jetzt im Modell nach Stewart folgendermaßen berechnen:

$$k_{e_{lev}} = k_{e_{unlev}} + FRP$$

also

$$k_{e_{lev}} = 0{,}0850 + 0{,}0438 = 0{,}1288 = 12{,}88\%$$

War ja auch nicht schwer.

55 Jetzt geht es erst einmal wieder genauso weiter im Fall der Berechnung nach Copeland. Zunächst müssen wir wieder die gewichteten Eigenkapitalkosten berechnen, da sich auch diese 12,88% nur auf die Eigenkapitalquote 30% beziehen, also

$$gew.k_{e_{lev}} = k_{e_{lev}} \times \frac{EK}{GK}$$

also

$$gew.k_{e_{lev}} = 0{,}1288 \times \frac{0{,}3}{1} = 0{,}0386 = 3{,}86\% \ .$$

3

Schauen wir uns also nochmals die Ergebnisse aller Eigenkapitalkostengrößen in der Übersicht an – wir kopieren sie uns direkt aus unserem Excel Tool. 56

Damit wissen wir wieder, dass der Anteil der Eigenkapitalkosten an den Gesamtkapitalkosten (WACC) 3,86% lautet.

Das schauen wir uns dies natürlich auch wieder im Zusammenhang an. Wir kopieren erneut die Berechnungen zu den Eigenkapitalkosten nach Stewart direkt aus dem Excel Tool ein.

Eigenkapitalkosten ohne Leverage	**ke_{unlev}**	**8,50%**
Financial Risk Premium	**FRP**	**4,38%**
Eigenkapitalkosten mit Leverage	**$k_{e\ lev}$**	**12,88%**
Gewichtete Eigenkapitalkosten	**$gew.\ ke_{unlev}$**	**3,86%**

Bei den Fremdkapitalkosten können wir uns entspannen, denn diese sind in Ihrer Berechnung im Ansatz von Stewart absolut identisch mit der Kalkulation nach Copeland.

II. Fremdkapitalkosten nach Stewart

Die Formel zur Berechnung der Fremdkapitalkosten nach Steuern lautet 57

$$k_D = k_d \times (1 - t)$$

mit

- K_D Fremdkapitalkosten nach Steuern
- K_d Fremdkapitalkosten vor Steuern
- t Steuersatz

Mit den Beispielwerten sieht dies dann wiederum so aus:

$$k_D = 0{,}06 \times (1 - 0{,}25)$$

somit

$$k_D = 0{,}06 \times 0{,}75 = 0{,}045 = 4{,}50\%$$

Dieser Satz ist wieder mit der Fremdkapitalquote zu gewichten

$$gew.k_D = k_D \times \frac{FK}{GK}$$

mit

- EK Eigenkapital
- GK = EK + FK = Gesamtkapital

also

$$gew.k_D = 0{,}0450 \times \frac{0{,}7}{1} = 0{,}0315 = 3{,}15\%.$$

58 Die gewichteten Fremdkapitalkosten betragen somit erneut 3,15%.

Fassen wir auch diese Ergebnisse nochmals zusammen und kopieren uns die Werte aus dem Excel Beispiel herein:

Fremdkapitalkosten vor Steuern	**k_d (v. St.)**	**6,00%**
Fremdkapitalkosten nach Steuern	**k_D (n. St.)**	**4,50%**
Gewichtete Fremdkapitalkosten	**gew. k_D**	**3,15%**

Nun haben wir auch nach dem 2. Ansatz (n Stewart) sowohl die Eigenkapital- als auch die Fremdkapitalkosten berechnet und können uns den Gesamtkapitalkosten widmen.

III. Gesamtkapitalkosten nach Stewart

59 $$WACC = k_{e_{lev}} \times \frac{EK}{GK} + k_D \times \frac{FK}{GK} \quad \text{bzw.} \quad WACC = gew.k_{e_{lev}} + gew.k_D$$

somit

$$WACC = 0{,}1288 \times \frac{0{,}3}{1} + 0{,}0450 \times \frac{0{,}7}{1} \quad \text{also} \quad WACC = 3{,}86\% + 3{,}15\% = 7{,}01\%$$

Dies zeigen auch die Berechnungen im Excel Tool:

Gewichtete durchschnittliche Gesamtkapitalkosten	**WACC**	**7,01%**

Jetzt kommt der dritte Grund, warum ich den Ansatz nach Stewart bevorzuge.

60 Hätten wir von Anfang gesagt, dass wir die Kapitalkosten nach Stewart rechnen, dann hätten wir gar keine ‚Leverage' Kalkulationen (Berechnung der ‚Financial Risk Premium FRP') machen müssen, sondern wir hätten sofort nach der Berechnung der Kosten des Eigenkapitals bei Mischfinanzierung (also mit Fremdkapital) zur Berechnung des Gesamtkapitalkostensatzes WACC springen können. Und dies geht nur beim Ansatz nach Stewart. Rechnen mit den Formeln nach Copeland, dann geht kein Weg an der Berechnung des ‚Leverage Faktors LF' vorbei.

Der WACC nach Stewart lässt sich nämlich auch folgendermaßen berechnen:

$$WACC = k_{e_{unlev}} \times (1 - t \times \frac{FK}{GK})$$

also in unserem Fall

$$WACC = 0{,}0850 \times (1 - 0{,}25 \times \frac{0{,}7}{1})$$

$$WACC = 0{,}0850 \times (1 - 0{,}1750)$$

WACC = 0,0701 = 7,01%.

Wir sehen ein identisches Ergebnis zum Weg über die explizite Berechnung der ‚Financial Risk Premium FRP'. Da hätten wir uns recht viel Arbeit ersparen können. 61

Ich rechne aber trotzdem bei Stewart immer beide Wege. Damit habe ich nämlich bei identischem Ergebnis die Sicherheit, dass meine Kalkulationen auch richtig sind.

Kopieren wir uns noch einmal die gesamt Berechnung der Kapitalkosten nach Stewart aus der Excel Berechnung ein, dann haben wir alle Kosten auf einen Blick: Rechnet man den WACC über beide dargestellten Wege, erhält man auch die Sicherheit, dass mathematisch alles richtig gemacht wurde.

Eigenkapitalkosten ohne Leverage	**ke_{unlev}**	**8,50%**
Financial Risk Premium	**FRP**	**4,38%**
Eigenkapitalkosten mit Leverage	**$k_{e\ lev}$**	**12,88%**
Gewichtete Eigenkapitalkosten	**gew. ke_{unlev}**	**3,86%**
Fremdkapitalkosten vor Steuern	**k_d (v. St.)**	**6,00%**
Fremdkapitalkosten nach Steuern	**k_D (n. St.)**	**4,50%**
Gewichtete Fremdkapitalkosten	**gew. k_D**	**3,15%**
Gewichtete durchschnittliche Gesamt-	**WACC**	**7,01%**
kapitalkosten	**WACC (2. Weg)**	**7,01%**

Auch hier wollen wir zum Ende der Kapitalkostenberechnungen alle Formeln nach Stewart noch einmal darstellen

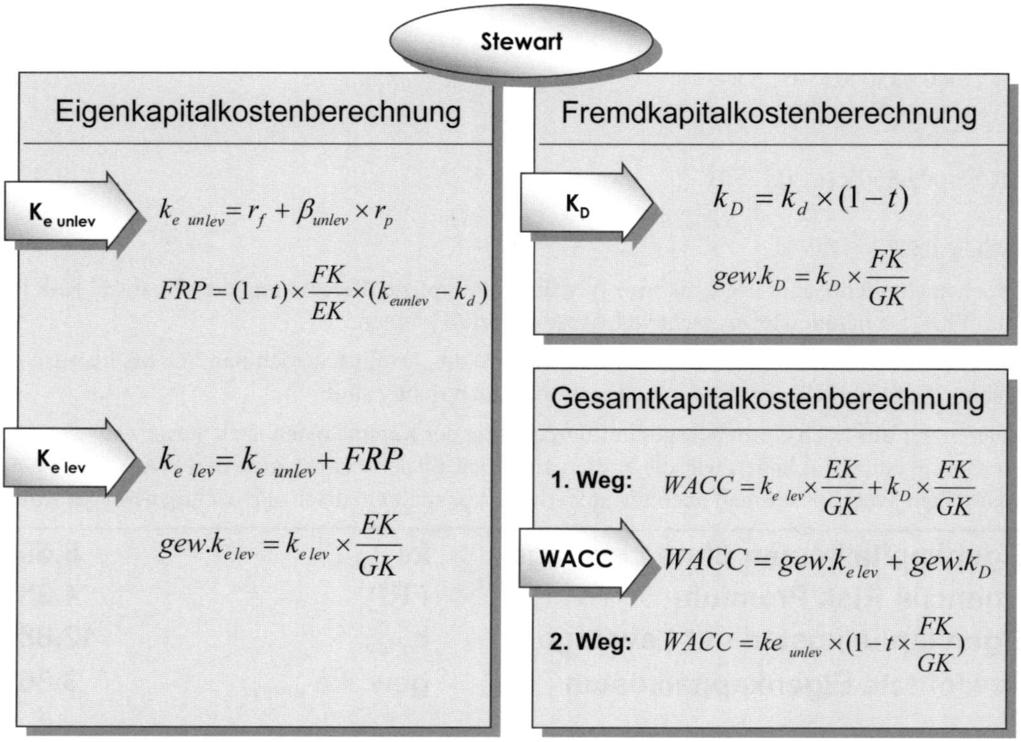

F. Gegenüberstellung der Ergebnisse

62 Die Ansätze nach Copeland und Stewart kommen zu unterschiedlichen Ergebnissen, wobei je nach Konstellation der Vorgabeparameter sowohl Copeland als auch Stewart teurer werden können.

Es gibt jedoch eine Situation, in der beide Rechenansätze zu einem identischen Gesamtkapitalkostensatz WACC kommen. Dies ist der Fall, wenn

$$r_f = k_d$$

also wenn die Renditen von Staatsanleihen identisch mit den Kosten von Fremdkapital sind.

63 Wir wollen jetzt natürlich nicht jeden einzelnen Rechenschritt mit beiden Ansätzen und r_f und k_d in identischer Höhe erneut durchsprechen. Dafür haben wir doch unser Excel Tool, mit dem wir dies ganz schnell aufzeigen und die Ergebnisse entsprechend darstellen können.

Schauen wir also wieder in unsere Excel Berechnungen und analysieren genau diesen Fall.

Die Rechenparameter lauten somit jetzt:

3

r_f	6,0%
ß	1,0
r_p	5,0%
EK Quote	30,0%
FK Quote	70,0%
Steuersatz	25,0%
Bankzins	6,0%

Und damit ergeben sich folgende Berechnungen: 64

a) Copeland		
Eigenkapitalkosten ohne Leverage	ke_{unlev}	11,00%
Leverage (FK/EK) Faktor	LF	2,75
Eigenkapitalkosten mit Leverage	$k_{e\ lev}$	19,75%
Gewichtete Eigenkapitalkosten	gew. ke_{unlev}	5,93%
Fremdkapitalkosten vor Steuern	k_d (v. St.)	6,00%
Fremdkapitalkosten nach Steuern	k_D (n. St.)	4,50%
Gewichtete Fremdkapitalkosten	gew. k_D	3,15%
Gewichtete durchschnittliche Gesamtkapitalkosten	WACC	9,08%
b) Stewart		
Eigenkapitalkosten ohne Leverage	ke_{unlev}	11,00%
Financial Risk Premium	FRP	8,75%
Eigenkapitalkosten mit Leverage	$k_{e\ lev}$	19,75%
Gewichtete Eigenkapitalkosten	gew. ke_{unlev}	5,93%
Fremdkapitalkosten vor Steuern	k_d (v. St.)	6,00%
Fremdkapitalkosten nach Steuern	k_D (n. St.)	4,50%
Gewichtete Fremdkapitalkosten	gew. k_D	3,15%
Gewichtete durchschnittliche Gesamtkapitalkosten	WACC	9,08%
	WACC (2. Weg)	9,08%

Wir sehen in der Tat, dass der WACC über beide Ansätze mit 9,08% identisch ist.

Kommt dies jetzt in der Praxis vor? Theoretisch ja, praktisch nein.

65 Eine Bank ist eigentlich (ziemlich) frei, Fremdkapitalzinsen für Kredite zu bestimmen. Eigentlich sollte der Wettbewerb seit Basel II in diesem Punkt auch höher sein.

Würde jetzt eine Bank seine Kreditzinsen auf das Niveau der Rendite von Staatsanleihen anpassen und würden wir einmal das Bankgeschäft auf die Ausgabe von Krediten und den Verkauf von Staatsanleihen reduzieren, dann liegt nahe, dass die Bank keine Gewinne mehr erzielen würde, da sich die beiden Produkte bei den Erlösen kompensieren.

Damit träte dann aber die mangelnde *Gewinnerzielungsabsicht* ein, auf die der Fiskus Gewerbe für die steuerliche Anerkennung von Aufwendungen hin untersucht. Wird nämlich *Liebhaberei* unterstellt, kann ein Gewerbe nicht aufrecht erhalten bleiben, zumindest nicht in Bezug auf die steuerliche Anerkennung von Aufwendungen.

66 Und ich vage jetzt einmal zu bezweifeln, dass die Frage der Liebhaberei bei unseren Großbanken aufkommen wird und diese dann in naher Zukunft nur noch als eingetragener Verein (eV) agieren dürften.

Fassen wir also nochmals zusammen.

G. Zusammenfassung

67 Bei unseren Investitionsrechnungen sind wir auf einen Abzinsungsfaktor angewiesen, da wir die Barwerte der zukünftigen Cash Flows berechnen müssen. Der Zins als Basis für diesen Abzinsungsfaktor können wir aus Veröffentlichungen übernehmen (Branchenreports, Bankenempfehlungen, etc.) oder mathematisch für jede Investition einzeln analytisch herleiten. Dies ist nicht schwierig, wenn man Schritt für Schritt vorgeht.

Wählt man den Weg über den mathematisch hergeleiteten Zins (Gesamtkapitalkostensatz WACC), so bieten sich 2 Rechenwege an, wobei sich die beiden Ansätze nach Copeland und Stewart nur bei der Berechnung der Eigenkapitalkosten bei Mischfinanzierung, also nicht nur mit Eigenkapital, sondern mit Fremdkapital, unterscheiden.

Die unterschiedliche Berechnung beider Möglichkeiten lässt sich folgendermaßen erklären:

68 Bei Copeland wird zum einen die Abhängigkeit des Geschäftsrisikos vom Finanzstrukturrisiko, zum anderen eine alleinige Überwälzung des Risikos auf den Anteilseigner unterstellt, da der ‚Beta-Faktor ß unlev' um das gesamte Finanzstrukturrisiko durch Multiplikation mit dem ‚Leverage Faktor LF' erweitert wird.

Stewart dagegen sieht die Zinssätze für Eigen- und Fremdkapital als Ausdruck von Risikovergütung und verteilt deshalb das Finanzstrukturrisiko auf die entsprechenden Risikoanteile der Eigen- und Fremdkapitalgeber, ausgedrückt in ($k_{e\ unlev} - k_d$). Demnach trägt der Anteilseigner nur das Risiko, das nicht durch den Fremdkapitalgeber getragen wird.

69 Der Unterschied zwischen beiden Rechenmethoden liegt lediglich in der Erfassung und Abbildung des individuellen Geschäfts- und Finanzstrukturrisikos.

Beide Ansätze sind von der ‚Financial Community' anerkannt. Sie kommen jedoch nur unter einer Kondition zu einem identischen Ergebnis, wenn rf identisch mit kd, also wenn die Rendite risikoloser Anlagen (in z.B. Staatsanleihen) identisch mit den Vor-Steuer Kosten für Fremdkapital sind.

Es bleibt dem Anwender aber selbst überlassen, für welchen Ansatz er sich entscheidet. Ich persönlich mag den Ansatz nach Stewart lieber und zwar aus 3 Gründen:

- Während Copeland bei der Berechnung des ‚Leverage' nur die steuerliche Abzugsfähigkeit von Fremdkapitalaufwendungen berücksichtigt, werden bei Stewart neben den steuerlichen Effekten auch die Kostendifferenzen zwischen Fremd- und Eigenkapital einbezogen.
- In der Betriebswirtschaftslehre haben wir keine/kaum Gesetzmäßigkeiten. Gerade deswegen sollten aber m.E. allseits anerkannte ‚Sätze', und wir nennen sie dann ‚Theoreme', beachtet werden.

Ein solches ist das Theorem vom vollkommenen Kapitalmarkt (Modigliani Miller Modell), nach dem in einem vollkommenen Kapitalmarkt Fremd- und Eigenkapitalkosten identisch sind. Dies erscheint ja auch logisch. Hätte jede juristische und natürliche Person den gleichen Zugriff auf die Kapitalmärkte und jede juristische und natürliche Person das gleiche Verständnis um die Kapitalmärkte, dann wäre es unerheblich, ob mit Fremd- oder Eigenkapital finanziert wird, da beide den gleichen Kostensatz haben.

In der Umrechnung nach Copeland wird aber nur die steuerliche Abzugsfähigkeit von Fremdkapitalkosten, nicht aber die Kostendifferenz berücksichtigt und eine Kostengleichheit im vollkommenen Kapitalmarkt würde den ‚Leverage Faktor LF' nicht beeinflussen.

Schauen Sie sich die ‚Leverage' Einrechnung in den drei Schritten nach Copeland mittels ‚Leverage Faktor LF' nochmals an.

$$LF = 1 + (1 - t) \times \frac{FK}{EK}$$

$$\beta_{lev} = \beta_{unlev} \times Leverage\ Factor\ (LF)$$

$$k_{e\ lev} = r_f + \beta_{lev} \times r_p$$

Wir sehen an keiner Stelle einen Kostenvergleich von Eigen- und Fremdkapitalkosten, die im vollkommenen Kapitalmarkt identisch sein müssten. Damit kann auch unter der Annahme eines vollkommenen Kapitalmarktes keine Ergebnisveränderung beim ‚Leverage Faktor LF' nach Copeland eintreten und eine Mischfinanzierung mit Fremdkapital würde teurer als eine 100% Eigenkapitalfinanzierung, was wiederum dem Modigliani Miller Theorem widerspräche. 70

Nach Stewart können unter der Annahme eines vollkommenen Kapitalmarktes in der ‚Leverage' Berechnung mittels Financial Risk Premium FRP die Fremdkapitalkosten (k_d) gleich mit den Eigenkapitalkosten ohne Leverage ($k_{e\ unlev}$) gesetzt werden. Daraus folgt, dass die ‚Financial Risk Premium FRP' einen Wert von 0 annimmt. Die Konsequenz daraus sind identische Eigenkapitalkosten ke lev und ke unlev bei Mischfinanzierung und bei 100% iger Eigenkapitalfinanzierung. Daraus folgt zwingend, dass dann Eigen- genau so teuer wie Fremdkapital ist.

Das schauen wir uns jetzt zunächst noch einmal an. 71

$$FRP = (1 - t) \times \frac{FK}{EK} \times (k_{e\ unlev} - k_d)$$

$$k_{e\ lev} = k_{e\ unlev} + FRP$$

Unter der Annahme eines vollkommenen Kapitalmarktes sind die Kosten für das Eigenkapital $k_{e\ unlev}$ bei 100% Eigenkapitalfinanzierung identisch mit denen für das Fremdkapital k_d. Nehmen wir einmal 5,0% an.

72 Dann sähe unsere ‚Financial Risk Premium' Formel mit ansonsten nach wie vor gleichen Rechenparametern wie bisher folgendermaßen aus:

$$FRP = (1 - 0,25) \times \frac{0,7}{0,7} \times (0,050 - 0,050)$$

Es kommt also im Produkt zu einer Multiplikation mit ‚Null' und somit ist das Ergebnis auch Null'.

$$FRP = 0,75 \times 2,3\overline{3} \times 0 = 0$$

Daraus folgt dann bei Berechnung der Eigenkapitalkosten $k_{e\ lev}$ mit ‚Leverage'

$$k_{e\ lev} = k_{e\ unlev} + FRP$$

Daraus folgt wiederum

$k_{e\ lev} = k_{e\ unlev}$, weil FRP ‚Null' ist.

73 Und dies bedeutet analog zum Modigliani Miller Theorem, dass die Eigenkapitalkosten bei reiner Eigenkapitalfinanzierung $k_{e\ unlev}$ und bei Mischfinanzierung mit Fremdkapital $k_{e\ lev}$ im Ansatz von Stewart identisch sind.

Somit wird bei der ‚Leverage' Integration nach Stewart mittels ‚Financial Risk Premium FRP' eines der wenigen betriebswirtschaftlichen Theoreme vollständig berücksichtigt. Bei Copeland hingegen ist überhaupt kein Effekt bei der ‚Leverage' Integration mittels ‚Leverage Faktors LF' auf die Eigenkapitalkosten unter der Annahme des vollkommenen Kapitalmarktes zu verzeichnen.

Jetzt schulde ich Ihnen allerdings noch den 3. Grund, warum ich den Ansatz von Stewart bevorzuge. Sie kennen diesen Grund auch schon

Stewart kann die Kurzformel zur Berechnung des WACC vorweisen, die eine Berechnung des ‚Leverage' eigentlich unnötig macht:

$$WACC_{Stewart} = k_{e\,unlev} \times (1 - t \times \frac{FK}{GK})$$

74 Dies ist zwar keine Kurzformel im eigentlichen Sinn, denn sie ergibt sich einfach durch Kürzungen bzw. Ausmultiplizierungen, wenn man einmal die komplette WACC Formel mit den Eigenkapitalkostenberechnungen nach Stewart aneinander reiht.

Sieht echt schwierig aus, aber das haben Sie doch ganz leicht selbst gerechnet!

$$WACC = \left[\left[\left[r_f + \beta \times (r_m - r_f)\right] + \left[(1-t) \times \frac{FK}{EK} \times (k_{e\ unlev} - k_d)\right]\right] \times \frac{EK}{EK + FK}\right] + \left[kd \times (1-t) \times \frac{FK}{EK + FK}\right]$$

Die Kürzungen und Umformungen will ich Ihnen jetzt aber nicht zumuten.

Wer jetzt aber unbedingt selbst rechnen will und dann auch herausfinden möchte, warum es bei Copeland keine Kurzformel gibt, für den baue ich die komplette WACC Formel mit ‚Leverage' Kalkulation nach Copeland auch nochmals auf.

Alle anderen mögen einfach darüber hinwegsehen!

$$WACC = \left[\left[\left[r_f + \beta \times \left[1 + (1-t) \times \frac{FK}{EK}\right] \times (r_m - r_f)\right]\right] \times \frac{EK}{EK + FK}\right] + \left[kd \times (1-t) \times \frac{FK}{EK + FK}\right]$$

H. Grafische Darstellungen

Die in Excel rechenbaren Ergebnisse für Eigen-, Fremd- und Gesamtkapitalkosten sind ja praktisch, weil sie uns viel Zeit ersparen, allerdings sind diese dann auch nur schwer Dritten zu präsentieren. Wer möchte schon gerne durch einen Zahlenfriedhof mit ziemlich vielen Fremdwörtern und Abkürzungen führen oder geführt werden? 75

Daher müssen wir uns dafür etwas anderes überlegen.

Wir sind doch Schritt für Schritt vorgegangen. Dann muss man diese Rechenschritte auch grafisch ähnlich einer Wegbeschreibung darstellen können. Und in der Tat, dies ist gar nicht so schwierig. Ich nenne das den *Kapitalkostenbaum*.

Schauen Sie doch einmal auf die nachfolgende Darstellung, die ich übrigens ganz bewusst in englischer Sprache gehalten habe, damit Sie sich bei Bedarf auch an diese Begriffe gewöhnen können.

Cost of Capital - Kapitalkostenermittlung

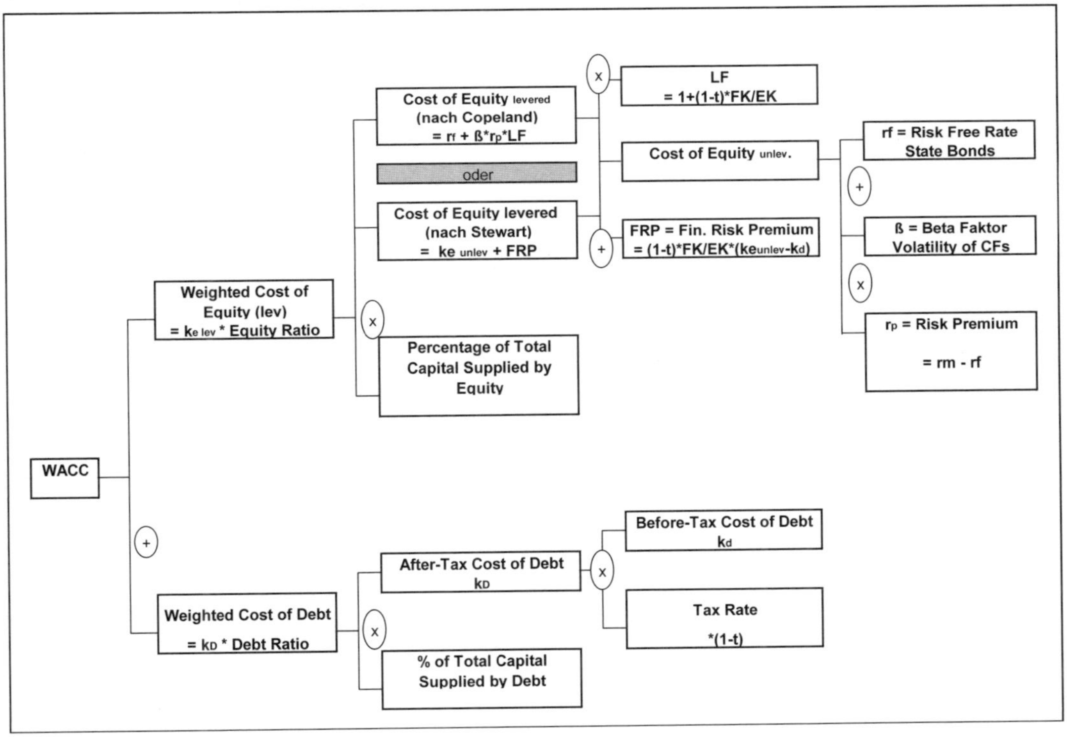

Das sieht doch richtig klasse aus, oder? Ich sage nicht, dass die Kapitalkosten(berechnungen) dadurch leichter werden. Nein, die Präsentation des Rechenweges und der Ergebnisse wird für Dritte dadurch nachvollziehbarer. 76

Und dies können wir auch mit unseren Zahlen machen. Wenn wir dann noch über eine ‚WENN' Abfrage bei den gewichteten Eigenkapitalkosten $k_{e\,lev}$ den richtigen Wert je nach Rechenansatz der Eigenkapitalkosten (Copeland oder Stewart) einstellen, dann haben wir 2 sehr schöne Diagramme, wie sich die Kapitalkosten Schritt für Schritt in unserem Fall zusammensetzen.

Die Formeln in den einzelnen Zellen/Rechenschritten (wie oben) lassen wir jetzt einmal außen vor, da die Grafiken ansonsten wieder überladen und damit komplexer zu lesen und zu verstehen werden. 77

Schauen wir uns zunächst die Kapitalkostenberechnung nach Copeland an:

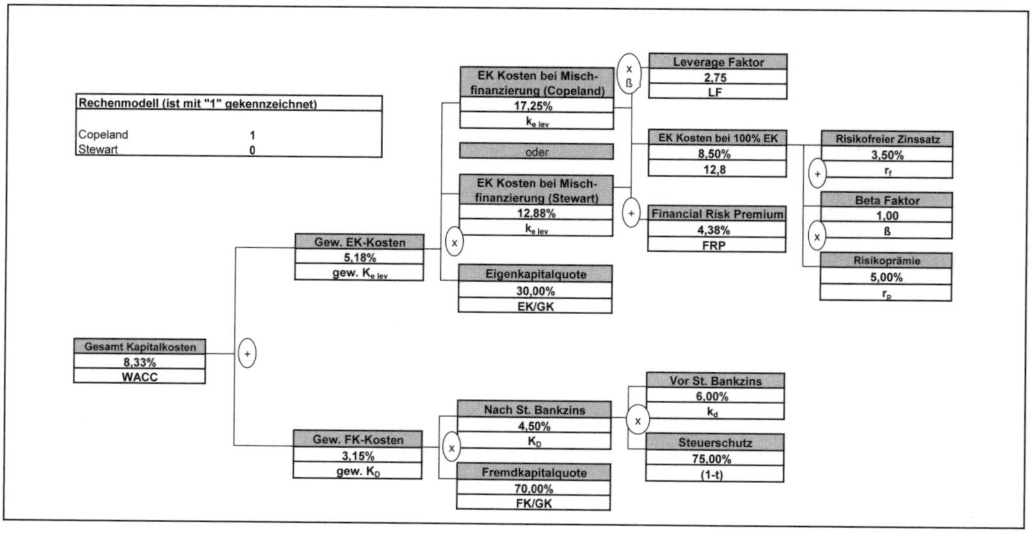

Und jetzt stellen wir die Berechnungen nach Stewart sofort dagegen.

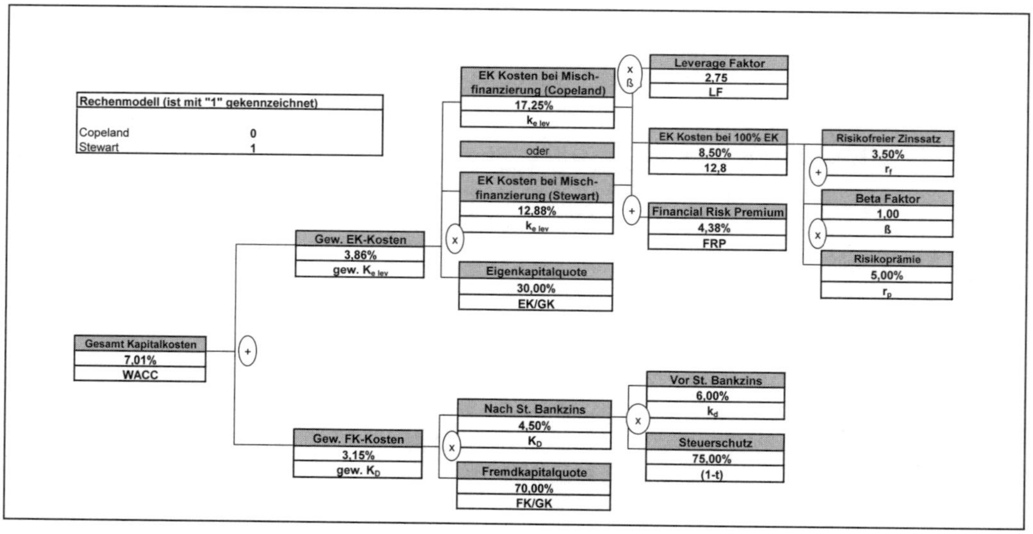

78 Letztendlich liegen die Abweichungen nur bei den gewichteten Eigenkapitalkosten und beim WACC, da ich in den vorhergehenden Analyseschritten jeweils die Ergebnisse nach Copeland und Stewart dargestellt habe.

Ich persönlich habe sehr positive Erfahrungen gemacht, wenn ich diese Darstellung zu Erklärung bzw. Präsentation der von mir gerechneten Kapitalkosten gezeigt habe. Flussdiagramme haben den Vorteil, dass sie das Zustandekommen eines Ergebnisses besser kommunizieren als reine tabellarische Berechnungen. Außerdem ist bekannt, dass der Mensch Bilder viel besser im Gehirn abspeichern kann als Schrift oder Zahlen alleine.

I. Die absoluten Kapitalkosten

Jetzt gehen wir zu unserem Leiter Liquiditäts-, Cashmanagement. In größeren Firmen spricht man häufig vom ‚Treasury'. Haben Sie eine kleinere Firma oder arbeiten Sie dort, dann ist das Rechnungswesen oder Sie als Projektmanager einer Investition selbst betroffen. Die Investition bedeutet erst einmal eine Auszahlung in Höhe von in unserem Fall 500 T€. Erst später kommen dann periodische Rückflüsse. 79

3

Das ursprüngliche Investment von 500 T€ muss aber auch liquiditätsmäßig eingeplant sein. In unserem Beispiel wollen wir die Investition zwar mit 70% Fremdkapital finanzieren, trotzdem müssen wir rechtzeitig wissen, was denn auf uns zukommt.

In späteren Perioden haben wir dann den Vorteil, dass die Einzahlungen die Auszahlungen (positive Cash Flows) überschreiten und daraus dann die Kapitalkosten (Fremdkapitalzinsen und Dividenden) bedient werden können. Trotzdem müssen wir die entsprechenden zukünftigen Kapitalkostenströme planen. Dies geht allerdings nicht oder nur durch Arbeitsabwälzung auf das Liquiditäts- bzw. Cashmanagement oder das Rechnungswesen mit prozentualen Größen. Eine Liquiditätsvorschau braucht immer absolute Werte. Diese fehlen aber bisher in unseren Kapitalkostenberechnungen bzw. in der grafischen Darstellung. 80

Das ist aber auch kein größeres Problem, da die Berechnung der benötigten absoluten Werte schnell und einfach zu machen ist. Wenn wir wissen, dass wir (bei Rechnung mit Copeland's ‚Leverage') einen Eigenkapitalkostensatz $k_{e\ lev}$ von 17,25% ermittelten, dann ist diese prozentuale Größe auch auf das Eigenkapital zu beziehen, also müssen wir in unserem Beispiel 17,25% mit 150 T€ (30% Eigenkapitalquote bei 500 T€ Investitionsvolumen) multiplizieren.

Somit haben wir auch schon die gesamten Rechenschritte definiert und können auch sofort loslegen. Die berechneten Fremdkapitalkosten müssen dann entsprechend auf das Fremdkapital, also in unserem Fall 350 T€, (70% Fremdkapitalquote bei 500 T€ Investitionsvolumen) bezogen werden. 81

Wenn Sie die folgenden Berechnungen nachvollziehen, dann könnten Sie an zwei Stellen eventuell stutzen.

- Die absoluten gewichteten Eigen- bzw. Fremdkapitalkosten $gew.k_{e\ lev} = k_{e\ lev} \times \frac{EK}{GK}$ und $gew.k_D = k_D \times \frac{FK}{GK}$ sind identisch mit den absoluten Werten der Eigenkapitalkosten bei Mischfinanzierung $k_{e\ lev}$ (25,88 T€ bei Copelands und 19,31 T€ bei Stewarts Berechung) und Fremdkapitalkosten nach Steuern k_D (15,75 T€ – die Berechnung der Fremdkapitalkosten ist ja bei beiden Ansätzen identisch). Im Fall der absoluten gewichteten Kapitalkosten (Eigen- und Fremdkapital) habe ich den prozentualen Satz jeweils mit den gesamten Investitionen (500 T€) multipliziert, da der prozentuale Satz bereits eine Gewichtung beinhaltete.

  Nehmen wir einmal die Eigenkapitalkosten $k_{e\ lev}$ nach Copeland in Höhe 17,25%. Es ergibt sich dann folgender Zusammenhang:

$$k_{e\ lev} \times \frac{EK}{GK} = gew.k_{e\ lev} \times GK$$

also

$$17{,}25\% \times 150T€ = 5{,}18\% \times 500T€ = 25{,}88T€$$

Sie sehen, die beiden absoluten Werte müssen identisch sein. Und für die Fremdkapitalkosten k_D und gewichteten k_D gilt dieser Zusammenhang natürlich auch.

82 ■ Der Wert für den ß-Faktor in absoluten Zahlen lässt sich nur indirekt ermitteln, da wir nicht den ß-Faktor selbst mit dem eingesetzten Eigenkapital multiplizieren können. Dies erkennen wir, wenn wir uns nochmals die Formel betrachten, in der wir das gegebene ß einsetzen.

$$k_{e\,lev} = r_f + \beta_{unlev} \times r_p$$

Das ß ist ein Multiplikator zur Risikoprämie r_p und wird daher auch nicht direkt auf das eingesetzte Eigenkapital bezogen. Allerdings beziehen sich die r_f (risikofreier Satz) und r_p (Risikoprämie) selbst sehr wohl direkt auch das Eigenkapital.

Multiplizieren wir aber zunächst r_f und r_p mit dem Eigenkapital

$$r_{f\,abs} = r_{f\,\%} \times EK_{abs}$$

$$r_{f\,abs} = 3{,}50\% \times 150 = 5{,}25$$

und

$$r_{p\,abs} = r_{p\,\%} \times EK_{abs}$$

$$r_{p\,abs} = 5{,}00\% \times 150 = 7{,}50$$

dann wissen wir, dass $k_{e\,unlev}$ bei einem ß Faktor = 1 einen absoluten Wert von 12,75 einnehmen muss.

$$k_{e\,lev} = r_f + \beta_{unlev} \times r_p$$

$$12{,}75 = 5{,}25 + 1{,}00 \times 7{,}50$$

$$12{,}75 = 5{,}25 + 17{,}50$$

Damit können wir auch nach $ß_{unlev}$ auflösen:

$$\beta_{unlev} = 12{,}75 - 5{,}25 - 7{,}50 = 0$$

Diese Formel haben wir auch in unserem Kapitalkostenbaum zur Berechnung des absoluten ß genutzt. In unserem Beispiel muss $ß_{unlev}$ = 0 sein, da wir den Wert als Vorgabefaktor in Höhe von 1 hatten. Hätten wir einen ß-Faktor oberhalb oder unterhalb von ‚Null' für unsere Beispielrechnungen gewählt, dann würde sich mittels o.g. Subtraktion der richtige absolute ß ergeben.

Somit ergeben sich dann als absolute Werte in unseren Berechnungen (jeweils in T€):

a) Copeland		
Eigenkapitalkosten ohne Leverage	ke_{unlev}	12,75
Leverage (FK/EK) Faktor	LF	13,13
Eigenkapitalkosten mit Leverage	$k_{e\,lev}$	25,88
Gewichtete Eigenkapitalkosten	gew. ke_{unlev}	25,88
Fremdkapitalkosten vor Steuern	k_d (v. St.)	21,00
Fremdkapitalkosten nach Steuern	k_D (n. St.)	15,75
Gewichtete Fremdkapitalkosten	gew. k_D	15,75
Gewichtete durchschnittliche Gesamtkapitalkosten	WACC	41,63
b) Stewart		
Eigenkapitalkosten ohne Leverage	ke_{unlev}	12,75
Financial Risk Premium	FRP	6,56
Eigenkapitalkosten mit Leverage	$k_{e\,lev}$	19,31
Gewichtete Eigenkapitalkosten	gew. ke_{unlev}	19,31
Fremdkapitalkosten vor Steuern	k_d (v. St.)	21,00
Fremdkapitalkosten nach Steuern	k_D (n. St.)	15,75
Gewichtete Fremdkapitalkosten	gew. k_D	15,75
Gewichtete durchschnittliche Gesamtkapitalkosten	WACC	35,06
	WACC (2. Weg)	35,06

Jetzt haben wir fast das gleiche Problem wie bei den prozentualen Größen. Die obigen Berechungser- 83
gebnisse, so schön sie sich auch darstellen, sind zwar einfacher zu präsentieren als reine prozentuale Werte, aber dieser Präsentation zuzuhören bzw. zuzuschauen macht sicherlich auch keinen Spaß.

Also machen wir auch daraus wieder ein Flussdiagramm, wobei meine Erfahrung mich gelehrt hat, dass die Darstellung der Werte in % und absolut in einer Grafik besser ankommt als die Präsentation der Werte nacheinander, also zuerst die prozentualen Werte und dann die absoluten Werte in ihrem jeweiligen Flussdiagramm.

Schauen wir uns wieder zunächst die Berechnung im Flussdiagramm mittels ‚Leverage' nach Copeland zuerst an.

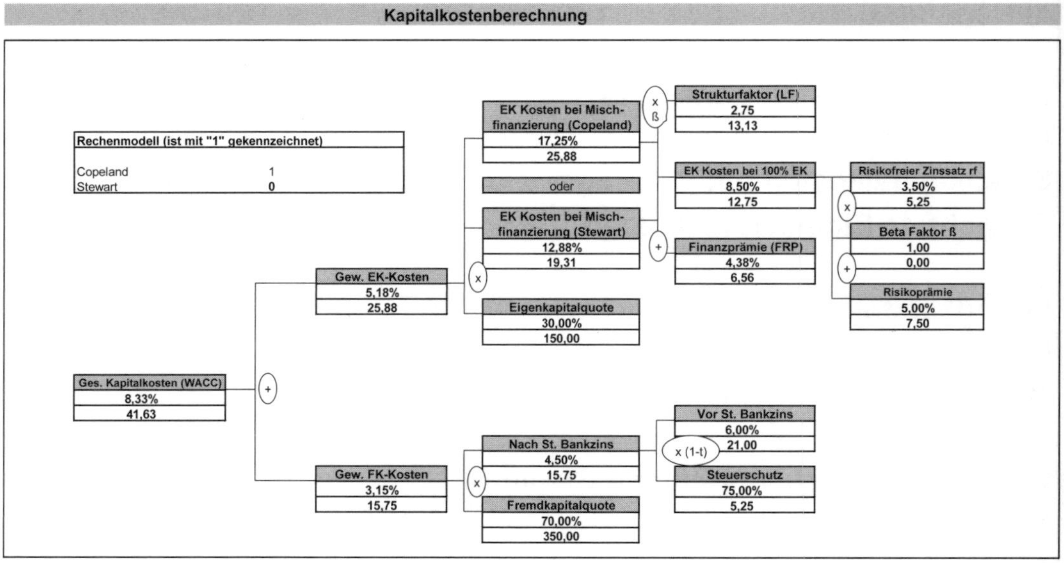

84 Und der Baum nach Stewart weist natürlich wieder andere gewichtete Eigenkapitalkosten und andere Gesamtkapitalkosten aus.

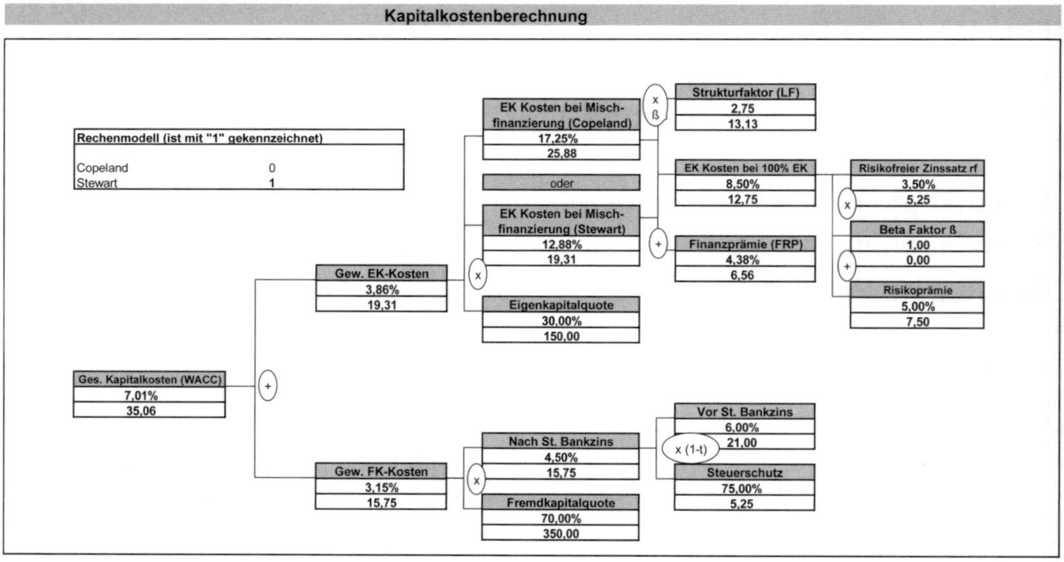

85 Sie sehen, alles gar nicht so schwierig und mittels obiger Darstellungen auch einfacher zu berechnen, zu erklären und zu präsentieren.

Damit können wir das Kapitel über die Kapitalkosten und deren grafische Darstellung auch beenden und wieder zu unseren eigentlichen Investitionsberechnungen zurückkehren. Allerdings haben wir jetzt drei alternative Kapitalkostensätze,

- einen von wem auch immer vorgegebenen Satz in Höhe von 10,00%

- einen mathematisch Satz mittels ‚Leverage‘ Kalkulation nach Copeland in Höhe 8,33% und
- einen mathematisch Satz mittels ‚Leverage‘ Kalkulation nach Stewart in Höhe 7,01%.

Bitte denken Sie nochmals daran, dass es sich dabei um Nach-Steuer-Größen handelt. 86

Fragen Sie mich bitte nicht, welchen Satz Sie nehmen sollen. Es ist an Ihnen, hier eine Entscheidung zu treffen. Allerdings bevorzuge ich für meine Unternehmen und Investitionen immer einen mathematisch hergeleiteten Satz und hier nutze ich die beiden unterschiedlichen Sätze (je nach Berechnung der ‚Leverage‘ nach Copeland oder Stewart) als einen Wert für eine ‚best case‘ und eine ‚worst case‘ Berechnung der potenziellen Ergebnisse. Häufig gehe ich dann hin und definiere mir genau zwischen den beiden errechneten WACC noch einen dritten Wert, den ich als einen wahrscheinlichen Wert (zwischen ‚best case‘ und eine ‚worst case‘ deklariere). Diese trage ich dann als Vorgabe-WACC ein und damit habe ich innerhalb kürzester Zeit drei Szenariorechnungen vorliegen.

In größere Unternehmen finden Sie jedoch häufiger, bei börsennotierten Gesellschaften immer, sogar teilweise nach Sparten unterschiedlich, einen von der Geschäftsführung bzw. dem Vorstand vorgegebenen Gesamtkapitalkostensatz WACC. Hier brauchen wir erst einmal nicht selbst zu rechnen, sondern übernehmen zunächst diesen vorgegebenen WACC als unseren Rechen-WACC. Aber meine Erfahrung zeigt auch, dass in fast allen Fällen eine direkte Anfrage bei der Geschäftsleitung und/oder beim Vorstand, ob man den WACC selbst auch noch einmal mathematisch überprüfen soll, auf positive Reaktionen fällt, zumal viele dann erst einmal fragen, ob Sie denn wissen, wie das geht. Dabei wird meistens nicht gesagt, dass der Befragte selbst nicht weiß, dass dies überhaupt möglich ist und wenn ja, über welche Rechenschritte.

Aber halt, da höre ich Sie doch noch eine Frage stellen. 87

Was machen wir, wenn wir keinen ß Faktor haben und uns auch keiner einen gibt?

Ja dann gibt es in der Tat Möglichkeit.

I. Mathematische Ableitung von ß-Faktoren (‚De- und Relevern‘)

Das Internet, die Geschäftsbanken mit ihren Research Abteilungen und auch Wirtschaftsprüfungsgesellschaften sind hier häufig sehr hilfreich. Wenn schon keine Einzelbetas veröffentlicht werden, findet man häufig aber Branchenbetas. Diese sind dann auch wieder $ß_{lev}$, also Betafaktoren, die bereits eine (durchschnittliche) Verschuldung der Branche beinhalten. 88

Diese Verschuldung kann man dann mathematisch wieder zurückrechnen und somit haben wir dann einen $ß_{unlev}$, den wir für uns (als für die Branche typischen Wert) ansetzen können.

Wie immer wollen wir auch diese Schritte exemplarisch an einem konkreten Beispiel darstellen. Dazu gehen wir einmal in eine ganz andere Branche und außerdem einige Jahre zurück.

Lassen Sie uns annehmen, dass wir eine mittelständische Großbäckerei sind, die für den Einzelhandel Gebäck für den täglichen Verzehr (Brötchen, Brote, Croissants, Gebäck und Kuchen, wie verschiedene Streuselkuchen, etc.) herstellt. Dieser Betrieb überlegt eine Erweiterung und braucht daher neue Backöfen usw. Von der Geschäftsleitung wurden entsprechende Investitionsrechnungen in Auftrag gegeben, zumal auch die Banken von einer anteiligen Finanzierung noch überzeugt werden müssen und diese Investitionsrechnungen dann vorgelegt werden sollen. 89

Die Controllingabteilung übernimmt und man versucht zunächst einmal, die Kapitalkosten zu ermitteln. Bei den Fremdkapitalkosten ist dies leicht, da man natürlich die derzeitigen und wahrscheinlich zukünftigen Konditionen der Hausbanken kennt. Bei den Eigenkapitalkosten war man auch schon gut unterwegs und hat im Internet Werte für den risikofreien Zins r_f (Durchschnitt der Rendite von mit einem Rating von AAA belegten deutschen Staatsanleihen über die letzten 20 Jahre) und einer Risikoprämie r_p (Zuschlag dafür, dass man nicht in sichere Staatsanleihen investiert) gefunden. Allerdings tut man sich beim ß Faktor schwer und auch die Geschäftsleitung kann nicht helfen.

90 Auch im Gespräch mit Dritten wird kein direkter ß-Faktor gefunden.

In einem solchen Fall gehe ich immer einen dann doch recht einfachen Weg. Zunächst suche ich nach Unternehmen, die sich ungefähr mit dem unseren vergleichen lassen.

Und ich unserem Fall bot sich auch etwas an, die KAMPS AG, zum damaligen Zeitpunkt am „Neuen Markt" (Vorgänger vom TecDAX) notiert. Zum Analysetag konnten wir einen publizierte ß-Faktor (250 Tage Durchschnitt) von 1,07 finden. Wir erinnern nochmals daran, dass es sich bei den veröffentlichten ß-Faktoren um Größen bei Mischfinanzierung handelt, daher $ß_{lev}$.

91 Als wir in diesem Kapitel die Berechnung der ‚Leverage' erklärt haben, hatte ich bereits gesagt, dass die meisten Teilnehmer am Kapitalmarkt die Berechnung nach Copeland bevorzugen, weil gewisse Rückrechnungen mit dem ‚Leverage' Formelwerk nach Stewart nicht so leicht möglich sind, ich jedoch trotzdem die Kalkulationen nach Stewart aus drei Gründen bevorzuge.

Der ‚Leverage-Faktor' nach Copeland wird berechnet als

$$LF = 1 + (1 - t) \times \frac{FK}{EK}$$

und dann berechnen wir das ß bei Mischfinanzierung $ß_{lev}$ als

$$\beta_{lev} = \beta_{unlev} \times LF$$

also

$$\beta_{lev} = \beta_{unlev} \times \left[1 + (1 - t) \times \frac{FK}{EK}\right]$$

92 Diese Formel können wir dann bei der Herausrechnung des ‚Leverage' aus dem $ß_{lev}$ auch nutzen, in dem wir bei bekanntem $ß_{lev}$ nach $ß_{unlev}$ umformen.

Wenn wir die letzte Formel nach $ß_{unlev}$ auflösen, bekommen wir

$$\beta_{unlev} = \frac{\beta_{lev}}{\left[1 + (1 - t) \times \frac{FK}{EK}\right]}$$

Damit können wir das $ß_{lev}$ der KAMPS AG ‚delevern', also den Zuschlag auf den $ß_{lev}$ Faktor wegen Mischfinanzierung herausrechnen, wenn wir den

- Steuersatz t
- Eigenkapitalanteil $EK_{\%}$ und
- Fremdkapitalanteil $FK_{\%}$

der KAMPS AG kennen. Und diese Daten sind ganz leicht zu bekommen.

93 Jedes an der Börse notierte Unternehmen muss eine GuV und Bilanz veröffentlichen.

Übrigens, heute haben Sie auch Zugriff auf die GuVs und Bilanzen aller Gesellschaften, sobald sie im Handelsregister erfasst sind, denn diese müssen alle seit 2 Jahren im Bundesanzeiger elektronisch veröffentlicht werden. Und auf den Bundesanzeiger hat jeder via Internet Zugriff (www.bundesanzeiger.de). Hier bekommen Sie die Bilanzen und GuVs Ihrer Wettbewerber immer komplett und „frisch", ohne Dritte vorschicken zu müssen.

Wir haben uns also die Geschäftsberichte der KAMPS AG beschafft und in der GuV wird das Ergebnis vor Steuern und der Jahresüberschuss (Ergebnis nach Steuern) ausgewiesen. Aus diesen Daten ist es dann recht leicht, den Steuersatz zu berechnen. Man kann auch einen Durchschnitt über mehrere Perioden berechnen.

Wir hatten damit einen Steuersatz t für besagtes Jahr in Höhe von 37,89%. Damals hatten wir noch höhere Körperschaftsteuersätze als im Vergleich zu heute und somit erklärt sich auch der aus heutiger Sicht durchaus sehr hohe Satz. 94

Das Eigenkapital bzw. die Eigenkapitalquote konnten wir auch leicht ermitteln. Der Aktienkurs war bekannt, die Anzahl der ausgegebenen Aktien ebenfalls. Die Gesamtzahl der Aktien konnte auch ermittelt werden. Multipliziert man die Anzahl der Aktien mit dem Kurs (man kann auch hier einen Durchschnittskurs ansetzen) erhält man das Eigenkapital zum (derzeitigen) Marktwert.

Aus der Bilanz samt Anhang konnten wir dann auch das Zins tragende Fremdkapital ermitteln (also alle Fremdkapitalpositionen, die mit Zinszahlungen behaftet waren) und zusammen mit dem ermittelten Eigenkapital (zu Marktwerten) hatten wir dann das Gesamtkapital. Auf dieser Basis waren dann die Eigen- und Fremdkapitalquote auch wieder leicht zu bestimmen. 95

Somit ergab sich zu einem Stichtag folgende Ausgangsposition

- $ß_{lev}$ 1,07
- Steuersatz t 37,89%
- Eigenkapitalquote (zu Marktwerten) 68,87%
- Fremdkapital 31,13%

Seien Sie jetzt bitte nicht überrascht, dass wir hier einen neuen Begriff ansetzen, den wir vorab noch nicht erläutert haben. Bei normalen Investitionen haben wir nur für Eigen- und Fremdkapital nur Buchwerte. Überträgt man die Berechnung von Kapitalkosten auf ganze Unternehmen, dass müssen die Marktwerte angesetzt werden. Ein Eigenkapitalgeber (Aktionär) hat ja einen Anteil am Unternehmen in Höhe des jeweiligen Aktienpreises und genau diesen Wert will er auch verzinst wissen. Der Buchwert steht auf der Aktie selbst, liegt aber meistens, außer in Krisen, unter dem Börsen- und jeweiligen Marktwert. Dies ist ja logisch. Deshalb mussten wir auch den Börsenwert pro Aktien multipliziert mit der Anzahl der gesamten Aktien, also den Marktwert des Eigenkapitals, ansetzen. Damit erklärt sich auch im Fall der KAMPS AG die hohe Eigenkapitalquote von 68,87%. 96

Setzen wir diese Daten nun in unsere Formel zur Berechnung des $ß_{unlev}$ bei gegebenen $ß_{lev}$ ein.

$$\beta_{unlev} = \frac{\beta_{lev}}{\left[1+(1-t)\times\frac{FK}{EK}\right]}$$

also

$$\beta_{unlev} = \frac{1{,}07}{\left[1+(1-0{,}3789)\times\frac{0{,}3113}{0{,}6887}\right]}$$

somit

$$\beta_{unlev} = \frac{1{,}07}{1+0{,}6211\times 0{,}4520}$$

$$\beta_{unlev} = \frac{1{,}07}{1{,}2807} = 0{,}8354$$

97 Jetzt hatten wir ein branchen- bzw. wettbewerberspezifisches $ß_{unlev}$ und haben damit die Kapitalkosten unserer mittelständischen Großbäckerei auf der Basis der folgenden Parameter berechnet.

- Risk free Rate 4,0%
- ß-Faktor 0,8354
- Risk Premium 4,5,0%
- Fremdkapital 20%
- Eigenkapital 80%
- Gesamtkapital 100%
- Steuersatz 34,00%
- Fremdkapitalkosten (v. St.) 3,5%

98 Die 80% Eigenkapitalquote hatten wir ebenfalls auf Basis Marktwerte berechnet.

Damit ergaben sich dann folgende Ergebnisse.

a) Copeland		
Eigenkapitalkosten ohne Leverage	**ke_{unlev}**	**7,76%**
Leverage (FK/EK) Faktor	**LF**	**1,17**
Eigenkapitalkosten mit Leverage	**$k_{e\ lev}$**	**8,38%**
Gewichtete Eigenkapitalkosten	**gew. ke_{unlev}**	**6,70%**
Fremdkapitalkosten vor Steuern	**k_d (v. St.)**	**3,50%**
Fremdkapitalkosten nach Steuern	**k_D (n. St.)**	**2,31%**
Gewichtete Fremdkapitalkosten	**gew. k_D**	**0,46%**
Gewichtete durchschnittliche Gesamtkapitalkosten	**WACC**	**7,17%**
b) Stewart		
Eigenkapitalkosten ohne Leverage	**ke_{unlev}**	**7,76%**
Financial Risk Premium	**FRP**	**0,70%**
Eigenkapitalkosten mit Leverage	**$k_{e\ lev}$**	**8,46%**
Gewichtete Eigenkapitalkosten	**gew. ke_{unlev}**	**6,77%**
Fremdkapitalkosten vor Steuern	**k_d (v. St.)**	**3,50%**
Fremdkapitalkosten nach Steuern	**k_D (n. St.)**	**2,31%**
Gewichtete Fremdkapitalkosten	**gew. k_D**	**0,46%**
Gewichtete durchschnittliche Gesamtkapitalkosten	**WACC**	**7,23%**
	WACC (2. Weg)	**7,23%**

Das $ß_{lev}$ der Großbäckerei konnte somit mit 0,9733 nach Copeland berechnet werden.

Da ich hier keine Werte für das absolute Eigen- und Fremdkapital der Großbäckerei nennen kann, werden auch im Folgenden keine absoluten Kapitalkosten dargestellt.

Allerdings lässt sich soeben nachvollzogene Gesamtberechnung auch wieder im Flussdiagramm präsentieren, wobei ich dieses Mal erneut die englischen Begriffe eingesetzt habe. Außerdem sind die Berechnungsformeln auch noch einmal in das Flussdiagramm integriert. 99

Sieht doch echt gut aus, oder? Rechts oben sehen Sie die Ausgangsdaten der KAMPS AG sowie die Berechnung des $ß_{unlev}$. Rechts unten stehen die Werte des $ß_{lev}$ (oben bereits genannte 0,9733) und links oben finden Sie die Rahmenbedingungen für die WACC Berechnung (über Copeland und Stewart) für unsere Großbäckerei.

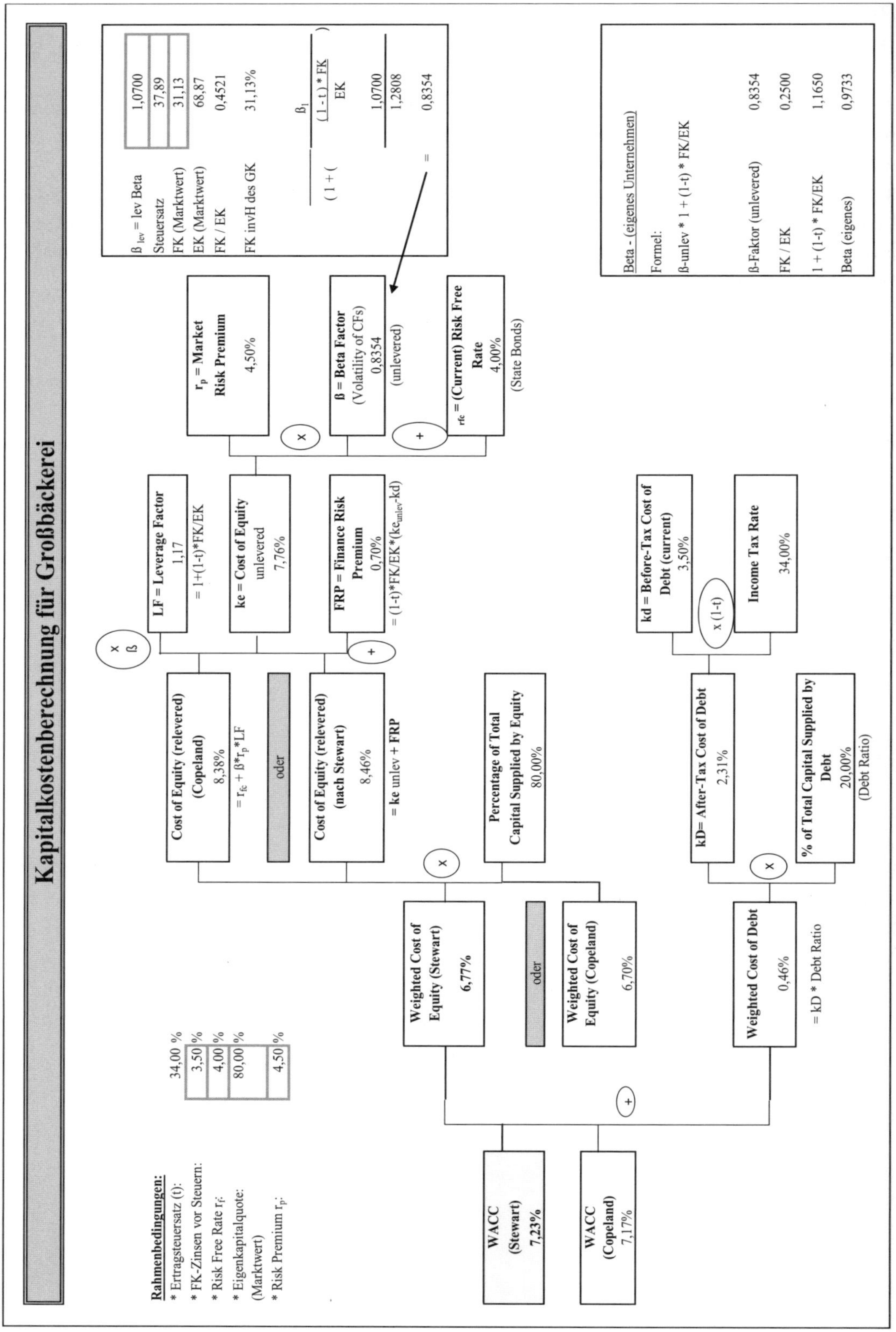
Kapitalkostenberechnung für Großbäckerei
Rahmenbedingungen:
* Ertragsteuersatz (t): 34,00 %
* FK-Zinsen vor Steuern: 3,50 %
* Risk Free Rate r_f: 4,00 %
* Eigenkapitalquote: (Marktwert) 80,00 %
* Risk Premium r_p: 4,50 %
WACC (Stewart) 7,23%
WACC (Copeland) 7,17%
+
Weighted Cost of Equity (Stewart) 6,77%
oder
Weighted Cost of Equity (Copeland) 6,70%
Weighted Cost of Debt 0,46%
= kD * Debt Ratio
x
Cost of Equity (relevered) (Copeland) 8,38%
$= r_{fc} + ß*r_p*LF$
oder
Cost of Equity (relevered) (nach Stewart) 8,46%
= ke unlev + FRP
Percentage of Total Capital Supplied by Equity 80,00%
x
kD= After-Tax Cost of Debt 2,31%
% of Total Capital Supplied by Debt 20,00% (Debt Ratio)
x ß
LF = Leverage Factor 1,17
= 1+(1-t)*FK/EK
ke = Cost of Equity unlevered 7,76%
+
FRP = Finance Risk Premium 0,70%
$= (1-t)*FK/EK*(ke_{unlev}-kd)$
kd = Before-Tax Cost of Debt (current) 3,50%
x (1-t)
Income Tax Rate 34,00%
r_p = Market Risk Premium 4,50%
x
ß = Beta Factor (Volatility of CFs) 0,8354 (unlevered)
+
r_{fc} = (Current) Risk Free Rate 4,00% (State Bonds)
$ß_{lev}$ = lev Beta 1,0700
Steuersatz 37,89
FK (Marktwert) 31,13
EK (Marktwert) 68,87
FK / EK 0,4521
FK invH des GK 31,13%
$ß_1$
(1 + ((1 - t) * FK / EK)
1,0700 / 1,2808
= 0,8354
Beta - (eigenes Unternehmen)
Formel:
ß-unlev * 1 + (1-t) * FK/EK
ß-Faktor (unlevered) 0,8354
FK / EK 0,2500
1 + (1-t) * FK/EK 1,1650
Beta (eigenes) 0,9733

Sie sehen, auch wenn wir keinen Beta-Faktor aus dem Internet oder aus Zeitungen und Veröffentlichungen für unser Unternehmen direkt entnehmen können, so können wir über einen einfachen mathematischen Weg dennoch einen Wert ermitteln. 100

Dieser Weg ist übrigens von den Analysten, Banken und Börsianern anerkannt.

Jetzt können wir wieder weiter voranschreiten.

J. Abschließende Zusammenfassung und Auswirkungen auf die Investitionsrechnung

Bisher hatten wir lediglich eine Vorgabe für den Abzinsungssatz WACC durch die Geschäftsleitung. 101
Jetzt allerdings sind wir in der Lage, diese Vorgabe mathematisch zu überprüfen bzw. selbst ohne Vorgabe Dritter in Bezug auf den Diskontierungssatz in eine Investitionsrechnung einzusteigen, in dem wir einfach selbst rechnen und dies auch noch adaptiert auf unsere Investitionsparameter. Sie müssen doch zugeben: Es war ja wirklich nur der erste Eindruck beim Blick auf die Formeln heftig.

Lassen Sie uns unsere Ergebnisse der Investitionsrechnung nochmals betrachten, allerdings mit mathematisch hergeleiteten Kapitalkosten. Dabei wählen wir den Ansatz nach ‚Copeland' zur Berechnung des ‚Leverage'.

Die Investition als grafische Darstellungen

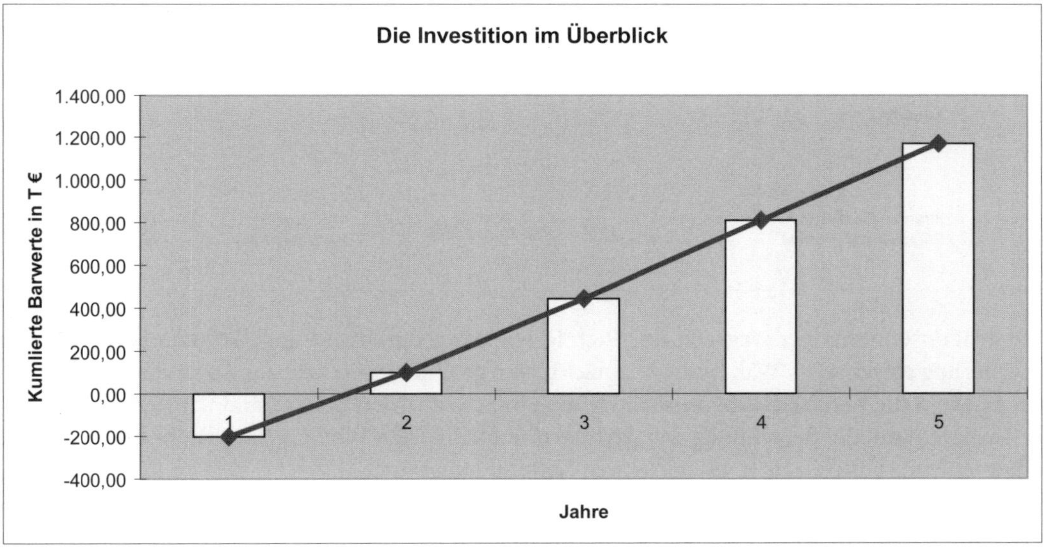

Die detaillierten Ergebnisse stellen sich bei einem WACC nach Copeland in Höhe von 8,33% jetzt folgendermaßen dar. 102

Ich habe die 10,0% Nach-Steuer- WACC Vorgabe der Geschäftsleitung durch die gerechneten 8,33% ersetzt und wir rechnen ‚richtig', also ohne Abschreibungen, Zinsen und kalkulatorische Zuschläge in den Kosten.

Weitergehende Analysen und Ergebnisse

Kapitalwert (NPV) absolut $K_0 = -A_0 + \sum_{t=1}^{n} \frac{CF_n}{(1+i)^n}$ **1.168,23**

Kapitalwert (NPV) in % $KW(\%) = \frac{KW(abs.)}{A_0} \times 100$ **233,65%**

CAGR in % $CAGR_{(\%)} = \left(\sqrt[n]{1 + \frac{KW}{A_0}} - 1 \right) \times 100$ **27,25%**

Break Even

Weg 1 $BreakEven = Periodevon\ C1 - \frac{C1}{C2 - C1}$

mit Periode c_1 = letzter negativer Kaptialwert
Kapitalwert Periode c_1 (letzter neg. KW)
Kapitalwert Periode c_2 (erster pos. KW)

Weg 2 $BreakEven = \frac{|L_1|}{L_2 \div 12} Monate$ im Jahr des 1. positiven Kapitalwertes

Jahre	**1**	**2**	**3**	**4**	**5**
Weg 1: BE nach Jahren	**-**	**1,67**	**-**	**-**	**-**
Weg 2: BE nach Monaten	**-**	**8,02**	**-**	**-**	**-**

Annuität $An = K_0 \times \frac{(1+i)^n \times i}{(1+i)^n - 1}$ **316,88**

Interner Zinsfuß IZF
Regula-Falsi Formel $IZF = i_1 + K_1 \times \frac{i_2 - i_1}{K_1 - K_2}$ **Vor-St.** **77,99%** **Nach-St.** **58,49%**

103 Wie sieht unser bisheriger Weg jetzt aus? Richtig, wir haben durch die Kapitalkostenberechnung eine Erweiterung eingebracht. Während wir zunächst kein geschlossenen Rechensystem vorweisen konnten, da wir ja die Kapitalkostenvorgaben Dritter einfach integriert hatten, sind wir jetzt in der Lage, dieses System um die Berechnung der „richtigen" Kapitalkosten WACC zu erweitern und somit das bisher fehlende Glied in einer geschlossenen Kette zu integrieren.

Damit erhalten wir in ‚modernen Business Englisch ein ‚Closed Loop Investment Cycle Calculation Programme', also ein ‚Geschlossenes Investitionsrechenprogramm'.

Schauen wir uns dies einmal grafisch an.

Zunächst, dies war unser Status bisher, ohne rechnerisch ermittelte Kapitalkosten.

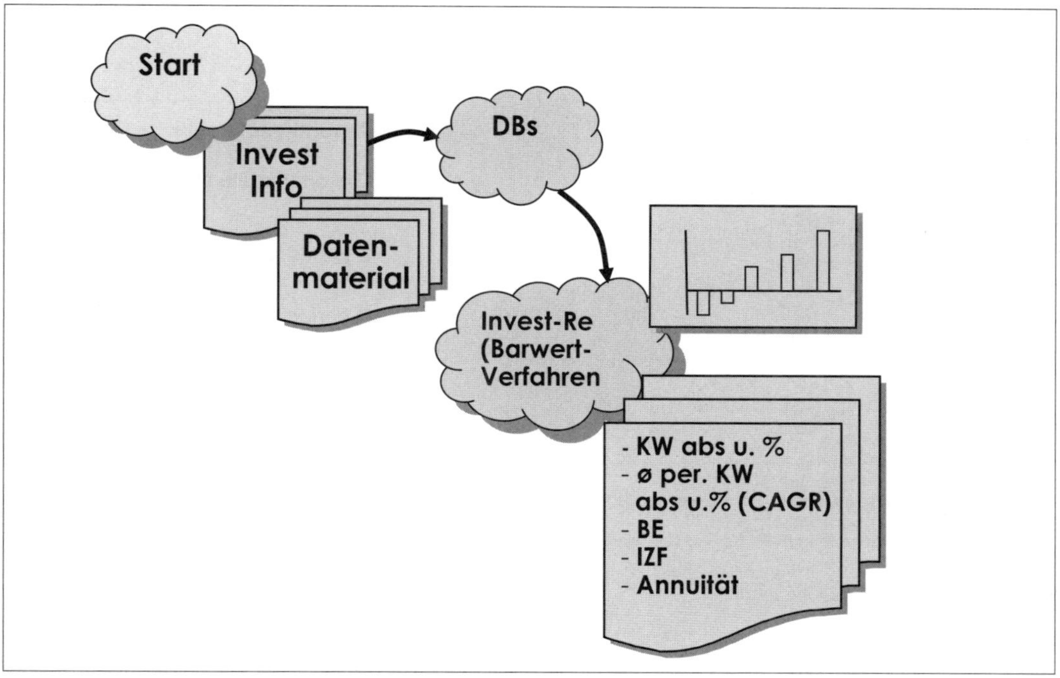

Jetzt haben wir unsere Investitionsrechnung erweitert und ‚geschlossen'.

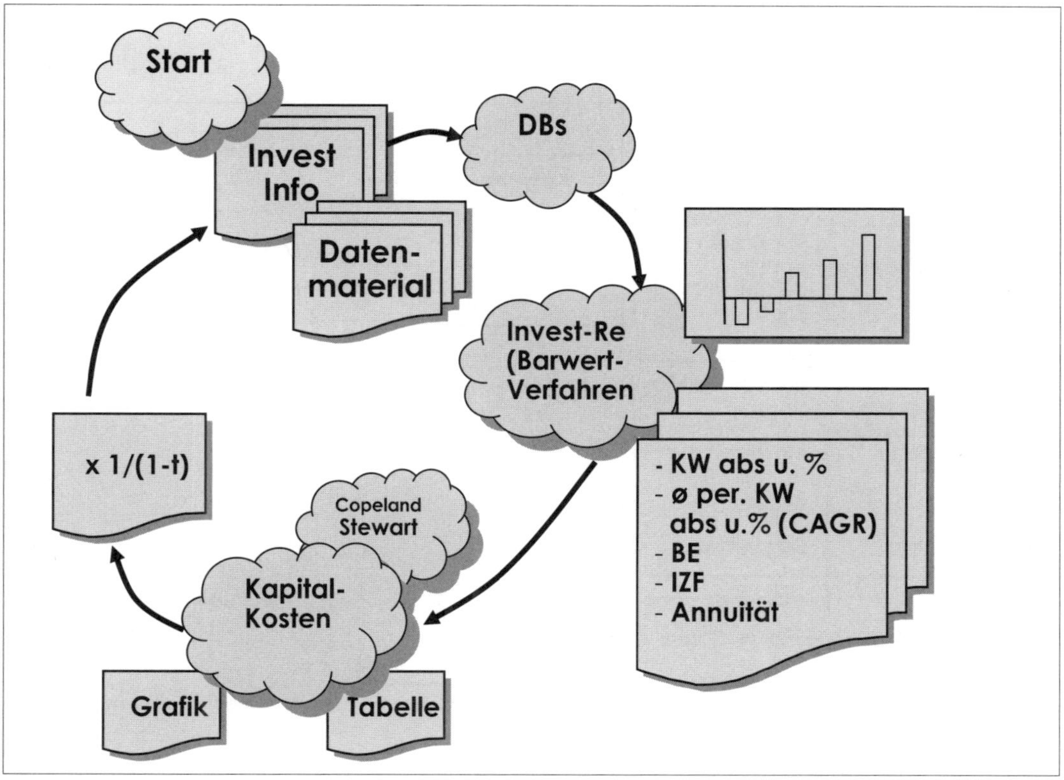

Dies können wir auch wieder im anderen Format darstellen,…

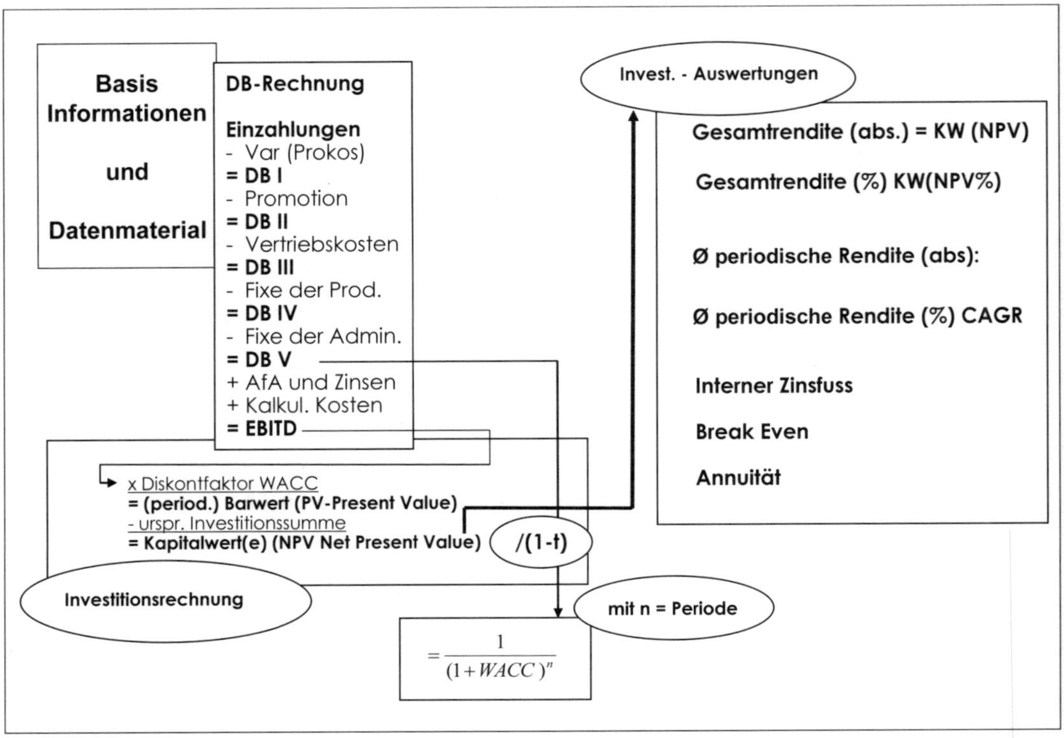

104 …, das jetzt erweitert wurde um die spezifischen Kapitalkosten WACC.

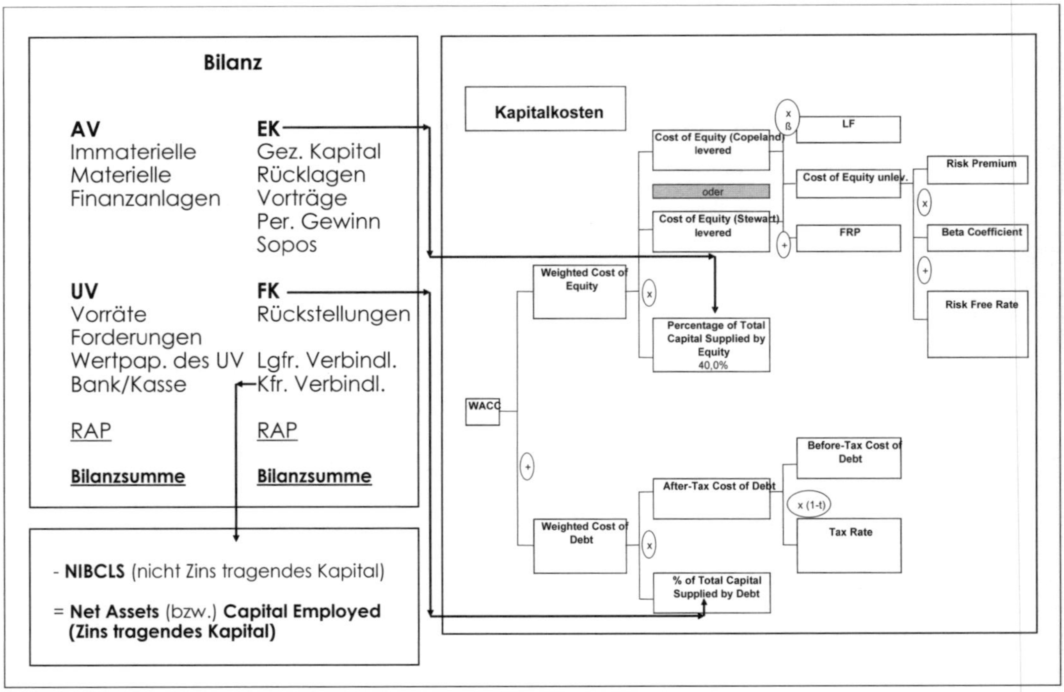

Hier habe ich das Kapitalkosten-Rechenflussdiagramm wieder mit den englischen Termini bestückt, 105
da man diese häufiger als die deutschen Bezeichnungen hört.

So geht es voran. Die Formeln zur Berechnung der detaillierteren Berechnungen CAGR, Break Even, Annuität und Interner Zinsfuß will ich jetzt nicht erneut einkopieren, denn wir haben nach wie vor ein weiten Weg vor uns.

Dann können wir ja wieder weiter gehen.

§ 4 Die Investitionsergebnisse in der Gewinn- und Verlustrechnung

1 Wir haben jetzt schon Vieles gerechnet und es ist an der Zeit, mit den Banken zu reden, denn wir haben bei unseren geplanten Investitionen aufgrund der guten Ergebnisse in den Berechnungen ein ‚super' Gefühl und sind uns sicher, dass einer Finanzierung mit 70% Fremdkapital eigentlich nichts im Wege stehen sollte.

Also machen wir einen Termin und bereiten uns noch einmal richtig gut mit unseren Unterlagen vor. Also „schießen" wir unsere Rechnungen, Ergebnisse und Diagramme ins Powerpoint und erstellen somit eine „knackige" HTC Investitions-Kurzpräsentation mit 5 Seiten.

A. Die (unzureichende) Bankenpräsentation

2 Wir präsentieren frei mit Schwung und viel Begeisterung, an der Mimik der Bankmanager sehen wir auch wirkliche Freude und viel Lächeln. Man unterbricht uns auch nicht, was uns natürlich überrascht.

Anscheinend findet unsere Präsentation Anklang.

Übrigens, hier ist sie oder besser gesagt, hier sind die 5 Seiten. Sie müssen doch zugeben, diese Präsentation ist klasse.

Ausgangsparameter unserer Investition

HTC
GmbH

Basis Informationen

Anfangsinvestition t_0	500,00	Fertigstellung Ende t_0
Restwert n. Laufzeit	0,0	(Basis Zeitwert)
Afa (linear) p.a.	20,0%	
Steuern	25,0%	
Bankzins	6,0%	nur Zinsdienst, Tilgung erst am Ende der Laufzeit (endfällige Tilgung)
EK-Quote	30,0%	
FK-Quote	70,0%	
Laufzeit (Jahre)	5	

Kapitalkosten (Abzinsungssatz)			
Vorgabe-Zins nach Steuern	10,00%		
	8,33%	Rechen-Zins vor Steuern	11,10%

Auswahl des WACC	1	"1" für mathematisch sauberen WACC. ansonsten "0" eingeben	
Auswahl des Ansatzes (bei Nutzung der mathematisch ermittelten Kapitalkosten)	Copeland	1	8,33%
	Stewart	0	

Die geplante (Zusatz)Entwicklung

HTC
GmbH

Jahre	1	2	3	4	5
(Zusatz) Umsätze	1.000,00	1.100,00	1.200,00	1.300,00	1.400,00
Prokos (Variable Kosten)	450,00	470,00	500,00	500,00	510,00
Promotion	50,00	55,00	60,00	65,00	70,00
Vertriebskosten	60,00	80,00	70,00	80,00	90,00
(Fixe) Strukturkosten der Produktion (ohne AfA und Zinsen)	30,00	40,00	45,00	40,00	50,00
+ Abschreibungen	0,00	0,00	0,00	0,00	0,00
+ Zinsen	0,00	0,00	0,00	0,00	0,00
+ kalkulatorische Aufschläge auf Abschreibungen	0,00	0,00	0,00	0,00	0,00
+ kalkulatorische Aufschläge auf Zinsen	0,00	0,00	0,00	0,00	0,00
(Fixe) Strukturkosten der Produktion (mit ev. (kalk) AfA und Zinsen)	30,00	40,00	45,00	40,00	50,00
(Fixe) Strukturkosten der Administration	80,00	80,00	55,00	60,00	70,00
Summe Kosten	670	725	730	745	790

Die HTC Kapitalkosten und deren Berechnung

HTC
GmbH

Kapitalkostenberechnung

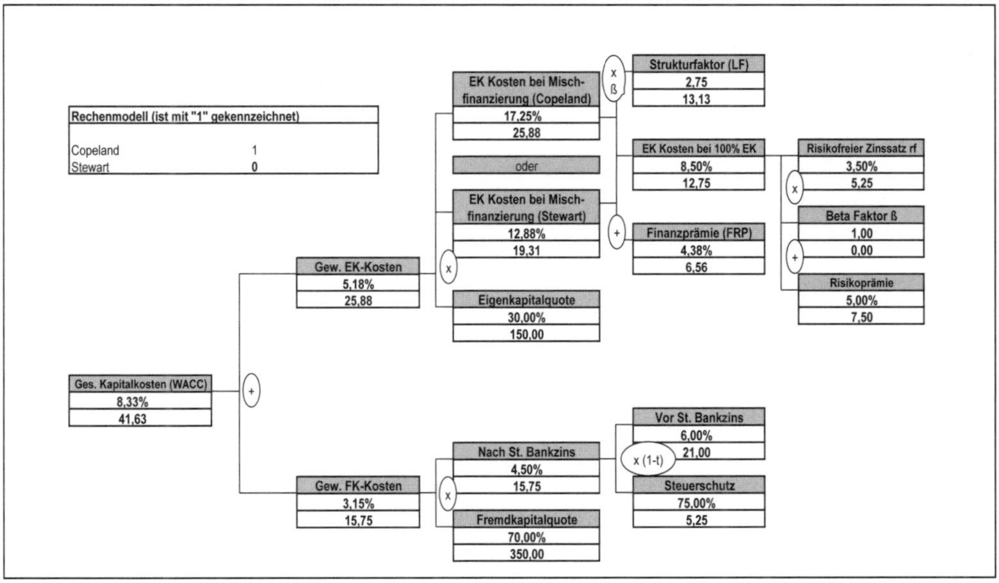

Ergebnisse

HTC GmbH

Cash Flow - Einzahlungsüberschuss	330,00	375,00	470,00	555,00	610,00
Restwert (Liquidationserlöse)					0,00
Gesamt	330,00	375,00	470,00	555,00	610,00
Diskontfaktor	0,90	0,81	0,73	0,66	0,59
Diskontierter CF	297,03	303,81	342,73	364,28	360,38
Kum. Diskontierte CF (Kapitalwert)	297,03	600,84	943,57	1.307,85	1.668,23 1.168,23
Kapitalwerte der Cash Flows	-202,97	100,84	443,57	807,85	1.168,23

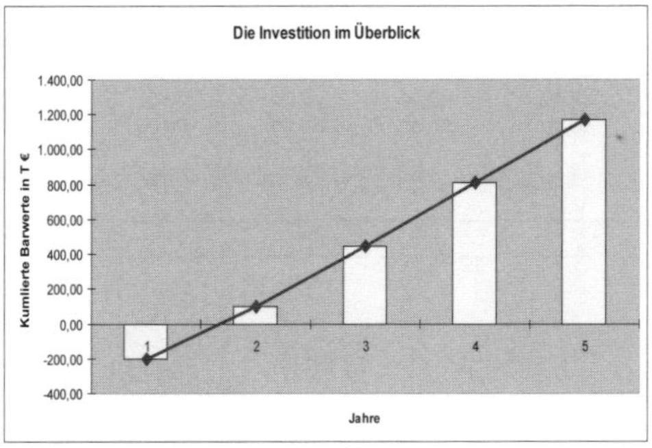

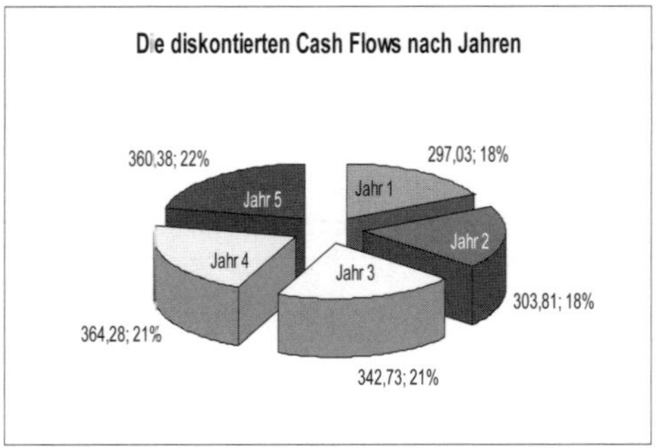

Ergebnisse im Detail

HTC GmbH

Weitergehende Analysen und Ergebnisse

Kapitalwert (NPV) absolut $K_0 = -A_0 + \sum_{t=1}^{n} \frac{CF_n}{(1+i)^t}$ **1.068,65**

Kapitalwert (NPV) in % $KW\ (\%) = \frac{KW\ (abs.)}{A_0} \times 100$ **213,73%**

CAGR in % $CAGR_{(\%)} = \left(\sqrt[n]{1 + \frac{KW}{A_0}} - 1 \right) \times 100$ **25,69%**

Break Even

Weg 1 $BreakEven = Periodevon\ C1 - \frac{C1}{C2 - C1}$

mit Periode c_1 = letzter negativer Kaptialwert
Kapitalwert Periode c_1 (letzter neg. KW)
Kapitalwert Periode c_2 (erster pos. KW)

Weg 2 $BreakEven = \frac{|L_1|}{L_2 \div 12} Monate$ im Jahr des 1. positiven Kapitalwertes

Jahre	1	2	3	4	5
Weg 1: BE nach Jahren	-	1,72	-	-	-
Weg 2: BE nach Monaten	-	8,58	-	-	-

Annuität $An = K_0 \times \frac{(1+i)^n \times i}{(1+i)^n - 1}$ **306,31**

Interner Zinsfuß IZF
Regula-Falsi Formel $IZF = i_1 + K_1 \times \frac{i_2 - i_1}{K_1 - K_2}$

Vor-St. **77,88%**
Nach-St. **58,41%**

B. GuV und Bilanz als Grundlage von Bankenentscheidungen

Als wir unsere Präsentation beenden, ernten wir auch viel Beifall, allerdings die Mimik der ‚Banker' 3
versteinert dann doch.

Nach kurzer Zeit sagt dann einer der Herren: „Haben Sie auch eine Gewinn- und Verlustrechnung"….Pause…. „also eine GuV"?

Dies hatten wir nicht erwartet. Wir hatten doch alles so toll gerechnet und dargestellt. Warum waren die Damen und Herren immer noch nicht zufrieden?

Ganz einfach. Bisher haben wir nur Betrachtungen aus der Controlling Sicht erstellt, also Analysen 4
des internen Rechnungswesens. Banken aber schauen auf Daten des externen Rechnungswesens, also auf die Gewinn und Verlustrechnung sowie die Bilanz und dies auch noch aus mehreren Perspektiven.

- Ist das Zahlenwerk (GuV und Bilanz) der letzten Jahre gut und aus der analytischen Brille belastbar?[1]
- Sind die zukünftigen Perioden gut und ohne Traumentwicklungen, somit belastbar aufgebaut, darüber hinaus mit Logik und Intelligenz geplant?[2]

Der dritte entscheidende Fragenkomplex ist:

- Ist die Investition sauber geplant und gerechnet und welche Konsequenzen ergeben sich dann für die Bilanz und GuV mit dem neuen Sachanlagevermögen und – in unserem Fall – auch weiteren Schulden?[3]

Das Problem in unserer Präsentation ist das Folgende: Die Damen und Herren der Bank sind zwar 5
beeindruckt über unsere ‚knackige' Präsentation mit vielen mathematischen Analysen und hohem Detaillierungsgrad, nur sie verstehen nichts davon, da ihre Heimat das externe Rechnungswesen und damit die GuV und die Bilanz ist. Daher ist die Frage:" Haben Sie auch eine Gewinn- und Verlustrechnung?" nur nachvollziehbar.

Also müssen wir nochmals ‚ran' und während einer Mittagspause setzen wir uns wieder an den Computer und fangen an, eine GuV und eine Kurzbilanz zu entwickeln.[4] Zunächst haben wir natürlich mächtig Respekt vor der Aufgabe, schwebt uns doch im Kopf so ein riesiges Gliederungsformat nach HGB vor, so wie wir es immer am Ende des Jahres beim Finanzamt einreichen.

Nach einigen Minuten verfliegt aber diese Befürchtung, weil wir durch logisches Denken und Ver- 6
ständnis um unsere Berechnungen und Investition schnell herausfinden, dass die Aufgabe, eine GuV und Kurzbilanz auf Basis unserer geplanten Investitionsdaten zu entwickeln, gar nicht so schwer ist, zumal dieses Vollformat hier auch nicht notwendig erscheint. Wir hatten nämlich schon gesehen, dass eine strukturierte GuV ebenfalls alle notwendigen Informationen enthalten kann.

Außerdem ist das Vollformat mit den für die Investitionsrechnung notwendigen Daten gar nicht machbar.

---

1 Dies war Gegenstand meines ersten Buches: Heesen/Gruber: Bilanzanalyse und Kennzahlen – Fallorientierte Bilanzoptimierung, Gabler Verlag Wiesbaden, ISBN 978-3-8349-1585-6.

2 Dies war Gegenstand meines zweiten Buches. Heesen, Bernd: Bilanzgestaltung – Fallorientierte Bilanzerstellung und Beratung, Gabler Verlag Wiesbaden, ISBN 978-3-8349-0872-8.

3 Dies ist dann Gegenstand dieses Buches.

4 Sie werden im weiteren Verlauf des Buches sehen, dass besonders die GuV auch noch aus anderen Gründen für uns wichtig ist.

7 Dann schauen wir doch noch einmal nach, wie das geforderte Format als Voll- und als strukturiertes Format aussah, als wir die HTC vorgestellt haben.

Die GuV im Vollformat:

GuV

		IST					
		Tsd. EUR		Tsd. EUR		Tsd. EUR	
	(Kalender) Jahr	**2007**		**2008**		**2009**	
	Periode	**-1**		**0**		**1**	
1.	**Gesamterlöse/Umsatzerlöse**	**54.007**	100%	**69.617**	100%	**92.000**	100%
1.1	*... davon Umsatzerlöse Sparte I*	*22.745*	42%	*31.178*	45%	*41.020*	45%
1.2	*... davon Umsatzerlöse Sparte II*	*18.153*	34%	*22.392*	32%	*28.550*	31%
1.3	*... davon Umsatzerlöse Sparte III*	*8.122*	15%	*10.002*	14%	*12.300*	13%
1.4	*... davon Umsatzerlöse Sparte IV*	*3.998*	7%	*5.012*	7%	*7.840*	9%
1.5	*... davon Umsatzerlöse Sparte V*	*989*	2%	*1.033*	1%	*2.290*	2%
2.	Bestandsveränderungen (Erhöhung +; Verminderung -)	186	0%	4.568	7%	-2.000	-2%
3.	Andere aktivierte Eigenleistungen	0	0%	0	0%	0	0%
4.	Sonstige betriebliche Erträge	423	1%	408	1%	450	0%
	Betriebsleistung	**54.616**	101%	**74.593**	107%	**90.450**	98%
5.	Materialaufwand	36.813	68%	53.695	77%	64.800	70%
5.1	*... für Roh-, Hilfs- und Betriebsstoffe und bezogenen Waren*	*27.140*	50%	*43.706*	63%	*53.450*	58%
5.2	*... für bezogene Leistungen*	*9.673*	18%	*9.989*	14%	*11.350*	12%
	Bruttoertrag/Rohertrag/Wertschöpfung	**17.803**	33%	**20.898**	30%	**25.650**	28%
6.	Personalkosten	9.862	18%	10.743	15%	14.400	16%
6.1	*... davon Geschäftsführergehalt*	*822*	2%	*822*	1%	*1.120*	1%
6.2	*... davon Löhne & Gehälter*	*6.765*	13%	*7.454*	11%	*9.050*	10%
6.3	*... davon soziale Abgaben/Aufwendungen für Altersverversorgung*	*2.275*	4%	*2.467*	4%	*4.230*	5%
7.	Abschreibungen	435	1%	499	1%	420	0%
7.1	*... davon auf Vermögensgegenstände des Anlagevermögens*	*435*	1%	*499*	1%	*420*	0%
7.2	*... davon auf Vermögensgegenstände des Umlaufvermögens*	*0*	0%	*0*	0%	*0*	0%
8.	Sonstige betriebliche Aufwendungen	3.522	7%	4.849	7%	6.300	7%
8.1	*... davon Miet- und Leasingaufwendungen*	*1.409*	3%	*2.102*	3%	*2.900*	3%
8.2	*... davon Vertriebskosten*	*775*	1%	*896*	1%	*1.150*	1%
8.3	*... davon Verwaltungskosten*	*1.338*	2%	*1.705*	2%	*2.250*	2%
8.4	*... davon Sonstige*	*0*	0%	*146*	0%	*0*	0%
	Gesamtaufwand (ohne Material und bezogene Waren/Leistungen)	**13.819**	26%	**16.091**	23%	**21.120**	23%
	Betriebsergebnis	**3.984**	7%	**4.807**	7%	**4.530**	5%
9.	Erträge aus Beteiligungen	0	0%	0	0%	0	0%
9.1	*...davon aus verbundenen Unternehmen*	*0*	0%	*0*	0%	*0*	0%
10.	Erträge aus Wertpapieren und Ausleihungen des Finanz-AV	218	0%	144	0%	125	0%
10.1	*...davon aus verbundenen Unternehmen*	*0*	0%	*0*	0%	*0*	0%
11.	Sonstige Zinsen und Erträge	40	0%	71	0%	50	0%
11.1	*...davon aus verbundenen Unternehmen*	*0*	0%	*0*	0%	*0*	0%
12.	Abschreibungen auf Finanzanlagen/Wertpapiere des UV	0	0%	0	0%	0	0%
13.	Zinsen und ähnliche Aufwendungen	119	0%	128	0%	140	0%
13.1	*...davon an verbundene Unternehmen*	*0*	0%	*0*	0%	*0*	0%
	Finanzergebnis	**139**	0%	**87**	0%	**35**	0%
14.	**Ergebnis der gewöhnlichen Geschäftstätigkeit (EGT)**	**4.123**	8%	**4.894**	7%	**4.565**	5%
15.	Außerordentliche Erträge	0	0%	0	0%	0	0%
16.	Außerordentliche Aufwendungen	0	0%	0	0%	0	0%
17.	**Außerordentliche Ergebnis**	**0**	0%	**0**	0%	**0**	0%
	Ergebnis vor Steuern	**4.123**	8%	**4.894**	7%	**4.565**	5%
18.	Steuern vom Einkommen und Ertrag	1.055	2%	1.224	2%	1.126	1%
19.	Sonstige Steuern	113	0%	185	0%	163	0%
20.	**Jahresüberschuss/Jahresfehlbetrag**	**2.955**	5%	**3.485**	5%	**3.276**	4%

Daraus konnte dann ohne Informationsverlust auch die strukturierte GuV abgeleitet werden.

Struktur-GuV

	Tsd. EUR		Tsd. EUR		Tsd. EUR	
(Kalender) Jahr	**2007**		**2008**		**2009**	
Periode	**-1**		**0**		**1**	
Gesamterlöse/Umsatzerlöse	**54.007,00**	100%	**69.617,00**	100%	**92.000,00**	100%
Betriebsleistung	*54.616,00*	*101%*	*74.593,00*	*107%*	*90.450,00*	*98%*
Bruttoertrag/Rohertrag/Wertschöpfung	**17.803,00**	33%	**20.898,00**	30%	**25.650,00**	28%
Gesamtaufwand (ohne Material und bezogene Waren/Leistungen)	*13.819,00*	*26%*	*16.091,00*	*23%*	*21.120,00*	*23%*
Betriebsergebnis	**3.984,00**	7%	**4.807,00**	7%	**4.530,00**	5%
Finanzergebnis	**139,00**	0%	**87,00**	0%	**35,00**	0%
Ergebnis der gewöhnlichen Geschäftstätigkeit (EGT)	**4.123,00**	8%	**4.894,00**	7%	**4.565,00**	5%
Außerordentliche Ergebnis	**0,00**	0%	**0,00**	0%	**0,00**	0%
Ergebnis vor Steuern	*4.123,00*	*8%*	*4.894,00*	*7%*	*4.565,00*	*5%*
Steuern	*1.168,00*	*2%*	*1.409,00*	*2%*	*1.289,00*	*1%*
Jahresüberschuss/Jahresfehlbetrag	**2.955,00**	5%	**3.485,00**	5%	**3.276,00**	4%

Dies oder so ähnlich ist also unser Ziel. 8

Wir überlegen und sagen uns dann: Lass uns einmal aufschreiben, was wir aus unserer Investitionsrechnung denn wissen. Wir haben den ‚Bankern' natürlich den richtigen Ansatz bei den Investitionsberechnungen vorgelegt und daher sind keine

- Abschreibungen
- Zinsen
- Kalkulatorische Zuschläge, weder auf Abschreibungen noch auf Zinsen

enthalten.

C. (Fehlende) Posten in der HTC Investitions GuV

I. Umsatzerlöse

Wir kennen doch die geplanten zukünftigen Einzahlungen. Diese heißen im externen Rechnungswesen nur anders: die Umsatzerlöse oder kurz Umsätze. Zusätzlich haben wir auch die Einzahlungsüberschüsse, da wir die gesamten auszahlungswirksamen Posten ja auch kennen. Wie gut, dass wir auf die Abschreibungen, Zinsen und kalkulatorischen Zuschläge, weder auf die genannten Abschreibungen noch auf Zinsen, verzichtet hatten. 9

Das ist doch schon einmal eine gute Basis, um anzufangen. Jetzt kommt allerdings der erste Dämpfer. In der strukturierten GuV steht als erste Position unterhalb der Umsatzerlöse die Betriebsleistung. Diese haben bzw. kennen wir nicht.

Aber was ist denn die Betriebsleistung. Ein Blick in die Voll-GuV bringt Aufklärung und Erleichterung.

		Tsd. EUR		Tsd. EUR		Tsd. EUR	
	(Kalender) Jahr	**2007**		**2008**		**2009**	
	Periode	**-1**		**0**		**1**	
1.	**Gesamterlöse/Umsatzerlöse**	**54.007**	**100%**	**69.617**	**100%**	**92.000**	**100%**
1.1	*... davon Umsatzerlöse Sparte I*	*22.745*	**42%**	*31.178*	***45%***	*41.020*	***45%***
1.2	*... davon Umsatzerlöse Sparte II*	*18.153*	**34%**	*22.392*	***32%***	*28.550*	***31%***
1.3	*... davon Umsatzerlöse Sparte III*	*8.122*	**15%**	*10.002*	***14%***	*12.300*	***13%***
1.4	*... davon Umsatzerlöse Sparte IV*	*3.998*	**7%**	*5.012*	***7%***	*7.840*	***9%***
1.5	*... davon Umsatzerlöse Sparte V*	*989*	**2%**	*1.033*	***1%***	*2.290*	***2%***
2.	Bestandsveränderungen (Erhöhung +; Verminderung -)	186	0%	4.568	7%	-2.000	-2%
3.	Andere aktivierte Eigenleistungen	0	0%	0	0%	0	0%
4.	Sonstige betriebliche Erträge	423	1%	408	1%	450	0%
	Betriebsleistung	**54.616**	**101%**	**74.593**	**107%**	**90.450**	**98%**

10 Es handelt sich dabei um die

- Umsatzerlöse
- zu- bzw. abzüglich Bestandsveränderungen
- plus aktivierte Eigenleistungen
- plus sonstige betrieblichen Erträge

Umsatzerlöse sind bekannt. Dann sofort zu den Beständen.

II. Bestandsveränderungen

11 Bestandserhöhungen können durch Produktion ins/auf Lager entstehen und Bestandsminderungen durch Lagerabbau.

Bewertete[5] Bestandsdifferenzen der Erzeugnisse seit dem Ende des letzten Geschäftsjahres, welche auf Mengen- und/oder Wertänderungen zurückzuführen sind, müssen hier ausgewiesen werden. Bewertete Bestandsmehrungen haben positive und bewertete Bestandsminderungen haben negative Vorzeichen in der Gewinn- und Verlustrechnung.

Ist ja alles ganz nett, aber haben wir nicht geplant, was auch der Praxis entspricht. Richtig, und daher brauchen wir die Bestandsveränderungen nicht, da wir dies gar nicht in unsere Planung aufgenommen haben. Das tut übrigens niemand!

5 Für den Bilanz und GuV im Detail interessierten Leser: Im Punkt der Bewertungsansätze geht das BilMoG (seit April 2009) noch einen Schritt weiter, denn das Gebot der Ansatzstetigkeit wurde neben dem bereits vorhandenen Gebot der Bewertungsstetigkeit ebenfalls verpflichtender Bilanzierungsgrundsatz (Bewertungs- und Ansatzstetigkeit: § 252 Abs. 1 Nr. 6 i.V.m § 246 Abs. 3 HGB-E).
Vor April 2009 und dem BilMoG galt: Beschränkung auf Bewertungsstetigkeit: Nach diesem Grundsatz sollen die auf den vorhergehenden Jahresabschluss angewandten Bewertungsmethoden beibehalten werden. Das bedeutet: Zwischen verschiedenen Bewertungsmethoden (Bewertung) darf nicht willkürlich gewechselt werden. Nur ein Wechsel aus wirtschaftlichen Gründen ist zulässig. Durch diesen Grundsatz sollen einerseits willkürliche Gewinnverlagerungen verhindert, andererseits soll die Vergleichbarkeit der einzelnen Bilanzen über mehrere Jahre hinweg sichergestellt werden. Dies gilt künftig auch mit Blick auf die gewählte Ansatzmethode (bei Ansatzwahlrechten).
Ab April 2009 und dem BilMoG gilt: Das Gebot der Ansatzstetigkeit wird ebenfalls verpflichtender Bilanzierungsgrundsatz. Das bisherige Fehlen dieses Grundsatzes wurde als ‚Redaktionsversehen' des Gesetzgebers gedeutet.
Für die Steuerbilanz gilt: Das Bewertungsstetigkeitsprinzip ist für die Steuerbilanz nicht näher geregelt. Das dort schon frühzeitig geltende Willkürverbot betrifft u.a. die Methodenwahl für Herstellungskosten, die Vereinfachungsverfahren (z.B. Lifo-Methode, Durchschnitts- und Festbewertung), planmäßige Abschreibungen.

III. Aktivierte Eigenleistungen

Bei den aktivierten Eigenleistungen handelt es sich um im Unternehmen erstellte und zur Eigenverwendung bestimmte und bewertete Güter, wie z.B. selbst erstellte Um- oder Ausbauten, Anlagen, Maschinen, Modelle, Vermögensgegenstände des Umlaufvermögens (nicht aber Erzeugnisse), Werkzeuge sowie aktivierte Großreparaturen, Montagen usw. 12

Klasse – das haben wir bei unserem Fall auch nicht geplant, also weiter.

IV. Sonstige betrieblichen Erträge

Darunter sind alle Erträge aus der gewöhnlichen Geschäftstätigkeit zu buchen, die nicht direkt aus der Veräußerung von Waren oder Dienstleistungen resultieren, sondern vielmehr aus Bewertungen (Wertaufholung oder -minderung), Vorsichtsmaßnahmen (Auflösung von Rückstellungen) oder erfolgreichem Verhandeln (Provisionen, Rabatte und Lizenzeinnahmen) als Ertrag eingehen. 13

Als Beispiele sind hier

- Auflösungsbeträge aus zu hohen Rückstellungen
- Zuschreibungserträge
- sowie Gewinnsalden aus dem Verkauf von Vermögensgegenständen des Anlagevermögens (der Liquidationserlös ist größer als der Buchwert)

zu nennen.

Klasse – das haben wir bei unserem Fall nämlich auch nicht geplant.

Somit können wir in unserer Investitionsrechnung sagen, dass die Betriebsleistung den Umsatzerlösen entspricht und wir sind einen Schritt weiter.

V. Materialaufwand

Dann müssen wir als nächstes den Gesamtaufwand klären. Schauen wir wieder in die Voll-GuV, was da alles darunter zu verstehen ist. 14

5.	Materialaufwand	36.813	68%	53.695	77%	64.800	70%
5.1	*... für Roh-, Hilfs- und Betriebsstoffe und bezogenen Waren*	*27.140*	50%	*43.706*	63%	*53.450*	58%
5.2	*... für bezogene Leistungen*	*9.673*	18%	*9.989*	14%	*11.350*	12%
	Bruttoertrag/Rohertrag/Wertschöpfung	**17.803**	33%	**20.898**	30%	**25.650**	28%
6.	Personalkosten	9.862	18%	10.743	15%	14.400	16%
6.1	*... davon Geschäftsführergehalt*	*822*	2%	*822*	1%	*1.120*	1%
6.2	*... davon Löhne & Gehälter*	*6.765*	13%	*7.454*	11%	*9.050*	10%
6.3	*... davon soziale Abgaben/Aufwendungen für Altersververorgung*	*2.275*	4%	*2.467*	4%	*4.230*	5%
7.	Abschreibungen	435	1%	499	1%	420	0%
7.1	*... davon auf Vermögensgegenstände des Anlagevermögens*	*435*	1%	*499*	1%	*420*	0%
7.2	*... davon auf Vermögensgegenstände des Umlaufvermögens*	*0*	0%	*0*	0%	*0*	0%
8.	Sonstige betriebliche Aufwendungen	3.522	7%	4.849	7%	6.300	7%
8.1	*... davon Miet- und Leasingaufwendungen*	*1.409*	3%	*2.102*	3%	*2.900*	3%
8.2	*... davon Vertriebskosten*	*775*	1%	*896*	1%	*1.150*	1%
8.3	*... davon Verwaltungskosten*	*1.338*	2%	*1.705*	2%	*2.250*	2%
8.4	*... davon Sonstige*	*0*	0%	*146*	0%	*0*	0%
	Gesamtaufwand (ohne Material und bezogene Waren/Leistungen)	**13.819**	26%	**16.091**	23%	**21.120**	23%

Materialaufwand für RHBs (Roh-, Hilfs- und Betriebsstoffe) und bezogene Waren und Leistungen haben wir selbstverständlich bei den variablen Kosten (Prokos) angesetzt. Von daher ist dieser Posten auch bei uns in der Investitionsrechnung erfasst. Wir haben ihn lediglich nicht so detailliert wie hier mit zwei Posten (5.1 und 5.2) angesetzt.

Personalkosten haben wir bei unserer Investitionsplanung ebenfalls in den variablen Kosten (Prokos) und anteilig in den Fixkosten (Strukos) der Produktion und Verwaltung eingesetzt.

VI. Abschreibungen

15 Abschreibungen haben wir nicht geplant, weil Investitionsrechnungen ‚Cash' getriebene Berechnungen sind. Kalkulatorische Größen werden in der GuV sowieso nicht anerkannt, davon abgesehen, haben wir auch keine in unsere Investitionsrechnung eingestellt.

Abschreibungen in o.g. Kostenpositionen	nein		
Zinsen in o.g. Kostenpositionen	nein		
Kalkulatorische Zuschläge auf Abschreibungen	nein		
Kalkulatorische Zuschläge auf Zinsen	nen		
zusätzliche kalkulatorische AfA	0,00%	(Faktor zu bilanziellen AfA)	1,00
zusätzliche kalkulatorische Zinsen	0,00%	(Faktor zu bilanziellen Zinsen)	1,00

Daher lauteten die Werte in der Investitionsrechnung für Abschreibungen in den 5 Perioden…

Überleitungen: Einstellungen für die Daten in der Investitionsrechnung

Jahre	1	2	3	4	5
Bilanzielle AfA	0,00	0,00	0,00	0,00	0,00
Kalkulatorische AfA	0,00	0,00	0,00	0,00	0,00
Summe	0,00	0,00	0,00	0,00	0,00

…was wir auch an den absoluten Zahlen im Tabellenblatt ‚*Datenmaterial*' sehr schön sehen.

Datenmaterial für die Investitionsrechnung

Jahre	1	2	3	4	5	6
(Zusatz) Umsätze	1.000,00	1.100,00	1.200,00	1.300,00	1.400,00	
Prokos (Variable Kosten)	450,00	470,00	500,00	500,00	510,00	
Promotion	50,00	55,00	60,00	65,00	70,00	
Vertriebskosten	60,00	80,00	70,00	80,00	90,00	
(Fixe) Strukturkosten der Produktion (ohne AfA und Zinsen)	30,00	40,00	45,00	40,00	50,00	
+ Abschreibungen	0,00	0,00	0,00	0,00	0,00	
+ Zinsen	0,00	0,00	0,00	0,00	0,00	
+ kalkulatorische Aufschläge auf Abschreibungen	0,00	0,00	0,00	0,00	0,00	
+ kalkulatorische Aufschläge auf Zinsen	0,00	0,00	0,00	0,00	0,00	
(Fixe) Strukturkosten der Produktion (mit ev. (kalk) AfA und Zinsen)	30,00	40,00	45,00	40,00	50,00	
(Fixe) Strukturkosten der Administration	80,00	80,00	55,00	60,00	70,00	
Summe Kosten	670	725	730	745	790	

VII. Sonstige betriebliche Aufwendungen

16 Sonstige betriebliche Aufwendungen (wie besonders Mieten, siehe oben in der Voll-GuV), haben wir in unseren Planungen bei den Fixkosten der Produktion und Administration berücksichtigt; Reisekosten, Aufwendungen für Prüfung, Steuer- und Rechtsberatung sowie Weiterbildung wurden nicht

eingeplant, da sie nicht investitionstypisch sind. Diese hat die HTC sowieso und sind somit nicht der geplanten Investition zuzuordnen.

Damit haben wir doch eigentlich alles, um ein Betriebsergebnis vor Abschreibungen zu rechnen. In unserer Investitionsrechnung haben wir es Einzahlungsüberschuss (im englischen Cash Flow) genannt.

Cash Flow Investitionsrechnung		**330,00**	**375,00**	**470,00**	**555,00**	**610,00**
+ Zinsen	**bilanziell**	**0,00**	**0,00**	**0,00**	**0,00**	**0,00**
	kalkulatorisch	**0,00**	**0,00**	**0,00**	**0,00**	**0,00**
	gesamt	**0,00**	**0,00**	**0,00**	**0,00**	**0,00**
+ AfA	**bilanziell**	**0,00**	**0,00**	**0,00**	**0,00**	**0,00**
	kalkulatorisch	**0,00**	**0,00**	**0,00**	**0,00**	**0,00**
	gesamt	**0,00**	**0,00**	**0,00**	**0,00**	**0,00**
= EBITD in GuV		**330,00**	**375,00**	**470,00**	**555,00**	**610,00**

VIII. EBITD

Einer der Kollegen macht uns darauf aufmerksam, dass es für genau diesen Saldo in der externen Unternehmensrechnung auch einen Begriff gibt, das ‚*EBITD – Earnings before Interest and Taxes and Depreciation*‘[6]. 17

Das hilft uns ungemein, denn dieser Kollege kennt sich noch weiter aus. Er sagt uns, dass wir in der externen Rechnungslegung die auszahlungswirksamen Kosten (genau spricht man von Aufwendungen) mit einem englischen Begriff kennzeichnet, den ‚*C-COGS*‘, den ‚*Cash Cost of Goods Sold*‘.

Damit wissen wir, dass der obere Teil der GuV für unsere Investitionsrechnung auch folgendermaßen aussehen kann. Links schreiben wir die Begrifflichkeiten des externen Rechnungswesens und rechts die uns bereits bekannten Daten aus dem internen Rechnungswesen, d.h. aus der Investitionsrechnung:

Umsätze	Einzahlungen
- C-COGS	- auszahlungswirkame Aufwendungen
= EBITD	=Einzahlungsüberschuss (Cash Flow)

Strukturierte Gewinn- und Verlustrechnung (GuV)

Jahre	**1**	**2**	**3**	**4**	**5**
Umsatz	**1.000,00**	**1.000,00**	**1.000,00**	**1.000,00**	**1.000,00**
Cash Kosten (Betrieb)	**670,00**	**725,00**	**730,00**	**745,00**	**790,00**
EBITD (Betr. Erg. v. AfA)	**330,00**	**275,00**	**270,00**	**255,00**	**210,00**

6 Depreciation ist der englische Ausdruck für Abschreibung.

D. Die HTC Investitions GuV

I. Abschreibungen

18 Diese haben wir weder in unserer Investitionsplanung gerechnet noch angesetzt, weil es auch falsch gewesen wäre. Leider brauchen wir sie jetzt aber in der GuV zwingend. Ein Gutes hat unsere bisherige Investitionsrechnung. Wir haben nicht mit weiteren Aktivierungen gerechnet, so dass daraus auch keine weiteren Abschreibungen entstehen. Bei Investitionsrechnungen verfolgen wir auch immer eine lineare Abschreibung, wobei dies auch in der externen Rechnungslegung bis auf zeitlich begrenzte Korridore mittlerweile verpflichtend ist[7].

Hätten wir in unserer Investitionsplanung aber weitere Aktivierungen geplant (Ersatz- und Erweiterungsinvestitionen), also Wirtschaftsgüter oberhalb von 1.000 €, (Wirtschaftsgüter, die zwischen 150 und 1.000 Euro kosten und selbstständig nutzbar sind, gehören seit 2008 zu den *geringwertigen Wirtschaftsgütern* (GWG) und müssen seit diesem Datum in einem Sammelposten erfasst werden. Dieser wird, unabhängig von der tatsächlichen Nutzungsdauer, zwingend über fünf Jahre linear abgeschrieben! Diese GWGs lassen wir bei unseren Betrachtungen allerdings komplett außen vor.) hätten wir jetzt auch periodische Abschreibungen in unterschiedlicher Höhe.

7 Für den interessierten Leser: Das BilMoG im April 2009 führte auch bei den außerplanmäßigen Abschreibungen Änderungen ein.
Vor April 2009 galt ein Wahlrecht bei vorübergehenden Wertminderungen im Anlagevermögen (§ 253 Abs. 3 Satz 3 HGB) – Ausnahme Kapitalgesellschaften: nur bei Finanzanlagen (§ 279 Abs. 1 Satz 2 HGB); Einzelbewertung bei Vermögensgegenständen des Anlagevermögens auch für Abschreibungen.
Künftig: Aufhebung des Wahlrechts, außerplanmäßige Abschreibungen beim Anlagevermögen wegen künftiger Wertschwankungen vorzunehmen (§ 253 Abs. 3 Satz 3 HGB-E); Wertaufholungsgebot.
Übergangsregelung: Für voraussichtlich erst vor dem 01.01.2010 begonnene Geschäftsjahre besteht ein Wahlrecht, die nach der bisherigen Regelung vorgenommenen Abschreibungen fortzuführen; ansonsten sind die Zuschreibungen in die Gewinnrücklagen einzustellen (Art. 66 Abs. 2 EGHGB-E).
Aufhebung des Wahlrechts, Abschreibungen im Rahmen vernünftiger kaufmännischer Beurteilung vorzunehmen (§ 253 Abs. 4 HGB-„alt“).
Übergangsregelung: Für vor voraussichtlich erst nach dem 01.01.2010 begonnene Geschäftsjahre besteht ein Wahlrecht, die nach der bisherigen Regelung vorgenommenen Abschreibungen fortzuführen; ansonsten sind die Zuschreibungen in die Gewinnrücklagen einzustellen (Art. 66 Abs. 2 EGHGB-E).
Bei nur vorübergehender Wertminderung: Beschränkung der außerplanmäßigen Abschreibung beim Anlagevermögen auf Finanzanlagen (Wahlrecht! § 253 Abs. 3 Satz 4 HGB-E); Wertaufholungsgebot.
Außerplanmäßige Abschreibungen auf Vermögensgegenstände des Anlagevermögens sind – wie bisher – jeweils gesondert auszuweisen oder im Anhang anzugeben (§ 277 Abs. 3 Satz 1 HGB-E)
Für die Steuerbilanz gilt: Bei Wirtschaftsgütern des Anlagevermögens: Abschreibungsverbot bei nur vorübergehenden Wertminderungen (§ 6 Abs. 1 Nr. 1 Satz 2 EStG); weiterhin geltendes Wahlrecht, eine außergewöhnliche technische oder wirtschaftliche Abnutzung statt der planmäßigen AfA bei beweglichen Wirtschaftsgütern des Anlagevermögens durchzuführen (§ 7 Abs. 1 Satz 6 EStG). Für Abschreibungen gilt bislang die Einzelbewertung (§ 6 Abs. 1 Nr. 1 Satz 1 EStG).
Im Gegenzug kommt es allerdings auch zu einem Wertaufholungsgebot (§ 253 Abs. 5 HGB-E).
Bisher gilt: Wertaufholungswahlrecht (Beibehaltung eines niedrigeren Wertansatzes, auch wenn die Gründe dafür nicht mehr bestehen); Ausnahme Kapitalgesellschaften: Wertaufholungsgebot (§ 280 Abs. 1 HGB).
Künftig soll gelten: Einführung eines umfassenden rechtsformunabhängigen Wertaufholungsgebots bezüglich aller Formen von außerplanmäßigen Abschreibungen. Ausnahme: entgeltlich erworbener Geschäfts- oder Firmenwert.
Für die Steuerbilanz gilt: Rechtsformunabhängiges Wertaufholungsgebot – sowohl bei Wirtschaftsgütern des Anlagevermögens als auch des Umlaufvermögens (§ 6 Abs. 1 Nr. 1 Satz 4 EStG, § 6 Abs. 1 Nr. 2 Satz 3 EStG). Soweit der Grund für Absetzungen für außergewöhnliche technische oder wirtschaftliche Abnutzung in späteren Wirtschaftsjahren entfällt, ist in den Fällen der Gewinnermittlung nach § 4 Abs. 1 oder nach § 5 eine entsprechende Zuschreibung vorzunehmen (Wertaufholungsgebot gemäß § 7 Abs. 1 Satz 7 EStG).

Diesen Fall werden wir noch betrachten, daher musste ich sowieso eine Abschreibetafel und einen „verkürzten[8]“ Anlagespiegel erarbeiten.

1. Abschreibetafel und Anlagespiegel

In unserem Fall ohne weitere Aktivierungen sehen die Abschreibetafel und der Anlagespiegel dann 19
recht einfach und für den Sachverhalt (keine weiteren Aktivierungen) eigentlich zu komplex aufgebaut aus.

Aber, wie gesagt, wir werden auch noch einen Fall mit weiteren Aktivierungen betrachten und dann brauchen wir die Abschreibetafel und der sich anschließende Anlagespiegel in der dargestellten Detaillierung. Ansonsten würden sich Rechenfehler einschleichen.

Bei einem AfA Satz für das ursprüngliche Investment identisch mit der Laufzeit (5 Jahre) der Investition, damit also in Höhe von 20% p.a. und ohne weitere Aktivierungen, ergeben sich folgende periodische Abschreibungen und Entwicklungen der Buchwerte der Sachanlagen.

Diese Tabellen finden Sie im Excel Tool übrigens im Tabellenblatt ‚*Anlagespiegel*‘.

Aufgrund des Unternehmensteuerreformgesetzes 2008 dürfen steuerrechtlich nur noch vor dem 01.01.2008 angeschaffte oder hergestellte bewegliche Wirtschaftsgüter des Anlagevermögens degressiv abgeschrieben werden. Die folgenden Ausführungen gelten daher steuerrechtlich nur, soweit bewegliche Wirtschaftsgüter bis einschließlich 31.12.2007 angeschafft oder hergestellt worden sind oder werden. Soweit noch steuerrechtlich die degressive Abschreibung für bewegliche Wirtschaftsgüter des Anlagevermögens in Anspruch genommen wurden soll, mussten diese noch im Jahr 2007 angeschafft oder hergestellt werden. Das kommt insbesondere in Betracht, wenn noch Ansparrücklagen (so genannte Ansparabschreibungen – siehe Sonderposten mir Rücklageanteil) bilanziert waren, die für die künftige Anschaffung oder Herstellung neuer beweglicher Wirtschaftsgüter des Anlagevermögens nach § 7g Abs. 3 EStG bisheriger Fassung gebildet worden waren. Wurden diese Wirtschaftsgüter, deren Anschaffung oder Herstellung bei der Bilanzierung der Ansparrücklage prognostiziert worden war, noch rechtzeitig im Jahr 2007 investiert, konnte der Gewinnzuschlag nach § 7g Abs. 5 EStG a.F. vermieden werden. Gleichzeitig konnte aber auch zu erwägen sein, ob das in Kauf genommen wurde, weil es steuerlich u.U. vorteilhafter war, bewegliche Wirtschaftsgüter des Anlagevermögens im Jahr 2008 oder später zu investieren und hierfür den Investitionsabzugsbetrag verbunden mit der Sonderabschreibung nach neuem Recht geltend zu machen.

Im Rahmen des Konjunktur-Paketes ist Mitte November 2008 aber die degressive Abschreibung ab 2009 befristet für zwei Jahre wieder temporär eingeführt worden. Für alle Wirtschaftsgüter des Anlagevermögens, die in den Jahren 2009 oder 2010 angeschafft werden, beträgt die degressive Abschreibung das 2,5-fache der linearen Abschreibung, maximal 25 Prozent. Bei Wirtschaftsgütern, deren Nutzungsdauer fünf Jahre oder mehr beträgt, ist die degressive Abschreibung somit günstiger als die lineare, da die lineare Abschreibung bei fünf Jahren pro Jahr 20 Prozent und damit weniger als der maximale degressive Abschreibungssatz von 25 Prozent beträgt.

Eine besondere Situation liegt bei geringwertigen Wirtschaftsgütern (GWG) vor: Wirtschaftsgüter, die zwischen 150 und 1.000 Euro kosten und selbstständig nutzbar sind, gehören zu den geringwertigen Wirtschaftsgütern und werden seit 2008 in einem Sammelposten erfasst. Dieser wird, unabhängig von der tatsächlichen Nutzungsdauer, zwingend über fünf Jahre linear abgeschrieben!

8 Normalerweise besteht der Anlagespiegel aus Buchwert zu Periodenbeginn + Zugänge + Zuschreibungen – Abgänge – Abschreibungen. In unserem Investitionsrechenbeispiel werden Zuschreibungen nicht berücksichtigt. Abgänge können zwar berücksichtigt werden, allerdings nur per Saldierung mit Neuzugängen. Wir gehen eigentlich davon aus, dass die Wirtschaftsgüter bis zum ‚bitteren‘ Ende genutzt werden und maximal einen Restwert (Liquidationserlös) haben.

Abschreibetafel

Jahre	1	2	3	4	5	6
Kapital						
Anfangsinvestment	500			AfA	20%	
Weitere Aktivierungen	0	0	0	0	0	
Gesamt (Holding) Kapital (ohne Tilgungen)	500	500	500	500	500	
Abschreibungen						
AfA auf Anfangsinvestition	100	100	100	100	100	0
AfA aus Weiteren Aktivierungen P1	0	0	0	0	0	0
AfA aus Weiteren Aktivierungen P2		0	0	0	0	*0*
AfA aus Weiteren Aktivierungen P3			0	0	0	*0*
AfA aus Weiteren Aktivierungen P4				0	0	*0*
AfA aus Weiteren Aktivierungen P5					0	*0*
Summe AfA	**100**	**100**	**100**	**100**	**100**	***0***

Anlagenspiegel

Kapitalentwicklung						
Anfangsbestand aus Anfangsinvest	500,00	400,00	300,00	200,00	100,00	0,00
Endbestand aus Anfangsinvest	400,00	300,00	200,00	100,00	0,00	0,00
Anfangsbestand aus Weiteren Aktivierungen P1	0	0	0	0	0	*0*
Endbestand aus Weiteren Aktivierungen P1	0	0	0	0	0	*0*
Anfangsbestand aus Weiteren Aktivierungen P2		0	0	0	0	*0*
Endbestand aus Weiteren Aktivierungen P2		0	0	0	0	*0*
Anfangsbestand aus Weiteren Aktivierungen P3			0	0	0	*0*
Endbestand aus Weiteren Aktivierungen P3			0	0	0	*0*
Anfangsbestand aus Weiteren Aktivierungen P4				0	0	*0*
Endbestand aus Weiteren Aktivierungen P4				0	0	*0*
Anfangsbestand aus Weiteren Aktivierungen P5					0	*0*
Endbestand aus Weiteren Aktivierungen P5					0	*0*
Summe Anfangskapital	**500,00**	**400,00**	**300,00**	**200,00**	**100,00**	***0,00***
Summe Endkapital	**400,00**	**300,00**	**200,00**	**100,00**	**0,00**	***0,00***

Sie sehen – recht unspektakulär, aber hilfreich für uns, können wir doch jetzt unser Betriebsergebnis leicht periodisch berechnen.

II. Betriebsergebnis

20 Es gilt:

EBITD
- <u>Abschreibungen</u>
= (EBIT) Betriebsergebnis

‚*EBIT*' steht für ‚*Earnings before Interest and Taxes*', in deutscher Sprache sagen wir das Betriebsergebnis.

Damit sind wir wieder einen Schritt weiter:

Umsätze	Einzahlungen
- C-COGS	- auszahlungswirkame Aufwendungen
= EBITD	= Einzahlungsüberschuss (Cash Flow)
- Abschreibungen	- Abschreibungen
= Betriebsergebnis	= Operatives Ergebnis

Toll.

Lassen Sie uns unseren bisherigen Weg zur GuV doch schon einmal in der Übersicht darstellen, denn wir haben jetzt quasi Halbzeit. Sie finden die Daten im Excel Tool im Tabellenblatt ‚*GuV*'. 21

Sieht doch schon gut aus. Unsere anfänglichen Ängste waren wohl unbegründet.

Strukturierte Gewinn- und Verlustrechnung (GuV)

Jahre	1	2	3	4	5
Umsatz	1.000,00	1.100,00	1.200,00	1.300,00	1.400,00
Cash Kosten (Betrieb)	670,00	725,00	730,00	745,00	790,00
EBITD (Betr. Erg. v. AfA)	330,00	375,00	470,00	555,00	610,00
Abschreibungen	100,00	100,00	100,00	100,00	100,00
EBIT (Betriebsergebnis)	**230,00**	**275,00**	**370,00**	**455,00**	**510,00**

III. Fremdkapitalaufwendungen (Zinsen)

Wenn wir in die Voll-GuV schauen, sehen wir, dass diese Position Teil des Finanzergebnisses (Position 13 des HGB Gesamtkosten Gliederungsverfahren) ist. 22

9.	Erträge aus Beteiligungen	0	0%	0	0%	0	0%
9.1	*...davon aus verbundenen Unternehmen*	*0*	*0%*	*0*	*0%*	*0*	*0%*
10.	Erträge aus Wertpapieren und Ausleihungen des Finanz-AV	218	0%	144	0%	125	0%
10.1	*...davon aus verbundenen Unternehmen*	*0*	*0%*	*0*	*0%*	*0*	*0%*
11.	Sonstige Zinsen und Erträge	40	0%	71	0%	50	0%
11.1	*...davon aus verbundenen Unternehmen*	*0*	*0%*	*0*	*0%*	*0*	*0%*
12.	Abschreibungen auf Finanzanlagen/Wertpapiere des UV	0	0%	0	0%	0	0%
13.	Zinsen und ähnliche Aufwendungen	119	0%	128	0%	140	0%
13.1	*...davon an verbundene Unternehmen*	*0*	*0%*	*0*	*0%*	*0*	*0%*
	Finanzergebnis	**139**	**0%**	**87**	**0%**	**35**	**0%**

Erträge aus Beteiligungen, auch an verbundenen Unternehmen, aus Wertpapieren und Ausleihungen des Finanz-Anlagevermögens, sonstige Zinsen und Erträge und Abschreibungen auf Finanzanlagen bzw. Wertpapiere des Umlaufvermögens haben wir doch gar nicht bei unserer Investition geplant. Na und, umso besser, das kennen wir doch schon.

Von daher bleiben nur noch die Zinsen für das Fremdkapital (6,0% hatten wir angenommen) für das geplante Fremdkapital in Höhe von 70% des gesamten Investments (500 T€), also auf der Basis von 350 T€. Außerdem hatten wir zu Beginn vereinbart und das ist ganz normal in der Praxis, dass wir in den einzelnen Perioden nur Zinsen zahlen, die Tilgung aber erst am Ende der Laufzeit nach 5 Jahren (wir sprechen von endfälliger Tilgung) tätigen werden.

Die letzte Annahme hilft uns jetzt wieder entscheidend weiter, bleibt die Kreditsumme in den 5 Perioden auch mangels weiterer Aktivierungen immer konstant.

Aus dem Tabellenblatt ‚*Datenmaterial*' hatten wir bereits folgende Informationen entnommen.

Abschreibungen in o.g. Kostenpositionen	nein				
Zinsen in o.g. Kostenpositionen	nein				
Kalkulatorische Zuschläge auf Abschreibungen	nein				
Kalkulatorische Zuschläge auf Zinsen	nein				
zusätzliche kalkulatorische AfA	0,00%			(Faktor zu bilanziellen AfA)	1,00
zusätzliche kalkulatorische Zinsen	0,00%			(Faktor zu bilanziellen Zinsen)	1,00
Bilanzielle AfA	100,00	100,00	100,00	100,00	100,00
Kalkulatorische AfA	100,00	100,00	100,00	100,00	100,00
Differenz	0,00	0,00	0,00	0,00	0,00
Bilanzielle Zinsen	21,00	21,00	21,00	21,00	21,00
Kalkulatorische Zinsen	21,00	21,00	21,00	21,00	21,00
Differenz	0,00	0,00	0,00	0,00	0,00

Weitere Aktivierungen	0	0	0	0	0

23 Dies zeigte sich ja dann auch im Datenmaterial.

Datenmaterial für die Investitionsrechnung

Jahre	1	2	3	4	5	6
(Zusatz) Umsätze	1.000,00	1.100,00	1.200,00	1.300,00	1.400,00	
Prokos (Variable Kosten)	450,00	470,00	500,00	500,00	510,00	
Promotion	50,00	55,00	60,00	65,00	70,00	
Vertriebskosten	60,00	80,00	70,00	80,00	90,00	
(Fixe) Strukturkosten der Produktion (ohne AfA und Zinsen)	30,00	40,00	45,00	40,00	50,00	
+ Abschreibungen	0,00	0,00	0,00	0,00	0,00	
+ Zinsen	0,00	0,00	0,00	0,00	0,00	
+ kalkulatorische Aufschläge auf Abschreibungen	0,00	0,00	0,00	0,00	0,00	
+ kalkulatorische Aufschläge auf Zinsen	0,00	0,00	0,00	0,00	0,00	
(Fixe) Strukturkosten der Produktion (mit ev. (kalk) AfA und Zinsen)	30,00	40,00	45,00	40,00	50,00	
(Fixe) Strukturkosten der Administration	80,00	80,00	55,00	60,00	70,00	
Summe Kosten	670	725	730	745	790	

Wo kommt aber die Berechnung der Fremdkapitalzinsen her?

Schauen Sie einmal im Excel Tool in das Tabellenblatt ‚*Überleitungen*', da finden Sie alle jetzt notwendigen Informationen.

Überleitungen in die GuV

Jahre	1	2	3	4	5
Bilanzielle AfA	100,00	100,00	100,00	100,00	100,00
Kalkulatorische AfA	0,00	0,00	0,00	0,00	0,00
Bilanzielle Zinsen	21,00	21,00	21,00	21,00	21,00
Kalkulatorische Zinsen	0,00	0,00	0,00	0,00	0,00

In der Investitionsrechnung sind weder Abschreibungen und Zinsen[9] in Höhe der richtigen Berechnung, noch kalkulatorische Zuschläge eingegangen. Hier in der GuV brauchen wir aber die ‚bilanziellen' Abschreibungen und Zinsen. Die Abschreibungen haben wir bereits behandelt, daher jetzt (endlich) weiter mit den Zinsen.

Ohne Tilgungen bleibt die Kreditsumme konstant. Bei einem Vorgabe-Fremdkapitalzins von 6,0% und einer Fremdkapitalquote von 70% am Investment ergibt sich somit für jede Periode ein Zinsaufwand in Höhe von 21,00 T€ (500 T€ x 70% x 6,0%).

IV. EGT – Ergebnis der gewöhnlichen Geschäftstätigkeit

Damit können wir auch wieder unsere GuV erweitern. 24

Umsätze
- C-COGS
= EBITD
- Abschreibungen
= Betriebsergebnis
- Zinsen
=EGT-Ergebnis der gewöhnlichen Geschäftstätigkeit

Die Begriffe aus dem internen Rechnungswesen habe ich jetzt ab dieser Stelle nicht mehr mit aufgeführt, weil wir unterhalb des Einzahlungsüberschusses bei der Investitionsrechnung einen anderen Weg gegangen sind. Die Fremdkapitalkosten sind dort im Gesamtkapitalskostensatz WACC berücksichtigt. Die dort ebenfalls berechneten Eigenkapitalkosten sehen wir allerdings in der GuV nicht, da sie nicht als Aufwand akzeptiert werden. Folglich müssen Dividenden aus dem (versteuerten) Jahresüberschuss bezahlt werden und tauchen eigentlich in der GuV gar nicht auf.

Strukturierte Gewinn- und Verlustrechnung (GuV)

Jahre	1	2	3	4	5
Umsatz	1.000,00	1.100,00	1.200,00	1.300,00	1.400,00
Cash Kosten (Betrieb)	670,00	725,00	730,00	745,00	790,00
EBITD (Betr. Erg. v. AfA)	330,00	375,00	470,00	555,00	610,00
Abschreibungen	100,00	100,00	100,00	100,00	100,00
EBIT (Betriebsergebnis)	**230,00**	**275,00**	**370,00**	**455,00**	**510,00**
Zinsen	21,00	21,00	21,00	21,00	21,00
EGT	**209,00**	**254,00**	**349,00**	**434,00**	**489,00**

Wir werden sie aber dennoch später im Rahmen einer GuV Analyse mit in unsere Überlegungen einbeziehen.

9 Die Fremdkapitalzinsen sind im WACC integriert und dieser diente als Diskontsatz für die Cash Flows. Hätten wir sie auch als Kosten in die Investitionsrechnung gezogen, wären die Fremdkapitalkosten doppelt als Aufwand erfasst gewesen.

V. Außerordentliches Ergebnis

25 Außerordentliche Erträge und Aufwendungen sind von uns nicht geplant worden und dies ist auch üblich so.

EGT	209,00	254,00	349,00	434,00	489,00
Außerordentliches Ergebnis	0,00	0,00	0,00	0,00	0,00
Ergebnis vor Steuern	209,00	254,00	349,00	434,00	489,00

Als ‚außerordentliche Erträge bzw. Aufwendungen' werden jene Positionen festgelegt, die außerhalb der gewöhnlichen Geschäftstätigkeit anfallen. Die Ausweisung in der GuV hier bezieht sich auf den Saldo aller ungewöhnlichen, selten, aber materiell gewichtigen Erträge und Aufwendungen. Beispiele hierzu sind die Aufgabe und der Verkauf von Geschäftsfeldern, außerordentliche Schadensfälle sowie die Betriebsaufgabe von einzelnen Standorten. Sehr häufig findet man hier auch die Veräußerung von Immobilien, die bereits abgeschrieben waren und nichts mit dem eigentlichen Geschäftszweck zu tun hatten.

So finden wir bei uns hier natürlich auch in allen Perioden eine ‚Null', die ich auch händisch eingegeben habe. Im Excel Tool finden Sie die Zeile mit gelber Farbe markiert. Würden wir während der Laufzeit der Investition Maschinenteile, also operativ genutzte Wirtschaftsgüter verkaufen, dann müssten wir diese auch nicht als außerordentliche, sondern unten den sonstigen betrieblichen Erträgen buchhalterisch berücksichtigen. Im Gegenzug sind diese dann natürlich beim Anlagespiegel ebenfalls als ‚Abgang' zu berücksichtigen, und damit fallen auch keine Abschreibungen mehr darauf an.

26 Diese Anlagenabgänge sollten Sie aber aus meiner Sicht generell auch nicht planen, da abhängig vom Datum des Abganges die Abschreibungen in den gegebenen Perioden dann unterschiedlich sind. Sollten Sie dennoch Abgänge haben, dann planen Sie das Verkaufsdatum der Einfachheit halber immer auf den 31.12. des laufenden Jahres, so dass in dieser laufenden Periode die Abschreibungen noch zu 100% berechnet werden.

Ich habe aber im Excel Tool die Möglichkeit für Anlagenabgänge nicht angelegt und möchte auch hier im Text nicht näher darauf eingehen, da diese Detailfragen den Rahmen dieses Buches sprengen würden. In der Praxis habe ich auch bei Investitionen in Maschinen und technisches Equipment solche Anlagenabgänge noch nie geplant.

Wir können daher auch die Zeilen EGT und Außerordentliches Ergebnis eigentlich ausblenden, so dass wir als Ergebnis des ‚Betriebsergebnisses minus Zinsen' sofort das Ergebnis vor Steuern erhalten.

Strukturierte Gewinn- und Verlustrechnung (GuV)

Jahre	1	2	3	4	5
Umsatz	1.000,00	1.100,00	1.200,00	1.300,00	1.400,00
Cash Kosten (Betrieb)	670,00	725,00	730,00	745,00	790,00
EBITD (Betr. Erg. v. AfA)	330,00	375,00	470,00	555,00	610,00
Abschreibungen	100,00	100,00	100,00	100,00	100,00
EBIT (Betriebsergebnis)	**230,00**	**275,00**	**370,00**	**455,00**	**510,00**
Zinsen	21,00	21,00	21,00	21,00	21,00
Ergebnis vor Steuern	**209,00**	**254,00**	**349,00**	**434,00**	**489,00**

Dann können wir erneut den nächsten Schritt angehen, die Berechnung der Steuern.

VI. Steuern

In unserem Fall ist die Steuerquote für die Investition mit 25,0% für alle Perioden vorgegeben. Die Berechnung der Steuerposition ist damit auch nicht schwierig. Jetzt haben wir allerdings bei länger laufenden Investitionen häufiger den Fall, dass im ersten (teilweise zu Beginn auch in mehreren Perioden) aufgrund von Anlaufschwierigkeiten Verluste eingefahren werden. 27

Die damit verbundenen Verluste werden in der GuV der Gesellschaft, die die Investition tätigt, aufgefangen und mit den positiven Erträgen aus anderen Aktivitäten ausgeglichen. Also stellt dies eigentlich auch kein Problem dar. Allerdings verlangt in unserem Fall die Bank eine GuV zum Investment und dann müssen wir natürlich auch Verluste berücksichtigen.

Generell heißt dies für uns zunächst einmal, dass wir in den Perioden mit einem negativen Vor-Steuer Ergebnis keine Steuern rechnen dürfen (Steuern also = ‚Null') und damit ist das Ergebnis vor Steuern identisch mit dem Jahresüberschuss, bzw. dann natürlich mit dem Jahresfehlbetrag.

So schön so gut und einfach. Aber es gibt in den meisten Ländern die Möglichkeit des so genannten Verlustvortrages[10]. Die Regelung des Verlustvortrages ist aber in jedem Land unterschiedlich und von daher kann keine pauschale Handhabung beschrieben werden. 28

Versuchen wir uns aber einmal an der deutschen Regelung, also kurz und nicht allumfassend zusammengefasst: ‚bis zu 1 Mio. € und darüber maximal 60%'.

In unserem Zahlenwerk ergibt sich überhaupt kein Verlustvortrag, da in allen Perioden positive Vor-Steuer Beträge ausgewiesen werden.

Wäre dies nicht der Fall, wird zunächst der Verlust von der ‚Freigrenze' in Höhe von 1.000.000 € in Abzug gebracht. Ist diese Grenze erreicht, wird ein negativer Wert ausgewiesen und auf der Basis dieses Wertes dann 60% berechnet, wobei der Betrag dann als absoluter Wert in Berechnung der Steuer eingeht.

10 Hier sagt der 2. Satz des § 10d EstG:
Nicht ausgeglichene negative Einkünfte, die nicht nach Absatz 1 abgezogen worden sind, sind in den folgenden Veranlagungszeiträumen bis zu einem Gesamtbetrag der Einkünfte von 1 Million Euro unbeschränkt, darüber hinaus bis zu 60 Prozent des 1 Million Euro übersteigenden Gesamtbetrags der Einkünfte vorrangig vor Sonderausgaben, außergewöhnlichen Belastungen und sonstigen Abzugsbeträgen abzuziehen (Verlustvortrag).

Berechnung potenzieller Verlustvorträge

Jahre	1	2	3	4	5	6
Ergebnis vor Steuern (T€)	**196,90**	**217,70**	**286,08**	**342,04**	**370,42**	**480,42**
Maximaler einmaliger Betrag (T€)	**1.000,00**					
darüber hinausgehend	**60,00%**					
Berechnung Verlustvortrag						
- Steuern (T€)	**49,23**	**54,43**	**71,52**	**85,51**	**92,605**	**120,105**
- Restlicher Freibetrag bei Verlusten (T€) **(über 1 Mio o.g. % Satz)**	0,00	0,00	0,00	0,00	0,00	0,00

29 Wir haben aber keine Verluste. Sollten aber jemals in Ihren Rechnungen Vor-Steuer Verluste ausgewiesen werden, bedenken Sie bitte 2 Sachverhalte:

- Jedes Land hat eigene Regeln zur Handhabung der Verlustvorträge. Bitte übernehmen Sie nicht einfach oben dargestellte bzw. im Excel Tool im Tabellenblatt ‚*Verlustvortrag*' zur Verfügung gestellte Berechnung.
- Bei kürzeren Laufzeiten können bereits einperiodische Verluste die gesamte Investition unrentabel machen. Bitte prüfen Sie dann genau, ob die anderen Perioden nicht zu positiv dargestellt wurden.

Jetzt sind wir fertig, die Gewinn- und Verlustrechnung steht auch komplett – da wir ohne Vor-Steuer Verluste durch die fünf Jahre kommen, ist auch die GuV eine wirkliche ‚Augenweide'.

Strukturierte Gewinn- und Verlustrechnung (GuV)

Jahre	1	2	3	4	5
Umsatz	1.000,00	1.100,00	1.200,00	1.300,00	1.400,00
Cash Kosten (Betrieb)	670,00	725,00	730,00	745,00	790,00
EBITD (Betr. Erg. v. AfA)	330,00	375,00	470,00	555,00	610,00
Abschreibungen	100,00	100,00	100,00	100,00	100,00
EBIT (Betriebsergebnis)	**230,00**	**275,00**	**370,00**	**455,00**	**510,00**
Zinsen	21,00	21,00	21,00	21,00	21,00
Ergebnis vor Steuern	**209,00**	**254,00**	**349,00**	**434,00**	**489,00**
Steuern	**52,25**	**63,50**	**87,25**	**108,50**	**122,25**
Jahresüberschuss	**156,75**	**190,50**	**261,75**	**325,50**	**366,75**

VII. Cash Flow

Einen Cash Flow nach Steuern und auf der Basis der Jahresüberschüsse können wir natürlich auch gleich ausweisen. Dieser Cash Flow ist nicht identisch mit dem Einzahlungsüberschuss (Cash Flow) aus der internen Betrachtung, sprich der eigentlichen Investitionsrechnung. 30

Dies kann ja auch gar nicht, da bei der Investitionsrechnung einerseits vor Steuern und andererseits ohne Fremdkapitalzinsen (diese sind ja im Gesamtkapitalkostensatz WACC integriert) gerechnet wurde. Die Basis für die Cash Flow Berechnung bei der Investitionsrechnung war damit das Betriebsergebnis.

Hier jedoch ist die Basis der Jahresüberschuss (letzte Zeile in der GuV)

Cash Flow Rechnung

Jahre	1	2	3	4	5
Jahresüberschuss	156,75	190,50	261,75	325,50	366,75
+ Abschreibungen	100,00	100,00	100,00	100,00	100,00
= Cash Flow	256,75	290,50	361,75	425,50	466,75

Wir haben übrigens aufgrund unseres Anlagenspiegels auch eine ‚Mini-Bilanz', sagen wir besser einen Vermögensnachweis mit den jeweiligen Buchwerten der Vermögensgegenstände nach Perioden.

E. Der HTC Vermögensnachweis

Die Details blenden wir aber nicht wieder ein, denn diese finden Sie ja im Anlagenspiegel selbst. 31

Zusammengefasst lässt sich aber das Vermögen bzw. die Vermögensentwicklung (Sachanlagevermögen in den Aktiva der Bilanz) leicht ausweisen.

Entwicklung der Sachanlagen zu Buchwerten

Jahre	1	2	3	4	5
Geschäftsvermögen					
zu Periodenanfang	500,00	400,00	300,00	200,00	100,00
zu Periodenende	400,00	300,00	200,00	100,00	0,00

Jetzt haben wir doch alles zusammen – eine tolle Investitionsrechnung mit vielfältigen vertiefenden Analysen und eine Gewinn – und Verlustrechnung als weiteres Zahlenwerk, besonders für die Banken.

Mit diesem Gedanken liegen Sie auch richtig, nur einen Punkt haben wir eigentlich noch immer nicht ganz sauber und auf das Wesentliche reduziert geklärt.

Wann ist eine Investitionsrechnung denn jetzt richtig gut, oder ab welchen Kenngrößen sollte man zufrieden sein?

Gute Frage, aber zu früh.

Wir müssen zunächst noch eine weitere Betrachtung abschließen. Wie sähe denn die GuV aus, hätten wir den falschen Ansatz bei den Investitionsrechnungen, also mit Einrechnung von kalkulatorischen Größen, weiter verfolgt.

F. Der falsche Investitionskostenansatz in der GuV

32 Wie war noch unsere Datenlage bei diesem (falschen) Ansatz? Richtig, wir hatten kalkulatorische Abschreibungen in Höhe von 30% angesetzt, jedoch darauf verzichtet, ebenfalls bei den Zinsen Zuschläge zu rechnen.

Abschreibungen in o.g. Kostenpositionen	ja				
Zinsen in o.g. Kostenpositionen	nein				
Kalkulatorische Zuschläge auf Abschreibungen	ja				
Kalkulatorische Zuschläge auf Zinsen	nein				
zusätzliche kalkulatorische AfA	30,00%		(Faktor zu bilanziellen AfA)		1,30
zusätzliche kalkulatorische Zinsen	0,00%		(Faktor zu bilanziellen Zinsen)		1,00
Bilanzielle AfA	100,00	100,00	100,00	100,00	100,00
Kalkulatorische AfA	130,00	130,00	130,00	130,00	130,00
Differenz	30,00	30,00	30,00	30,00	30,00
Bilanzielle Zinsen	21,00	21,00	21,00	21,00	21,00
Kalkulatorische Zinsen	21,00	21,00	21,00	21,00	21,00
Differenz	0,00	0,00	0,00	0,00	0,00

Somit ergab sich dann folgende Ausgangslage:

Datenmaterial für die Investitionsrechnung

Jahre	1	2	3	4	5	6
(Zusatz) Umsätze	1.000,00	1.100,00	1.200,00	1.300,00	1.400,00	
Prokos (Variable Kosten)	450,00	470,00	500,00	500,00	510,00	
Promotion	50,00	55,00	60,00	65,00	70,00	
Vertriebskosten	60,00	80,00	70,00	80,00	90,00	
(Fixe) Strukturkosten der Produktion (ohne AfA und Zinsen)	30,00	40,00	45,00	40,00	50,00	
+ Abschreibungen	100,00	100,00	100,00	100,00	100,00	
+ Zinsen	0,00	0,00	0,00	0,00	0,00	
+ kalkulatorische Aufschläge auf Abschreibungen	30,00	30,00	30,00	30,00	30,00	
+ kalkulatorische Aufschläge auf Zinsen	0,00	0,00	0,00	0,00	0,00	
(Fixe) Strukturkosten der Produktion (mit ev. (kalk) AfA und Zinsen)	160,00	170,00	175,00	170,00	180,00	
(Fixe) Strukturkosten der Administration	80,00	80,00	55,00	60,00	70,00	
Summe Kosten	800	855	860	875	920	

I. Falsche Deckungsbeiträge aufgrund falschen Investitionsverständnisses

Damit ergab sich folgende Ausgangslage, dargestellt als Deckungsbeitragsrechnung: 33

Deckungsbeitragsrechnung

		1	2	3	4	5
	Umsatz	**1.000,00**	**1.100,00**	**1.200,00**	**1.300,00**	**1.400,00**
-	Proportionale Kosten (ProKo)	450,00	470,00	500,00	500,00	510,00
=	**Deckungsbeitrag (DB) I**	**550,00**	**630,00**	**700,00**	**800,00**	**890,00**
-	Promotion	50,00	55,00	60,00	65,00	70,00
=	**Deckungsbeitrag (DB) II**	**500,00**	**575,00**	**640,00**	**735,00**	**820,00**
-	Vertriebskosten	60,00	80,00	70,00	80,00	90,00
=	**Deckungsbeitrag (DB) III**	**440,00**	**495,00**	**570,00**	**655,00**	**730,00**
-	Strukturkosten der Produktion	160,00	170,00	175,00	170,00	180,00
=	**Deckungsbeitrag (DB) IV**	**280,00**	**325,00**	**395,00**	**485,00**	**550,00**
-	Strukturkosten der Administration	80,00	80,00	55,00	60,00	70,00
=	**Deckungsbeitrag (DB) V = Standardergebnis**	**200,00**	**245,00**	**340,00**	**425,00**	**480,00**
	Geplante Umsatzrendite (Basis KORE)	**20,00%**	**22,27%**	**28,33%**	**32,69%**	**34,29%**

Die Ergebnisse aus der Investitionsrechnung spielen für die weiteren Betrachtungen keine Rolle, von daher wollen wir sie hier auch nicht wiederholen.

Sehr wohl müssen wir aber einen Blick in das Tabellenblatt ‚*Überleitungen*' werfen. Wir wissen ja, dass kalkulatorische Größen im externen Rechnungswesen, also in unserer GuV, nichts zu suchen haben. Daher müssen wir bei unseren Berechnungen sicherstellen, dass diese so aufgesetzt sind, dass auch wirklich keine Berücksichtigung stattfindet. 34

Also schauen wir rein. Den ersten Teil kennen wir schon von unserer oben dargestellten Ausgangslage.

Überleitungen in die GuV

Jahre	**1**	**2**	**3**	**4**	**5**
Bilanzielle AfA	**100,00**	**100,00**	**100,00**	**100,00**	**100,00**
Kalkulatorische AfA	**30,00**	**30,00**	**30,00**	**30,00**	**30,00**
Bilanzielle Zinsen	**21,00**	**21,00**	**21,00**	**21,00**	**21,00**
Kalkulatorische Zinsen	**0,00**	**0,00**	**0,00**	**0,00**	**0,00**

II. Richtige GuV aufgrund sauberer Überleitungen

35 Von wirklicher Bedeutung für uns ist auch vielmehr die Berechnung des ‚Sprungbretts' in die GuV, also dem Einzahlungsüberschuss vor Zinsen, Steuern und Abschreibungen ‚*EBITD' (Earnings before Interest, Taxes and Depreciation)*', da sich hier nur der Saldo der reinen Ein- und Auszahlungen, also Umsatz abzüglich *Cash-COGS* (C-COGS) errechnen darf.

Cash Flow Investitionsrechnung		200,00	245,00	340,00	425,00	480,00
+ Zinsen	bilanziell	0,00	0,00	0,00	0,00	0,00
	kalkulatorisch	0,00	0,00	0,00	0,00	0,00
	gesamt	0,00	0,00	0,00	0,00	0,00
+ AfA	bilanziell	100,00	100,00	100,00	100,00	100,00
	kalkulatorisch	30,00	30,00	30,00	30,00	30,00
	gesamt	130,00	130,00	130,00	130,00	130,00
= EBITD in GuV		330,00	375,00	470,00	555,00	610,00

Klasse, es passt, denn die Abschreibungen und die kalkulatorischen Zuschläge in Höhe von jeweils 30% werden sauber herausgerechnet. Bei den Zinsen hatten wir gesagt, dass weder richtig ermittelte, noch die kalkulatorischen Zinsen in die Investitionsrechnung eingegangen waren, und auch hier erfolgt jetzt der korrekte Ausweis zur Berechnung des EBITD in der GuV.

36 Es fällt aber auch auf, dass in beiden Fällen, also einmal mit und einmal ohne Ansatz von Abschreibungen und Zinsen, eventuell auch mit zusätzlichen kalkulatorischen Zuschlägen, das EBITD die gleichen Beträge ausweist und daher die GuV auch die richtige Basis für die Berechnung erhält.

Damit muss die GuV natürlich auch komplett wieder identisch mit dem ersten (richtigen Fall) sein.

Strukturierte Gewinn- und Verlustrechnung (GuV)

Jahre	1	2	3	4	5
Umsatz	1.000,00	1.100,00	1.200,00	1.300,00	1.400,00
Cash Kosten (Betrieb)	670,00	725,00	730,00	745,00	790,00
EBITD (Betr. Erg. v. AfA)	330,00	375,00	470,00	555,00	610,00
Abschreibungen	100,00	100,00	100,00	100,00	100,00
EBIT (Betriebsergebnis)	230,00	275,00	370,00	455,00	510,00
Zinsen	21,00	21,00	21,00	21,00	21,00
EGT	209,00	254,00	349,00	434,00	489,00
Außerordentliches Ergebnis	0,00	0,00	0,00	0,00	0,00
Ergebnis vor Steuern	209,00	254,00	349,00	434,00	489,00
Steuern	52,25	63,50	87,25	108,50	122,25
Jahresüberschuss	156,75	190,50	261,75	325,50	366,75

Na, da ist sie ja – wie beim ersten Mal.

Damit wissen wir außerdem, dass unser Excel Rechentool richtig aufgebaut ist.

Merke:

Unabhängig davon, ob wir in der Investitionsrechnung Abschreibungen und Zinsen als Kostenfaktor einbauen, eventuell sogar mit entsprechenden kalkulatorischen Zuschlägen, (beides ist falsch und damit kommt auch unsere Investitionsrechnung trotz richtiger Mathematik zu falschen Ergebnissen), muss die GuV immer gleich aussehen!

G. Zusammenfassung

Jetzt haben wir erneut unsere Investitionsrechnungen erweitert und zwar um die Gewinn- und Verlustrechnung. Wir haben nun auch die Perspektive des externen Rechnungswesens integriert. 37

Diese brauchen wir vor allen für die Kredit gebenden Banken, da diese sich mit den Berechnungen (auch wenn sehr detailliert) des internen Rechnungswesens sehr schwer tun.

Schauen wir uns, wie auch in den vorangehenden Kapiteln, unsere Erweiterung wieder in der Grafik an.

Bisher hatten wir nur die Perspektive des internen Rechnungswesens.

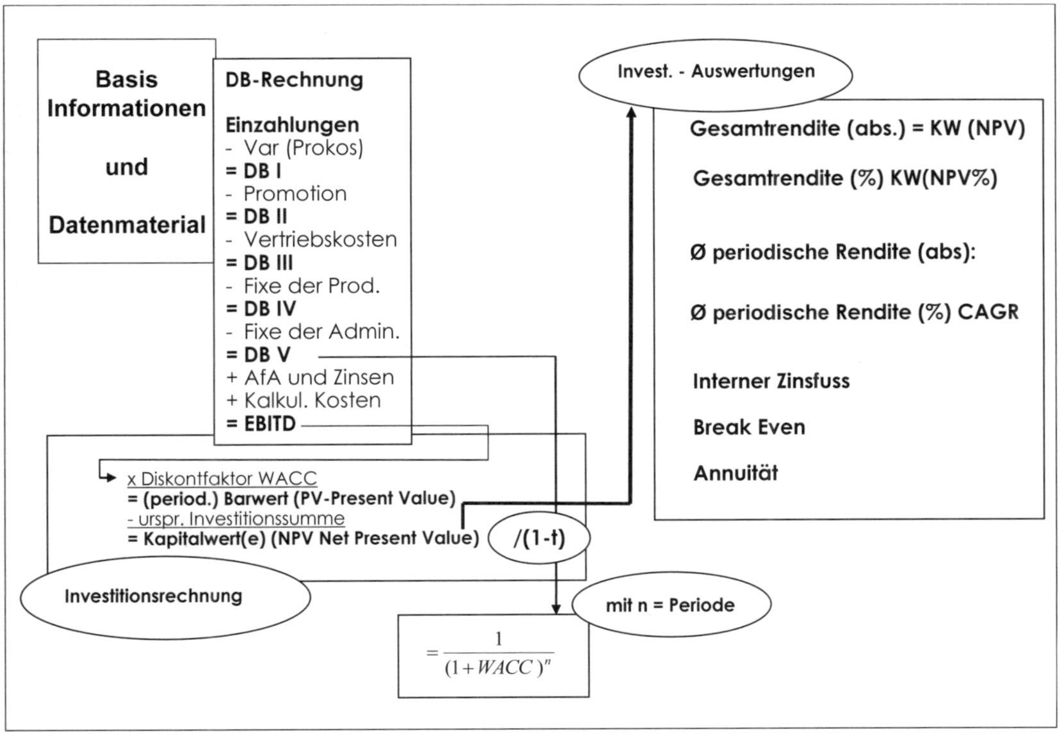

Diese ist jetzt erweitert um die GuV, also die Perspektive des externen Rechnungswesens

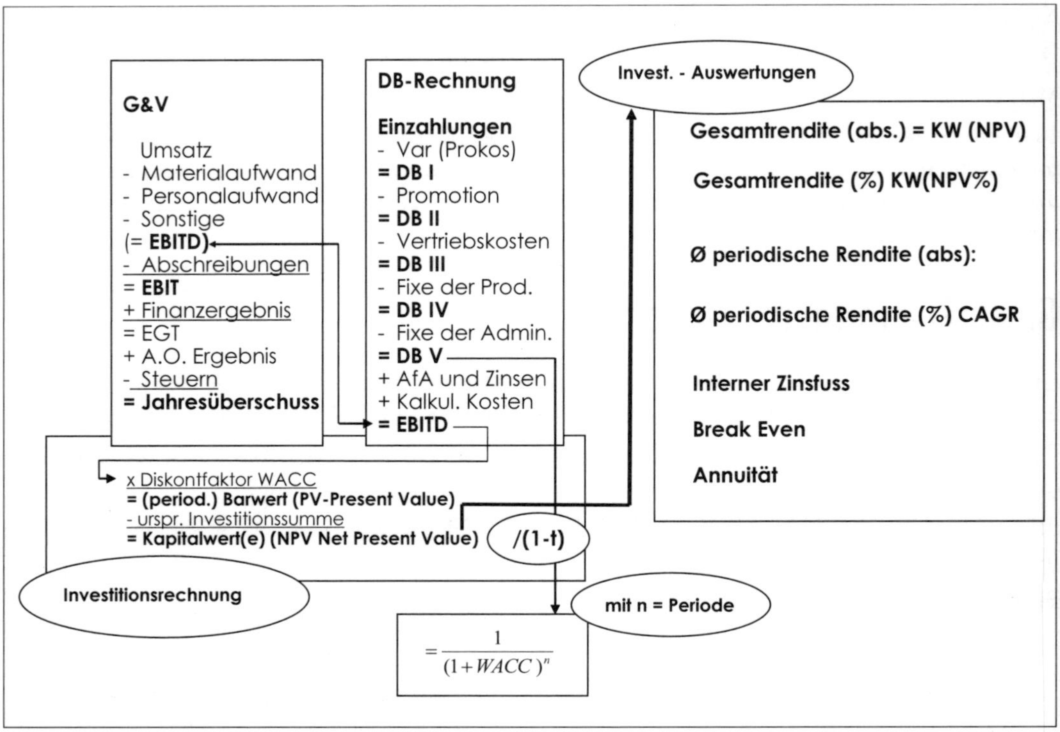

38 Damit wird auch ersichtlich, dass wir ebenfalls aus der anderen Richtung kommend Investitionsrechnungen erstellen können. Haben wir eine GuV, dann ist das *EBITD* unser ‚Sprungbrett' in die interne Rechnungslegung und damit in die Investitionsrechnung. Aus der GuV ermitteln wir uns die durchschnittlichen Fremdkapitalkosten k_d vor Steuern, in dem wir die Zinsen durch das Fremdkapital dividieren. Alle anderen notwendigen Angaben haben wir auch (Steuern, aus der GuV, Fremd- und Eigenkapital, aus der Bilanz).

Jetzt müssten Sie eigentlich hellhörig werden. Ja, in der Tat, wir hatten auch bei den klassischen Investitionsrechenansätzen mit Fremd- und Eigenkapital immer schon Daten des externen Rechnungswesens integriert. Diese sind nämlich immer identisch.

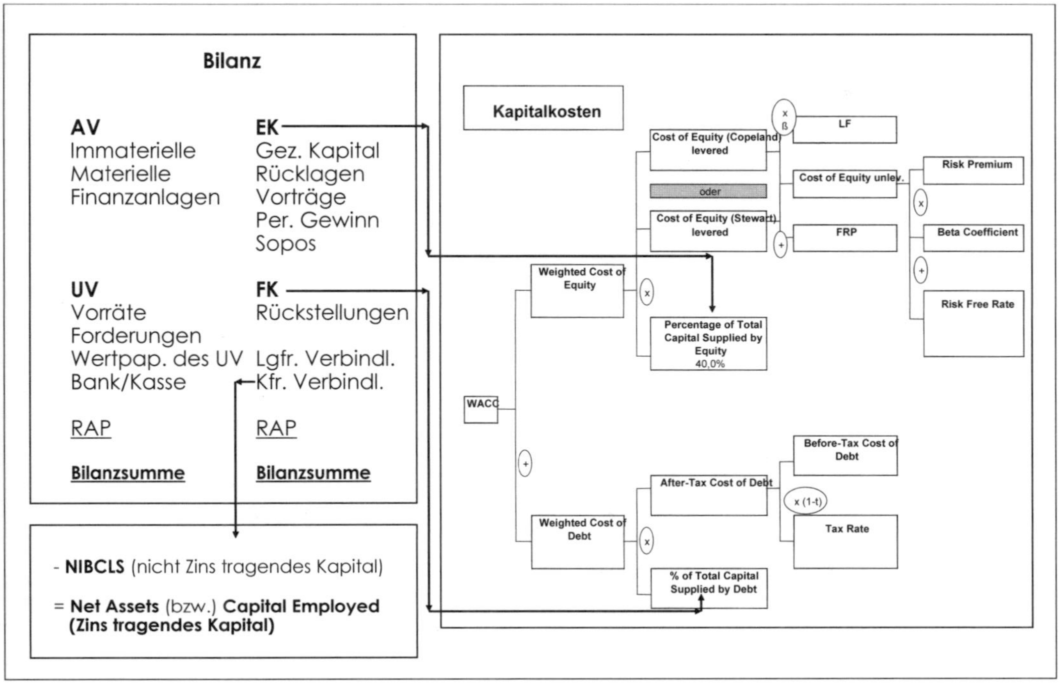

Dann können wir ja wieder weiter gehen. 39

Übrigens, vielleicht sind Sie darüber schon gestolpert. Wir ‚Finanzer' machen es halt immer ein wenig komplizierter. Unten links in der Kapitalkostenberechnungsgrafik sehen Sie einige unbekannte Begriffe. Wir sprechen immer vom Zins tragenden Kapital, in der Fachsprache ‚Capital Employed' oder ‚Net Assets', genannt. Auf diese Summe sind die Kapitalkosten zu berechnen. Damit fallen Verbindlichkeiten aus Lieferungen und Leistungen, da diese als nicht Zins tragend gelten, heraus.

Wir müssen also die nicht Zins tragenden Bestandteile herausrechnen und diese nennen wir in der Fachsprache die ‚*NICBLs*', die ‚Non Interest Bearing Current Liabilities'.

Hört sich nur kompliziert an, ist es aber nicht – wir machen es halt nur komplex, damit alle Nicht-Finanzer vor Ehrfurcht vor uns in die Knie gehen.

Dann können wir auch unser Flussdiagramm bezüglich unseres Analyseweges wieder erweitern. Der letzte Status, ohne die Gewinn- und Verlustrechnung, sah folgendermaßen aus.

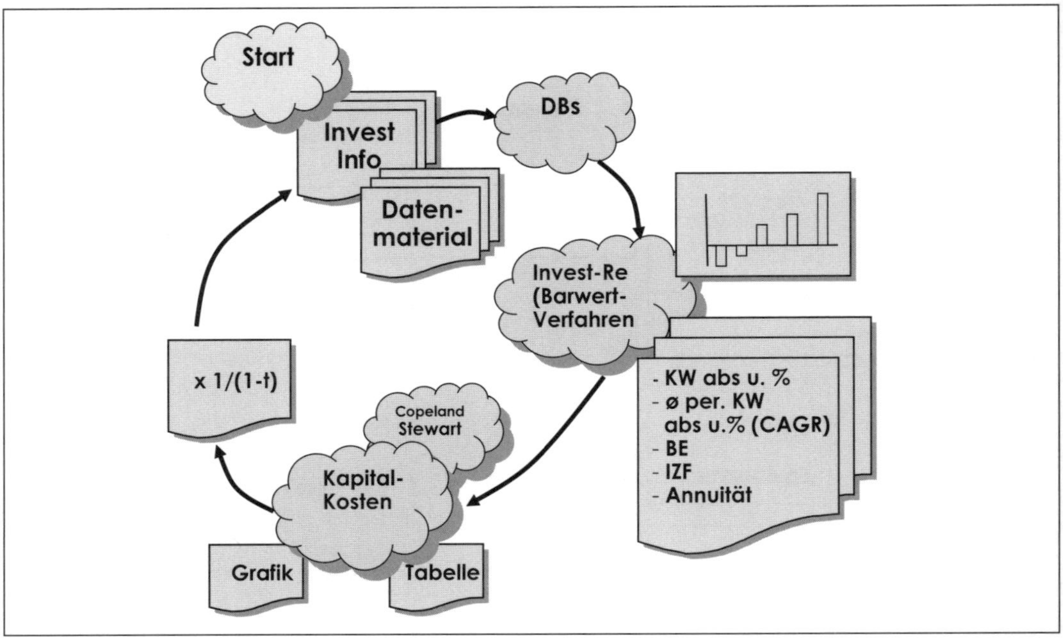

40 Jetzt haben wir unseren Weg aber nochmals um die GuV und den Vermögensnachweis (Kurzbilanz) erweitert.

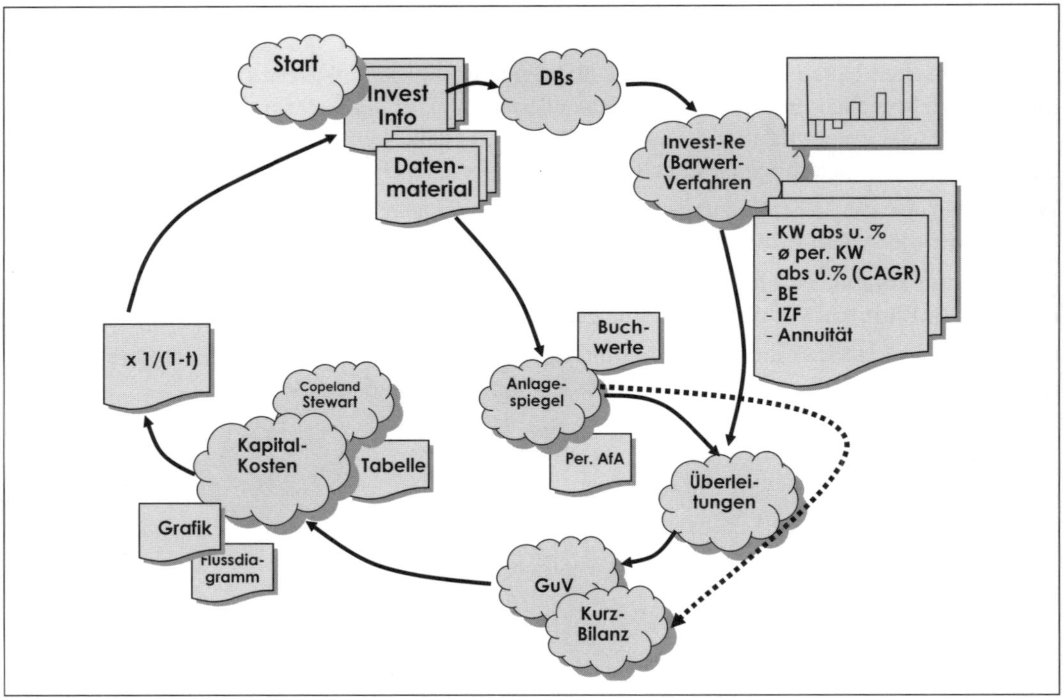

41 Das wird immer besser, oder?

In der Tat, das ist richtig aussagekräftig und ich bin jedes Mal wieder fasziniert, was man nicht alles aus ein paar Ausgangsdaten errechnen und darstellen kann.

Schwierig ist es aber allemal nicht.

§ 5 Auslandsinvestitionen und Vergleiche mit Investitionen im Inland

1 Beschäftigen wir uns jetzt zunächst mit der Frage, wie man alternative Investitionen an Standorten außerhalb unserer Ländergrenzen, also im Ausland berechnet.

Zunächst werden Sie denken, da können doch keine Unterschiede sein, aber da haben Sie nur teilweise Recht.

Sollte das Land Ihrer Investition schon feststehen, dann ist es einfach und Sie können alle bisherigen Rechnungen auch auf dieses Investment übertragen. Sie müssen lediglich den Steuersatz im Tabellenblatt ‚*Basis Investitionen*' verändern und dann die entsprechenden Parameter im Tabellenblatt ‚*Kapitalkostenberechnung*' ebenfalls anpassen. Besonders der risikofreie Satz r_f und die Risikoprämie r_p müssen entsprechend adaptiert werden. So weit, so schön.

Wenn sie allerdings mehrere potenzielle Standorte noch im Auge haben und eine Entscheidung ist nicht gefallen, dann müssen wir aufpassen, wenn wir Vergleiche anstellen.

A. Die Problematik bei Auslandsinvestitionen

2 Dies hat mit den Kapitalkosten zu tun. Bei der Berechnung der Kapitalkosten werden sowohl bei den Eigenkapital- als auch bei der Fremdkapitalkalkulation die jeweiligen Steuersätze mit eingerechnet und zwar immer in Form des ‚Tax Shield' bzw. Steuerschutzes (1-Steuersatz).

Dies hat zur Folge, dass es alleine durch unterschiedliche Steuersätze zu Verzerrungen im Ergebnisvergleich (bei verschiedenen Länderalternativen) kommen muss. Steuerliche Anreize bzw. niedrige Steuersätze sind natürlich von hoher Bedeutung für die Wahl eines Standortes, aber diese Steuerregelungen sind auch schnell wieder durch die entsprechenden Regierungen verändert und dann, natürlich besonders bei Steuererhöhungen zum Beispiel als Folge einer Krise, ist die ganze ursprüngliche Rechnung auf einmal nicht mehr relevant und richtig.

3 Weitere Verzerrungen können auch aus der Art der Finanzierung erfolgen. Es ist durchaus möglich, dass in einem Land A eine höhere Fremdkapitalquote aufgrund der niedrigeren Steuersätze von Vorteil ist. Dieser andere ‚Leverage' (FK/EK) führt natürlich auch wieder zu Verzerrungen im Kapitalkostensatz WACC, da auch der ‚Leverage' in der Kapitalkostenformel eine Rolle spielt.

Daher schlage ich vor, in einem ersten Rechenschritt ohne steuerliche Verzerrungen bei Vergleichen zu rechnen, also die operativen Kosten(vorteile) im Vordergrund stehen zu lassen und dann auch die steuerlichen „Zusatzvorteile" in einem zweiten Schritt zu integrieren.

4 Die Kapitalkosten, mit denen wir abzinsen, beinhalten aber immer die jeweilige Steuergröße und damit haben wir bei Nutzung des durchschnittlichen gewichteten Gesamtkapitalkostensatzes WACC als Abzinsungsgröße bereits eine doppelte Verzerrung, sowohl auf der Eigen- als auch auf der Fremdkapitalkostenseite.

Schauen wir uns die entsprechenden Berechnungen nochmals an.

Die Gesamtformel, hier zuerst mit der ‚Leverage' Berechnung nach Stewart, sah folgendermaßen aus.

$$WACC = \left[\left[\left[r_f + \beta \times (r_m - r_f)\right] + \left[(1-t) \times \frac{FK}{EK} \times (k_{e\ unlev} - k_d)\right]\right] \times \frac{EK}{EK+FK}\right] + \left[kd \times (1-t) \times \frac{FK}{EK+FK}\right]$$

Bitte bedenken Sie jetzt, dass wir die Kapitalkosten Schritt für Schritt berechnet haben und dann bei einer solchen sukzessiven Vorgehensweise diese Formel komplett ihren Schrecken verloren hatte.

Mit Copeland's Ansatz zur Kapitalkostenberechnung sieht der WACC als durchgehende Formel auch nicht besser aus…

$$WACC = \left[\left[\left[r_f + \beta \times \left[1 + (1-t) \times \frac{FK}{EK}\right] \times \left(r_m - r_f\right)\right]\right] \times \frac{EK}{EK + FK}\right] + \left[kd \times (1-t) \times \frac{FK}{EK + FK}\right]$$

5 …, allerdings wird in beiden Gesamtformeln schön deutlich, dass der Steuersatz t sowohl bei der Berechnung der Eigen- als auch der Berechnung der Fremdkapitalkosten eingerechnet wird und dies jeweils als o.g. ‚Tax Shield' bzw. Steuerschutz (1 – t).

Wie rechnen wir dann also?

B. Beispielhafte Darstellung anhand des HTC Investments

6 Nehmen wir uns unsere Investitionsrechnung nochmals vor und zwar:

- den richtigen (Kosten)Ansatz, also ohne Abschreibungen, Zinsen und kalkulatorische Zuschläge
- mit den Kapitalkostenvorgaben nach Copeland

Wir nehmen außerdem an, dass der risikofreie Satz r_f und die Risikoprämie r_p von uns auch adaptiert wurden, wobei dies in Wirklichkeit hier nicht gemacht wurde. Allerdings habe ich den Steuersatz auf beispielhafte 19,0% reduziert. Somit sieht unsere Investitionsrechnung von den Einstellungen her folgendermaßen aus:

Basis Informationen

Anfangsinvestition t_0	500,00	Fertigstellung Ende t_0
Restwert n. Laufzeit	0,0	(Basis Zeitwert)
Afa (linear) p.a.	20,0%	
Steuern	19,0%	
Bankzins	6,0%	nur Zinsdienst, Tilgung erst am Ende der Laufzeit (endfällige Tilgung)
EK-Quote	30,0%	
FK-Quote	70,0%	
Laufzeit (Jahre)	5	

Kapitalkosten (Abzinsungssatz)			
Vorgabe-Zins nach Steuern	10,00%		
	8,79%	Rechen-Zins vor Steuern	10,85%

Auswahl des WACC	1	"1" für mathematisch sauberen WACC. ansonsten "0" eingeben	
Auswahl des Ansatzes (bei Nutzung der mathematisch ermittelten Kapitalkosten)	Copeland	1	8,79%
	Stewart	0	

7 Sie sehen, wir arbeiten jetzt aufgrund des von 25% auf 19% reduzierten Steuersatzes mit einem mathematisch ermittelten WACC nach Copeland in Höhe von 8,79% nach Steuern, die Investitionsrechnung selbst wird dann mit dem Vor-Steuersatz von 10,85% gerechnet.

Vielleicht sind Sie jetzt überrascht, sehen Sie doch einen höheren WACC (im Vergleich zu 8,33% bei einem Steuersatz von 25,0%). Aber das ist logisch. Mit reduziertem Steuersatz, sinkt auch das Volumen der durch die steuerliche Abzugsfähigkeit eingeräumten Ersparnisse. Somit muss der WACC steigen!

Bei der Besteuerung der Überschüsse (Steuern in der GuV) hingegen tritt dann sehr wohl eine Verbesserung auf, da insgesamt 6,0% weniger Steuerbelastung ansteht und diese Verbesserung in fast allen Fällen die Verschlechterung beim WACC überkompensiert. 8

Die Ergebnisse der Investitionsrechnung sehen jetzt folgendermaßen aus.

Investitionsrechnung

Jahre	1	2	3	4	5
Cash Flow - Einzahlungsüberschuss	330,00	375,00	470,00	555,00	610,00
Restwert (Liquidationserlöse)					0,00
Gesamt	330,00	375,00	470,00	555,00	610,00
Diskontfaktor	0,90	0,81	0,73	0,66	0,60
Diskontierter CF	297,70	305,19	345,07	367,60	364,49
Kum. Diskontierte CF (Kapitalwert)	297,70	602,90	947,97	1.315,57	1.680,07 1.180,07
Kapitalwerte der Cash Flows	-202,30	102,90	447,97	815,57	1.180,07

Als wir diese Investition mit einem Steuersatz in Höhe von 25,0% rechneten, hatten wir bei ansonsten gleichen Ausgangsbedingungen, außer bei den unterschiedlichen steuerlich bedingten Kapitalkosten nach Copeland in Höhe von 8,33% nach Steuern, folgendes Ergebnis gesehen. 9

Investitionsrechnung

Jahre	1	2	3	4	5
Cash Flow - Einzahlungsüberschuss	330,00	375,00	470,00	555,00	610,00
Restwert (Liquidationserlöse)					0,00
Gesamt	330,00	375,00	470,00	555,00	610,00
Diskontfaktor	0,90	0,81	0,73	0,66	0,59
Diskontierter CF	297,03	303,81	342,73	364,28	360,38
Kum. Diskontierte CF (Kapitalwert)	297,03	600,84	943,57	1.307,85	1.668,23 1.168,23
Kapitalwerte der Cash Flows	-202,97	100,84	443,57	807,85	1.168,23

Nochmals, bedenken Sie, dass es sich bei der Investitionsrechnung hier um Vor-Steuer Kalkulationen handelt, nur aus diesem Grund liegen die Kapitalwerte trotz 6% Steuerdifferenz noch so nah beisammen und nur aus diesem Grund kommt die Berechnung mit 19% Steuersatz zu einem geringen Kapitalwert. 10

In der entsprechenden GuV dazu sieht es ganz anders aus. Wir hatten die Überleitung in das externe Rechnungswesen ja auch schon besprochen und gerechnet, von daher können wir jetzt auch die GuVs vergleichen, denn wir wollen ja hier praxisnah arbeiten und nicht auf Aussagen Dritter und von mir blind vertrauen. Bis zum Ergebnis vor Steuern werden wir identische Zahlen sehen, dann allerdings werden die Differenzen aufgrund der unterschiedlichen Steuersätze deutlich.

11 Schauen wir uns zunächst die GuV bei 19% Steuersatz

Strukturierte Gewinn- und Verlustrechnung (GuV)

Jahre	1	2	3	4	5
Umsatz	1.000,00	1.100,00	1.200,00	1.300,00	1.400,00
Cash Kosten (Betrieb)	670,00	725,00	730,00	745,00	790,00
EBITD (Betr. Erg. v. AfA)	330,00	375,00	470,00	555,00	610,00
Abschreibungen	100,00	100,00	100,00	100,00	100,00
EBIT (Betriebsergebnis)	230,00	275,00	370,00	455,00	510,00
Zinsen	21,00	21,00	21,00	21,00	21,00
EGT	209,00	254,00	349,00	434,00	489,00
Außerordentliches Ergebnis	0,00	0,00	0,00	0,00	0,00
Ergebnis vor Steuern	209,00	254,00	349,00	434,00	489,00
Steuern	39,71	48,26	66,31	82,46	92,91
Jahresüberschuss	169,29	205,74	282,69	351,54	396,09

12 Die GuV bei 25% Steuersatz weist natürlich geringere Jahresüberschüsse bei ansonsten identischen Werten aus. Hier sehen wir die 6,0% Steuerdifferenz genau.

Strukturierte Gewinn- und Verlustrechnung (GuV)

Jahre	1	2	3	4	5
Umsatz	1.000,00	1.100,00	1.200,00	1.300,00	1.400,00
Cash Kosten (Betrieb)	670,00	725,00	730,00	745,00	790,00
EBITD (Betr. Erg. v. AfA)	330,00	375,00	470,00	555,00	610,00
Abschreibungen	100,00	100,00	100,00	100,00	100,00
EBIT (Betriebsergebnis)	230,00	275,00	370,00	455,00	510,00
Zinsen	21,00	21,00	21,00	21,00	21,00
EGT	209,00	254,00	349,00	434,00	489,00
Außerordentliches Ergebnis	0,00	0,00	0,00	0,00	0,00
Ergebnis vor Steuern	209,00	254,00	349,00	434,00	489,00
Steuern	52,25	63,50	87,25	108,50	122,25
Jahresüberschuss	156,75	190,50	261,75	325,50	366,75

Wir können uns auch die weiteren Analyseergebnisse in beiden Fällen anschauen. Die besseren Ergebnisse sehen wir nach vor im Fall des höheren Steuersatzes. 13

Ursprünglicher Fall: 25,0% Steuersatz

Weitergehende Analysen und Ergebnisse

Kapitalwert (NPV) absolut

$$K_0 = -A_0 + \sum_{t=1}^{n} \frac{CF_n}{(1+i)^n}$$

1.068,65

Kapitalwert (NPV) in %

$$KW(\%) = \frac{KW(abs.)}{A_0} \times 100$$

213,73%

CAGR in %

$$CAGR_{(\%)} = \left(\sqrt[n]{1 + \frac{KW}{A_0}} - 1\right) \times 100$$

25,69%

Break Even

Weg 1

$$BreakEven = Periode von\ C1 - \frac{C1}{C2 - C1}$$

mit Periode c_1 = letzter negativer Kaptialwert
Kapitalwert Periode c_1 (letzter neg. KW)
Kapitalwert Periode c_2 (erster pos. KW)

Weg 2

$$BreakEven = \frac{|L_1|}{L_2 \div 12} Monate$$

im Jahr des 1. positiven Kapitalwertes

Jahre	**1**	**2**	**3**	**4**	**5**
Weg 1: BE nach Jahren	-	1,72	-	-	-
Weg 2: BE nach Monaten	-	8,58	-	-	-

Annuität

$$An = K_0 \times \frac{(1+i)^n \times i}{(1+i)^n - 1}$$

306,31

Interner Zinsfuß IZF
Regula-Falsi Formel

$$IZF = i_1 + K_1 \times \frac{i_2 - i_1}{K_1 - K_2}$$

Vor-St. **77,88%**
Nach-St. **58,41%**

Schauen wir uns im direktem Vergleich nun die Investitionsauswertungen bei einer Auslandsinvestition mit reduziertem Steuersatz 19% an. 14

Weitergehende Analysen und Ergebnisse

Kapitalwert (NPV) absolut

$$K_0 = -A_0 + \sum_{t=1}^{n} \frac{CF_n}{(1+i)^n}$$

1.180,07

Kapitalwert (NPV) in %

$$KW(\%) = \frac{KW(abs.)}{A_0} \times 100$$

236,01%

CAGR in %

$$CAGR_{(\%)} = \left(\sqrt[n]{1+\frac{KW}{A_0}} - 1\right) \times 100$$

27,43%

Break Even

Weg 1

$$BreakEven = Periode\,von\;C1 - \frac{C1}{C2 - C1}$$

mit Periode c_1 = letzter negativer Kaptialwert
Kapitalwert Periode c_1 (letzter neg. KW)
Kapitalwert Periode c_2 (erster pos. KW)

Weg 2

$$BreakEven = \frac{|L_1|}{L_2 \div 12} Monate$$

im Jahr des 1. positiven Kapitalwertes

Jahre	**1**	**2**	**3**	**4**	**5**
Weg 1: BE nach Jahren	-	1,66	-	-	-
Weg 2: BE nach Monaten	-	7,95	-	-	-

Annuität

$$An = K_0 \times \frac{(1+i)^n \times i}{(1+i)^n - 1}$$

318,07

Interner Zinsfuß IZF
Regula-Falsi Formel

$$IZF = i_1 + K_1 \times \frac{i_2 - i_1}{K_1 - K_2}$$

Vor-St. **78,00%**
Nach-St. **63,18%**

Das ist alles richtig und logisch.

Jetzt gehen wir noch einen Schritt weiter.

C. Trennung der operativen und steuerlich geprägten Einflüsse

15 In Ländern mit geringeren Steuersätzen als bei uns (z. B. Polen, Slowenien, Tschechische Republik, etc…) sehen wir i.d.R. auch geringere Lohnkosten.

Nehmen wir einmal an, dass wir die variablen Kosten in jeder Periode um 100 senken können und bei den fixen Kosten der Administration auch noch einmal 20 pro Periode im entsprechenden Ausland einzusparen wären.

Dann sähe unsere Ausgangssituation jetzt aber komplett anders aus.

Datenmaterial für die Investitionsrechnung

Jahre	1	2	3	4	5	6
(Zusatz) Umsätze	1.000,00	1.100,00	1.200,00	1.300,00	1.400,00	
Prokos (Variable Kosten)	350,00	370,00	400,00	400,00	410,00	
Promotion	50,00	55,00	60,00	65,00	70,00	
Vertriebskosten	60,00	80,00	70,00	80,00	90,00	
(Fixe) Strukturkosten der Produktion (ohne AfA und Zinsen)	30,00	40,00	45,00	40,00	50,00	
+ Abschreibungen und Zinsen	0,00	0,00	0,00	0,00	0,00	
+ Zinsen	0,00	0,00	0,00	0,00	0,00	
+ kalkulatorische Aufschläge auf Abschreibungen	0,00	0,00	0,00	0,00	0,00	
+ kalkulatorische Aufschläge auf Zinsen	0,00	0,00	0,00	0,00	0,00	
(Fixe) Strukturkosten der Produktion (mit ev. (kalk) AfA und Zinsen)	30,00	40,00	45,00	40,00	50,00	
(Fixe) Strukturkosten der Administration	60,00	60,00	35,00	40,00	50,00	
Summe Kosten	550	605	610	625	670	

5

Und damit hat sich auch die Investitionsrechnung bei weitem verbessert. Jetzt wirken die geringeren Kapitalkosten zwar noch immer kontraproduktiv, allerdings helfen uns die geringeren in erster Linie variablen Kosten (vor allem Personalkosten) deutlich, das negative Moment der Kapitalkosten zu übertrumpfen. 16

Der Kapitalwert steigt auf 1.625,27.

Investitionsrechnung

Jahre	1	2	3	4	5
Cash Flow - Einzahlungsüberschuss	450,00	495,00	590,00	675,00	730,00
Restwert (Liquidationserlöse 31.12.)					0,00
Gesamt	450,00	495,00	590,00	675,00	730,00
Diskontfaktor	0,90	0,81	0,73	0,66	0,60
Diskontierter CF	405,96	402,85	433,18	447,08	436,19
Kum. Diskontierte CF	405,96	808,82	1.241,99	1.689,08	2.125,27
(Kapitalwert)					1.625,27
Kapitalwerte der Cash Flows	-94,04	308,82	741,99	1.189,08	1.625,27

Die GuV ist natürlich auch noch mit weiter strahlendem Outfit angetreten, da hier Einsparungen bei den variablen Kosten und bei den Steuern sichtbar werden, also ein doppelter Effekt. 17

Dies ist auch sehr beeindruckend…

Strukturierte Gewinn- und Verlustrechnung (GuV)

Jahre	1	2	3	4	5
Umsatz	1.000,00	1.100,00	1.200,00	1.300,00	1.400,00
Cash Kosten (Betrieb)	550,00	605,00	610,00	625,00	670,00
EBITD (Betr. Erg. v. AfA)	450,00	495,00	590,00	675,00	730,00
Abschreibungen	100,00	100,00	100,00	100,00	100,00
EBIT (Betriebsergebnis)	350,00	395,00	490,00	575,00	630,00
Zinsen	21,00	21,00	21,00	21,00	21,00
EGT	329,00	374,00	469,00	554,00	609,00
Außerordentliches Ergebnis	0,00	0,00	0,00	0,00	0,00
Ergebnis vor Steuern	329,00	374,00	469,00	554,00	609,00
Steuern	62,51	71,06	89,11	105,26	115,71
Jahresüberschuss	266,49	302,94	379,89	448,74	493,29

18 …allerdings ohne GuV wäre nicht so deutlich geworden, woher eigentlich die Verbesserungen kommen.

Übrigens ist dies noch ein Grund (neben der Forderung der Banker), warum zusätzlich zu den klassischen internen Auswertungen von Investitionen mittels Kapitalwert, CAGR, Break Even, Annuität und Internem Zinsfuß auch eine GuV erstellt werden sollte.

In der Praxis ist dieses Problem aber immanent, da Investitionsrechnungen meist im Controlling, die GuVs dazu aber im externen Rechnungswesen erstellt werden. Der Controller / die Controllerin kann mit seinen/ihren Analysen meist nur schwer eine Trennung zwischen den beiden o.g. Verbesserungsparametern (Steuern und operative Einsparungen) erkennen, da die Steuern im WACC enthalten sind, ansonsten die Investitionsrechnungen aber so Steuern gerechnet werden.

Schauen Sie einmal in die Detailberechnungen mit 19% Steuersatz und operativen Einsparungen bei den Personalkosten. Von woher und zu welchem Anteil kommen denn die Verbesserungen?

Weitergehende Analysen und Ergebnisse

Kapitalwert (NPV) absolut $$K_0 = -A_0 + \sum_{t=1}^{n} \frac{CF_n}{(1+i)^n}$$ **1.625,27**

Kapitalwert (NPV) in % $$KW\,(\%) = \frac{KW\,(abs.)}{A_0} \times 100$$ **325,05%**

CAGR in % $$CAGR_{(\%)} = \left(\sqrt[n]{1 + \frac{KW}{A_0}} - 1 \right) \times 100$$ **33,56%**

Break Even

Weg 1 $$BreakEven = Periode von\ C1 - \frac{C1}{C2 - C1}$$

mit Periode c_1 = letzter negativer Kaptialwert
Kapitalwert Periode c_1 (letzter neg. KW)
Kapitalwert Periode c_2 (erster pos. KW)

Weg 2 $$BreakEven = \frac{|L_1|}{L_2 \div 12} Monate$$ im Jahr des 1. positiven Kapitalwertes

Jahre	1	2	3	4	5
Weg 1: BE nach Jahren	-	1,23	-	-	-
Weg 2: BE nach Monaten	-	2,80	-	-	-

Annuität $$An = K_0 \times \frac{(1+i)^n \times i}{(1+i)^n - 1}$$ **438,07**

Interner Zinsfuß IZF
Regula-Falsi Formel $$IZF = i_1 + K_1 \times \frac{i_2 - i_1}{K_1 - K_2}$$ **Vor-St.** **84,87%**
Nach-St. **68,74%**

Es gibt außerdem einen Spruch, den ich für sehr merkenswert in diesem Zusammenhang erachte: 19

Mit Steuern sollte man nicht steuern!

Daher schlage ich immer den o.g. doppelten Weg, Trennung der steuerlichen und operativen Vorteile, bei Vergleichen bzw. bei Investitionen im Ausland vor. Diesen Weg habe ich von der ‚Airline' Industrie gelernt.

Nehmen wir einmal die ‚*Lufthansa*', die in der ‚Star Alliance' Mitglied ist. Die Mitglieder vergleichen natürlich die Rendite der Flugzeuge untereinander. Und hier gibt es für Maschinen, die geleast oder gekauft wurden, unterschiedliche Modelle.

Die ‚*Lufthansa*' möchte jetzt mit ‚*Singapore Airlines*' die Rentabilität eines Airbus A 340 (Langstreckenflugzeug) vergleichen und hat, wenn man nach den Regeln der Investitionsrechnung mit Abzinsung zukünftiger Cash Flows geht, sofort das Problem, dass die Ergebnisse schon durch die unterschiedlichen Steuern und der daraus unterschiedlichen Gesamtkapitalkosten WACC nicht vergleichbar sind, selbst wenn man vereinbart, auf einer Vor-Steuer Basis zu rechnen. 20

Die Kapitalkosten werden nun einmal zunächst aufgrund des ‚*Tax-Shield*' auf einer Nach-Steuer Basis berechnet und dann mittels Division durch das *Tax Shield* (1- t) erst auf die Vor-Steuer Basis zurückgerechnet, die wir bei klassischen Investitionsrechnungen benötigen.

21 Daher rechnet man für den Vergleich jetzt erst einmal ohne Diskontierung mittels WACC (weil der ja steuerlich beeinflusst ist). Dafür gibt es dann den Begriff ‚*QIKV*[1] – *Qualifizierte Interne Kapital Verzinsung*'. Im zweiten Schritt ergänzt man die Ergebnisse um die Resultate aus unterschiedlichen Finanzierungen und Kapitalkosten, die wiederum steuerliche Unterschiede beinhalten.

Das erste Ergebnis ist so natürlich nur eingeschränkt richtig. Weil aber zunächst nur Einzahlungsüberschüsse (ohne Art und Kosten der Finanzierung: Eigen- und Fremdkapital) der zur Investition anstehenden Wirtschaftsgüter / in den Länderalternativen analysiert bzw. verglichen werden, ist ein Vergleich auf rein operativer Ebene damit sofort gegeben.

Investitionsrechnung

Jahre	1	2	3	4	5
Cash Flow - Einzahlungsüberschuss	450,00	495,00	590,00	675,00	730,00
Restwert (Liquidationserlöse)					0,00
Gesamt	450,00	495,00	590,00	675,00	730,00
Kumunlierte Cash Flows	450,00	945,00	1.535,00	2.210,00	2.940,00 2.440,00
Netto' Cash Flows	-50,00	445,00	1.035,00	1.710,00	2.440,00

22 Sie sehen, es wird keine Abzinsung der zukünftigen Cash Flows vorgenommen. Daher bleiben die Art der Finanzierung und darauf aufbauende Finanzierungskosten sowie daraus resultierende und generelle steuerliche Verzerrungen zunächst außen vor.

Das Ergebnis habe ich ‚Netto' Cash Flow genannt, der Begriff ‚Kapitalwert' ist nicht mehr passend. ‚*Netto*' soll aber auch zum Ausdruck bringen, dass das ursprüngliche Investment in Höhe von 500 T€ sehr wohl in Abzug gebracht wurde.

Ein Vergleich vor Finanzierung und steuerlicher Unterschiede ist damit sehr leicht. Wir können hier natürlich auch wieder die bekannten Grafiken dafür zeigen, aber darauf möchte ich eigentlich verzichten, da sie uns hier nicht weiter nützen. Im Excel Tool im Tabellenblatt ‚*QIKV*' finden Sie aber diese Diagramme.

Außerdem finden Sie dort auch wieder ein paar vertiefende Analysen zum ‚*QIKV*' Ansatz, auf die ich hier aber auch verzichten möchte.

D. Operative und steuerlich geprägte Einflüsse im Vergleich

23 Wir sehen nun übrigens auch sehr schön, wie viel vom Ergebnis in den einzelnen Perioden und im gesamten Verlauf durch die Finanzierungsarten und -fragen sowie steuerliche Unterschiede beeinflusst ist.

Schauen wir noch einmal auf die Kalkulation mit Kapitalkosten und

1 Bitte seien Sie vorsichtig, wenn Sie diesen Begriff in Excel bei den Funktionen suchen. Diesen Begriff gibt es in der Tat, es wird aber etwas anderes berechnet!

- Steuersatz 19,0%,
- Diskontierung über WACC nach Copeland, damit Berücksichtigung der Finanzierung und der steuerlichen Unterschiede.

Investitionsrechnung

Jahre	1	2	3	4	5
Cash Flow - Einzahlungsüberschuss	450,00	495,00	590,00	675,00	730,00
Restwert (Liquidationserlöse)					0,00
Gesamt	450,00	495,00	590,00	675,00	730,00
Diskontfaktor	0,90	0,81	0,73	0,66	0,60
Diskontierter CF	405,96	402,85	433,18	447,08	436,19
Kum. Diskontierte CF (Kapitalwert)	405,96	808,82	1.241,99	1.689,08	2.125,27 1.625,27
Kapitalwerte der Cash Flows	-94,04	308,82	741,99	1.189,08	1.625,27

Jetzt brauchen wir die Kapitalwerte und ‚Netto' Cash Flows (ohne steuerlich geprägte Finanzierungskosten) nur vergleichen. 24

Vergleich "richtige" Investitionsrechnung und QIKV

Jahre	1	2	3	4	5
Netto' Cash Flows	-50,00	445,00	1.035,00	1.710,00	2.440,00
Kapitalwerte der Cash Flows	-94,04	308,82	741,99	1.189,08	1.625,27
Finanzierungs- und steuerliche Unterschiede	44,04	136,18	293,01	520,92	814,73

Und wir sehen in der daraus abgeleiteten Grafik auch sehr schön, dass die beiden o.g. Posten wirklich einen großen Einfluss haben. 25

Ich habe auch die berechneten periodischen Kapitalwerte und ‚Netto' Cash Flows in der Tabelle darunter noch einmal explizit ausgewiesen bzw. gegenüber gestellt.

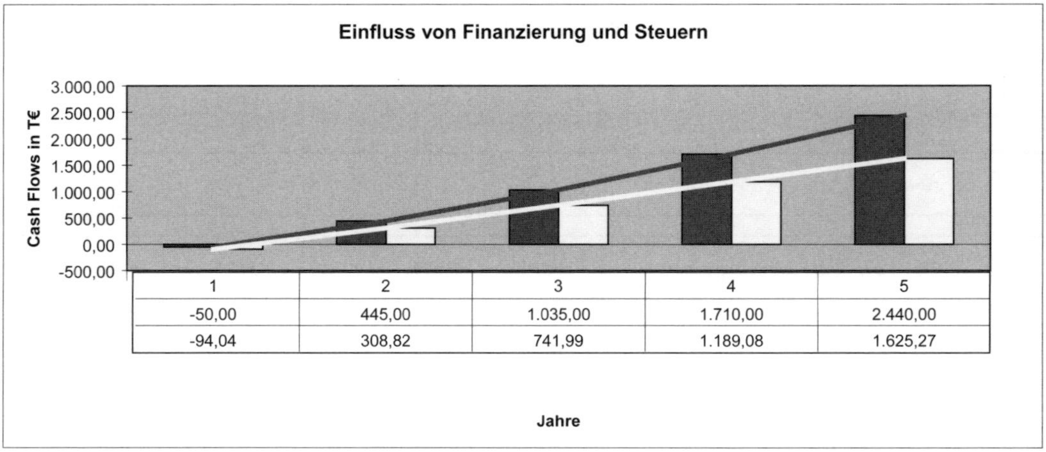

26 Die obere Datenreihe bzw. Linie als Verbindung der höheren Säulen zeigt die Entwicklung der ‚Netto' Cash Flows, also der Einzahlungsüberschüsse nach ursprünglichem Investment, aber vor Finanzierungskosten (WACC) und damit ohne steuerliche Einflüsse bzw. bei Vergleichen steuerliche Verzerrungen.

Die untere Datenreihe bzw. Linie als Verbindung der niedrigeren Säulen zeigt die Entwicklung der Kapitalwerte (um das ursprüngliche Investment korrigierte kumulierte Barwerte der Einzahlungsüberschüsse), also nach Finanzierungskosten (WACC) und damit inklusive steuerliche Einflüsse bzw. bei Vergleichen steuerliche Verzerrungen.

27 Die operativen Vorteile einerseits und dann im zweiten Schritt Finanzierungs- und steuerliche Fragen andererseits sollten beim Vergleich von alternativen Auslandsinvestitionen den Ausschlag geben und die obige Grafik ist in idealer Weise geeignet, dies aufzuzeigen.

Nochmals, dieser Weg ohne Abzinsung ist nicht ganz richtig, aber sehr hilfreich, um Alternativen hinsichtlich der reinen operativen Unterschiede besser vergleichen zu können.

Manchmal sieht man dabei, dass bei diesem Weg ohne Abzinsung aber das ursprüngliche Investment auch nicht von den zukünftigen Cash Flows in Abzug gebracht wurde. Dies ist dann allerdings komplett falsch!

§ 6 Kriterien für gute Investitionen

Um diesen Punkt beantworten zu können, müssen wir uns zunächst eine andere Frage stellen. 1

Haben wir auch alle relevanten und anfallenden Größen auf der Erlös- und Aufwandsseite in unseren Rechnungen erfasst?

In der Investitionsrechnung ja, aber in der GuV leider nicht, denn unsere GuV ist zwar schön anzusehen und den rechtlichen Anforderungen gemäß erstellt, aber dennoch fehlen gewisse Größen, die aber auch nicht im Gliederungsschema nach HGB enthalten sind. Auch wenn man Ihnen gute Zahlenwerke vorlegt, dürfen Sie eines nicht vergessen: Es gibt Sachverhalte, die nicht in der Bilanz und GuV stehen, die aber ein gewonnenes Analysebild sofort um 180° verändern können.

Bei diesen Größen handelt es sich um weitere Belastungen, die wir daher auch noch in eine Kalkulation einfließen lassen müssen. Erst wenn unsere Ergebnisse auch diesen Belastungen noch ‚standhalten' dann haben wir eine richtig gute Investition. 2

Hier sind folgende 3 Punkte zu nennen:

- Tilgungen
- Eigenkapitalgeberforderungen (Dividenden)
- Notwendige Neu- und/oder Erweiterungsinvestitionen in den nächsten Perioden

A. Tilgungen und eventuell Rückzahlung von Eigenkapital

Tilgungen sind Rückzahlungen von ausgeliehenen Beträgen, die in der Regel auf einem Vertrag basieren, in unserem Beispiel wollen wir die Investition (500 T€) zu 70% mit Fremdkapital (also 350 T€) finanzieren. Während der Laufzeit haben wir nur Zinszahlungen eingeplant, Rückzahlungen des Kredits jedoch außen vor gelassen. Bei der Erstellung der GuV haben wir daher ebenfalls mit der Annahme der endfälligen Tilgung gearbeitet. 3

Tilgungen sind generell nie Aufwand, also nie als Belastung in die GuV schreibbar, auf dass sie das Ergebnis vor Steuern reduzierten. Lediglich die Kosten für einen Kredit (Zinsen) werden als Aufwand gewertet und anerkannt, wenngleich es hier auch schon Versuche der Politik gegeben hat, diese zumindest steuerlich nicht mehr zur Gänze zu akzeptieren. Bei der Berechnung der Gewerbeertragsteuer ist dies ja bereits umgesetzt, Dauerschulden werden nur zur Hälfte berücksichtigt. Wir wollen aber die steuerliche Diskussion nicht weiter ausdehnen. In unserem Fall haben wir die Zinsen außerdem auf der Basis einer konstanten Verschuldung (endfällige Tilgung, damit konstante Zinsen in den betrachteten 5 Perioden) angesetzt.

Tilgungen sind damit aus dem versteuerten Jahresüberschuss zu leisten. Ist dieser Überschuss in entsprechender Höhe, dann ist dies ja kein Problem. Liegt aber ein Verlust vor und ist keine oder nur eingeschränkt Liquidität in der Kasse oder auf den Bankkonten, dann kann auch ein schwaches Ergebnis, ganz zu schweigen von einem Nullergebnis oder einem Verlust, sofort problematisch werden. Diese (Eventual)Problematik können wir aber einerseits an den GuV und Bilanzzahlen überhaupt nicht erkennen, denn anstehende Tilgungen werden nicht ausgewiesen. Andererseits können wir aber nicht so tun, als ob am Ende der Laufzeit unserer Investition keine weiteren Belastungen auf uns zukommen, nur weil die Tilgungen in der GuV nicht ausgewiesen werden bzw. wir sie bisher nicht berücksichtigt haben. 4

5 Die Situation kann sich auch noch zuspitzen, wenn auch Aktionäre nach 5 Jahren aussteigen wollen und Ihre Einlage zurückfordern. Dann sprechen wir in unserem Beispiel nicht mehr von anstehenden 350 T€, sondern den ganzen 500 T€.

Und es kommt noch schlimmer – auch Eigenkapitalrückzahlungen sind steuerlich nicht als Aufwand anzusetzen.

In der Investitionsrechnung hatten wir das ursprüngliche Investment bei der Berechnung des Kapitalwertes herausgerechnet, somit haben wir in diesem Punkt keinen Nachholbedarf.

Aber, da müssen wir in der GuV nochmals ran. Unsere Ergebnisse (Jahresüberschüsse in der GuV) sehen zwar richtig gut aus, aber trotzdem, hier fehlt noch etwas.

B. Eigenkapitalgeberforderungen

6 Bisher haben wir in der GuV auch so getan, als wenn das Eigenkapital (30% der Investition sollen mit Eigenkapital finanziert werden) nichts kostet und in der Tat, bilanziell gesehen, hat diese Betrachtungsweise durchaus eine gewisse Richtigkeit. Während Fremdkapitalkosten (nicht Tilgungen), also Zinsen für Kredite, als Aufwand in der GuV ansetzbar sind, sind die Forderungen der Eigenkapitalgeber – wir hören heute auch oft den Begriff *Shareholder* – für das von Ihnen zur Verfügung gestellte Eigenkapital ähnlich den Tilgungen nur aus versteuerten Überschüssen zu zahlen. Dividendenzahlungen sind auch kein Aufwand.

Bei der internen Auswertung, also der klassischen Investitionsrechnung, waren wir in diesem Punkt auch korrekter unterwegs, da wir die Eigenkapitalkosten anteilig dem Eigenkapital in die Gesamtkapitalkosten WACC eingerechnet und mit dem WACC dann abgezinst hatten.

7 Es gibt zwar kein Gesetz, das ein Unternehmen zwingt, den Eigenkapitalgebern eine gewisse Summe zu zahlen, aber ohne Kompensation geht es auch nicht, denn alternativ bringt dieses Geld auf der Bank auch Zinserträge.

Jetzt muss man differenzieren. Ist das betrachtete Unternehmen ein Familienunternehmen in der x. Generation, in dem das Eigenkapital bereits von den Großeltern und Eltern eingebracht wurde, dann wird wahrscheinlich die Verzinsungsforderung nicht ganz so massiv ausfallen, zumal dann in der Regel aus dem Unternehmen auch Gehalt bezogen wird. Anders liegt der Fall, wenn aus Anlage- und Renditegründen Anteile (Aktien) eines Unternehmens erworben wurden und besonders, wenn es viele Aktionäre und damit eine heterogene Eigentümerschaft gibt. Hier werden sehr schnell klare Worte bezüglich der erwarteten Eigenkapitalrendite gesprochen. Gibt es keine erkennbare Wertsteigerung – bei börsennotierten Gesellschaften ist dies einfach am Aktienkurs ablesbar, bei nicht *gelisteten* Unternehmen umso schwieriger ermittelbar – dann wollen die Aktionäre auf jeden Fall eine Dividende. Die Dividende ist letztendlich nichts anderes als eine Eigenkapitalverzinsung, aber sie kann nicht als Aufwand in der GuV angesetzt werden.

8 Sind die Ergebnisse schwach oder sogar negativ und stehen eventuell sogar Tilgungen von Krediten an, dann hilft nur noch Liquidität, um den Erwartungen der Eigenkapitalgeber nachzukommen. Allerdings fängt sich damit wieder eine Spirale an zu drehen, denn durch die Dividendenzahlung wird dem Unternehmen wieder (liquide) Substanz, die es in dem gerade geschilderten Fall eigentlich dringend braucht, entzogen. Ohne Dividende werden aber die Eigenkapitalgeber auch nicht bereit sein, ihr finanzielles Engagement weiter auszudehnen. Und dies erst recht nicht, wenn auch noch Verluste eingefahren werden. Welch ein Teufelskreis!

Gott sei Dank weist unser neues Investitionsvorhaben keine Verluste aus – allerdings müssen wir trotzdem die Kosten für das Eigenkapital berücksichtigen.

Weist das Unternehmen gute Zahlen, also einen hohen Jahresüberschuss aus, dann werden natürlich die Begehrlichkeiten der Aktionäre auch steigen, denn sie wollen ja am Erfolg teilhaben. Ein gutes Ergebnis, bezogen auf eine Investition, ist damit eigentlich erst dann wirklich gut, wenn nach anstehenden Tilgungen und nach Dividenden noch so viel Geld über bleibt, Neuinvestitionen zu tätigen. Und damit sind wir auch beim dritten Punkt der nicht ausgewiesenen zusätzlich zu berücksichtigen Bilanzdaten.

C. Neuinvestitionen

Stehen neue Investitionen an, weil die Maschinen zu alt sind oder neue Gesetze die Weiternutzung 9
der aktuell im Betrieb befindlichen Maschinen und Anlagen verhindern, dann sind diese auch vom versteuerten Jahresüberschuss zu finanzieren. Der Gesetzgeber erlaubt es zwar, die Investitionssummen „scheibchenweise“ per Abschreibungen wieder ‚reinzuholen‘, aber zu Beginn steht erst einmal eine Auszahlung. Es gibt zwar im Steuerrecht gewisse Möglichkeiten (hier sei der Begriff der Ansparrücklage genannt, in Deutschland spricht bzw. sprach man von den Sonderposten mit Rücklageanteil, in Österreich von den unversteuerten Rücklagen), ein wenig Entlastung zu schaffen, aber es ändert nichts an der Tatsache, dass zunächst eine Auszahlung ansteht.

In unserem Fall sind wir davon ausgegangen, dass unser Investment eine Laufzeit von 5 Jahren hat und danach der Restwert sogar ‚Null‘ entspricht. Wir hatten nicht einmal mehr einen Schrottwert angenommen.

Die anstehenden Auszahlung z.B. für eine notwendige Neuinvestition erkennen Sie an der vorge- 10
legten GuV und Bilanz aber nicht, selbst in den Kommentierungen zu den Zahlenwerken, wenn Sie diese haben, werden Sie nur sehr selten etwas zu den anstehenden Investitionen finden.

Und vergessen wir eines nicht. Eine Maschine, die vor 5 Jahren 500 T€ gekosten hat, wird zu diesem Preis heute in den meisten Fällen nicht mehr erhältlich sein, denn allgemeine Teuerungsrate, technologischer Fortschritt und damit natürlich höhere Produktivität müssen auch bezahlt werden. Für eine neue Anlage müssen sehr häufig dann leicht 150% oder sogar 200% im Vergleich zu den historischen Anschaffungskosten der jetzt auszumusternden Maschine einkalkuliert werden.

D. Zusammenfassung

Ein Abschluss in Form von GuV und Bilanz sagt zwar vieles, aber nicht alles. Gute Zahlen sind na- 11
türlich immer beruhigend, aber selbst ein super Jahresüberschuss kann unter gewissen Umständen bei Zugang zu weiteren Informationen bezüglich Tilgungen, Eigenkapitalkosten und Neuinvestitionen auf einmal sehr ‚*blass*‘ werden.

Ist der Abschluss gut aber nicht gut genug, weil nur zwei der drei gerade beschriebenen anstehenden weiteren Mittelabflüssen bedient werden können, dann beginnt meist eine Art ‚*Reise nach Jerusalem*‘ – eines bleibt auf der Strecke. Sehr häufig sind es dann die Aktionäre, weil es einerseits keine Pflicht zur Zahlung von Eigenkapitalkosten gibt und besonders Tilgungen eine höhere Priorität besitzen. Geht ein zugesagter Tilgungsbetrag nicht rechtzeitig ein, dann wird die Bank sehr schnell nervös. Sind dann die Zahlen auch nicht gerade umwerfend, werden auch sehr zeitnah in der Regel Kontokorrentrahmen gekürzt oder sogar andere Kredite kurzfristig fällig gestellt.

Investitionen und besonders Auszahlungen an Anteilseigner kann man notfalls aufschieben. Allerdings verliert hier das Unternehmen auch doppelt

- an Substanz bei den Anlagegütern, weil die durch die Abschreibung fallenden Buchwerte nicht oder nur teilweise durch Neu-Zugänge aufgefüllt werden
- an Vertrauen bei den Anteilseignern, weil die erhofften oder sogar zugesagten Renditen nicht kommen und weil eventuell auch nur Investitionen in Höhe der Abschreibungen getätigt wurden. Damit sind die Buchwerte zwar konstant, aber das Unternehmen verliert an technologischer Basis, damit wahrscheinlich auch an Produktivität, damit an Ertragskraft und damit an zukünftiger Attraktivität für die Anteilseigner.

Nehmen wir uns diese Sachverhalte nochmals an unserem Beispiel vor und schauen uns die Situation bei der geplanten Investition bei der HTC im Detail an.

E. Integration fehlender Belastungen in die GuV Ergebnisse

6 12 Die GuV für die Investition sieht richtig gut aus…

Strukturierte Gewinn- und Verlustrechnung (GuV)

Jahre	1	2	3	4	5
Umsatz	1.000,00	1.100,00	1.200,00	1.300,00	1.400,00
Cash Kosten (Betrieb)	670,00	725,00	730,00	745,00	790,00
EBITD (Betr. Erg. v. AfA)	330,00	375,00	470,00	555,00	610,00
Abschreibungen	100,00	100,00	100,00	100,00	100,00
EBIT (Betriebsergebnis)	230,00	275,00	370,00	455,00	510,00
Zinsen	21,00	21,00	21,00	21,00	21,00
EGT	209,00	254,00	349,00	434,00	489,00
Außerordentliches Ergebnis	0,00	0,00	0,00	0,00	0,00
Ergebnis vor Steuern	209,00	254,00	349,00	434,00	489,00
Steuern	52,25	63,50	87,25	108,50	122,25
Jahresüberschuss	156,75	190,50	261,75	325,50	366,75

13 und der Cash Flow sogar noch besser.

Cash Flow Rechnung

Jahre	1	2	3	4	5
Jahresüberschuss	156,75	190,50	261,75	325,50	366,75
+ Abschreibungen	100,00	100,00	100,00	100,00	100,00
= Cash Flow	256,75	290,50	361,75	425,50	466,75

Aber, wie oben beschrieben, es wurden die

- endfällige Tilgung für das Fremdkapital (70% von 500 T€ = 350 T€)
- die Eigenkapitalkosten (ke $_{lev}$ nach Copeland 17,25% bzw. Stewart 12,88%)

nicht berücksichtigt. Den dritten Punkt ‚notwendige Reinvestitionen' müssen wir nicht unbedingt betrachten, denn wir könnten ja auch komplett aufhören, wenn unsere Maschine schon kaputt ist. Dann brauchen wir auch nicht mehr zu investieren. Aber in der Regel wollen wir doch weitermachen, ergo müssen wir auch wieder Kapital für eine neue Maschine in die Hand nehmen. Und dieses Kapital sollten wir vorher (zumindest teilweise) verdient haben.

Im falschen Ansatz bei der Investitionsrechnung haben wir genau für diesen Fall kalkulatorische Ko- 14
sten angesetzt, aber im externen Rechnungswesen, also in der GuV dürfen kalkulatorische Kosten überhaupt nicht angesetzt werden. Sie erinnern sich an unsere Überleitung in die GuV beim falschen Ansatz? Wir haben aus dem Deckungsbeitrag bzw. falschen Cash Flow die kalkulatorischen Größen wieder herausgerechnet und hatten damit, vergleichbar mit dem Fall ohne kalkulatorische Kosten, eine identische GuV. Daher müssen wir uns aber hier an dieser Stelle Gedanken über die Reinvestitionen machen.

Also legen wir los. Wir brauchen zunächst noch einmal die GuV und alle Datenreihen, das AO Ergebnis blende ich jetzt aus, da es sowieso in allen Perioden ‚Null' beträgt.

Strukturierte Gewinn- und Verlustrechnung (GuV)

Jahre	1	2	3	4	5
Umsatz	1.000,00	1.100,00	1.200,00	1.300,00	1.400,00
Cash Kosten (Betrieb)	670,00	725,00	730,00	745,00	790,00
EBITD (Betr. Erg. v. AfA)	330,00	375,00	470,00	555,00	610,00
Abschreibungen	100,00	100,00	100,00	100,00	100,00
EBIT (Betriebsergebnis)	**230,00**	**275,00**	**370,00**	**455,00**	**510,00**
Zinsen	21,00	21,00	21,00	21,00	21,00
Ergebnis vor Steuern	**209,00**	**254,00**	**349,00**	**434,00**	**489,00**
Steuern	**52,25**	**63,50**	**87,25**	**108,50**	**122,25**
Jahresüberschuss	**156,75**	**190,50**	**261,75**	**325,50**	**366,75**

Was steht uns ‚Cash' mäßig jetzt zur Verfügung, um die drei o.g. Positionen auch zu bedienen? 15

Richtig, der Cash Flow auf Basis des versteuerten Überschusses (Jahresüberschuss), den wir bereits berechnet hatten. Wir benötigen jetzt allerdings den kumulierten Cash Flow über die 5 Perioden, in unserem Beispiel also die 1.051,25.

Schauen Sie bitte beim Excel Tool in das Tabellenblatt ‚*Profitabiliät*', dort habe ich die folgenden Berechnungen dargestellt.

Cash Flow Rechnung					
Jahre	1	2	3	4	5
Jahresüberschuss	156,75	190,50	261,75	325,50	366,75
+ Abschreibungen	100,00	100,00	100,00	100,00	100,00
= Cash Flow	256,75	290,50	361,75	425,50	466,75
Kumlierte Cash Flows	256,75	547,25	909,00	1.334,50	1.801,25

I. Tilgungen

16 Dann müssen wir zunächst die Tilgung betrachten. 70% von unserem Investment in Höhe von 500 T€ sind fremdfinanziert und diese müssen am Ende des 5. Jahres auch zurückgezahlt werden.

Also stehen damit 350 T€ als Tilgung an. Normalerweise bleiben Eigenkapitalgeber bei guten Ergebnissen einer Firma auch treu. In diesem Fall würden wir noch kumuliert über einen Cash Flow nach Steuern (Saldo I) in Höhe von 1.451,25 T€ verfügen.

Jahre		1	2	3	4	5
Kumulierte Cash Flows						1.801,25
	abzüglich Tilgung Kredit		70,0%	von	500,00	350,00
Saldo I						1.451,25

II. Eigenkapitalrückzahlungen

17 Aber rechnen wir trotz unserer auf den ersten Blick wirklich guten Ergebnisse trotzdem einmal konservativ und unterstellen, dass die Eigenkapitalgeber unserer Investition nach Ende der Laufzeit auch aussteigen wollen. Dann sind hier weitere 150 T€ in Abzug zu bringen, da unsere Investition zu 30% mit Eigenkapital finanziert ist. Damit ergeben sich als gesamter Abzugsbetrag jetzt die gesamten 500 T€, entsprechend dem ursprünglichen Investitionsbetrag. Das ist ja auch logisch.

Jahre		1	2	3	4	5
Kumulierte Cash Flows						1.801,25
	abzüglich Tilgung Kredit		70,0%	von	500,00	350,00
Saldo I						1.451,25
	abzüglich Eigenkapital		30,0%	von	500,00	150,00
Saldo II						1.301,25

18 Damit sind auch die kumulierten Cash Flows um diesen Betrag zu kürzen, also verbleiben noch 1.301,25 T€.

Dann geht es an die bisher in der GuV nicht berücksichtigten Eigenkapitalkosten.

III. Dividenden

Bei 8,33% Eigenkapitalkosten nach ‚Copeland' stehen hier bezogen auf die 5 Jahre in unserem Beispiel weitere 62,44 T€ zum Abzug an, so dass sich ein neuer Saldo von 1.238,81 errechnet. 19

Jahre		1	2	3	4	5
Saldo II						1.301,25
	abzüglich Eigenkapitalkosten					
			ke $_{lev}$	Copeland	8,33%	
			Jahre		5	
			Basis		150,00	
						62,44
Saldo III						1.238,81

Sollten wir entscheiden, jetzt mit unserer Firma aufzuhören, dann bräuchten wir auch den nächsten Schritt nicht mehr zu gehen, denn eine neue Investition würde damit auch nicht notwendig. Da dies aber in der Regel nicht der Fall ist, müssen wir auch noch untersuchen, ob sich aus diesem gerade berechneten Saldo III auch noch eine neue Investition, und dies sogar bei Kostensteigerungen, finanzieren lässt.

Die Kostensteigerung gebe ich jetzt einmal mit 10% p.a. (für technologischen Fortschritt, Inflation, etc.) vor. Hier müssen Sie natürlich bei eigenen Berechnungen wahrscheinlich einen anderen Wert vorgeben. Sie kennen ja Ihre Industrie und von daher dürfte dies nicht allzu schwierig sein. Die entsprechende Eingabe machen Sie im Excel Tool bitte im Tabellenblatt ‚*Profitabiliät*' in Zelle G 83. 20

Außerdem ist zu berücksichtigen, dass wir auch bei der Neuinvestition wieder mit Fremdkapital arbeiten wollen. Haben wir bei der Bank gezeigt, dass die vorausgegangene Investition gut berechnet und vor allem dann gut gelaufen ist, wird sie wohl auch bei Folge-Investments wieder dabei sein. Ich habe hier wieder die 70% angesetzt, so dass erneut lediglich 30% der Summe mit Eigenkapital zu stemmen ist.

Auf 5 Jahre gerechnet ergibt sich dann ein zusätzlicher Eigenkapitalanteil von 75 T€ und damit ein neuer Eigenkapitalanteil von absolut 225 T€. Genau diese 225 T€ müssen dann nochmals in Abzug gebracht werden. 21

Jahre		1	2	3	4	5
Saldo III						1.238,81
	abzüglich Neuinvestition					
		Kostensteigerung p.a.			10,0%	
		Eigenkapital			30,0%	
		Kostensteigerung				75,00
		Neues Eigenkapital				225,00
Saldo IV						1.013,81

Es verbleibt ein Saldo IV in Höhe von 1.013,81 T€.

Jetzt haben wir in der Tat alle Kostenpositionen und zwar unter einem sehr konservativen Blickwinkel erfasst und in Abzug gebracht, die die GuV nach HGB Gliederungsschema nicht ausweist. Es verbleibt immer noch ein kumulierter Cash Flow nach 5 Jahren von 1.013,81 T€.

22 Und jetzt wird deutlich, dass es sich hier bei unserem Investment wirklich um einen tollen Fall handelt, da alle weiteren Nebenkosten auch noch aus den kumulierten Jahresüberschüssen bedient werden können.

Kann man diesen Zusammenhang generalisieren? Ja, aber diese Regel ist mit Vorsicht zu genießen, weil mathematisch nicht bewiesen. Ich arbeite allerdings immer mit dieser Bauchregel bei Investitionen und sie war bisher immer korrekt.

Merke:

Eine Investition ist dann wirklich gut, wenn aus den kumulierten Cash Flows, basierend auf den Jahresüberschüssen (also nach Steuern), während bzw. am Ende der Laufzeit, Tilgungen, Eigenkapitalrückzahlungen, Dividenden für alle Jahre der Laufzeit und der Eigenkapitalanteil von anstehenden notwendigen Neuinvestitionen bei Kostensteigerungen bedient werden können.

23 ***Dies ist dann sehr häufig der Fall, wenn***

- ***der CAGR in der (internen) Investitionsrechnung einen Wert von ca.10% und/oder***
- ***Break Even nach der Hälfte der Laufzeit erreicht ist.***

Nimmt der Wert des

- ***CAGR in der (internen) Investitionsrechnung sogar einen Wert von ca.12% und mehr an***
- ***kann Break Even auch ‚erst' nach 60% der Laufzeit erreicht werden.***

Schauen wir nochmals nach, welche Werte wir für unser HTC Investment analysiert hatten.

Bei diesem (richtigen) Ansatz hatten wir einen

- CAGR in Höhe von 21,56% und einen
- Break Even nach 1,72 Jahren, also im September des 2. Jahres berechnet.

Unser Merksatz scheint also zu stimmen.

24 Da ein Break Even nicht immer eindeutig berechnet werden kann (Sie erinnern sich an diese Ausprägung der Investition),…

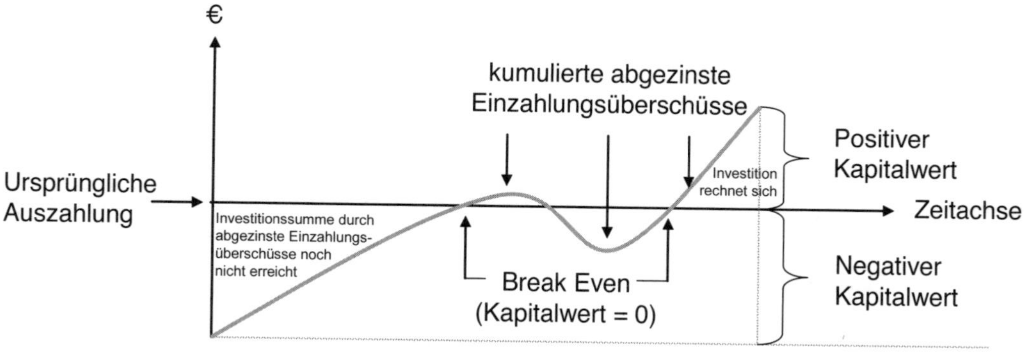

…ist der CAGR die wichtigere der beiden Konditionen.

Damit können wir auch die bereits bei den Investitionsrechnungen aufgestellte Frage nach der wichtigsten Kennzahl jetzt eindeutig beantworten.

Die wichtigste Kennzahl bei Investitionsrechnungen ist der CAGR, die durchschnittliche jährliche Wachstumsrate.

$$CAGR_{(\%)} = \left(\sqrt[n]{1 + \frac{Kapitalwert}{Investition}} - 1 \right) \times 100 \ .$$

Schauen wir uns abschließend nochmals alle zusätzlichen Abschläge in der Übersicht an. Diese müs- 25
sen von den kumulierten Cash Flows (Jahresüberschuss zuzüglich Abschreibungen) während der Laufzeit der Investition bezahlt werden können.

Cash Flow Rechnung					
Jahre	1	2	3	4	5
Jahresüberschuss	156,75	190,50	261,75	325,50	366,75
+ Abschreibungen	100,00	100,00	100,00	100,00	100,00
= Cash Flow	256,75	290,50	361,75	425,50	466,75
Kumlierte Cash Flows	256,75	547,25	909,00	1.334,50	1.801,25

…abzüglich Tilgungen

Kumulierte Cash Flows					1.801,25
	abzüglich Tilgung Kredit	70,0%	von	500,00	350,00
Saldo I					1.451,25
	abzüglich Eigenkapital	30,0%	von	500,00	150,00
Saldo II					1.301,25

…abzüglich Eigenkapitalrückzahlungen 26

Saldo II					1.301,25
	abzüglich Eigenkapitalkosten				
		ke_{lev}	Copeland	8,33%	
		Jahre		5	
		Basis		150,00	
					62,44
Saldo III					1.238,81

…abzüglich anstehende Neuinvestitionen (Eigenkapitalanteil) bei Kostensteigerungen

Saldo III				1.238,81
	abzüglich Neuinvestition			
		Kostensteigerung p.a.	10,0%	
		Eigenkapital	30,0%	
		Kostensteigerung		75,00
		Neues Eigenkapital		225,00
Saldo IV				1.013,81

§ 7 Angelsächsische Sichtweisen – Die große Fallstudie Teil II

1 Die bisher dargestellten Investitionsrechenansätze sind die klassischen Methoden und sind in Europa auch vorherrschend.

Im angelsächsischen Raum und vor allem in den USA gibt es aber weitere oder andere Ansätze, die eigentlich aus der wertorientierten Unternehmensführung bzw. aus der Unternehmensbewertung kommen.

A. Wertorientierte Ansätze

2 Die Ansätze sind als Methodik zu betrachten, deren Hauptanwendungsgebiet im Bereich der Planung und des Controllings liegt, also der Managementebene zuzurechnen ist, damit dem internen Rechnungswesen. Somit sind auch Investitionsrechnungen davon erfasst.

Obwohl, wie Sie später sehen werden, auf GuV Größen zugegriffen wird, muss diese Zuordnung zum internen Rechnungswesen erfolgen, da mit den beiden von uns betrachteten Ansätzen über die so genannten EVA® und FCF ‚Kunstgrößen' berechnet werden, die es so im externen Rechnungswesen nicht gibt.. Es ist aber wichtig, zu verstehen, dass diese Ansätze nun eine andere Datenaufbereitung notwendig machen, die Methode selbst der Bar- und Kapitalwertberechnung kommt aber erneut auch bei diesen wertorientierten Betrachtungen zur Anwendung.

3 Auch mit diesem diagnostischen Instrument ist die Beurteilung von Einzelentscheidungen möglich. Im Vordergrund steht dabei die optimale Kapitalallokation, abhängig von den erzielten Eigen- und Gesamtkapitalrenditen.

Das Entscheidungskriterium des Anteilseigners stellt die jährliche Nettorendite seiner Investition, abhängig vom eingegangenen Risiko, dar. Deshalb sollte jedem Eigentümer und jedem verantwortlichen Manager eines Unternehmens daran gelegen sein, von jedem Investment genau zu wissen, ob das gebundene Kapital dem Risiko angemessen verzinst wird bzw. verzinst werden kann.

Die hier genannte risikoadäquate Verzinsung haben wir bereits mit der Berechnung der Kapitalkosten behandelt, denn wir haben über zwei Wege investitionsspezifische Kapitalkostengrößen (WACC) berechnet und dann auch damit abgezinst.

4 Bisher wurde versucht, auf die Perspektive der Anteilseigner mit bilanziellen Kennzahlen wie ROI[1], ROE[2] etc. eine Antwort zu finden. Diese Kennzahlen brachten jedoch aus Sicht des Investors unbefriedigende Ergebnisse, weil sie eine Gesamtrendite vor Kapitalkosten ausweisen.

Das grundsätzlichste Problem traditioneller auf Daten der Guv und Bilanz basierender Ansätze liegt darin, dass bilanzielle Kennzahlen aus Buchhaltungssicht mit Daten aus dem buchhalterischen System arbeiten, die die ökonomischen Belange des Marktes aber nicht oder nur eingeschränkt berücksichtigen.

Mit Hilfe der wertorientierten Ansätze wird versucht, die mangelnde Aussagekraft zu beheben, in dem ein Wertmessungsmaßstab gesucht wird, der Investitionsentscheidungen des Unternehmens nach den gleichen Kriterien beurteilt, wie der rational handelnde Anteilseigner seine Investitionsentscheidungen trifft.

1 ROI – 'Return on Investment', Investitions- oder (Gesamt)Kapitalrendite)
2 ROE – 'Return on Equity', Eigenkapitalrendite

Die wertorientierten Ansätze betrachten daher alles unter dem Aspekt der wirtschaftlichen 5
Wertentwicklung (Wertsteigerung oder Wertvernichtung) und nicht unter dem der buchhalterischen Tragfähigkeit. Er stellt damit die Interessen der eigentlich sensibelsten an einem Unternehmen beteiligten Gruppen (Kapitalgeber) in den Vordergrund aller betriebswirtschaftlichen Entscheidungen.
Gerade diese Priorisierung der Shareholder Interessen wird aber auch sehr häufig bei diesen Ansätzen kritisiert.
Folgende Darstellung zeigt die Unterschiede der beiden Sichtweisen auf. Aus buchhalterischer Sicht ist dann ein Gewinn und damit eine positive Rendite erzielt, wenn der ROI (die Kapitalrendite) größer ‚Null' ist (ROI > 0).
Aus ökonomischer Sicht hingegen müssen die Kapitalkosten (WACC) verdient werden, erst dann 6
liegt eine positive Rendite vor (ROI > WACC):

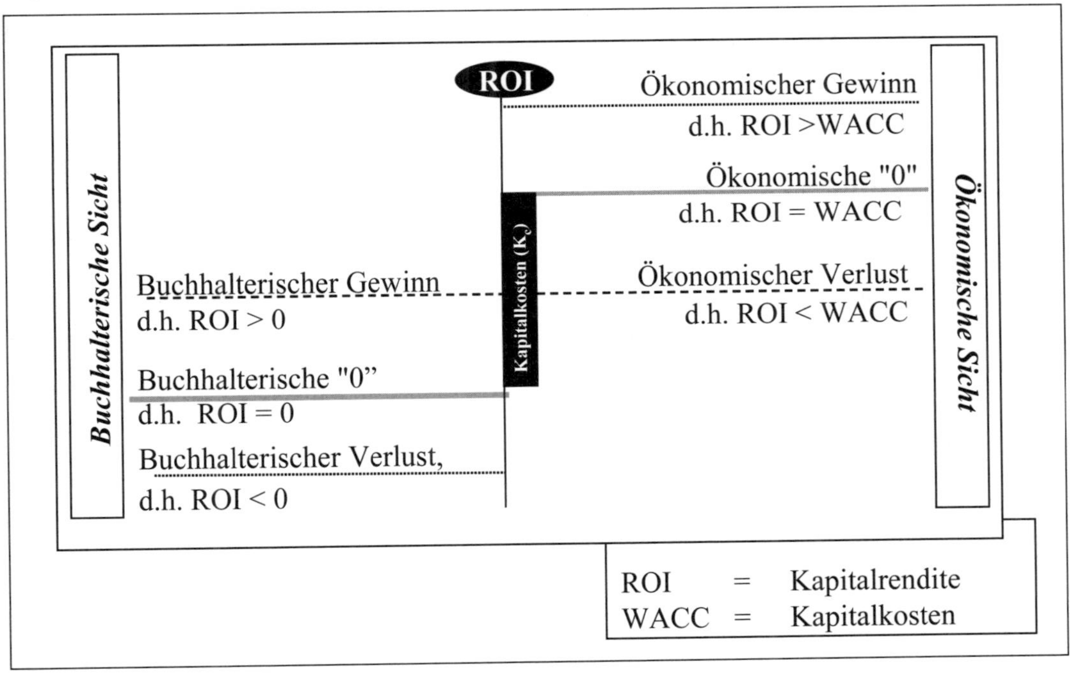

Abbildung 1: Gewinn aus buchhalterischer und ökonomischer Sicht

7

Merke: 7

Die ökonomische Wertdefinition zeigt, dass immer dann Wert geschaffen wird, wenn der ROI (ROE) größer ist als die Gesamt(Eigen-)kapitalkosten. Bei der wertorientierten Betrachtung muss also eine erwirtschaftete Rendite ermittelt werden, die den geforderten Renditen (Kapitalkosten) gegenübergestellt wird. Das in der Gewinn- und Verlust-Rechnung ausgewiesene oder in der Deckungsbeitragsrechnung hergeleitete Ergebnis kann aber ohne weitere Anpassungen nicht die Basis sein.

Wertorientierte Ansätze innerhalb der Investitionsrechnung sollen somit auf folgende Fragen eine 8
Antwort finden:

- Welche Investitionen des Unternehmens erzeugen oder vernichten Wert (erwirtschaftete Rendite größer oder kleiner als die geforderte Rendite/als die Kapitalkosten)?
- In welche Investitionen sind freie Mittel zu lenken, um eine höchstmögliche Rendite für den Anteilseigner zu erzielen?

- Welche sind die entscheidenden Parameter, die den Unternehmenswert beeinflussen?
- Welche Rendite muss erzielt werden, um mindestens ein ausgeglichenes Verhältnis von Markt- zu Buchwert (was eine Wertsteigerung von wenigstens „Null“ bedeutet) zu erreichen?

9 Und was soll daran gegenüber den bereits bekannten Ansätzen jetzt neu sein?
Der größte Unterschied liegt darin, dass die wertorientierten Ansätze im Gegensatz zu den traditionellen Ansätzen nicht Überschuss-, sondern ‚Überrenditen' (EVA Verfahren) bzw, ‚Cash' (FCF Verfahren) orientiert sind.
Jetzt werden Sie sagen: Die Investitionsrechnung ist ebenfalls eine Cash orientierte Rechnung, also orientiert an den Zahlungsströmen. Dies haben wir doch immer wieder herausgestellt. Wo soll denn da der weitere Unterschied liegen?

10 Als Neuerungen gegenüber bisherigen Modellen sind folgende Anforderungen zu sehen, die das Konzept an das Unternehmen stellt:

- Ansatz von Markt- statt Buchwerten (nur teilweise relevant für Investitionsrechnungen, dann wenn der ß-Faktor mittels De- und Relevern hergeleitet werden muss) abgeleitet aus der Gewinn- und Verlust-Rechnung bzw. Bilanz, aber versehen mit Korrekturen.

Und außerdem werden die spezifischen Kapitalkosten wieder benötigt.

- Bestimmung und Einbringung eines vom Kapitalmarkt abgeleiteten Risikofaktors (Betafaktor) mittels Kapitalkosten.
- Bestimmung und Einbringung des Risikofaktors, der aus der Finanzstruktur (‚Leverage'-Risiko) resultiert.
- Berücksichtigung des unterschiedlichen Zeitwertes des Kapitals mittels Diskontierung.

Jetzt werden Sie wieder sagen, dass das auch nicht ‚neu' ist. Ja und nein, denn die Kenngröße zur Bestimmung der Investitionsrendite selbst beinhaltet bereits die Kapitalkosten.

B. Ziele und Nutzen der Wertorientierung

11 Das übergeordnete Ziel ist also eine verbesserte Ressourcenallokation bei alternativen Investitionsprojekten unter Rentabilitätsgesichtspunkten.
Daraus lassen sich vier wichtige Teilziele ableiten:

- Identifikation der Werterzeuger und –vernichter innerhalb eines potenziellen Investitionsportfolios.
- Wirksamere Steuerung der Investitionstätigkeit.
- Entscheidungshilfen bei Desinvestitionen.
- Unterstützung bei der Identifikation von ‚Cash Traps', Cash-Fallen.

Die Analyse hilft außerdem beim Auffinden von Kernkompetenzen, in dem unprofitable Investitionsprojekte nicht ausgeführt werden.

12 Die wertorientierten Ansätze müssen aber nicht nur als kurzfristiges, eigentümerorientiertes Erfolgsziel verstanden werden. Dies wird bereits dadurch vermieden, dass als Abzinsungssatz immer der *Gesamtkapital*kostenzins WACC zum Einsatz kommt und nicht der *Eigenkapital*kostenzins ke_{lev}. Dies wäre zutreffend, wenn sich das Management ausschließlich den Anteilseignern widmen würde.
Das Management hat ebenso Verantwortung gegenüber seinen Kunden, Mitarbeitern und seinem strukturellen Umfeld, also allen ‚Stakeholdern'. Dieser Verantwortung wird ein Unternehmen am ehesten gerecht, wenn auch die Ressource Kapital nach gleichen marktorientierten Kriterien eingesetzt wird wie der Faktor Arbeit, nämlich nach Renditegesichtspunkten, dann natürlich mit dem WACC als Diskont.

Der Nutzen der Wertorientierung ist vor allem in folgenden Punkten zu sehen:

- Erkenntnisse über Opportunitätskosten und somit eine Überprüfung von Planungen und den zu erwartenden Renditen im Sinne des Anteilseigners.
- Darstellung der zukünftigen Werterzeugung, also des Wertes, den ein Investor für das Recht, an den zukünftigen Plänen zu partizipieren, zu zahlen bereit ist.
- Ermittlung der theoretisch optimalen Finanzierungsstruktur durch die gewichteten Kapitalkosten.
- Ermittlung eines marktgerechten Preises bei Akquisition bzw. Verkauf von Geschäftsbereichen.

Das Ergebnis ist besonders zu Kommunikationszwecken nach außen geeignet, weil Informationen 13
vermittelt werden, die sowohl für das Management als auch für den Anteilseigner griffige Größen sind. Es wird somit möglich, zukünftige Investitionen und Strategien in einer ‚Sprache' zu vermitteln, die Shareholder, Stakeholder, die Öffentlichkeit und das Management verstehen.

C. Ansätze der Wertorientierung in der Investitionsrechnung

Wir werden uns jetzt im Detail mit zwei Verfahren beschäftigen, die unterschiedliche Konzeptionen 14
haben und auch unterschiedlich gerechnet werden. Beim Gesamtwert der Investition kommen sie jedoch zu identischen Ergebnissen und dies ist wieder klasse, da wir somit erneut eine Bestätigung haben, dass (zumindest) unsere Rechenschritte auch richtig waren.
Die zwei Verfahren sind das:

- EVA®[3] und das
- FCF Verfahren

Der oder das EVA (die EVA hört man eigentlich nie) – Economic Value Added – misst die periodische Wertveränderung (Wertsteigerung oder Wertvernichtung) eines eingesetzten Kapitals.
Einige deutsche Unternehmen wollten keinen englischen Begriff nutzen und in diesen Fällen hat sich die Abkürzung GWB für Geschäfts-Wert-Beitrag eingebürgert.

Der FCF – Freier Cash Flow[4] – hingegen ist der Betrag, der theoretisch zur Auszahlung an Dritte 15
(Banken in Form von Kreditrückzahlungen, Aktionären in Form von Dividenden) zur Verfügung stünde.
Der Konjunktiv ist hier gesetzt, weil es kein Gesetz gibt, das ein Unternehmen zwingt, den Aktionären Dividenden zu zahlen.
Die Gemeinsamkeit beider Ansätze besteht darin, dass nur **operative Größen nach Steuern und vor Fremdkapitalzinsen** (im Folgenden $_{\text{n. St./v. Z.)}}$ verwendet werden. Dies bedeutet, dass ausschließlich das operative Geschäft betrachtet wird, Einmaleffekte also nicht berücksichtigt werden.

I. Der EVA Ansatz

Hier wird als Rechnungskomponente für die Berechnung der Investition das Betriebsergebnis 16
(operatives Ergebnis) herangezogen. Und jetzt sehen Sie einen weiteren Grund, warum wir eine Gewinn- und Verlustrechnung haben erstellen ***müssen***. Einerseits wollen die Banken diese haben und wir benötigen für den EVA[5] Ansatz das Betriebsergebnis in der GuV.

3 EVA ist ein eingetragenes Markenzeichen von Stern Stewart & Co.
4 Im englischen Free Cash Flow.
5 Der oder das EVA ist im deutschen die übliche Bezeichnung, die EVA hört man aus Gründen des identischen weiblichen Namens eigentlich nie. Ich werde im Folgenden den Begriff EVA mit einem männlichen Artikel benutzen.

17 Wir wissen zwar noch nicht, dass wir wieder mit den Kapitalkosten (WACC) diskontieren werden müssen. Aber so ist es und nun haben wir ein Problem. Schauen Sie noch einmal in unsere GuV. Das Betriebsergebnis steht ziemlich in der Mitte, aber auf jeden Fall oberhalb der Steuern.
Somit ist das Betriebsergebnis auch eine Vor-Steuer Größe, die Kapitalkosten WACC hingegen sind bekanntlich eine Nach-Steuer Größe.

Strukturierte Gewinn- und Verlustrechnung (GuV)

Jahre	1	2	3	4	5
Umsatz	1.000,00	1.100,00	1.200,00	1.300,00	1.400,00
Cash Kosten (Betrieb)	670,00	725,00	730,00	745,00	790,00
EBITD (Betr. Erg. v. AfA)	330,00	375,00	470,00	555,00	610,00
Abschreibungen	100,00	100,00	100,00	100,00	100,00
EBIT (Betriebsergebnis)	**230,00**	**275,00**	**370,00**	**455,00**	**510,00**
Zinsen	21,00	21,00	21,00	21,00	21,00
EGT	**209,00**	**254,00**	**349,00**	**434,00**	**489,00**
Außerordentliches Ergebnis	**0,00**	**0,00**	**0,00**	**0,00**	**0,00**
Ergebnis vor Steuern	**209,00**	**254,00**	**349,00**	**434,00**	**489,00**
Steuern	**52,25**	**63,50**	**87,25**	**108,50**	**122,25**
Jahresüberschuss	**156,75**	**190,50**	**261,75**	**325,50**	**366,75**

18 Daher müssen wir hier noch eine Anpassung vornehmen.
Wir müssen auf das Betriebsergebnis eine hypothetische Steuer berechnen, also ein Betriebsergebnis nach Steuern kalkulieren.
Logisch wäre als englischer Begriff dafür ja ‚*EBIAT*' *(Earnings Before Interest After Taxes*[6]*)* gewesen. Aber dies erschien den Finanzern wohl als zu simpel und daher hat man sich für ‚*NOPAT*' *(Net Operating Profit After Taxes)* bzw. ‚*NOPLAT*' *(Net Operating Profit Less Ajusted Taxes)* entschieden. Klingt wohl irgendwie schwieriger bzw. umgibt uns Finanzer wohl mit mehr und größerer Bewunderungsaura.
Wenn Sie noch darüber nachdenken, warum das Betriebsergebnis und nicht das EGT (Ergebnis der gewöhnlichen Geschäftstätigkeit) herangezogen wird, dann halten wir hier kurz inne und gehen der Frage nach.

19 Die Kapitalkostenberechnung WACC umfasste auch die Fremdkapitalkosten und diese gingen dann auch nach Steuern in den WACC (gewichtet mit der Fremdkapitalquote) ein.
Sie erinnern sich?

$$gew.k_D = k_D \times \frac{FK}{GK}$$

mit

$$k_D = k_d \times (1 - t).$$

6 Den Begriff ‚EBIAT' gibt es im Finanzbereich seltsamerweise überhaupt nicht, wäre er doch genau passend und leichter zu verstehen.

Von daher sind wir hier mit dem Betriebsergebnis auch richtig unterwegs. Die Fremdkapitalzinsen sind bereits im WACC, den wir dann erneut als Diskont nutzen, eingegangen und dürfen daher in unserer Überschussgröße nicht noch einmal erfasst werden. Dies wäre aber beim EGT als Ausgangsbasis der Fall. 20
Und weil die Kapitalkosten nach Steuern gerechnet wurden, müssen wir auch das Betriebsergebnis entsprechend nach Steuern umrechnen.
Dies ist ja nicht weiterhin schwer, denn wir wissen ja aus dutzenden Anwendungen, dass eine Berechnung der Nach-Steuer Größe auf der Basis der Vor-Steuer Größe recht simpel ist. Wir müssen lediglich die Vor-Steuer Größe mit dem Steuerschutz (‚Tax Shield') multiplizieren,
also

$$BE_{n.St.} = BE_{v.St.} \times (1 - Steuersatz)$$

somit für den Wert der ersten Periode

$$172{,}50 = 230{,}00 \times (1 - 25{,}00\%).$$

Schauen wir uns also das Betriebsergebnis nach Steuern (NOPAT[7]) für alle Perioden unserer Investitionsrechnung an. 21

Gewinn- und Verlustechnung

Jahre	1	2	3	4	5
Umsatz	1.000,00	1.100,00	1.200,00	1.300,00	1.400,00
Auszahlungen (Cash Kosten)	670,00	725,00	730,00	745,00	790,00
Einzahlungsüberschuss (EBITD)	330,00	375,00	470,00	555,00	610,00
Abschreibungen	100,00	100,00	100,00	100,00	100,00
Betriebsergebnis (EBIT)	230,00	275,00	370,00	455,00	510,00
- Steuern	57,50	68,75	92,50	113,75	127,50
Betriebsergebnis n. St. (NOPAT)	**172,50**	**206,25**	**277,50**	**341,25**	**382,50**

Jetzt zum eigentlichen Ansatz. 22
Diese Methode nach Stern/Stewart (es ist übrigens der gleiche *Stewart*, von dem wir bereits bei den Kapitalkosten gehört haben) fällt ein wenig aus dem Rahmen. Sie diskontiert eine modifizierte Buchwertgröße, den Economic Value Added, auch EVA genannt.
Die zentrale Frage dabei ist, ab wann eine Wertsteigerung mit einem eingesetzten Kapital erwirtschaftet wird. Dies ist leicht zu beantworten. Dann, wenn wir mit dem eingesetzten Kapital mehr verdienen, als die Dritten für eben dieses Kapital haben wollen.

1. Der ‚subtraktive' Weg

Das „haben wollen" kennen wir schon, denn dies ist der Gesamtkapitalkostensatz WACC. Und diesen WACC haben wir im Detail behandelt. Zunächst hatten wir die prozentualen Größen über mehrere Schritte ermittelt, jeweils getrennt nach Eigen-, Fremd- und Gesamtkapitalkosten und dies 23

7 Ich benutze im Folgenden immer den Begriff ‚NOPAT', nicht ‚NOPLAT'.

auch noch über zwei alternative Wege bei der ‚Leverage' (das Verhältnis Fremd- zu Eigenkapital) Integration, ‚Copeland' und ‚Stewart'.
Schauen wir nochmals zur Erinnerung in die Kalkulationen hinein, da wir sie beim EVA Ansatz dann doch wieder intensiver benötigen..

a) Copeland

Eigenkapitalkosten ohne Leverage	**ke_{unlev}**	**8,50%**
Leverage (FK/EK) Faktor	**LF**	**2,75**
Eigenkapitalkosten mit Leverage	**$k_{e\ lev}$**	**17,25%**
Gewichtete Eigenkapitalkosten	**gew. ke_{unlev}**	**5,18%**
Fremdkapitalkosten vor Steuern	**k_d (v. St.)**	**6,00%**
Fremdkapitalkosten nach Steuern	**k_D (n. St.)**	**4,50%**
Gewichtete Fremdkapitalkosten	**gew. k_D**	**3,15%**
Gewichtete durchschnittliche Gesamtkapitalkosten	**WACC**	**8,33%**

b) Stewart

Eigenkapitalkosten ohne Leverage	**ke_{unlev}**	**8,50%**
Financial Risk Premium	**FRP**	**4,38%**
Eigenkapitalkosten mit Leverage	**$k_{e\ lev}$**	**12,88%**
Gewichtete Eigenkapitalkosten	**gew. ke_{unlev}**	**3,86%**
Fremdkapitalkosten vor Steuern	**k_d (v. St.)**	**6,00%**
Fremdkapitalkosten nach Steuern	**k_D (n. St.)**	**4,50%**
Gewichtete Fremdkapitalkosten	**gew. k_D**	**3,15%**
Gewichtete durchschnittliche Gesamtkapitalkosten	**WACC**	**7,01%**
	WACC (2. Weg)	**7,01%**

24 Als wir diese prozentualen Größen mit dem eingesetzten Gesamtkapital multipliziert haben, erhielten wir die absoluten Kapitalkosten, die wir auch Kapitalbelastung, bzw. in englisch ‚Capital Charge(s)' genannt haben. Damit Sie nicht zurückblättern müssen, kopiere ich Ihnen auch noch einmal diese absoluten Werte ein. Dies sind genau die Beträge, die die Dritten, die Gesamtkapitalgeber, Aktionäre und Banken, für Ihr Kapital haben wollen.

a) Copeland

Eigenkapitalkosten ohne Leverage	**ke_{unlev}**	**12,75**
Leverage (FK/EK) Faktor	**LF**	**13,13**
Eigenkapitalkosten mit Leverage	**$k_{e\ lev}$**	**25,88**
Gewichtete Eigenkapitalkosten	**gew. ke_{unlev}**	**25,88**
Fremdkapitalkosten vor Steuern	**k_d (v. St.)**	**21,00**
Fremdkapitalkosten nach Steuern	**k_D (n. St.)**	**15,75**
Gewichtete Fremdkapitalkosten	**gew. k_D**	**15,75**
Gewichtete durchschnittliche Gesamtkapitalkosten	**WACC**	**41,63**

b) Stewart

Eigenkapitalkosten ohne Leverage	**ke_{unlev}**	**12,75**
Financial Risk Premium	**FRP**	**6,56**
Eigenkapitalkosten mit Leverage	**$k_{e\ lev}$**	**19,31**
Gewichtete Eigenkapitalkosten	**gew. ke_{unlev}**	**19,31**
Fremdkapitalkosten vor Steuern	**k_d (v. St.)**	**21,00**
Fremdkapitalkosten nach Steuern	**k_D (n. St.)**	**15,75**
Gewichtete Fremdkapitalkosten	**gew. k_D**	**15,75**
Gewichtete durchschnittliche Gesamtkapitalkosten	**WACC**	**35,06**
	WACC (2. Weg)	**35,06**

Außerdem hatten wir für das bessere Verständnis bzw. zur besseren Präsentation der Herleitung und 25
der Ergebnisse den Rechenweg auch einmal als Flussdiagramm abgebildet.

Kapitalkostenberechnung

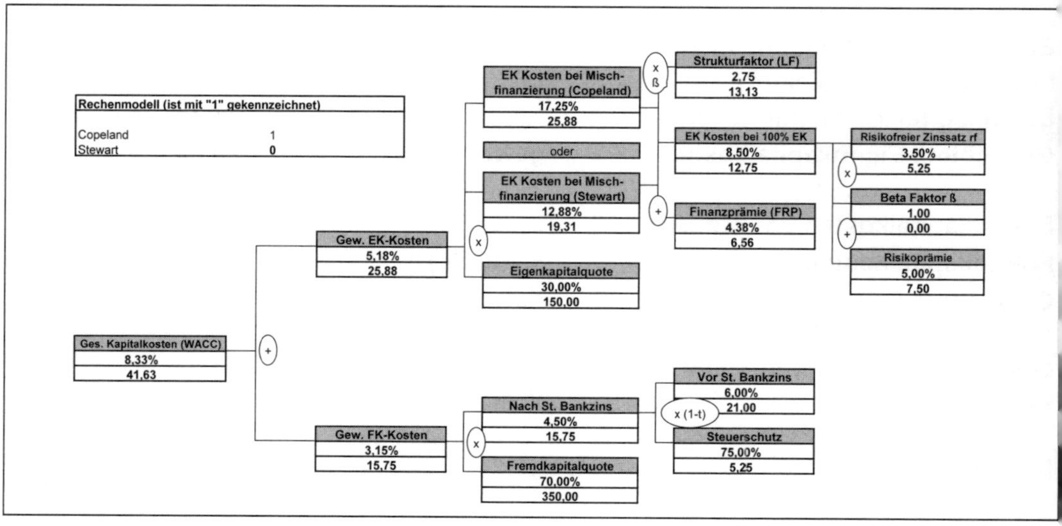

26 Somit muss unser Ergebnis aus der Investition in den einzelnen Perioden höher sein als diese Forderungen Dritter, die absoluten Kapitalkosten. Als erwirtschaftete (operative) Rendite haben wir bereits das Betriebsergebnis in der GuV identifiziert und wir wissen auch, dass wir hier die Nach-Steuer Größe benötigen.

Ist das Betriebsergebnis (erwirtschaftete Rendite) nach Steuern also größer als die absoluten, ebenfalls nach Steuern gerechneten, Kapitalkosten (geforderte Rendite), wird mit dem eingesetzten Kapital eine Wertsteigerung erwirtschaftet. Im negativen Fall kommt es natürlich zu einer Wertvernichtung in der entsprechenden Periode.

27 Das Interessante daran ist aber: In der Berechnung der periodischen EVA werden bereits die Kapitalkosten in Abzug gebracht. Da es sich dann aber wieder um zukünftige periodische Überschüsse oder Fehlbeträge (Wertsteigerungen oder Wertvernichtungen) handelt, müssen wir erneut abzinsen und womit? Ja richtig, wieder müssen wir die Kapitalkosten WACC einsetzen.

Das klingt erst einmal paradox, ist es aber nicht, wenn man die Zusammenhänge nochmals in Ruhe durchdenkt.

Schauen wir uns das doch zunächst einmal an. Das Betriebsergebnis nach Steuern haben wir bereits berechnet und aus den Kapitalkostenberechnungen können wir die absoluten Kapitalkosten (Kapitalbelastung bzw. Capital Charge) entnehmen. Bitte erinnern Sie sich daran, dass wir uns entschieden haben, mit dem WACC nach ‚Copeland' zu arbeiten, also mit 8,33%.

Investitionsrechnung mittels EVA®

Jahre	1	2	3	4	5
Betriebsergebnis n. St. (NOPAT)	172,50	206,25	277,50	341,25	382,50
- Kapitalbelastung (Capital Charge)	41,63	33,30	24,98	16,65	8,33
= GWB/EVA®	130,88	172,95	252,53	324,60	374,18

28w Dann müssen wir wieder abzinsen und wir haben schon gehört, dass wir mit dem WACC diskontieren müssen.

Sie erinnern sich doch noch, oder? 29
Die Formel für den Abzinsungsfaktor ABZF lautete:

$$ABZF = \frac{1}{(1+i)^n},$$

also in unserem Fall

$$ABZF = \frac{1}{(1+WACC)^n}$$

Danach müssen wir die zukünftigen EVA wieder mit dem Abzinsungsfaktor multiplizieren und erhalten die Barwerte der periodischen EVA.

Also

$$EVA_{BW} = EVA_n \times \frac{1}{(1+WACC)^n}$$

mit

EVA_{BW} = Barwert der EVA

n = Jahre, in unserem Fall 1 bis 5 und

dem WACC mit ‚*Leverage*' nach Copeland, in unserem Fall 8,33% nach Steuern.

Im letzten Schritt addieren wir die Barwerte der EVA wieder auf und erhalten die kumulierten abgezinsten Barwerte. Hier spricht man auch vom ‚MVA', dem ‚Market Value Added', also dem Zuwachs an Werten eines Marktes, gemeint ist beim Wort ‚Markt' damit das eingesetzte Kapital. 30

Damit ergibt sich der MVA – Market Value Added zum Zeitpunkt 1 folgendermaßen:

$$MVA_1 = \sum_{n=1}^{5} \frac{EVA_n}{(1+WACC)^n},$$

also

$$MVA = 953,47$$

Investitionsrechnung mittels EVA®

Jahre	1	2	3	4	5
Betriebsergebnis n. St. (NOPAT)	172,50	206,25	277,50	341,25	382,50
- Kapitalbelastung (Capital Charge)	41,63	33,30	24,98	16,65	8,33
= GWB/EVA®	130,88	172,95	252,53	324,60	374,18
Diskontfaktor	0,92	0,85	0,79	0,73	0,67
Diskontierte GWB/EVA®	120,82	147,39	198,66	235,74	250,86
Kum. Diskontierte GWB/EVA®	120,82	268,21	466,87	702,61	**953,47**
(Barwert der GWB/EVAs)					**953,47**

31 Anders als beim Kapitalwertverfahren innerhalb der klassischen Investitionsrechenansätze wird jetzt hier beim EVA Ansatz das ursprüngliche Investitionskapital nochmals addiert und dann erhält man den gesamten Wert der Investition nach dem EVA Verfahren.

Dieser Wert versteht sich nach periodischen Forderungen Dritter, also nach Kapitalkosten für die Banken und Eigenkapitalgeber und nach Steuern und setzt sich zusammen aus dem Anfangsinvestment und den kumulierten abgezinsten Wertveränderungen (positive oder negative diskontierte EVA, also periodische abgezinste Wertsteigerungen bzw. –vernichtungen).

Die Formel für den gesamten Barwert der Investition mittels EVA Verfahren aus heutiger Sicht heißt somit:

Gesamtwert = Anfangsinvestment + MVA

also

$$Gesamtwert = K_0 + \sum_{n=1}^{\infty} \frac{EVA_n}{(1+i)^n}$$

somit in unserem Fall

$$Gesamtwert = K_0 + \sum_{n=1}^{5} \frac{EVA_n}{(1+WACC)^n}$$

also

$$Gesamtwert = 500{,}00 + 953{,}47 = 1.453{,}47$$

MVA aus Detailperioden	**953,47**	**65,6%**
+ Kapital zu Betrachtungsbeginn	**500,00**	**34,4%**
Wert der Investition	**1.453,47**	**100,0%**

Auch wieder nicht schwierig, oder?

Für die Berechnung des EVA/GWB gibt es noch einen zweiten alternativen Berechnungsweg, der aber zum identischen Ergebnis wie bei dem soeben aufgezeigten ‚subtraktiven' Weg kommt.

2. Der ‚multiplikative' Weg

Hier errechnet sich der EVA durch die Multiplikation der Differenz zwischen erwirtschafteter und geforderter Rendite, jeweils in Prozent (= Spread), mit dem eingesetzten Kapital zu Beginn der entsprechenden Periode. Es entsteht ein Überschuss, ein ‚Value Added' pro Periode, der ausdrückt, welcher Wert für die Kapitalgeber zusätzlich geschaffen wurde. 32
Dieser Überschuss ist wie ein so genanntes Residualeinkommen der Kapitalgeber. Es steht ihnen nur „grundsätzlich" zur Verfügung, sie haben aber kein Recht auf eine Auszahlung.

Also gehen wir wieder Schritt für Schritt vor.

Was wissen wir?

Das EVA mittels ‚multiplikativem' Weg errechnet sich durch Multiplikation der Differenz aus erwirtschafteter und geforderter Rendite (‚Spread' bzw. in deutsch ‚ökonomische Marge' oder ‚ökonomische Spanne' genannt, in Prozent) mit dem eingesetzten Kapital zu Periodenbeginn. 33

Dann ran an die einzelnen Elemente:

Erwirtschaftete Rendite.

Wir kennen das Betriebsergebnis nach Steuern (NOPAT) und ebenfalls das Kapital zum jeweiligen Periodenbeginn. Das Betriebsergebnis nach Steuern entnehmen wir erneut aus der GuV mit entsprechender steuerlicher Kürzung.

Gewinn- und Verlustechnung

Jahre	1	2	3	4	5
Umsatz	1.000,00	1.100,00	1.200,00	1.300,00	1.400,00
Auszahlungen (Cash Kosten)	670,00	725,00	730,00	745,00	790,00
Einzahlungsüberschuss (EBITD)	330,00	375,00	470,00	555,00	610,00
Abschreibungen	100,00	100,00	100,00	100,00	100,00
Betriebsergebnis (EBIT)	230,00	275,00	370,00	455,00	510,00
- Steuern	57,50	68,75	92,50	113,75	127,50
Betriebsergebnis n. St. (NOPAT)	**172,50**	**206,25**	**277,50**	**341,25**	**382,50**

Dividieren wir jetzt dieses Betriebergebnis nach Steuern (NOPAT) durch das jeweils eingesetzte (Buch)Kapital zu Periodenbeginn, dann erhalten wir die erwirtschaftete (Kapital)Rendite ROC. Manchmal liest man auch ‚*ROCE – Return on Capital Employed*', damit ist dann gemeint, dass nur Zins tragendes Kapital als eingesetztes Kapital definiert ist. 34

Und wo bekommen wir die periodischen Größen her? Na klar, aus dem Anlagespiegel, da haben wir zunächst die Abschreibetafel und dann die periodische Entwicklung der Buchwerte berechnet.

Abschreibetafel

Jahre	1	2	3	4	5	6
Kapital						
Anfangsinvestment	500			AfA	20%	
Weitere Aktivierungen	0	0	0	0	0	
Gesamt (Holding) Kapital (ohne Tilgungen)	500	500	500	500	500	
Abschreibungen						
AfA auf Anfangsinvestition	100	100	100	100	100	0
AfA aus Weiteren Aktivierungen P1	0	0	0	0	0	0
AfA aus Weiteren Aktivierungen P2		0	0	0	0	*0*
AfA aus Weiteren Aktivierungen P3			0	0	0	*0*
AfA aus Weiteren Aktivierungen P4				0	0	*0*
AfA aus Weiteren Aktivierungen P5					0	*0*
Summe AfA	**100**	**100**	**100**	**100**	**100**	***0***

Anlagenspiegel

Kapitalentwicklung						
Anfangsbestand aus Anfangsinvest	500,00	400,00	300,00	200,00	100,00	0,00
Endbestand aus Anfangsinvest	400,00	300,00	200,00	100,00	0,00	0,00
Anfangsbestand aus Weiteren Aktivierungen P1	0	0	0	0	0	*0*
Endbestand aus Weiteren Aktivierungen P1	0	0	0	0	0	*0*
Anfangsbestand aus Weiteren Aktivierungen P2		0	0	0	0	*0*
Endbestand aus Weiteren Aktivierungen P2		0	0	0	0	*0*
Anfangsbestand aus Weiteren Aktivierungen P3			0	0	0	*0*
Endbestand aus Weiteren Aktivierungen P3			0	0	0	*0*
Anfangsbestand aus Weiteren Aktivierungen P4				0	0	*0*
Endbestand aus Weiteren Aktivierungen P4				0	0	*0*
Anfangsbestand aus Weiteren Aktivierungen P5					0	*0*
Endbestand aus Weiteren Aktivierungen P5					0	*0*
Summe Anfangskapital	**500,00**	**400,00**	**300,00**	**200,00**	**100,00**	***0,00***
Summe Endkapital	**400,00**	**300,00**	**200,00**	**100,00**	**0,00**	***0,00***

35 Da wir keine weiteren Investitionen (Aktivierungen) in den Perioden 1 bis 5 geplant und außerdem eine lineare Abschreibung über die Laufzeit 5 Jahre angesetzt hatten (also 20% p.a.), waren am Ende der Laufzeit die Buchwerte auch gegen ‚Null' geschrumpft.

Wir brauchen allerdings die Buchwerte des Kapitals jeweils zu Periodenanfang, also

Summe Anfangskapital	**500,00**	**400,00**	**300,00**	**200,00**	**100,00**

Somit errechnet sich die erwirtschaftete operative Rendite nach Steuern ganz leicht:

ROC - erwirtschaftete Kapitalrendite	34,5%	51,6%	92,5%	170,6%	382,5%

Die geforderte Rendite ist uns auch bestens bekannt, beträgt sie doch nach den Berechnungen mit

'Leverage' nach Copeland[8]

WACC - geforderte Kapitalrendite	8,3%	8,3%	8,3%	8,3%	8,3%

Damit können wir auch sofort die Differenz zwischen erwirtschafteter operativer Rendite nach Steuern und der von den Kapitalgebern geforderten Rendite nach Steuern, dem 'SPREAD' berechnen. 36

Spread - Überrendite	26,2%	43,2%	84,2%	162,3%	374,2%

Manchmal hört man hier auch den Begriff der 'Überrendite' (oberhalb der Kapitalkosten).
Dies sind also die periodischen zukünftigen prozentualen Wertsteigerungen. Hätten wir hier negative Vorzeichen, müssten wir von Wertvernichtungen sprechen. Und diese sind jetzt mit dem Kapital jeweils zu Periodenbeginn (siehe oben) zu multiplizieren.

Capital begin. - Kap. Periodenbeginn	500,00	400,00	300,00	200,00	100,00

Es wird also ein Wertzuwachs (eine Wertvernichtung) kalkuliert, die das eingesetzte Kapital (zu Periodenbeginn) im Laufe dieser Periode generiert und dies ist wieder das EVA. 37

EVA® - GWB	130,88	172,95	252,53	324,60	374,18

Schauen wir uns diese Rechnungen noch einmal im Überblick an.

Jahre	1	2	3	4	5
Alternative Berechnung (Multiplikativer Weg)					
ROC - erwirtschaftete Kapitalrendite	34,5%	51,6%	92,5%	170,6%	382,5%
WACC - geforderte Kapitalrendite	8,3%	8,3%	8,3%	8,3%	8,3%
Spread - Überrendite	26,2%	43,2%	84,2%	162,3%	374,2%
Capital begin. - Kap. Periodenbeginn	500,00	400,00	300,00	200,00	100,00
EVA® - GWB	130,88	172,95	252,53	324,60	374,18

Und wenn Sie die zukünftigen EVA in diesem Ansatz mit denen des 'subtraktiven' Weges vergleichen, dann sehen Sie, dass die beiden Rechenwege in der Tat zum identischen Ergebnis führen. 38

Jahre	1	2	3	4	5
Betriebsergebnis n. St. (NOPAT)	172,50	131,25	127,50	116,25	82,50
- Kapitalbelastung (Capital Charge)	41,63	33,30	24,98	16,65	8,33
= GWB/EVA®	130,88	97,95	102,53	99,60	74,18

8 Wir könnten jetzt periodisch unterschiedliche Gesamtkapitalkosten rechnen. Dafür müssten wir nur Kostenbestandteile bei den Eigen- bzw. Fremdkapitalkosten verändern. Dies tut man allerdings nicht. In der Regel setzt man den WACC der ersten Periode an, da die Berechnung ja auch aus heutiger Sicht, also t1 gemacht werden.

Ist dies Zufall? Nein, dies ist wieder ganz einfache Mathematik.

39 Bevor wir uns dieser mathematischen Frage widmen, müssen wir aber noch betonen, dass wir natürlich auch bei dieser Ermittlung der EVA jetzt wieder einen periodischen Abzinsungsfaktor ermitteln, dann multiplizieren und abschließend wieder kumulieren müssen.

Das fertige Ergebnis und der komplette Weg sehen dann so aus.

Investitionsrechnung mittels EVA®

Jahre	1	2	3	4	5
Alternative Berechnung (Multiplikativer Weg)					
ROC - erwirtschaftete Kapitalrendite	34,5%	51,6%	92,5%	170,6%	382,5%
WACC - geforderte Kapitalrendite	8,3%	8,3%	8,3%	8,3%	8,3%
Spread - Überrendite	26,2%	43,2%	84,2%	162,3%	374,2%
Capital begin. - Kap. Periodenbeginn	500,00	400,00	300,00	200,00	100,00
EVA® - GWB	130,88	172,95	252,53	324,60	374,18
Diskontfaktor	0,92	0,85	0,79	0,73	0,67
Diskontierte GWB/EVA®	120,82	147,39	198,66	235,74	250,86
Kum. Diskontierte GWB/EVA®	120,82	268,21	466,87	702,61	**953,47**
(Barwert der GWB/EVAs)					**953,47**

MVA aus Detailperioden	**953,47**	**65,6%**
+ Kapital zu Betrachtungsbeginn	**500,00**	**34,4%**
Wert der Investition	**1.453,47**	**100,0%**

40 Wir erhalten natürlich auch wieder einen MVA_1 in Höhe von 953,47 T€, nach Addition des ursprünglichen Investments von 500,00 T€ dann auch wieder einen Gesamtwert dieser Investition

- über 5 Jahre
- nach dem EVA Verfahren
- nach Steuern und
- nach periodischen Kapitalkosten (in diesem Beispiel mit ‚Leverage' Ansatz nach ‚Copeland')
- bei gegebenen Prämissen

von 1.453,47 T€.

Jetzt zu der Frage, warum die beiden Ansätze zu identischen periodischen und Gesamtwerten kommen. Dies wollen wir grafisch darstellen und ich nutze diese Darstellung ganz häufig, weil sie die gesamte Investition sehr schön, aber knapp und präzise zusammenfassen kann.

Ich nenne sie daher auch ‚*Executive Summary*'.

II. Executive Summary – Teil I

Spielen Sie gerne SUDOKU? Ich schon, weil es uns zwingt, logisch zu denken und wir außerdem unser Gehirn trainieren. Wir wollen jetzt auch SUDOKO spielen. 41

Schauen Sie sich bitte nachfolgende Grafik an und betrachten Sie dabei auch genau die Pfeile und die Rechenoperanden. Was muss ich in das Feld in der Mitte schreiben, damit diese Gleichung aufgeht?

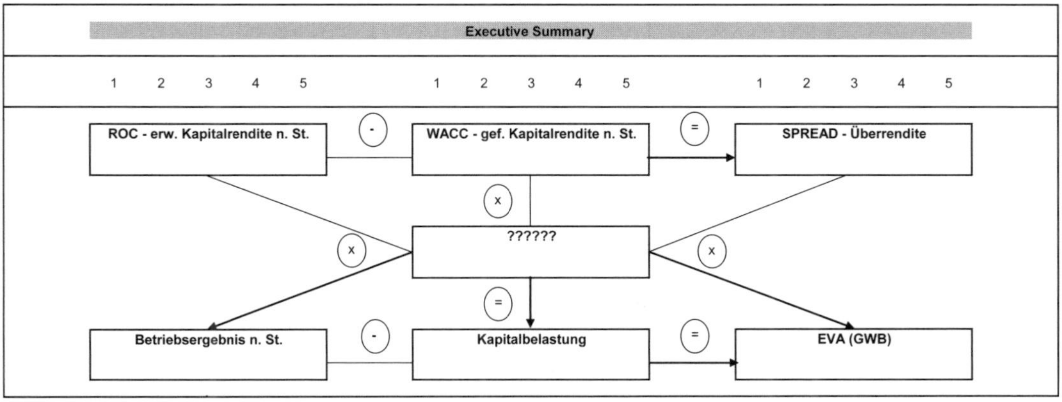

Genau, das eingesetzte Kapital zu Periodenbeginn. Und wenn Sie jetzt genau hinschauen, dann erkennen Sie auch den ‚subtraktiven' und den ‚multiplikativen' Weg.

Außerdem erkennen Sie an der Grafik, dass die oberen 3 Umrandungen prozentuale Werte beinhalten und die unteren 3 Umrandungen die jeweils dazu gehörenden absoluten Werte. In der Mitte, unserem Suchkasten muss somit das Kapital stehen, denn per Multiplikation (von oben nach unten) bzw. per Division (von unten nach oben) ergibt sich die jeweilige andere Größe. 42

Machen wir es ein wenig deutlicher; hier zunächst unten in den drei Feldern der Grafik der ‚subtraktive' Weg.

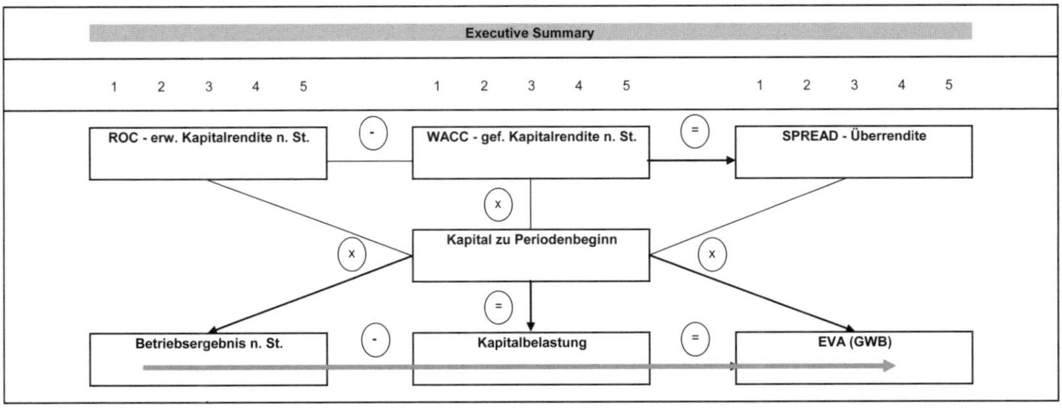

Und jetzt der ‚multiplikative' Weg.

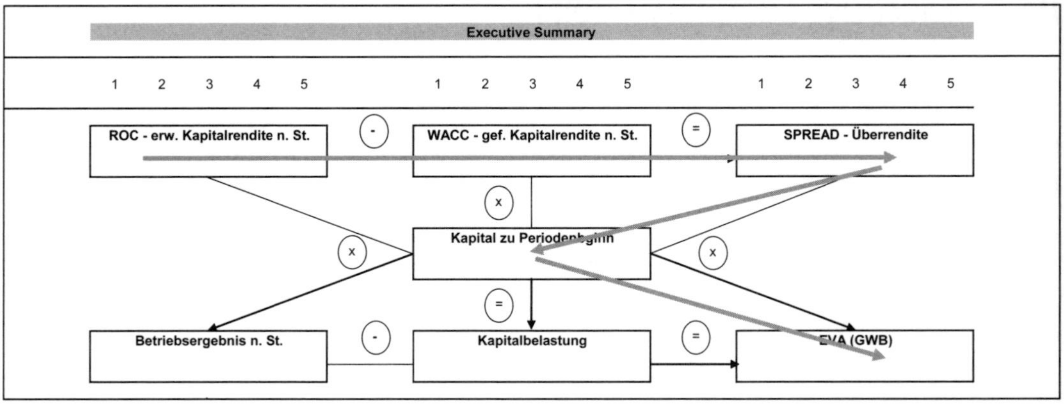

7

43 Über diesen Zusammenhang gibt es in der Literatur übrigens tausende Seiten und die meisten Autoren stellen EVA Berechnungen leider als etwas Komplexes dar. Da kann ich nur den Kopf schütteln.

Aber hier gilt wieder, dass der Finanzer alles gerne ein wenig schwieriger darstellt als es in der Praxis ist. Es steigert seinen Marktwert!

Füllen wir jetzt unsere ‚Executive Summary' mit den berechneten Werten.

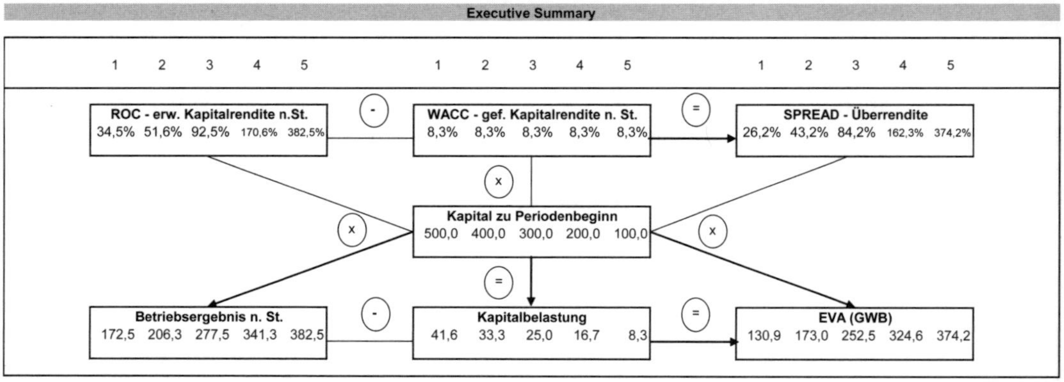

Klasse, nicht wahr?

44 Und warum bezeichne ich diese Darstellung als ‚Executive Summary' Teil I?

Lesen Sie einmal weiter, ich führe Sie jetzt durch ‚mein Executive Summary'. Dafür brauche ich nicht mehr als 2 Minuten, aber dann ist alles Wesentliche zu dieser Investition, zumindest in Bezug auf die periodischen Ergebnisse, gesagt.

Hier kommt ‚mein Executive Summary'.

Die Investition bedingt einen Kapitaleinsatz in Höhe von 500,00 T€. Weitere Aktivierungen in den Folgeperioden sind nicht notwendig bzw. nicht eingeplant, so dass bei linearer Abschreibung über 5 Jahre die Buchwerte jedes Jahr um 100,00 T€ fallen.

Kapital zu Periodenbeginn				
500,0	400,0	300,0	200,0	100,0

Hier wurden die jeweiligen Buchwerte zu Periodenanfang dargestellt, zu denen ich aber gleich noch einmal zurückkomme. 45

Mit dieser Investition werden in den 5 geplanten Perioden operative Ergebnisse nach Steuern in Höhe von

Betriebsergebnis n. St.				
172,5	206,3	277,5	341,3	382,5

verdient, dies entspricht einer Kapitalrendite (jeweils basierend auf dem o.g. Buchkapital zu Periodenbeginn) in Höhe von

ROC - erw. Kapitalrendite n.St.				
34,5%	51,6%	92,5%	170,6%	382,5%

.

Diesen erwirtschafteten Renditen stehen Kapitalforderungen der Kapitalgeber (Banken und Aktionäre) von

Kapitalbelastung				
41,6	33,3	25,0	16,7	8,3

gegenüber, dies entspricht einem Gesamtkapitalkostensatz in Höhe von

WACC - gef. Kapitalrendite n. St.				
8,3%	8,3%	8,3%	8,3%	8,3%

.

Als Ergebnis (Differenz aus erwirtschafteter und geforderter Rendite, jeweils nach Steuern) erwirtschaftet diese Investition periodische Wertsteigerungen von 46

SPREAD - Überrendite				
26,2%	43,2%	84,2%	162,3%	374,2%

,

das entspricht in absoluten Werten in den einzelnen Jahren einem jeweiligen EVA (Wertsteigerung und/oder Wertvernichtung) in Höhe von

EVA (GWB)				
130,9	173,0	252,5	324,6	374,2

.

Alles gesagt, oder? Schauen Sie sich die Darstellung nochmals an – sie ist klasse und ich liebe sie!

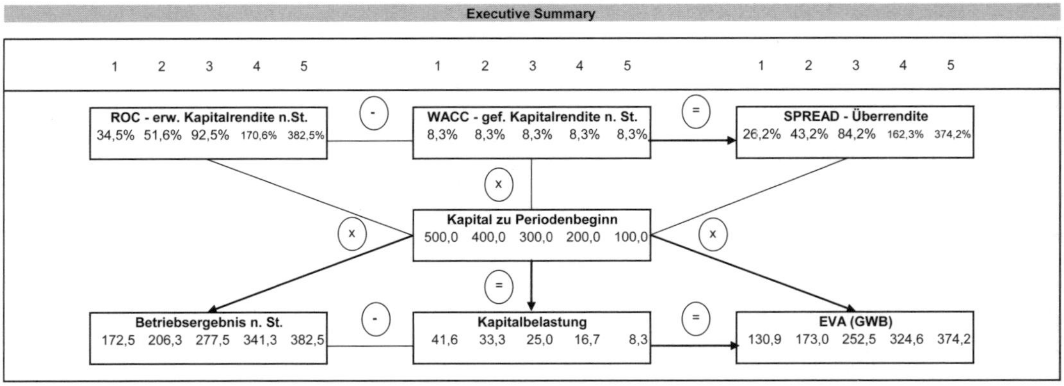

47 Neben dem EVA Ansatz gibt es einen zweiten angelsächsischen Ansatz, der viel bekannter ist, da es der weltweite Standardansatz bei Unternehmensbewertungen ist. Investitionsrechnungen sind eigentlich Bewertungen. Bei der klassischen Unternehmensbewertung ist man zwar noch detaillierter unterwegs, die Technik ist aber absolut identisch.

D. Der FCF Ansatz

48 ***Der FCF – Freier Cash Flow – ist der Betrag, der theoretisch zur Auszahlung an Dritte (Banken in Form von Kreditrückzahlungen, Aktionären in Form von Dividenden) zur Verfügung stünde.***
Hier wird als Rechnungskomponente erneut das Betriebsergebnis nach Steuern herangezogen. Dieses kennen wir ja bereits vom EVA Ansatz und von daher wollen wir auch Erklärungen, warum gerade auf diese GuV Größe Zugriff genommen werden muss, unterlassen und auch auf die Berechnung selbst nicht wieder im Detail eingehen.

I. Berechnung des FCF

49 Der Vollständigkeit halber und damit wir uns wieder besser erinnern, kopieren wir uns die Herleitung des Betriebsergebnisses nach Steuern allerdings wieder ein.

Gewinn- und Verlustechnung

Jahre	1	2	3	4	5
Umsatz	1.000,00	1.100,00	1.200,00	1.300,00	1.400,00
Auszahlungen (Cash Kosten)	670,00	725,00	730,00	745,00	790,00
Einzahlungsüberschuss (EBITD)	330,00	375,00	470,00	555,00	610,00
Abschreibungen	100,00	100,00	100,00	100,00	100,00
Betriebsergebnis (EBIT)	230,00	275,00	370,00	455,00	510,00
- Steuern	57,50	68,75	92,50	113,75	127,50
Betriebsergebnis n. St. (NOPAT)	**172,50**	**206,25**	**277,50**	**341,25**	**382,50**

Jetzt müssen wir als nächste Schritte zunächst den

- Cash Flow und dann den
- Freien Cash Flow

berechnen.

Der Cash Flow ist recht einfach zu berechnen, da wir zum Betriebsergebnis nach Steuern lediglich die Abschreibungen addieren müssen. Abschreibungen sind ja bekannter Weise nicht auszahlungswirksam. 50

Investitionsrechnung mittels Freiem Cash Flow

Jahre	1	2	3	4	5
Betriebsergebnis n. St. (NOPAT)	172,50	206,25	277,50	341,25	382,50
+ AFA (Depreciation)	100,00	100,00	100,00	100,00	100,00
= Cash Flow (n. St.)	272,50	306,25	377,50	441,25	482,50

Damit haben wir den operativen Cash Flow (vor Zinsen, nach Steuern) berechnet. Zum Freien Cash Flow ist es aber noch einen Schritt weiter. Wir müssen im nächsten Zug allerdings ein wenig aufpassen, da wir nicht periodenkonform auf Werte zugreifen werden.

Es gilt jetzt, die bereits verplanten Investitionen der **Folgeperiode** aus dem Cash Flow herauszurechnen. Wir müssen somit in Periode 1 auf die (verplanten) Investitionen der Periode 2 zurückgreifen. Dies ist einfach erklärt. Sind bereits Beträge des Cash Flow verplant, sind sie nicht mehr frei zur theoretischen Ausschüttung an Dritte.

Beispiel. Sie haben zum Ende Juni eines Jahres einen operativen Cash Flow vor Zinsen und nach Steuern in Höhe von 2 Mio €. Jetzt haben Sie allerdings bereits 2 weitere LKW bestellt, die beide in diesem Jahr noch zur Lieferung und damit zur Bezahlung kommen werden. Jeder der beiden LKW kostet 150.000 €. Damit sind bereits 300.000 € aus dem operativen Cash Flow verplant und der freie Cash Flow, also die Summe, die theoretisch zur Ausschüttung an Dritte zur Verfügung stünde, ‚nur' noch 1,7 Mio €. 51

In unserem Fall haben wir aber gar keine weiteren Investitionen in den Folgeperioden geplant. Richtig, aber dieses werden wir auch noch in einem nachfolgenden Umlauf rechnen und von daher müssen wir hier trotzdem exakt sein.

Wir sehen in unserem Fall aufgrund nicht geplanter weiterer Aktivierungen immer die ‚Null' als Wert für die weiteren Investitionen. Klicken Sie aber einmal im Excel Tool auf die ‚Null' Werte und gehen Sie dem Ursprung der Werte bitte nach. Sie werden sehen, ich habe immer auf den Wert der Folgeperiode zugegriffen.

Somit ergibt sich dann für den Freien Cash Flow (FCF):

Investitionsrechnung mittels Freiem Cash Flow

Jahre	1	2	3	4	5
Betriebsergebnis n. St. (NOPAT)	172,50	206,25	277,50	341,25	382,50
+ AFA (Depreciation)	100,00	100,00	100,00	100,00	100,00
= Cash Flow (n. St.)	272,50	306,25	377,50	441,25	482,50
- Investitionen (Investments)	0,00	0,00	0,00	0,00	0,00
= Freier (Free) Cash Flow (FCF)	272,50	306,25	377,50	441,25	482,50

52 Jetzt kommen wieder die bekannten Schritte bei Investitionsrechnungen, bzw. bei zukünftigen Werten.

- Saldieren (Ein- und Auszahlungen zum Cash Flow – haben wir bei der Berechnung des Betriebsergebnisses in der GuV schon gemacht)
- Diskontieren (gemeint ist hier die Berechnung des Abzinsungsfaktors)
- Multiplizieren (die Cash Flows mit den Abzinsungsfaktoren zum Barwert)
- Kumulieren (die Barwerte der Cash Flows)

Wir arbeiten mit dem WACC nach Copeland, also müssen wir die Freien Cash Flows FCF erneut mit 8,33% abzinsen, den Diskontierungsfaktor somit mit den Zukunftswerten der FCF multiplizieren und die dann erhaltenen Barwerte der FCF aufsummieren.

Aber dann halt: Bei diesem Ansatz enden wir hier und rechnen nicht wie beim klassischen Kapitalwertverfahren die ursprüngliche Investitionssumme wieder aus dem Ergebnis heraus oder im Vergleich zu EVA Verfahren das Kapital zu Betrachtungsbeginn wieder hinzu!

Investitionsrechnung mittels Freiem Cash Flow

Jahre	1	2	3	4	5
Betriebsergebnis n. St. (NOPAT)	172,50	206,25	277,50	341,25	382,50
+ AFA (Depreciation)	100,00	100,00	100,00	100,00	100,00
= Cash Flow (n. St.)	272,50	306,25	377,50	441,25	482,50
- Investitionen (Investments)	0,00	0,00	0,00	0,00	0,00
= Freier (Free) Cash Flow (FCF)	272,50	306,25	377,50	441,25	482,50
Diskontfaktor	0,92	0,85	0,79	0,73	0,67
Diskontierte FCF	251,56	260,99	296,98	320,46	323,48
Kumlierte diskontierte FCF	251,56	512,54	809,53	1.129,98	1.453,47
Ergebnis	1.453,47	100,0%			

Die Investition weist nach dem FCF Verfahren einen Gesamtwert nach periodischen Forderungen Dritter und nach Steuern in Höhe von 1.453,57 T€ aus. 53
Formeltechnisch stellt sich der Ansatz aus der Sicht des heutigen Jahres (Periode 1) folgendermaßen dar.

$$Investitionswert_1 = \sum_{n=1}^{\infty} \frac{FCF_n}{(1+i)^n} \quad ,$$

also erneut mit i = WACC und n = 5 Jahre

somit

$$Investitionswert_1 = \sum_{n=1}^{5} \frac{FCF_n}{(1+WACC)^n} \quad .$$

Ich möchte jetzt auf die erneute genaue „Zerlegung" der (Sigma)Formel verzichten, da wir inzwischen ja schon mehrfach solche Darstellungen gesehen und mittlerweile auch gelernt haben, diese zu lesen und anzuwenden. 54
Aber was sehen Sie jetzt?
In beiden Verfahren, dem EVA Verfahren nach ‚subtraktivem' und/oder ‚multiplikativem' Ansatz und dem FCF Verfahren erhalten wir einen identischen Wert für die Investition nach Steuern und nach periodischen Forderungen Dritter, nämlich 1.453,57 T€.
Schauen wir uns die unterschiedlichen Rechenwege, die allerdings beide mit dem Betriebsergebnis nach Steuern (NOPAT) beginnen, noch einmal im direkten Vergleich an.

MVA aus Detailperioden	953,47	65,6%
+ Kapital zu Betrachtungsbeginn	500,00	34,4%
Wert der Investition	1.453,47	100,0%

Investitionsrechnung mittels Freiem Cash Flow

Jahre	1	2	3	4	5
Betriebsergebnis n. St. (NOPAT)	172,50	206,25	277,50	341,25	382,50
+ AFA (Depreciation)	100,00	100,00	100,00	100,00	100,00
= Cash Flow (n. St.)	272,50	306,25	377,50	441,25	482,50
- Investitionen (Investments)	0,00	0,00	0,00	0,00	0,00
= Freier (Free) Cash Flow (FCF)	272,50	306,25	377,50	441,25	482,50
Diskontfaktor	0,92	0,85	0,79	0,73	0,67
Diskontierte FCF	251,56	260,99	296,98	320,46	323,48
Kumlierte diskontierte FCF	251,56	512,54	809,53	1.129,98	1.453,47
Ergebnis	1.453,47	100,0%			

55 Klasse, oder?

Jetzt werden Sie sagen, dass dies mit den nicht gerechneten weiteren Aktivierungen zusammenhängt. Nein, das ist nicht richtig. Beide Ansätze kommen in der Tat immer zum gleichen Ergebnis, wenn die vorhergehenden Rechnungen (Anlagenspiegel zur Berechnung der periodischen Buchwerte und das Betriebsergebnis) sauber durchgeführt wurden.

Für unsere Investitionsrechnung heißt dies, dass wir die beiden Verfahren neben der Bewertung der Investition auch zur Überprüfung nutzen können, ob denn unsere bisherigen Rechnungen alle richtig sind. Quasi ein interner ‚check', der sich bei Nutzung der angelsächsischen Verfahren automatisch einstellt.

56 Jetzt aber zur Begründung, warum beide Verfahren zu identischen Ergebnissen kommen. Für diejenigen Leser, die es gar nicht so genau wissen wollen, bzw. die mathematische Begründungen nicht so recht mögen, sei hier angeregt, die nächsten Zeilen einfach zu ignorieren.

Es gilt:

$$\sum_{n=1}^{\infty} \frac{FCF_n}{(1+i)^n} = \sum_{n=1}^{n} \frac{EVA_n}{(1+i)^n} + K_O$$

da

$$\sum_{n=1}^{\infty} AFA_n = K_0$$

somit bei uns mit i = WACC und n = 5

$$\sum_{n=1}^{5}\frac{FCF_n}{(1+WACC)^n}=\sum_{n=1}^{5}\frac{EVA_n}{(1+WACC)^n}+K_O$$

weil

$$\sum_{n=1}^{5}AFA_n=K_0$$

Was steht da jetzt? 57

Im Cash Flow sind die periodischen Abschreibungen enthalten. Werden diese über die Laufzeit der Investition, in unserem Fall 5 Jahre aufsummiert, ergibt sich daraus das ursprüngliche Investment. Daher muss beim EVA Verfahren das ursprünglich eingesetzte Investitionskapital noch einmal addiert werden.
Dies ist auch richtig, wenn wir gegen unendlich arbeiten (werden), vorausgesetzt die vorhergehenden Rechnungen sind natürlich sauber aufgesetzt.
Beide Verfahren setzen außerdem auf die gleiche Basis auf (Betriebsergebnis nach Steuern und WACC nach identischer Berechnung zur Diskontierung).

II. Executive Summary – Teil II

Können wir die FCF Ergebnisse auch wieder in Form eines ‚Executive Summary' nutzen? Ja, und sogar als Erweiterung der bestehenden EVA basierten Zusammenfassung. 58

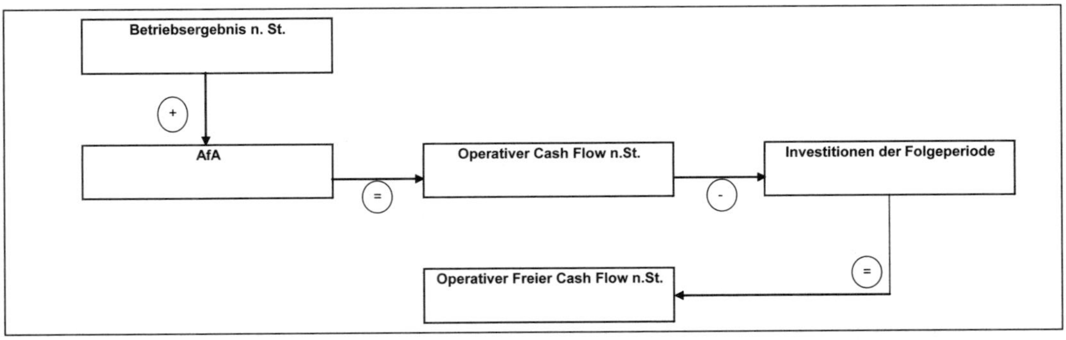

Im unteren Teil der EVA Zusammenfassung steht das Betriebsergebnis nach Steuern (NOPAT). Wenn wir da anschließen und die Abschreibungen addieren, erhalten wir den Cash Flow nach Steuern, subtrahieren wir davon dann die Investitionen der Folgeperiode, errechnet sich der operative Freie Cash nach Steuern.
Mit Zahlen sieht dies dann folgendermaßen aus:

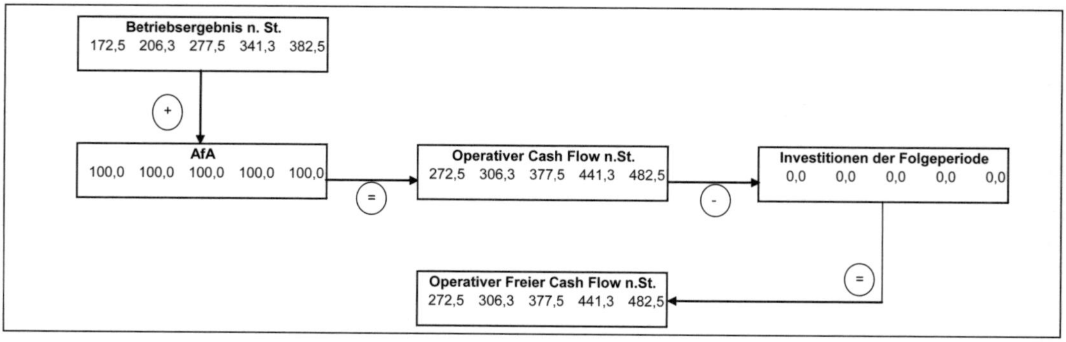

59 Diese Ergänzung können wir jetzt natürlich wieder in das bestehende ‚Executive Summary' integrieren, somit erhalten wir noch mehr Informationen zu unserer Investition aus angelsächsischer Sicht.

Aber schauen wir uns zunächst die Erweiterung des ‚Executive Summary' gemeinsam mit dem bisherigen Teil I an. Sie werden sehen, dass uns damit bisher noch fehlende Informationen gegeben werden.

Bisher hatten wir nämlich anhand der Kapitalentwicklung nur vermutet, dass keine weiteren Investitionen getätigt werden, jetzt haben wir aber den Nachweis direkt vor Augen. Außerdem ist die Entwicklung der (Kapital)Buchwerte mittels der jetzt direkt ausgewiesenen Abschreibungen viel leichter nachzuvollziehen.

60 Darüber hinaus wird uns der Cash Flow vor und nach bereits neuen (verplanten) Investitionen, dann Freier Cash Flow genannt, aufgezeigt.

Also lassen Sie uns in das erweiterte ‚Executive Summary' schauen.

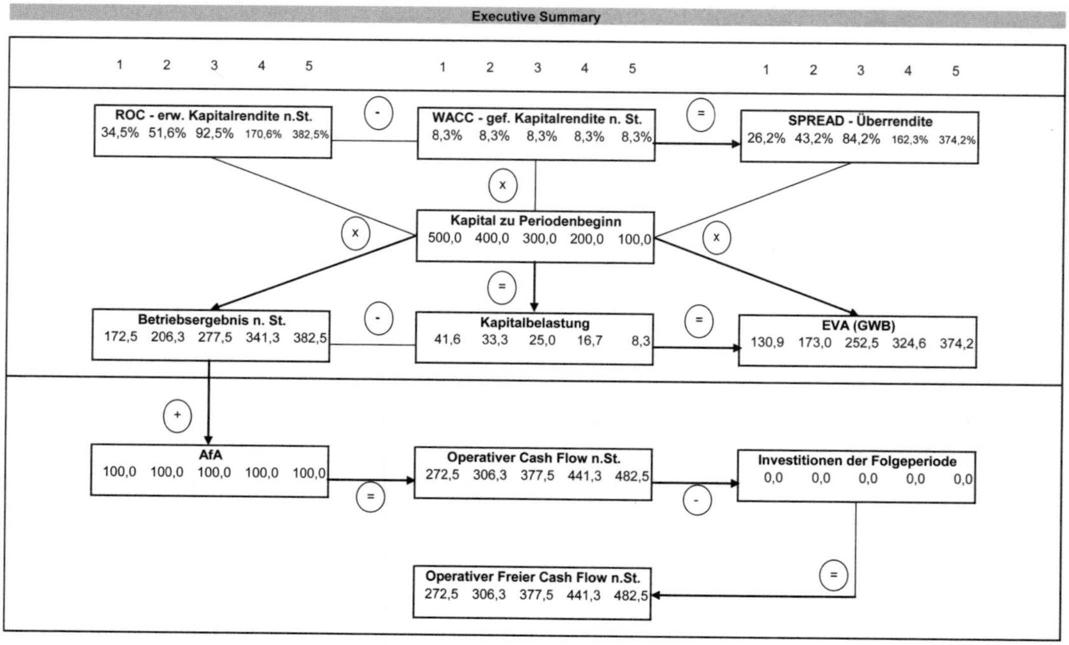

61 Und, gefällt es Ihnen? Ehrlich, mir gefällt es immer wieder!

Und da ist jetzt sogar noch mehr Klarheit für den Zuhörer drin. Steigen wir nochmals in unsere verbale Präsentation der Ergebnisse ein.

Mit dieser Investition werden in den 5 geplanten Perioden operative Ergebnisse nach Steuern in Höhe von 62

Betriebsergebnis n. St.				
172,5	206,3	277,5	341,3	382,5

verdient, dies entspricht einer Kapitalrendite (jeweils basierend auf dem o.g. Buchkapital zu Periodenbeginn) in Höhe von

ROC - erw. Kapitalrendite n.St.				
34,5%	51,6%	92,5%	170,6%	382,5%

.

Diesen erwirtschafteten Renditen stehen Kapitalforderungen der Kapitalgeber (Banken und Aktionäre) von 63

Kapitalbelastung				
41,6	33,3	25,0	16,7	8,3

gegenüber, dies entspricht einem Gesamtkapitalkostensatz in Höhe von

WACC - gef. Kapitalrendite n. St.				
8,3%	8,3%	8,3%	8,3%	8,3%

.

Als Ergebnis (Differenz aus erwirtschafteter und geforderter Rendite, jeweils nach Steuern) erwirtschaftet diese Investition periodische Wertsteigerungen von 64

SPREAD - Überrendite				
26,2%	43,2%	84,2%	162,3%	374,2%

,

das entspricht in absoluten Werten in den einzelnen Jahren einem jeweiligen EVA (Wertsteigerung und/oder Wertvernichtung) in Höhe von

EVA (GWB)				
130,9	173,0	252,5	324,6	374,2

.

Weitere Investitionen in den Folgeperioden sind nicht geplant. Es wird auch davon ausgegangen, dass keine Ersatzinvestitionen in der Laufzeit von 5 Jahren getätigt werden müssen. 65

Investitionen der Folgeperiode				
0,0	0,0	0,0	0,0	0,0

Somit erklären sich auch die konstanten Abschreibungsbeträge

AfA				
100,0	100,0	100,0	100,0	100,0

und die lineare bereits o.g. Entwicklung der Buchwerte.

Kapital zu Periodenbeginn				
500,0	400,0	300,0	200,0	100,0

66 Es ergibt sich somit periodisch ein sehr hoher operativer Cash Flow nach Steuern,

Operativer Cash Flow n.St.				
272,5	306,3	377,5	441,3	482,5

der aufgrund der fehlenden weiteren Investitionen in den Folgeperioden auch identisch mit dem operativen Freien Cash Flow nach Steuern ist.

Operativer Freier Cash Flow n.St.				
272,5	306,3	377,5	441,3	482,5

Diese Investition rechnet sich wirklich ausgezeichnet!
Alles gesagt, klasse, nicht wahr?

E. Zusammenfassungen

67 Wo stehen wir jetzt in unseren Analysen?
Wir haben unseren Rechenweg erneut erweitert und zwar um die beiden angelsächsischen Verfahren EVA und FCF. Die Berechnungen und Ergebnisse aus diesen Verfahren haben wir dann auch in mehreren Diagrammen dargestellt, die wir als ‚Executive Summaries' (Teile I und II) bezeichnet haben.
Ausgangspunkt für die angelsächsischen Verfahren war die Gewinn- und Verlustrechnung (in der Mitte der folgenden Darstellung), aus der wir das Betriebsergebnis brauchten. Auf der Basis des entsprechenden Nach-Steuer Wertes sind wir dann in die EVA und FCF Berechnung ‚gesprungen', wobei wir die Ergebnisse in Form eines gemeinsamen sehr aussagekräftigen ‚Executive Summary' verarbeitet haben.

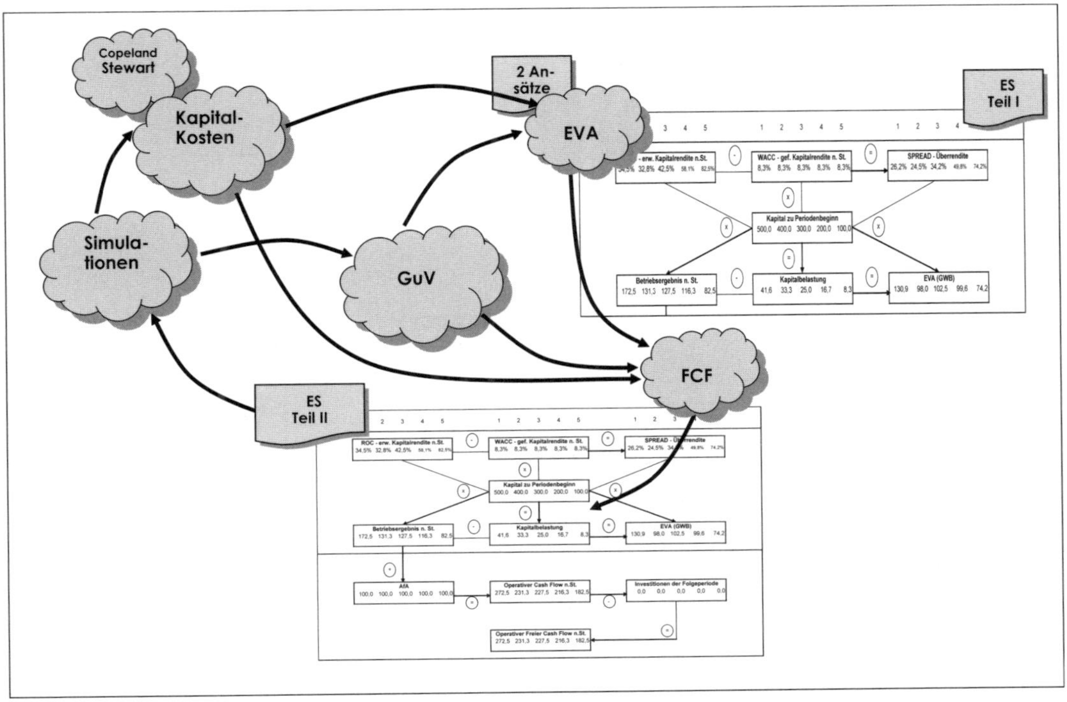

Können wir unsere Ergebnisse auch noch anders zusammenfassen? Ja und zwar ähnlich den Kapitalkosten in einem Flussdiagramm, wir nennen eine solches Diagramm auch ‚*Werttreiberanalyse*'. 68

Bisher haben wir alle Investitionsberechnungen und -kennzahlen durch mehr oder weniger simple Mathematik, auch wenn die Formeln manchmal auf den ersten Blick einen anderen Eindruck hinterließen, durchgeführt.

Mathematik mittels Formeln heißt aber auch immer, dass wir den Fluss der Berechnungen in entsprechenden Flussdiagrammen darstellen können. Und ich mag diese Darstellungen[9] ganz besonders.

9 In den folgenden Darstellungen habe ich bewusst nur die erste Periode dargestellt, da es mir nicht um die Inhalte, sondern nur um das Format geht.

Werttreiberanalyse (hier nur Periode 1)

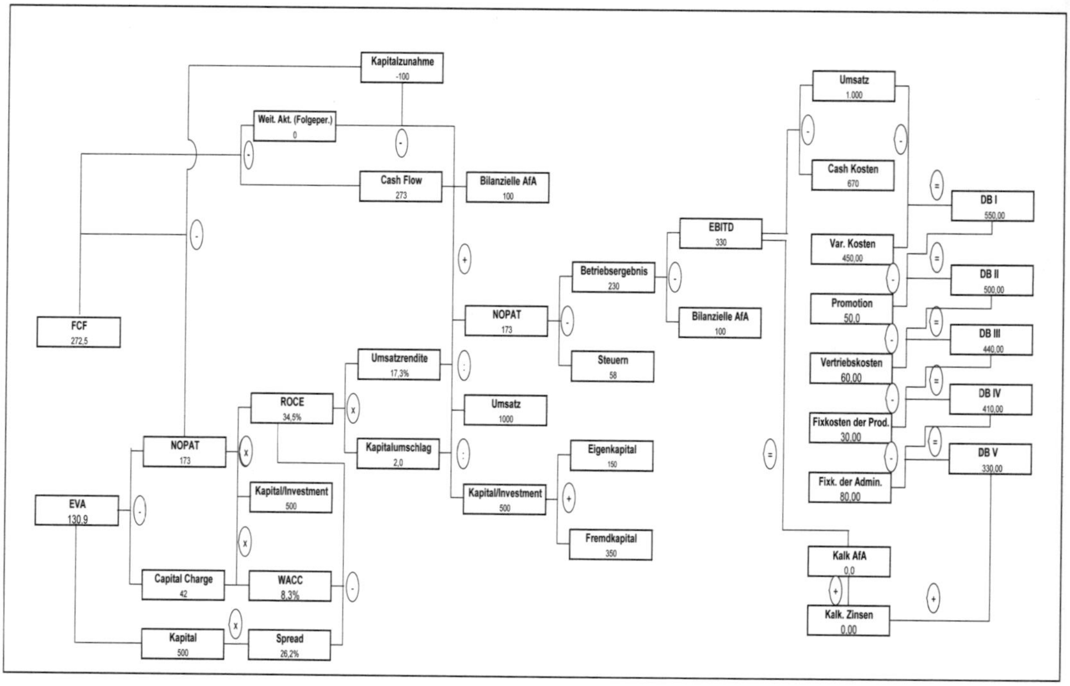

69 Das ist klasse, haben wir damit doch alle Ergebnisse auf einen Blick. Alle? Nein, ok, der Gesamtwert und die Ergebnisse aus unseren ursprünglichen Investitionsrechnungen fehlen.

Aber das sind ja kein Problem, denn die Ergebnisse können wir ganz einfach unterhalb der Grafik ergänzen und dann passt das Bild zu 100 %.

Aber schauen Sie trotzdem einmal die bestehenden Inhalte im Diagramm an. Da ist alles drin und ändern Sie nur einen Ausgangsparameter, passen sich aufgrund der mathematischen Verknüpfungen auch alle anderen (Ergebnis)Größen an.

Ich werde jetzt auch bei der nächsten Abbildung bewusst auf alle 5 gerechneten Perioden verzichten, da das Format dieses Buches eine Lesbarkeit dann nicht mehr zulässt. Solche Diagramme können Sie nur im DIN-A 3 Format abbilden und lesen.

70 Aber schauen Sie einmal – hier kommt nun der gesamte Überblick der Ergebnisse aus der klassischen (europäischen) Investitionsrechnung als auch die Gesamtwerte nach angelsächsischen Verfahren. Bitte vergleichen Sie die Ergebnisse jedoch nicht direkt.

Einmal (bei den klassischen Ansätzen) handelt es sich um Vor-Steuer Ergebnisse nach periodischen Forderungen Dritter und nach ursprünglichem Investment, wo hingegen die angelsächsischen Ansätze Nach-Steuer Ergebnisse zuzüglich dem ursprünglichen Investment berechnen.

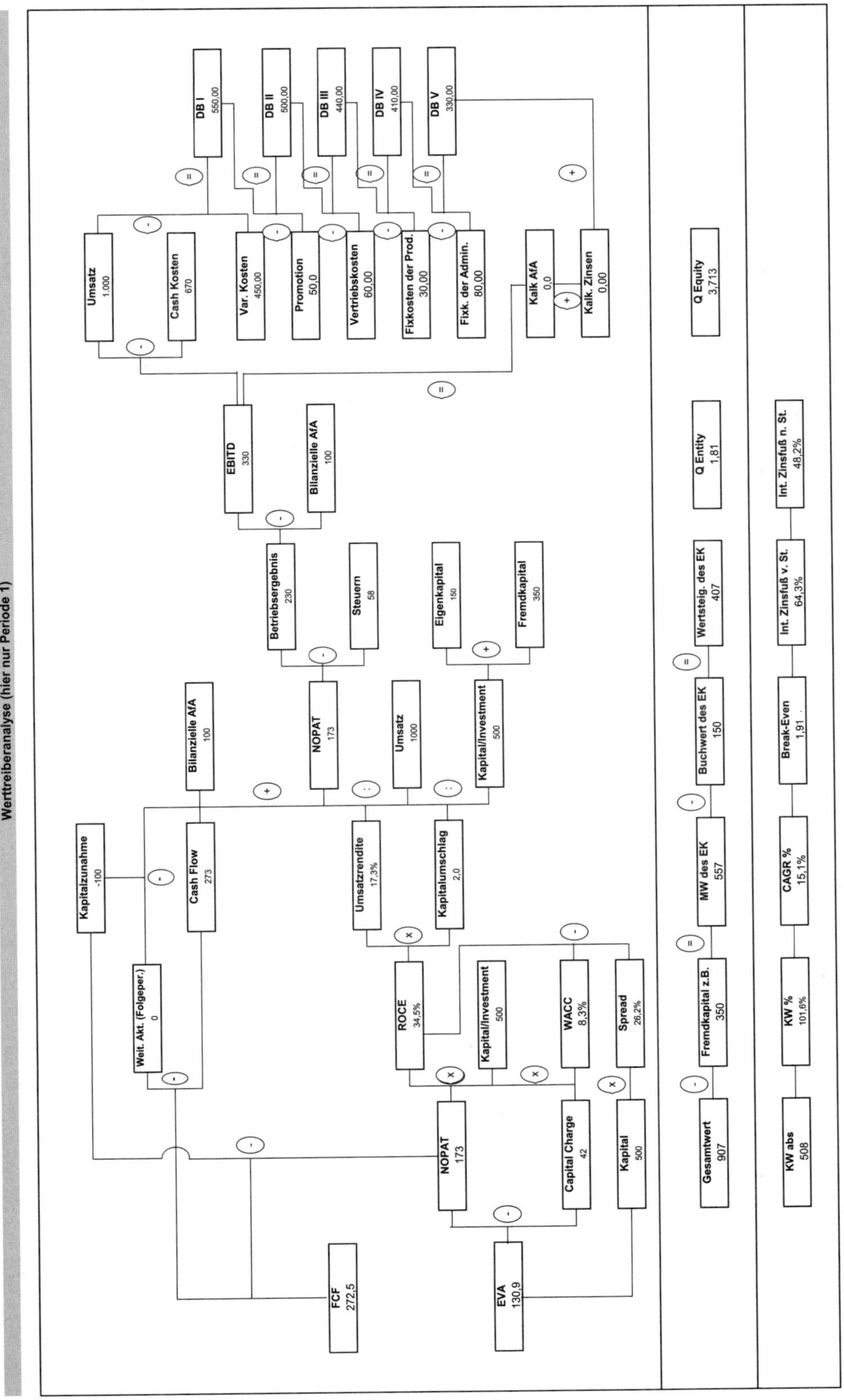
Werttreiberanalyse (hier nur Periode 1)
DB I 550,00
DB II 500,00
DB III 440,00
DB IV 410,00
DB V 330,00
Umsatz 1.000
Cash Kosten 670
Var. Kosten 450,00
Promotion 50,0
Vertriebskosten 60,00
Fixkosten der Prod. 30,00
Fixk. der Admin. 80,00
Kalk AfA 0,0
Kalk. Zinsen 0,00
EBITD 330
Bilanzielle AfA 100
Betriebsergebnis 230
Steuern 58
Eigenkapital 150
Fremdkapital 350
Kapitalzunahme -100
Bilanzielle AfA 100
NOPAT 173
Umsatz 1000
Kapital/Investment 500
Weit. Akt. (Folgeper.) 0
Cash Flow 273
Umsatzrendite 17,3%
Kapitalumschlag 2,0
ROCE 34,5%
Kapital/Investment 500
WACC 8,3%
Spread 26,2%
NOPAT 173
Capital Charge 42
Kapital 500
FCF 272,5
EVA 130,9
Q Equity 3,713
Q Entity 1,81
Wertsteig. des EK 407
Buchwert des EK 150
MW des EK 557
Fremdkapital z.B. 350
Gesamtwert 907
Int. Zinsfuß n. St. 48,2%
Int. Zinsfuß v. St. 64,3%
Break-Even 1,91
CAGR % 15,1%
KW % 101,6%
KW abs 508

71 Wir können die Berechnungen bzw. Ergebnisse unserer Analysen aber noch anders darstellen. Dies ist der Weg, den wir mittlerweile gemeinsam miteinander gegangen sind.
Zunächst zeige ich Ihnen nur die Analysen und Schritte mit den angelsächsischen Verfahren, (mittlerweile ist ja auch der Werttreiberbaum noch dazugekommen) einschließlich der Zusammenfassungen….

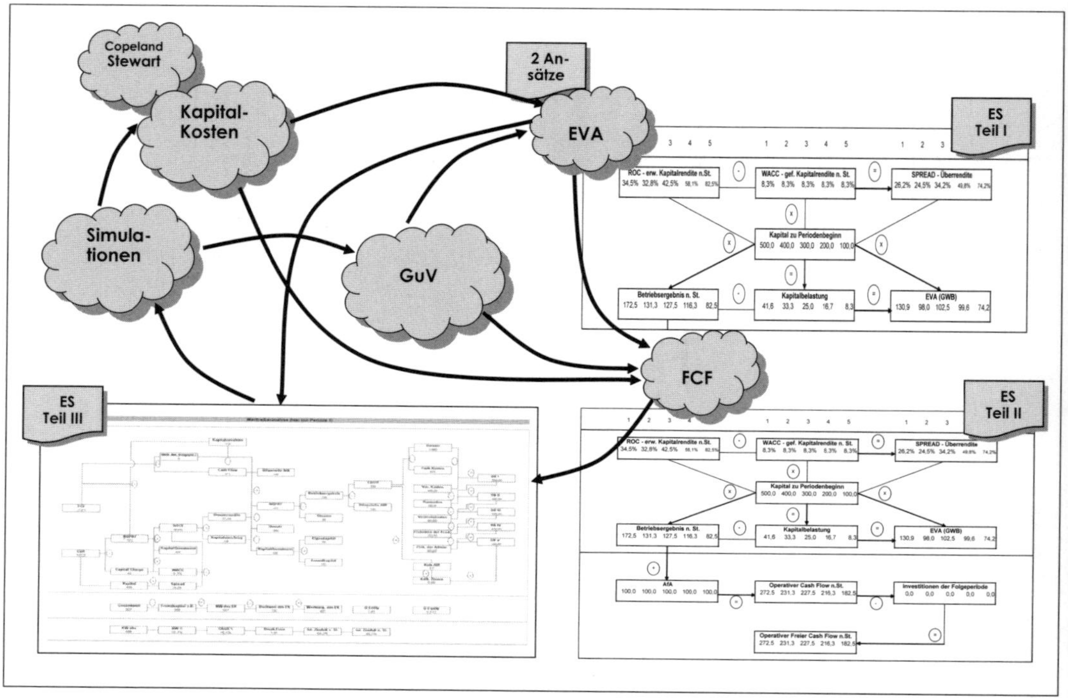

72 …und jetzt zeige ich Ihnen unseren gesamten Weg. Bitte erschrecken Sie nicht, aber diese Schritte haben wir wirklich gemeinsam miteinander gerechnet und analysiert.
Wieder einmal zeigt sich, dass bei sukzessiver Herangehensweise scheinbar Kompliziertes ganz schnell seinen Schrecken verliert und dann erstaunlich einfach wird.
Also, das war unser Weg, wenn man mit Pfeilen und Themenblöcken arbeitet.

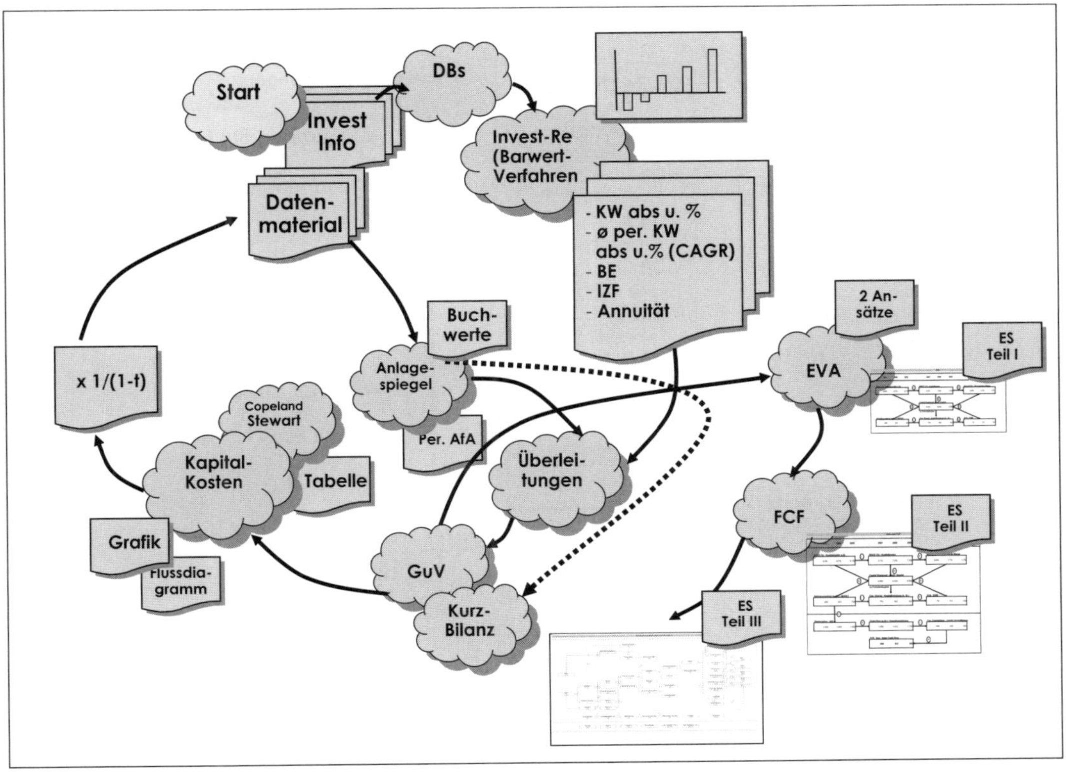

In den vorangegangenen Kapiteln haben wir auch den gegangenen Weg immer auch formeltechnisch dargestellt und auch diese Darstellungen möchte ich Ihnen jetzt, wo sie komplett sind, nicht vorenthalten. 73

Zunächst hatten wir uns mit der klassischen Investitionsrechnung beschäftigt. Aus der Planung der Einzahlungen und Auszahlungen kommend hatten wir die Investition aus verschiedenen Blickwinkeln betrachtet, Renditen über die gesamte Laufzeit und durchschnittlich pro Periode neben Annuität, Break Even und Internem Zinsfuß berechnet.

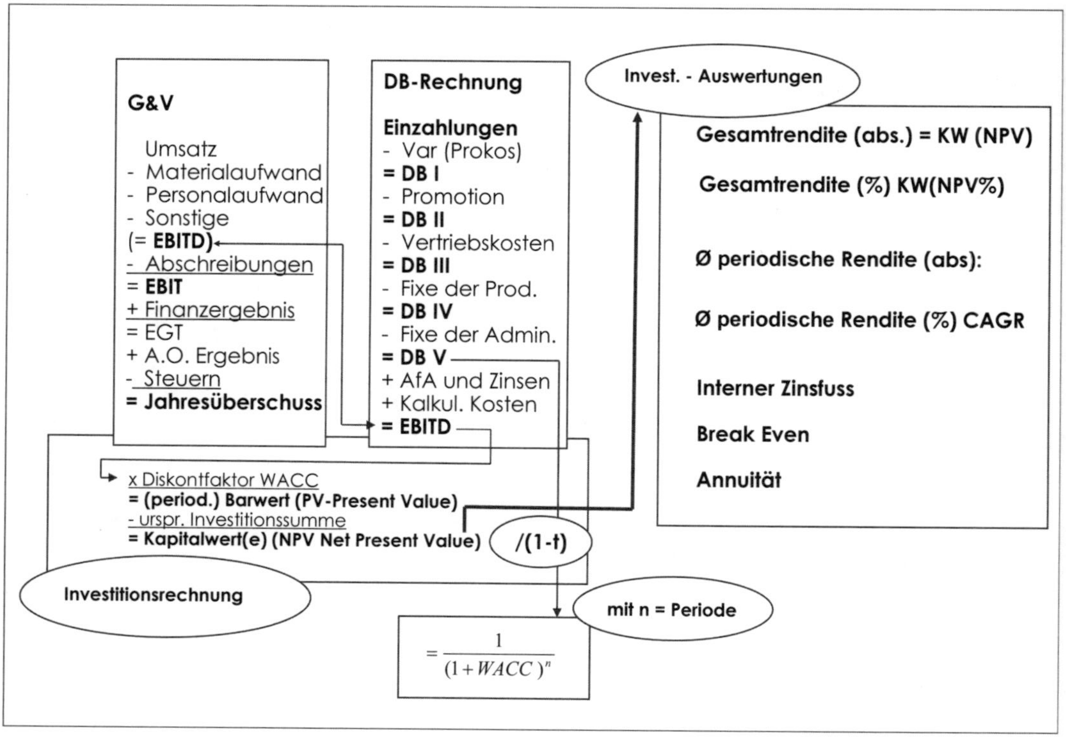

74 Damit sind wir jetzt fast am Ende, aber auch nur fast. Es fehlt uns nämlich noch eine weitere letzte, aber durchaus umfangreiche (erneute) Betrachtung.

Dann waren wir von dort mittels EBITD als ‚Sprungbrett' in die GuV gesprungen und hatten weitergehende Analysen erarbeitet, in dem wir

- anstehende Tilgungen und Eigenkapitalrückzahlungen (theoretisch)
- Dividendenzahlungen und
- anstehende Neuinvestitionen bei erhöhten Wiederbeschaffungskosten

eingerechnet hatten. Erst dann hatten wir ein wirklich gutes Gefühl aus der GuV heraus in Bezug auf unser Investment.

Dann haben wir uns der richtigen Kapitalkosten angenommen und auf der Basis der Finanzierungsstruktur Fremd- zu Eigenkapital (‚Leverage') die entsprechenden Werte berechnet.

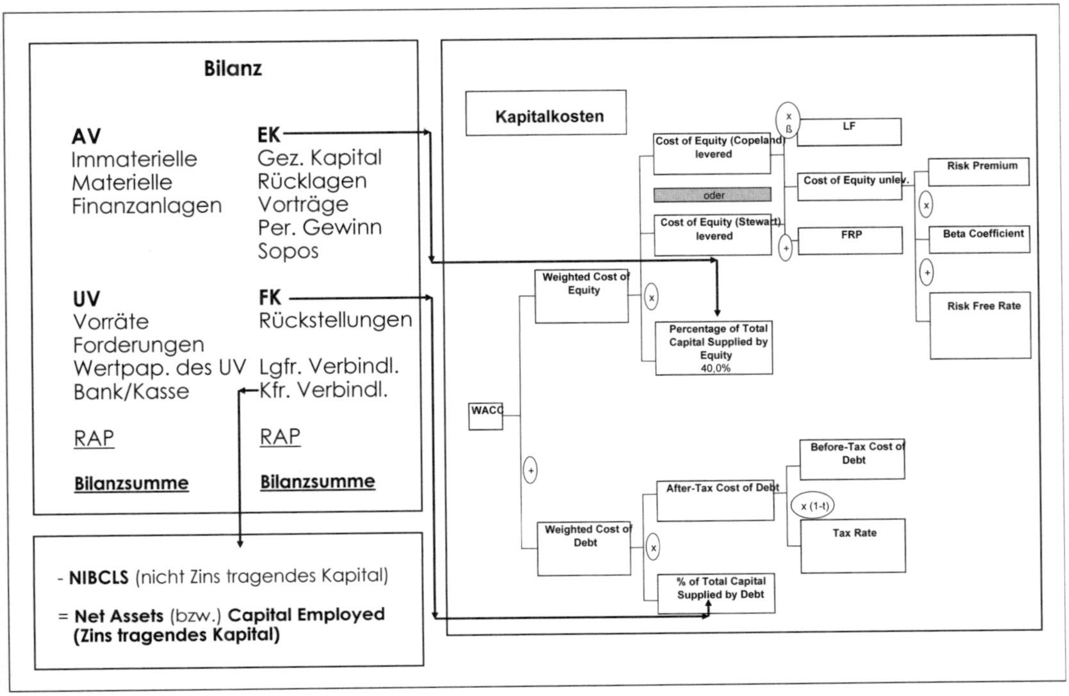

Wie sehen alle unsere Berechnungen aus, wenn wir 75

- Weitere Investitionen (Aktivierungen) in den Folgeperioden und
- Die Betrachtungen über die bisherigen 5 Jahre ausdehnen?

Wenn wir in den Folgeperioden weitere Aktivierungen einplanen, stehen nach 5 Jahren ja noch Buchwerte und damit auch funktionierende Vermögensgegenstände zur Verfügung. Wir

Im Anschluss sind wir in die angelsächsischen Ansätze eingestiegen und haben die periodischen EVA und die periodischen FCF einschließlich der Gesamtwerte der Investition aus dieser Sichtweise berechnet.

Hier haben wir gesehen, dass die beiden Ansätze bei richtiger Rechnung zu identischen Gesamtwerten 76
führen. Diese sind allerdings in 2 Punkten nicht direkt vergleichbar mit den Ergebnissen aus der klassischen Betrachtung.

Die angelsächsischen Verfahren arbeiten mit Nach-Steuer Werten und betrachten den Gesamtwert einer Investition beim EVA Ansatz inklusive des ursprünglichen Investments.

Somit haben wir gerechnet…

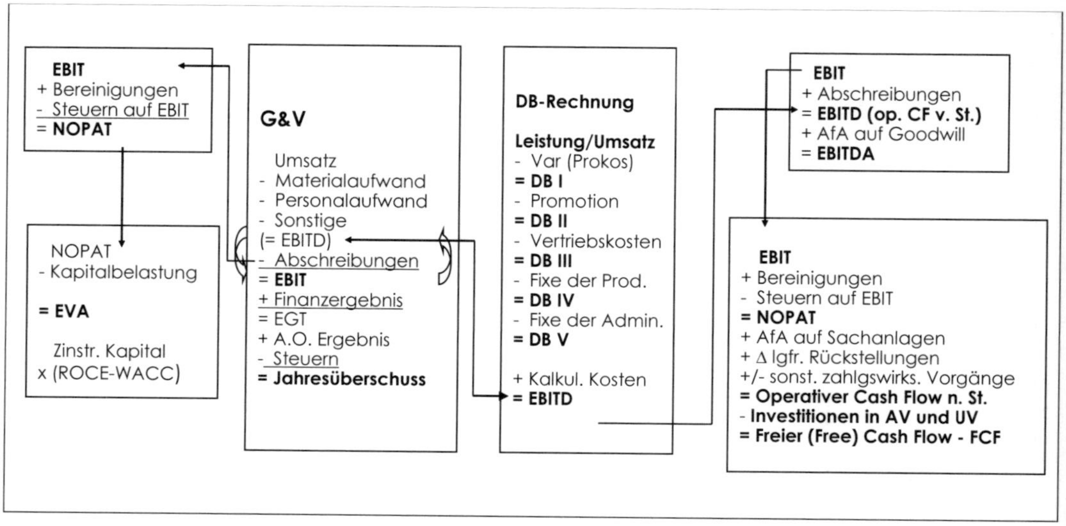

77 …und die periodischen EVA und FCF erhalten.
Abschließend haben wir den Gesamtwert der Investition aus angelsächsischer Sicht bestimmt und gesehen, dass beide angelsächsischen Ansätze zu einem identischen (Gesamt)Ergebnis führen, allerdings in den Einzelperioden die EVA und FCF sehr wohl unterschiedliche Werte annehmen. Die mathematische Begründung dafür kennen Sie schon.

Generell gilt:

$$\sum_{n=1}^{\infty} \frac{FCF_n}{(1+WACC)^n} = K_0 + \sum_{n=1}^{\infty} \frac{EVA_n}{(1+WACC)^n}$$

78 Da stehen wir jetzt.
Wir sind fast am Ende, aber auch nur fast.
Bisher haben wir keine weiteren Investitionen in den Folgeperioden gerechnet und wir sind auch davon ausgegangen, dass unsere Investition nach 5 Jahren Laufzeit am ‚Ende' ist.
Allerdings ist dies ja nicht gerade in allen Fällen realistisch. Sehr häufig werden, nachdem ein Aggregat angelaufen ist, weitere Aktivierungen zur Erweiterung oder als Ersatzinvestition geplant und damit stehen am Ende der von uns gewählten 5-jährigen Laufzeit die Räder noch lange nicht still.
Sehr häufig wird auch davon ausgegangen, dass quasi gegen unendlich gearbeitet wird – wir sprechen dann von der Unternehmensbewertung, die im Grunde nichts anderes ist als eine erweiterte Investitionsrechnung, bzw. eine Investitionsrechnung gegen unendlich.

79 Genau dies werden wir uns jetzt im nächsten Kapitel anschauen. Damit müssen wir alle Berechnungen, begonnen von den klassischen Verfahren bis hin zu den beiden zuletzt gerechneten Ansätzen EVA und FCF erneut durchführen, aber erweitert um die o.g. beiden Komponenten

- Weitere Aktivierungen und
- Berechnung gegen unendlich.

Damit steht uns jetzt der Weg, den wir bereits einmal gemeinsam gegangen sind, erneut bevor. Allerdings werden wir auch sehen, dass gewisse Analysen aus logischen Gründen jetzt nicht mehr möglich sind, wir aber im Gegenzug alternative Rechnungen und Analysen angehen müssen.

Hier also (nochmals) unser bisheriger und erneuter Weg: 80

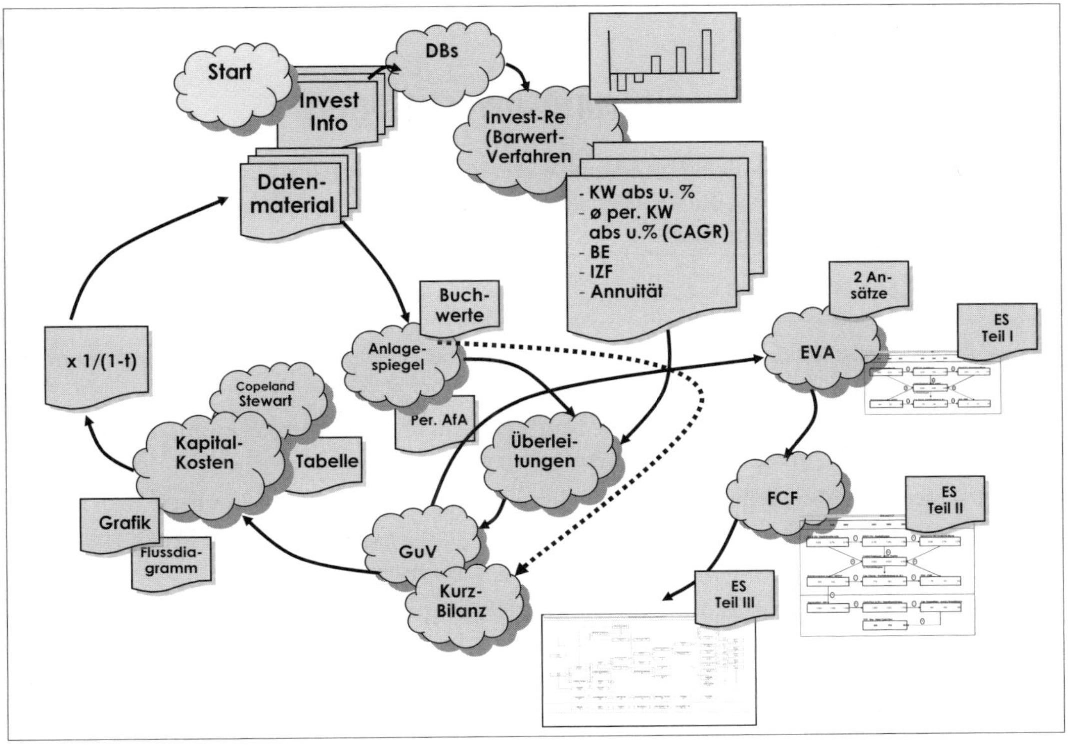

Na dann, auf ein Neues!

§ 8 Investitionen mit Folgeaktivierungen

A. Ersatz- bzw. Erweiterungsinvestitionen

1 Bisher haben wir in den Perioden 1 bis 5 keine weiteren Aktivierungen als Ersatz- und/oder Erweiterungsinvestitionen gerechnet. Im Tabellenblatt ‚*Datenmaterial*' sehen wir ganz unten die entsprechenden Einstellungen im Excel Tool.

Weitere Aktivierungen	**0**	**0**	**0**	**0**	**0**	**0**

Dies wollen wir jetzt ändern, da wir ja in der Tat nicht nur Einmalinvestitionen kennen, sondern auch jene, wo wir eine Anlage sukzessiv erweitern.

Die bisherigen Rechnungen waren dann auch auf 5 Jahre in unserem Beispiel limitiert. Jetzt werden wir bei weiteren Aktivierungen in den Folgeperioden aber

- unterschiedliche Abschreibungsbeträge in den einzelnen Perioden und besonders
- auch noch aktivierte Vermögensgegenstände in der Periode 6 sehen und damit wird unsere Rechnung auch noch Abschreibungen in dieser Periode ausweisen.

2 Ist es unsere Absicht, die Anlage, deren Investitionsrechnung wir hier behandeln, sukzessiv zu erweitern und defekte Teile auszutauschen, dann kann man den Lebenszyklus dieser Anlage auch nicht sauber definieren. Die Frage, wie lange diese Anlage denn laufen wird, muss damit unbeantwortet bleiben.

Dies ist einerseits unbefriedigend, allerdings wollen wir diesen Zustand auch nutzen für eine weitere Betrachtung. Wir werden nämlich in den folgenden Berechnungen unterstellen, dass unsere Investition (bedingt durch immer weitere Ersatz- und Erweiterungsinvestitionen) unendlich laufen wird. Jetzt werden Sie wahrscheinlich zunächst einmal etwas überrascht sein. Unendlich??? Richtig, das ist zwar irgendwie theoretisch, aber dennoch, diese Annahme wird ganz häufig genutzt, nämlich bei Unternehmensbewertungen.

3 Und was haben Investitionsrechnungen jetzt mit Unternehmensbewertungen gemeinsam? Bewertungen sind nichts anderes als Investitionsrechnungen gegen unendlich. Hier gibt es dann die verschiedensten Ansätze, aber die Technik ist immer gleich.

- Ein- und Ausgaben saldieren
- Diskontsatz berechnen
- Zeitwerte zu Barwerte abzinsen
- Barwerte aufsummieren
- Ursprüngliche Positionen hinzu- und/oder herausrechnen.

Oder, wie haben wir bei der Investitionsrechnung gesagt:

- Saldieren
- Diskontieren
- Multiplizieren
- Kumulieren
- Addieren bzw. Subtrahieren

Das meistgenutzte Verfahren bei Unternehmensbewertungen haben wir übrigens im letzten Kapitel bei den angelsächsischen Verfahren bereits erstmalig gesehen. Es handelt sich um den Ansatz mittels der Freien Cash Flows (FCF), wir sprechen vom DCF (Discounted Cash Flow) Verfahren. 4

Aber der Reihe nach. Wir wollen jetzt mit den weiteren Aktivierungen in den Folgeperioden und der Annahme der Kalkulationen gegen unendlich alle bisher bereits durchgerechneten Verfahren und Kenngrößen erneut rechnen, so lange es Sinn macht. Denn Sie werden sehen, dies geht auch rein logisch bei manchen Auswertungen nicht.

Damit die Ausdrucke der Excel basierten Berechnungen in diesem Buch aber auch weiterhin leserlich bleiben, beschränke ich mich wieder auf 5 Perioden. Auch das geht, wenn man gegen unendlich rechnet, wir werden nämlich dann in der 6. Periode einen Wert berechnen, der diese Unendlichkeitsannahme (Ewige Rente) berücksichtigt. Dazu aber später. 5

Am besten speichern Sie sich die Excel Datei (fertig), wie Sie sie sich bisher berechnet und gestaltet haben unter einem neuen anderen Namen an. Damit haben Sie dann zwei Versionen:

- Limitiert ohne Restwerte und damit ohne Endwerte (nicht gegen unendlich)
- Unlimitiert mit Restwerten und damit mit Endwerten (gegen unendlich).

B. Ausgangsdatenlage

Dann bauen wir zunächst wieder unser Zahlenmaterial auf. Die Erlös- und Kostengrößen lassen wir unangetastet, wir wollen auch mit den Kapitalkosten mit ‚Leverage' Bestimmung nach ‚Copeland' arbeiten (hier werden sich allerdings sofort Änderungen bei den absoluten Kapitalkosten – Kapitalbelastung – ergeben), kalkulatorische Größen lassen wir auch raus, da wir ja wissen, dass diese bei der Investitionsrechnung eigentlich nichts zu suchen haben und damit müssen wir zunächst nur die weiteren Aktivierungen eingeben. 6

Weitere Aktivierungen	50	100	110	120	110	0

Also, wir nehmen an, dass wir in Periode 1 (1. Jahr der Nutzung der Investition) die weiteren 50 T€ investieren werden (recht früh in diesem 1. Jahr, denn ich werde nachher die kompletten Abschreibungen für ein Jahr ansetzen). In den Folgeperioden steigern sich dann die weiteren Aktivierungen auf 100 T€, 110 T€, 120 T€ und im 5 Jahr 110 T€. Diese Zahlen habe ich einfach ‚gewürfelt', sie folgen damit keiner höheren Logik. Sie können auch ganz andere Aktivierungen eingeben, allerdings bekommen Sie dann auch andere Ergebnisse.

Sie sehen, wir rechnen eher einen ‚Substanzerhalt' (die Buchwerte bleiben ungefähr gleich) und daher keine Erweiterungsinvestitionen. Dies ist aber unerheblich, denn die Rechnungen in beiden Fällen sind absolut identisch. 7

Wir bleiben auch beim ursprünglichen Investment in Höhe von 500 T€, Abschreibungen linear über 5 Jahre, keine Restwerte (gegen unendlich wäre dies ja sowieso nicht logisch, denn dann würden wir ja gar nicht gegen unendlich arbeiten), der Steuersatz ist nach wie vor 25% und alle weiteren Folgeinvestitionen wollen wir mit dem gleichen Fremd- zu Eigenkapitalverhältnis (‚Leverage') in Höhe von 70% zu 30% finanzieren und damit rechnen.

Die Bankzinsen werden auch weiterhin (bei den weiteren Aktivierungen) mit 6% p.a. für den Fremdkapitalanteil (70%) angenommen. Kurz, wir ändern eigentlich gar nichts an unserem Ausgangsszenario, außer dass wir weitere Aktivierungen ansetzen. 8

Schauen wir dann einmal sofort in die neue Ausgangslage. Es hat sich nicht viel getan, außer dass die weiteren Aktivierungen jetzt positive Werte und nicht immer ‚Null' ausweisen.

Anfangsinvestition t_0	500,00	Fertigstellung Ende t_0
Restwert n. Laufzeit (Liquidationserl	0,0	
Afa (linear) p.a.	20,0%	
Steuern	25,0%	
Bankzins	6,0%	nur Zinsdienst, Tilgung erst am Ende der Laufzeit (endfällige Tilgung)
EK-Quote	30,0%	
FK-Quote	70,0%	
Laufzeit (Jahre)	5	

Jahre	1	2	3	4	5
(Zusatz) Umsätze	1.000,00	1.100,00	1.200,00	1.300,00	1.400,00
Prokos (Variable Kosten)	450,00	470,00	500,00	500,00	510,00
Promotion	50,00	55,00	60,00	65,00	70,00
Vertriebskosten	60,00	80,00	70,00	80,00	90,00
(Fixe) Strukturkosten der Produktion (ohne AfA und Zinsen)	30,00	40,00	45,00	40,00	50,00
+ Abschreibungen	0,00	0,00	0,00	0,00	0,00
+ Zinsen	0,00	0,00	0,00	0,00	0,00
+ kalkulatorische Aufschläge auf Abschreibungen	0,00	0,00	0,00	0,00	0,00
+ kalkulatorische Aufschläge auf Zinsen	0,00	0,00	0,00	0,00	0,00
(Fixe) Strukturkosten der Produktion (mit ev. (kalk) AfA und Zinsen)	30,00	40,00	45,00	40,00	50,00
(Fixe) Strukturkosten der Administration	80,00	80,00	55,00	60,00	70,00
Summe Kosten	670	725	730	745	790

Abschreibungen in o.g. Kostenpositionen	nein		
Zinsen in o.g. Kostenpositionen	nein		
Kalkulatorische Zuschläge auf Abschreibungen	nein		
Kalkulatorische Zuschläge auf Zinsen	nein		
zusätzliche kalkulatorische AfA	0,00%	(Faktor zu bilanziellen AfA)	1,00
zusätzliche kalkulatorische Zinsen	0,00%	(Faktor zu bilanziellen Zinsen)	1,00

	1	2	3	4	5
Bilanzielle AfA	110,00	130,00	152,00	176,00	198,00
Kalkulatorische AfA	110,00	130,00	152,00	176,00	198,00
Differenz	0,00	0,00	0,00	0,00	0,00
Bilanzielle Zinsen	23,10	27,30	31,92	36,96	41,58
Kalkulatorische Zinsen	23,10	27,30	31,92	36,96	41,58
Differenz	0,00	0,00	0,00	0,00	0,00

9 Im letzten ‚Tableau' sehen Sie bereits die ‚neuen Abschreibungen'. Als wir noch ohne weitere Aktivierungen gerechnet hatten, sahen wir an dieser Stelle für alle 5 Perioden jeweils 100 T€ (lineare Abschreibung über 5 Jahre bei einem ursprünglichen Investment von 500 T€).

Schauen wir jetzt auf die für die Abzinsung (bereits durch Excel erneut) berechneten Kapitalkosten nach ‚Copeland', dann sehen wir, dass auch hier keine Änderung eintritt. Wir haben ja insgesamt nichts an den für die Kapitalkostenberechnung relevanten Ausgangsgrößen verändert. Wenn wir später allerdings die absoluten (neuen) Kapitalkosten betrachten, dann sehen wir sehr wohl Unterschiede, da wir mit der Folgeinvestition in Periode 1 in Höhe von 50 T€ auch ein höheres Gesamtkapital mit Zinsen und Dividendenansprüchen bedienen müssen.

Zunächst nur einen kurzen Blick auf die prozentualen Kapitalkosten (WACC).

Kapitalkosten (Abzinsungssatz)			
Vorgabe-Zins nach Steuern	10,00%		
	8,33%	Rechen-Zins vor Steuern	11,10%

10 Die 10% sind noch die Vorgabe des Managements, mit der wir gerechnet hatten, bevor wir gelernt haben, die Kapitalkosten richtig auf mathematischem Weg zu bestimmen. Wir rechnen aber mit dem

WACC nach Copeland, wie Sie an den folgenden Einstellungen im Excel Tool auch sehen (Tabellenblatt ,*Basis Informationen*').

Auswahl des WACC	**1**		**"1" für mathematisch sauberen WACC. ansonsten "0" eingeben**
Auswahl des Ansatzes (bei Nutzung der mathematisch ermittelten Kapitalkosten)	**Copeland**	**1**	**8,33%**
	Stewart	**0**	

Diese Kapitalkosteninformationen und die Abschreibungen sind für unsere Deckungsbeitragsrechnung (auf Basis von Ein- und Aus***zahlungen***) auch nicht relevant und daher ändert sich auch die DB Rechnung nicht, weil wir weder die Abschreibungen noch die Fremdkapitalzinsen für das Fremdkapital hier eingerechnet haben (siehe oben beim Datenmaterial oder hier folgend). 11

+ Abschreibungen	**0,00**	**0,00**	**0,00**	**0,00**	**0,00**
+ Zinsen	**0,00**	**0,00**	**0,00**	**0,00**	**0,00**
+ kalkulatorische Aufschläge auf Abschreibungen	**0,00**	**0,00**	**0,00**	**0,00**	**0,00**
+ kalkulatorische Aufschläge auf Zinsen	**0,00**	**0,00**	**0,00**	**0,00**	**0,00**

Somit sieht unsere ,Cash' bezogene Deckungsbeitragsrechnung nach wie vor so aus:

Deckungsbeitragsrechnung

		1	2	3	4	5
	Umsatz	**1.000,00**	**1.100,00**	**1.200,00**	**1.300,00**	**1.400,00**
-	Proportionale Kosten (ProKo)	450,00	470,00	500,00	500,00	510,00
=	**Deckungsbeitrag (DB) I**	**550,00**	**630,00**	**700,00**	**800,00**	**890,00**
-	Promotion	50,00	55,00	60,00	65,00	70,00
=	**Deckungsbeitrag (DB) II**	**500,00**	**575,00**	**640,00**	**735,00**	**820,00**
-	Vertriebskosten	60,00	80,00	70,00	80,00	90,00
=	**Deckungsbeitrag (DB) III**	**440,00**	**495,00**	**570,00**	**655,00**	**730,00**
-	Strukturkosten der Produktion	30,00	40,00	45,00	40,00	50,00
=	**Deckungsbeitrag (DB) IV**	**410,00**	**455,00**	**525,00**	**615,00**	**680,00**
-	Strukturkosten der Administration	80,00	80,00	55,00	60,00	70,00
=	**Deckungsbeitrag (DB) V = Standardergebnis**	**330,00**	**375,00**	**470,00**	**555,00**	**610,00**
	Geplante Umsatzrendite (Basis KORE)	**33,00%**	**34,09%**	**39,17%**	**42,69%**	**43,57%**

Man könnte meinen, es ändert sich gar nichts, nicht wahr? Das wird sich aber ändern, wenn wir in die eigentlichen Berechnungen einsteigen. Dann werden Sie sehen, dass die Ergebnissituation ganz anders aussieht. 12

Dann ran an die Details.

C. Berechnung der Vermögensentwicklung

13 Wir hätten jetzt sofort in die klassischen Berechnungen bei Investitionsrechnungen springen können, dann allerdings hätten Sie akzeptieren müssen, wie ich Ihnen die zukünftigen Vermögenswerte mit ihren Buchwerten vorgebe. Dies ist zwar nicht relevant für die prozentualen Kapitalkosten, allerdings sind ja die absoluten Größen davon betroffen.

Ich möchte daher alle Rechnungen erneut mit Ihnen nachvollziehen, allerdings auf die Berechnungen im Detail verzichten. Das haben wir ja bereits mehrfach getan. Die Formeln hingegen werde ich Ihnen erneut immer ausweisen, damit ein höherer Einprägungseffekt entsteht.

14 Beginnen wir also mit dem Vermögen und der Entwicklung mit weiteren Aktivierungen. Damit ist für uns das Tabellenblatt ‚*Anlagespiegel*' erneut relevant, in dem wir im oberen Teil die periodischen Abschreibungen und dann die Buchwerte der Vermögensgegenstände im unteren Teil berechnen.

Schauen wir uns zunächst in diesem Tabellenblatt nur einmal das gesamte investierte Kapital in den Perioden an.

Jahre	1	2	3	4	5	6
Kapital						
Anfangsinvestment	500			AfA	20%	
Weitere Aktivierungen	50	100	110	120	110	
Gesamt (Holding) Kapital (ohne Tilgungen)	550	650	760	880	990	

15 Wir sehen sehr deutlich, dass die Vermögensgegenstände zu historischen Herstellungs- und Anschaffungskosten (HEK) quantitativ um die weiteren Aktivierungen zunehmen. Nach 5 Jahren haben wir also insgesamt 990 T€ investiert.

Bei linearen Abschreibungen von 20% p.a. investieren wir also die gesamten Abschreibungen quasi zurück – dies meinte ich auch mit ‚Substanzerhalt'.

Jetzt zu den periodischen Abschreibungen.

Jahre	1	2	3	4	5	6
Abschreibungen						
AfA auf Anfangsinvestition	100	100	100	100	100	0
AfA aus Weiteren Aktivierungen P1	10	10	10	10	10	0
AfA aus Weiteren Aktivierungen P2		20	20	20	20	*20*
AfA aus Weiteren Aktivierungen P3			22	22	22	*22*
AfA aus Weiteren Aktivierungen P4				24	24	*24*
AfA aus Weiteren Aktivierungen P5					22	*22*
Summe AfA	**110**	**130**	**152**	**176**	**198**	***88***

16 Wir sehen zwei Sachverhalte:

1. Bedingt durch die weiteren Aktivierungen in unterschiedlicher Höhe sind die Abschreibungen pro Periode natürlich auch unterschiedlich.
2. In der 6. Periode stehen noch Abschreibungen. Auch dies ist logisch, da wir ja jetzt mit weiteren Aktivierungen arbeiten. Wenn Sie genau hinschauen, dann sehen Sie auch, dass das ursprüng-

liche Investment in Höhe von 500 T€ und die 50 T€ der Periode 1 nach 5 Jahren abgeschrieben sind[1] – im 6. Jahr sehen Sie in beiden Fällen eine ‚Null'.

Das Anlagevermögen (Vermögensgegenstände) entwickelt sich somit aus buchhalterischer Sicht (zu Buchwerten) folgendermaßen:

Jahre	1	2	3	4	5	6
Kapitalentwicklung						
Anfangsbestand aus Anfangsinvest	500,00	400,00	300,00	200,00	100,00	0,00
Endbestand aus Anfangsinvest	400,00	300,00	200,00	100,00	0,00	0,00
Anfangsbestand aus Weiteren Aktivierungen P1	50	40	30	20	10	*0*
Endbestand aus Weiteren Aktivierungen P1	40	30	20	10	0	*0*
Anfangsbestand aus Weiteren Aktivierungen P2		100	80	60	40	*20*
Endbestand aus Weiteren Aktivierungen P2		80	60	40	20	*0*
Anfangsbestand aus Weiteren Aktivierungen P3			110	88	66	*44*
Endbestand aus Weiteren Aktivierungen P3			88	66	44	*22*
Anfangsbestand aus Weiteren Aktivierungen P4				120	96	*72*
Endbestand aus Weiteren Aktivierungen P4				96	72	*48*
Anfangsbestand aus Weiteren Aktivierungen P5					110	*88*
Endbestand aus Weiteren Aktivierungen P5					88	*66*
Summe Anfangskapital	**550,00**	**540,00**	**520,00**	**488,00**	**422,00**	***224,00***
Summe Endkapital	**440,00**	**410,00**	**368,00**	**312,00**	**224,00**	***136,00***

Bis zur 5. Periode haben wir nur geringe Buchwertverluste (Substanzverlust), dann allerdings fällt das Anlagevermögen stark, wobei dies natürlich erneut logisch ist, da wir in der 6. Periode keine weiteren Aktivierungen geplant hatten. 17

Ich habe zu Beginn dieses Kapitels gesagt, dass wir wieder mit 5 Detailperioden arbeiten werden, da ansonsten eine noch leserliche Abbildung der Rechnungen und Ergebnisse nicht mehr gewährleistet ist.

Mit den oben berechneten Größen wissen wir auch schon, dass unsere GuV (der Abschreibungen wegen) und auch die Aktiva in der Bilanz anders (die Aktiva der Bilanz sind ja hier schon in den letzten Zeilen des Anlagespiegels ausgewiesen…) aussehen werden als im Fall ohne weitere Aktivierungen.

Summe Anfangskapital	**550,00**	**540,00**	**520,00**	**488,00**	**422,00**	***224,00***
Summe Endkapital	**440,00**	**410,00**	**368,00**	**312,00**	**224,00**	***136,00***

Und vielleicht erinnern Sie sich auch noch, dass bei den angelsächsischen Verfahren die Berechnungen auf der Basis des Betriebsergebnisses begannen (welches wir dann zunächst nach Steuern 18

1 An dieser Stelle muss ich zugeben, dass ich mit einigen weiteren Annahmen gearbeitet habe, die ich bisher nicht herausgestellt habe. Beim ursprünglichen Investment habe ich so getan, als ob die Investition erst ganz spät im Jahr t_0 getätigt wird und damit keine Abschreibungen in t_0 angefallen sind. Dies ist eigentlich nicht ganz richtig, allerdings geht man so in der Praxis vor. Ich hätte auch sagen können, dass die Auszahlung der 500 T€ am 1. Januar des Jahres t_1 erfolgt. Dann wäre es richtig. Allerdings stellt man überall in der Literatur und auch in der Praxis die ursprüngliche Investition in t_0 dar.
Zweitens habe ich für die Folgeinvestitionen immer den ganzjährigen Abschreibungssatz (20%) angesetzt. Dies setzt aber voraus, dass die weiteren Aktivierungen in der jeweiligen 1. Jahreshälfte erfolgen, da ansonsten nur der hälftige AfA-Betrag (10%) anzusetzen wäre. Das geht auch, macht die Sache nur ein wenig komplizierter und in der Praxis tut man es auch nicht.

umgerechnet haben – wir sprachen dann vom NOPAT). Die Abschreibungen stehen oberhalb des Betriebsergebnisses, es wird also um die Abschreibungen gekürzt.

19 Damit ist sofort auch klar, dass wir beim EVA und FCF Verfahren natürlich auch andere Ergebnisse sehen werden.

Jetzt wollen wir aber wieder sukzessiv weiter gehen.

D. Berechnung der Kapitalkosten

20 Wir haben bereits bei der Datenlage gesehen, dass sich bei den Kapitalkosten nichts ändert, solange wir mit den prozentualen Größen arbeiten.

Die Kapitalkosten waren ja ein wenig schwieriger, da uns die Formeln zugesetzt haben. Aber bei schrittweiser Vorgehensweise war die Berechnung dann auch kein Problem mehr. Rufen wir uns dennoch die Formeln noch einmal ins Gedächtnis.

Zunächst den Weg mittels ‚Leverage' Bestimmung nach Copeland, bei dem ein ‚Leverage' Faktor zu berechnen war, der dann multiplikativ in die Eigenkapitalkosten integriert wurde.

21 Nochmals zur Erinnerung. ‚Leverage' Zuschläge müssen wir berechnen, um zusätzliche Risiken für den Eigenkapitalgeber aufgrund von Fremdkapitaleinsatz (wird immer prioritär bedient) quantifizieren zu können. Dabei werden dann auch die positiven Seiten des Fremdkapitaleinsatzes, die steuerliche Abzugsfähigkeit der Zinsen, eingerechnet.

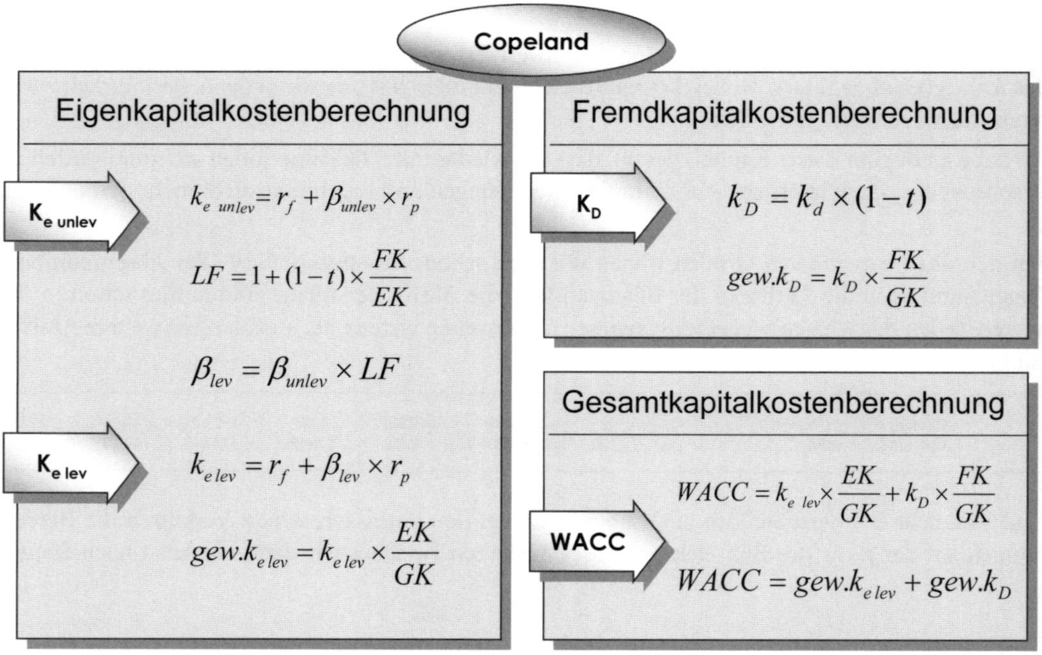

Sieht wieder kompliziert aus, ist es aber nicht – Sie haben diese bereits einmal komplett gerechnet.

22 Wie schon angekündigt, werden wir auch die Berechnungen nicht erneut im Detail durchführen bzw. besprechen. Bevor wir dann direkt in die Ergebnisse gehen, schauen wir uns auch noch einmal die Berechnungen nach ‚Stewart' an.

Stewart

Eigenkapitalkostenberechnung

$K_{e\ unlev}$

$$k_{e\ unlev} = r_f + \beta_{unlev} \times r_p$$

$$FRP = (1-t) \times \frac{FK}{EK} \times (k_{eunlev} - k_d)$$

$K_{e\ lev}$

$$k_{e\ lev} = k_{e\ unlev} + FRP$$

$$gew.k_{e\,lev} = k_{e\,lev} \times \frac{EK}{GK}$$

Fremdkapitalkostenberechnung

K_D

$$k_D = k_d \times (1-t)$$

$$gew.k_D = k_D \times \frac{FK}{GK}$$

Gesamtkapitalkostenberechnung

1. Weg: $$WACC = k_{e\ lev} \times \frac{EK}{GK} + k_D \times \frac{FK}{GK}$$

WACC $$WACC = gew.k_{e\,lev} + gew.k_D$$

2. Weg: $$WACC = ke_{\ unlev} \times (1 - t \times \frac{FK}{GK})$$

Warum kopiere ich Ihnen die Formeln wieder ein. Weil ich neben o.g. Gründen auch die Hoffnung habe, dass Sie die Kapitalkosten nochmals rechnen. Man muss (leider) diese Kalkulationen mehrfach machen, also üben, um sich damit dann leichter zu tun. 23

Probieren Sie es einfach noch einmal – es wird Ihnen wirklich helfen, besser zu verstehen. Und denken Sie an die Situation an Ihrem Arbeitsplatz, wenn Sie ganz locker die Berechnungen per Formeln aufzeigen und dann selbst problemlos kalkulieren können.

- Sind Sie Chef(in), macht das Eindruck auf die Mitarbeiter(innen). „Er/Sie hat‘s voll drauf!“
- Sind Sie in den Fachabteilungen tätig, macht es Eindruck auf die Kolleg(inn)en und den/die Chef(in) – „Der/die hat‘s voll drauf!“.

Wie auch immer – Ihre Person wird aufgewertet! 24

Als Datenbasis haben wir nach wie vor die gleichen Parameter wie beim über 5 Jahre limitierten Ansatz:

r_f	3,5%	5,8%	5,6%	6,3%	6,8%
ß	1,0	0,9	0,8	1,1	1,2
r_p	5,0%	2,7%	2,9%	3,2%	3,3%
EK Quote	30,0%	35,0%	40,0%	35,0%	25,0%
FK Quote	70,0%	65,0%	60,0%	65,0%	75,0%
Steuersatz	25,0%	50,0%	50,0%	50,0%	50,0%
Bankzins	6,0%	5,5%	6,0%	6,2%	6,5%
Eigenkapital	165,0	227,5	304,0	308,0	247,5
Fremdkapital	385,0	422,5	456,0	572,0	742,5
	550,0	650,0	760,0	880,0	990,0

25 Außer bei der Summe des eingesetzten Kapitals. Die absolute Basis in Periode 1 beträgt jetzt 550 T€, die absoluten Beträge hinsichtlich der Geldherkunft ändern sich somit natürlich auch, die prozentuale Aufteilung zwischen Eigen- und Fremdkapital bleibt aber identisch (weil wir ja für alle Folgeaktivierungen wieder die 70% Fremdkapital zu 30% Eigenkapital Finanzierung angesetzt hatten).

Als Ergebnis müssen Sie/erhalten wir natürlich wieder die bereits bekannten Größen, solange wir mit den prozentualen Werten arbeiten. Überprüfen Sie Ihre Ergebnisse.

Rechnen Sie zunächst die prozentualen Größen und dann ermitteln Sie bitte auch erneut die absoluten Werte. Hier werden sich dann aufgrund des gesteigerten Kapitaleinsatzes auch neue, d.h. aktualisierte Ergebnisse zeigen.

	Jahre	1	2	3	4	5
a) Copeland						
Eigenkapitalkosten ohne Leverage	ke_{unlev}	8,50%	8,23%	7,92%	9,82%	10,76%
Leverage (FK/EK) Faktor	LF	2,75	1,93	1,75	1,93	2,50
Eigenkapitalkosten mit Leverage	$k_{e\ lev}$	17,25%	10,49%	9,66%	13,09%	16,70%
Gewichtete Eigenkapitalkosten	gew. ke_{unlev}	5,18%	3,67%	3,86%	4,58%	4,18%
Fremdkapitalkosten vor Steuern	k_d (v. St.)	6,00%	5,50%	6,00%	6,20%	6,50%
Fremdkapitalkosten nach Steuern	k_D (n. St.)	4,50%	2,75%	3,00%	3,10%	3,25%
Gewichtete Fremdkapitalkosten	gew. k_D	3,15%	1,79%	1,80%	2,02%	2,44%
Gewichtete durchschnittliche Gesamtkapitalkosten	WACC	8,33%	5,46%	5,66%	6,60%	6,61%
b) Stewart						
Eigenkapitalkosten ohne Leverage	ke_{unlev}	8,50%	8,23%	7,92%	9,82%	10,76%
Financial Risk Premium	FRP	4,38%	2,54%	1,44%	3,36%	6,39%
Eigenkapitalkosten mit Leverage	$k_{e\ lev}$	12,88%	10,77%	9,36%	13,18%	17,15%
Gewichtete Eigenkapitalkosten	gew. ke_{unlev}	3,86%	3,77%	3,74%	4,61%	4,29%
Fremdkapitalkosten vor Steuern	k_d (v. St.)	6,00%	5,50%	6,00%	6,20%	6,50%
Fremdkapitalkosten nach Steuern	k_D (n. St.)	4,50%	2,75%	3,00%	3,10%	3,25%
Gewichtete Fremdkapitalkosten	gew. k_D	3,15%	1,79%	1,80%	2,02%	2,44%
Gewichtete durchschnittliche Gesamtkapitalkosten	WACC	7,01%	5,56%	5,54%	6,63%	6,73%
	WACC (2. Weg)	7,01%	5,56%	5,54%	6,63%	6,73%

26 Die Perioden 2 bis 5 sind zwar jetzt auch berechnet, allerdings werden wir auch in diesem Fall wieder unsere weiteren Betrachtungen und Berechnungen durchgehend immer auf die Kapitalkosten einer Periode basieren.

In der Regel sind dies die Kapitalkosten von heute, also der Periode 1. Bitte merken Sie sich:

- Wir führen (fast) immer die Berechnungen über mehrere Perioden mit einem durchgängigen Kapitalkostensatz WACC durch.
- Dies ist in der Regel der WACC aus heutiger Sicht und das heutige Jahr ist in fast allen Fällen als die Periode 1 definiert.
- Es ist zwar möglich, periodisch angepasste Kapitalkostensätze zu nutzen (die Berechnung mit Excel ist ja sehr leicht und über ‚Kopierbefehle' auch schnell gemacht), allerdings führt dies dann zu unterschiedlichen Ergebnissen, z.B. beim EVA und FCF Ansatz. Sie erinnern sich, wir hatten über beide Verfahren ein identisches Ergebnis ermittelt.
- Ist die Periode 1 aber nicht typisch für den Verlauf der Investition und damit der Höhe der Kapitalkosten in den weiteren Perioden, dann greife ich gerne auf einen Durchschnitt der Jahre zurück – dies ist auch der Grund, warum ich dennoch die WACC über alle Perioden in unserem Beispiel gerechnet habe. Außerdem habe ich so die Möglichkeiten, andere Zusammensetzungen beim ‚Leverage' (Fremd- zu Eigenkapital), Steuern, Fremdkapitalzinsen, etc. zu simulieren.

Dann schauen wir uns jetzt die absoluten Größen an – wir sprechen dann von der(n) Capital 27
Charge(s), in deutscher Sprache von der Kapitalbelastung.

		1	2	3	4	5
a) Copeland						
Eigenkapitalkosten ohne Leverage	**ke_{unlev}**	**14,03**	16,05	18,06	25,92	31,96
Leverage (FK/EK) Faktor	**LF**	**14,44**	4,40	3,97	8,63	17,64
Eigenkapitalkosten mit Leverage	**$k_{e\ lev}$**	**28,46**	20,45	22,02	34,55	49,60
Gewichtete Eigenkapitalkosten	**gew. ke_{unlev}**	**28,46**	23,86	29,37	40,31	41,33
Fremdkapitalkosten vor Steuern	**k_d (v. St.)**	**23,10**	25,03	31,92	38,19	45,05
Fremdkapitalkosten nach Steuern	**k_D (n. St.)**	**17,33**	12,51	15,96	19,10	22,52
Gewichtete Fremdkapitalkosten	**gew. k_D**	**17,33**	11,62	13,68	17,73	24,13
Gewichtete durchschnittliche Gesamtkapitalkosten	**WACC**	**45,79**	35,48	43,05	58,04	65,46
b) Stewart						
Eigenkapitalkosten ohne Leverage	**ke_{unlev}**	**14,03**	16,05	18,06	25,92	31,96
Financial Risk Premium	**FRP**	**7,22**	4,94	3,28	8,87	18,98
Eigenkapitalkosten mit Leverage	**$k_{e\ lev}$**	**21,24**	20,99	21,34	34,80	50,94
Gewichtete Eigenkapitalkosten	**gew. ke_{unlev}**	**21,24**	24,49	28,45	40,60	42,45
Fremdkapitalkosten vor Steuern	**k_d (v. St.)**	**23,10**	25,03	31,92	38,19	45,05
Fremdkapitalkosten nach Steuern	**k_D (n. St.)**	**17,33**	12,51	15,96	19,10	22,52
Gewichtete Fremdkapitalkosten	**gew. k_D**	**17,33**	11,62	13,68	17,73	24,13
Gewichtete durchschnittliche Gesamtkapitalkosten	**WACC**	**38,57**	36,11	42,13	58,33	66,58
	WACC (2. Weg)	**38,57**	36,11	42,13	58,33	66,58

Und wenn Sie hier vergleichen – wir haben andere Werte als im Fall ohne weitere Aktivierungen.

O.k., Sie erhalten wieder die Rechenergebnisse der Kapitalkostenberechnung ohne weitere Aktivierungen eingeblendet, damit Sie nicht blättern müssen.

		1	2	3	4	5
a) Copeland						
Eigenkapitalkosten ohne Leverage	**ke_{unlev}**	**12,75**	12,35	11,88	14,73	16,14
Leverage (FK/EK) Faktor	**LF**	**13,13**	3,38	2,61	4,90	8,91
Eigenkapitalkosten mit Leverage	**$k_{e\,lev}$**	**25,88**	15,73	14,49	19,63	25,05
Gewichtete Eigenkapitalkosten	**gew. ke_{unlev}**	**25,88**	18,35	19,32	22,91	20,88
Fremdkapitalkosten vor Steuern	**k_d (v. St.)**	**21,00**	19,25	21,00	21,70	22,75
Fremdkapitalkosten nach Steuern	**k_D (n. St.)**	**15,75**	9,63	10,50	10,85	11,38
Gewichtete Fremdkapitalkosten	**gew. k_D**	**15,75**	8,94	9,00	10,08	12,19
Gewichtete durchschnittliche Gesamtkapitalkosten	**WACC**	**41,63**	27,29	28,32	32,98	33,06
b) Stewart						
Eigenkapitalkosten ohne Leverage	**ke_{unlev}**	**12,75**	12,35	11,88	14,73	16,14
Financial Risk Premium	**FRP**	**6,56**	3,80	2,16	5,04	9,59
Eigenkapitalkosten mit Leverage	**$k_{e\,lev}$**	**19,31**	16,15	14,04	19,77	25,73
Gewichtete Eigenkapitalkosten	**gew. ke_{unlev}**	**19,31**	18,84	18,72	23,07	21,44
Fremdkapitalkosten vor Steuern	**k_d (v. St.)**	**21,00**	19,25	21,00	21,70	22,75
Fremdkapitalkosten nach Steuern	**k_D (n. St.)**	**15,75**	9,63	10,50	10,85	11,38
Gewichtete Fremdkapitalkosten	**gew. k_D**	**15,75**	8,94	9,00	10,08	12,19
Gewichtete durchschnittliche Gesamtkapitalkosten	**WACC**	**35,06**	27,78	27,72	33,14	33,63
	WACC (2. Weg)	**35,06**	27,78	27,72	33,14	33,63

28 Sie sehen, erstmals ergeben sich Änderungen und dies wird ab jetzt konstant der Fall sein.

Im ‚Baum' bzw. Flussdiagramm sehen unsere Berechnungen (hier nur die für mich wirklich interessante erste Periode) auch wieder klasse aus.

Kapitalkostenberechnung

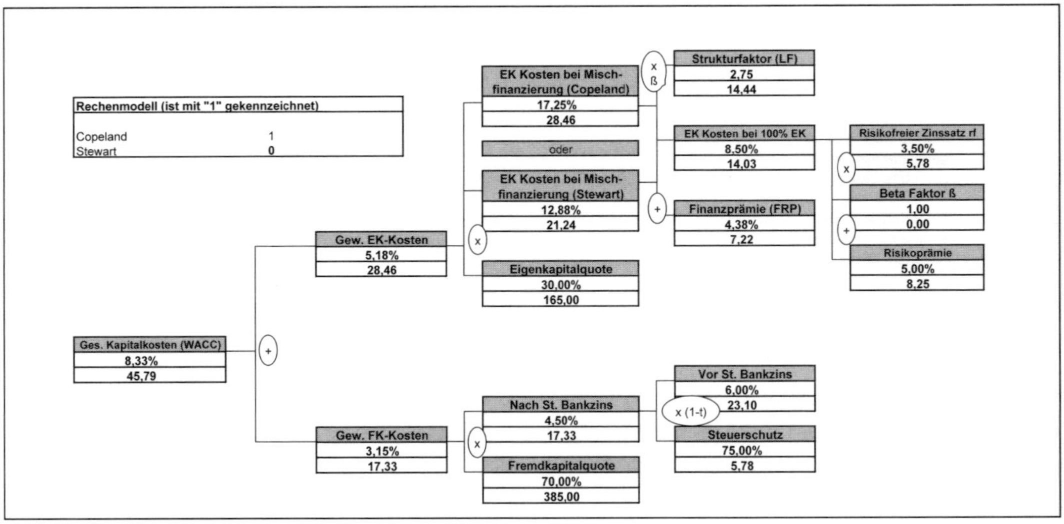

29 Auf das Flussdiagramm nur mit den prozentualen Werten verzichte ich.

Ich werde im Folgenden auch nur sporadisch Vergleiche mit der Alternative ohne weitere Aktivierungen (nur da wo notwendig, um die Veränderungen zu verdeutlichen) machen. Dies macht keinen Sinn, da wir nun ein komplett unterschiedliches Szenario rechnen.

Jetzt können wir aber in unsere eigentlichen Berechnungen der Investition wieder einsteigen.

E. Berechnung der Investition

Der Weg bleibt der Bekannte – wir saldieren die Ein- und Auszahlungen, diskontieren diese und kumulieren die Barwerte. Bis zu diesem Zeitpunkt also wieder ein gewohntes Vorgehen und bekannte Ergebnisse. 30

An dieser Stelle könnte man auch argumentieren, dass mit Folgeinvestitionen auch die zukünftigen Ein- und Auszahlungen steigen müssen. Das ist auch richtig, allerdings auch nur eingeschränkt. Ansonsten hieße dies ja, dass man nur richtig viel investieren muss, dann steigern sich die Überschüsse von ganz alleine. Es gibt für alles Grenzen (Preise, Auslastung, etc.) und somit argumentiere ich etwas anders.

Die Anlage wird älter, daher müssen wir Teile ersetzen (Substanzerhalt) und teilweise können wird die Anlage auch erweitern. Wenn Sie aber bei den Folgeinvestitionen noch einmal genau schauen, dann sehen Sie ja, dass ich eigentlich nur den Substanzausgleich mit weiteren Aktivierungen hier geplant habe. Wirkliche Erweiterungen sind gar nicht inbegriffen. 31

Aber diesen Fall können Sie mit unserem Modell und dem Excel Tool genauso rechnen.

Mit meinem Ansatz des Substanzerhaltes sind meine Ein- und Auszahlungsreihen aber durchaus nachvollziehbar.

Investitionsrechnung

Jahre	1	2	3	4	5
Cash Flow - Einzahlungsüberschuss	330,00	375,00	470,00	555,00	610,00
Restwert (Liquidationserlöse 31.12.)					0,00
Gesamt	330,00	375,00	470,00	555,00	610,00
Diskontfaktor	0,90	0,81	0,73	0,66	0,59
Diskontierter CF	297,03	303,81	342,73	364,28	360,38
Kum. Diskontierte CF	297,03	600,84	943,57	1.307,85	1.668,23
(Kapitalwert)					678,23
Kapitalwerte der Cash Flows	-692,97	-389,16	-46,43	317,85	678,23

Bei den Kapitalwerten müssen wir aus heutiger (neuer) Sicht aber nicht mehr 500 T€ herausrechnen, sondern das gesamte investierte Kapital der 5 Detailperioden, also 990 T€. 32

Betrachten wir nochmals im Anlagespiegel die entsprechenden Zeilen für das insgesamt eingesetzte Kapital.

Jahre	1	2	3	4	5	6
Kapital						
Anfangsinvestment	500			AfA	20%	
Weitere Aktivierungen	50	100	110	120	110	
Gesamt (Holding) Kapital (ohne Tilgungen)	550	650	760	880	990	

Zum Vergleich stelle ich Ihnen hier auch noch einmal die Ergebnisse der Berechnungen ohne weitere Investitionen in den Folgeperioden gegenüber.

Investitionsrechnung					
Jahre	1	2	3	4	5
Cash Flow - Einzahlungsüberschuss	330,00	375,00	470,00	555,00	610,00
Restwert (Liquidationserlöse 31.12.)					0,00
Gesamt	330,00	375,00	470,00	555,00	610,00
Diskontfaktor	0,90	0,81	0,73	0,66	0,59
Diskontierter CF	297,03	303,81	342,73	364,28	360,38
Kum. Diskontierte CF (Kapitalwert)	297,03	600,84	943,57	1.307,85	1.668,23 1.168,23
Kapitalwerte der Cash Flows	-202,97	100,84	443,57	807,85	1.168,23

33 Die kumulierten Barwerte bis zur Periode 5 sind identisch, die Kapitalwerte nicht, weil unterschiedliche Größen (500 T€ bzw. 990 T€) herausgerechnet werden.

Sind diese Rechnungen denn überhaupt vergleichbar?

Ja, aber nur von der Methodik der Berechnungen und damit ist die richtige Antwort hier ‚Nein'.

Im ersten Fall haben wir 500 T€ investiert und nach 5 Jahren war die Anlage ‚am Ende'. Wir haben nicht einmal mehr einen Schrottpreis angesetzt.

Nun haben wir über den gleichen Zeitraum insgesamt 990 T€ investiert und die Anlage ist noch super in Schuss. Was sich nämlich in den neuen Berechnungen nicht zeigt, ist die Tatsache, dass wir jetzt ab dem 6. Jahr auch weiterhin Gewinne erwirtschaften können (vielleicht sogar für einen gewissen Zeitraum ohne weitere Investitionen), während beim ersten Fall am Ende des 5 Jahres ‚Schluss' war.

34 Außerdem haben wir bei der jetzigen Berechnung eine unlimitierte Laufzeit (gegen unendlich) theoretisch angesetzt. Die Basis dafür, wenn man hinter so einem Ansatz überhaupt ‚realistisch' schreiben will, ist natürlich, dass zumindest die Substanz gepflegt wird. Und genau dies haben wir bei unseren weiteren Aktivierungen ja getan.

In den ersten Jahren nach Ingangsetzung einer Anlage sind zunächst geringere Folgeaktivierungen als Ersatzinvestitionen notwendig. Erst später mit zunehmendem Alter wird mehr Kapital i.d.R. notwendig.

Wie rechnen wir jetzt aber die Ergebnisse in den Jahren 6 bis unendlich. Nein, wir können nicht jede Periode einzeln darstellen, da unendlich kein Ende hat und zudem auch keine Rechenkapazitäten dafür zur Verfügung stehen.

35 Man greift daher wieder auf die Mathematik zu, denn wir können in der Tat gegen unendlich rechnen. Wir sprechen dann von ewigen Renten, das sind mathematisch gesehen so genannte geometrische Reihen.

Leider wird es jetzt wieder ein wenig formellastig, aber wir gehen wieder Schritt für Schritt vor und damit verlieren auch diese wieder ihren Schrecken.

Eine ewige Rente ist ein Betrag, der beginnend mit einer bekannten Periode über alle Unendlichkeiten immer wieder in identischer Höhe zur Auszahlung kommt. Es handelt sich also um eine *permanente Einkommenshypothese*.

Dies ist auch für uns die Annahme – wir setzen nämlich bei der Berechnung des Endwertes (im englischen spricht man vom ‚*Terminal Value – TV*') voraus, dass wir ab einer bestimmten Periode immer wieder den gleichen Betrag als Überschuss erhalten werden. 36

Dies kann nur dann logisch sein, wenn wir ab der Periode der Endwertberechnung auch das Kapital konstant halten. Damit müssen wir ab dieser Periode der Endwertberechnung auch einen korrekten Substanzerhalt annehmen. Dies ist gar nicht schwierig. Wir sagen nämlich, dass wir in allen Folgeperioden (gegen unendlich) die Investitionen in gleicher Höhe wie die Abschreibungen tätigen.

Abschreibungen bedeuten einen Werteverzehr (*Absetzung für Abnutzung* ist der korrekte Ausdruck für die Abkürzung *AfA*). Neuinvestitionen sind genau das Gegenteil, ein Werteaufbau. Sind Werteverzehr und Werteaufbau identisch, dann ist auch das Vermögen konstant und damit haben wir den Substanzerhalt.

Und einen dritten Aspekt gilt es zu berücksichtigen. Der Endwert kann, wenn er bereits sehr früh berechnet wird, also schon nach wenigen Perioden, bis zu 80% des Gesamtwertes einer Investition annehmen. Von daher sollte er eigentlich nicht vor der 8. bis 10. Periode berechnet werden. Bis dann sind die Abzinsungsfaktoren so gering, dass bei der Multiplikation eines Zukunftswertes zu einem Barwert nur noch geringe Barwerte übrig bleiben. 37

In unserem Fall habe ich mich aber aus bekannten Gründen für eine 5 periodische Darstellung entschieden, d.h. wir werden den Endwert in der (eigentlich zu frühen) 6. Periode berechnen.

Als letztes sollte man in der Periode der Endwertberechnung nicht unbedingt eine weitere Steigerung des Überschusses im Vergleich zur/zu den Vorperiode(n) annehmen, da diese Steigerung dann gegen unendlich in den Endwert eingeht. Wir sprechen dann auch von „hockeystick" Planungen.

Kommen Sie, die kennen Sie auch. „Diese Jahr (1) war schwierig, aber nächstes Jahr geht's los….!" 38

Ein Jahr später: „Letztes Jahr war schwierig, dieses entgegen unserer Planungen auch…, aber jetzt!"

Wieder ein Jahr später: „Letztes Jahr war wieder schwierig, dieses entgegen unserer Planungen erneut…, aber jetzt kann es nur noch nach oben gehen!"

Und so weiter und so weiter.

Das sind „hockeystick" Planungen, einem Hockey Schläger gleich. Und grafisch sieht dies dann so aus:

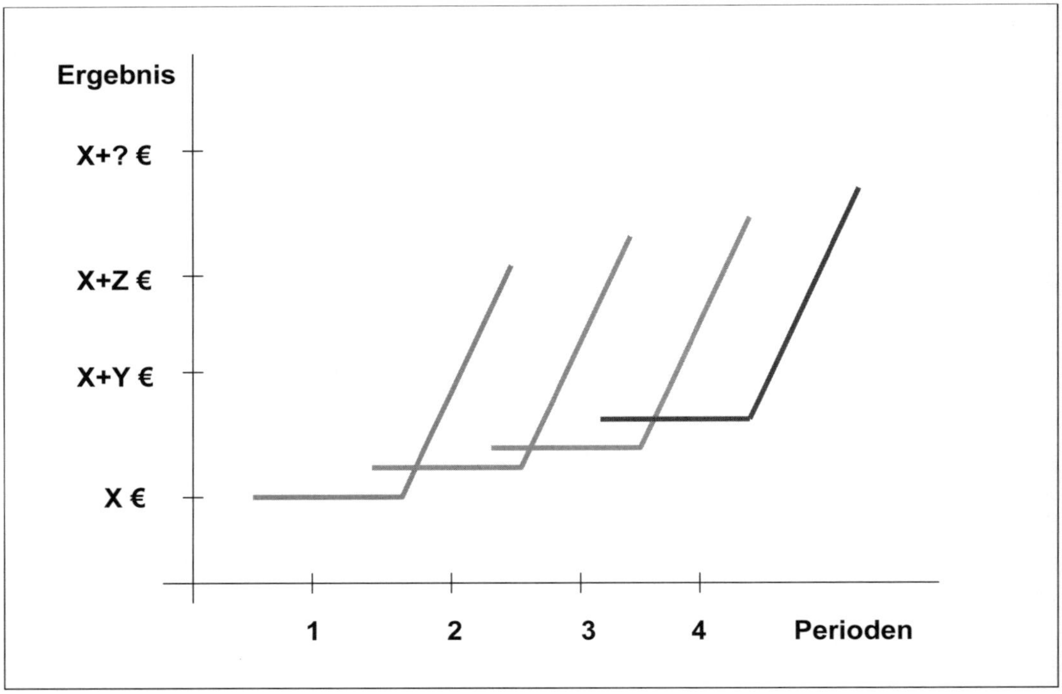

39 Diese Planungen wollen wir aber vermeiden, daher arbeiten wir in der Periode der Endwertberechnung mit der Annahme ‚*Konservative Planungsprämisse*' des Überschusswertes.

In der Periode der Endwertberechnung ist der Überschuss identisch mit dem der Vorperiode!

Fassen wir zusammen – bei Endwertberechnungen gilt in der bzw. für die Periode der Endwertberechnung:

- Wir rechnen eine ewige Rente,
- wenn möglich erst nach zumindest 8 Perioden[2] mit
- Substanzerhalt beim Kapital und auf der Basis einer
- konservativer Planungsprämisse.

Jetzt müssen wir uns noch mit der eigentlichen Berechnung des Endwertes beschäftigen.

40 Die Formel zur Berechnung des Kapitalwertes bei Rechnungen gegen unendlich ist auch nicht schwierig und wir können sie uns eigentlich aus der allgemeinen Kapitalwertformel ableiten.

Zunächst brauchen wir wieder die Annahme der konstanten Zahlungen, also die ewige Rente. Da dann unter dieser Annahme die Investition unendlich läuft, existiert auch kein Restwert.

Die Kapitalwertformel haben wir ja bereits mehrfach genutzt

$$K_0 = -A_0 + \sum_{t=1}^{n} \frac{CF_n}{(1+i)^n}$$

mit

$$CF_t = (e_t - a_t).$$

2 Hier gibt es bei Unternehmensbewertungen Empfehlungen der deutschen Wirtschaftsprüfer, die von 8 (Mindest) Jahren vor Berechnung des Endwertes sprechen.

e_t = Einzahlungen in Periode t

a_t = Auszahlungen in Periode t.

Schauen wir uns nun einmal den Diskontierungssummenfaktor (DSF) an

$$DSF = \sum_{t=1}^{n} \frac{CF_n}{(1+i)^n}$$

Diesen können wir auch folgendermaßen darstellen (die Details will ich Ihnen nicht zumuten): 41

$$DSF = \frac{(1+i)^n - 1}{i \times (1+i)^n}$$

Diese Formel können wir dann wieder umformen zu

$$DSF = \frac{1 - \frac{1}{(1+i)^n}}{i}$$

Da der Grenzwert des Zählers bei Annahme der unendlichen Nutzungsdauer gegen ‚Null' läuft, ergibt sich

$$\lim_{n \to \infty} \frac{1}{(1+i)^n} = 0$$

Somit bleibt

$$DSF = \frac{1}{i}$$

Damit lautet die Kapitalwertformel bei unbegrenzter (gegen unendlich) Nutzungsdauer 42

$$K_0 = -A_0 + CF \times \frac{1}{i}$$

bzw.

$$K_0 = -A_0 + \frac{CF}{i}$$

Jetzt können wir ‚Cash Flow' (CF) ersetzen durch ‚Ewige' Rente (ER)

$$K_0 = -A_0 + \frac{ER}{i}$$

bzw.

$$K_0 = -A_0 + EW$$

mit EW = Endwert.

43 Diese Formel hat jetzt einen Nachteil: sie berechnet einen Endwert für alle Perioden nach dem betrachteten Jahr – das laufende Jahr fehlt aber. Deshalb müssen wir die Formel für den Endwert EW noch ein wenig anpassen bzw. erweitern und das laufende Jahr integrieren.

$$EW = \left(\frac{ER_{Per\,EW}}{i} + ER_{Per\,EW} \right)$$

mit

- Per = Periode
- EW = Endwert und
- ER = Ewige Rente in der Periode der Endwertberechnung

Übertragen wir diese Berechnungen jetzt auf unser Beispiel.

44 Wir rechnen die ewige Rente in der 6. Periode, damit müssen wir auf der Grundlage der konservativen Planungsprämisse den Einzahlungsüberschuss (Cash Flow CF) der Vorperiode, also aus dem Jahr 5, als Basis für die Berechnung der ewigen Rente heranziehen.

Also können wir ableiten

$$EW_n = \left(\frac{CF_{n-1}}{i} + CF_{n-1} \right)$$

Der Cash Flow der Periode 5 beträgt in unserem Beispiel 610.

Investitionsrechnung					
Jahre	**1**	**2**	**3**	**4**	**5**
Cash Flow - Einzahlungsüberschuss	**330,00**	**375,00**	**470,00**	**555,00**	**610,00**
Restwert (Liquidationserlöse 31.12.)					**0,00**
Gesamt	**330,00**	**375,00**	**470,00**	**555,00**	**610,00**

45 Damit ergibt sich als Basis der ewigen Rente ER bzw. Endwert EW bei uns:

$$EW_6 = \frac{ER_6}{i} + ER_6 = \frac{CF_5}{i} + CF_5$$

mit $CF_5 = 610$ und i = WACC nach Copeland, somit

$$EW_6 = \frac{CF_5}{WACC} + CF_5$$

Allerdings bedenken Sie bitte wieder, dass der WACC nach Copeland 8,33% (gerundet) ein Nach-Steuer Satz ist, wir bei den klassischen Investitionsrechnungen aber vor Steuer unterwegs sind.

Also müssen wir wieder zunächst den Wert für den WACC vor Steuern ermitteln und dies geschieht wieder mittels Division durch den Steuerschutz (‚tax shield').

$$WACC_{v.St.} = \frac{WACC_{n.St}}{(1-t)}$$

also in unserem Fall bei bekanntem Steuersatz 25%

$$WACC_{v.St.} = \frac{0{,}0833}{(1-0{,}25)}$$

also

$$WACC_{v.St.} = \frac{0{,}0833}{0{,}75} = 11{,}10\%$$

Prüfen wir einmal mit den Berechnungen im Excel Tool. 46

Kapitalkosten (Abzinsungssatz)			
Vorgabe-Zins nach Steuern	**10,00%**		
	8,33%	**Rechen-Zins vor Steuern**	**11,10%**

Wir sehen im grau unterlegten Feld rechts, dass es passt und auch im Excel Tool sind wir somit wieder richtig unterwegs.
Dann können wir endgültig rechnen:

$$EW_6 = \frac{CF_5}{WACC_{v.St.}} + CF_5$$

also

$$EW_6 = \frac{610}{0{,}1110} + 610$$

Als Formel dargestellt müssten wir schreiben:

$$EW_6 = \frac{CF_5}{\frac{WACC}{(1-t)}} + CF_5$$

Vergessen wir aber die Formel. 47
Somit ergibt sich in unserem Beispiel (im Nenner steht bereits der berechnete Vor-Steuer WACC):

$$CF_{PER\,EW} = \frac{610}{0{,}1110} + 610$$

$$CF_{PER\,EW} = 5.495{,}50 + 610$$

$$CF_{PER\,EW} = 6.105{,}50$$

48 Jetzt sind wir aber noch nicht am Ende, denn wir müssen uns eine weitere Frage stellen.

Wann erhalten wir diesen Betrag? Oder präziser: Was stellt dieser Endwert (ewige Rente) dar?

Genau, es handelt sich um die kumulierten Cash Flows der Perioden 6 bis unendlich in der Periode 6. Wir benötigen aber Barwerte, d.h. um diesen Betrag aus heutiger Sicht würdigen zu können, müssen wir ihn erneut abzinsen und zwar wiederum mit dem WACC (in unserem Fall nach Copeland) in Höhe von 11,10%.v

Für die 6. Periode ergibt sich ein Abzinsungsfaktor ABZF in Höhe von

$$ABZF_n = \frac{1}{(1+i)^n}$$

Also

$$ABZF_n = \frac{1}{(1+WACC_{v.St.})^n}$$

somit

$$ABZF_6 = \frac{1}{(1+11{,}10\%)^6}$$

$$ABZF_6 = \frac{1}{1{,}1110} = 0{,}53 \text{ gerundet.}$$

49 Mit unseren Zahlen ergibt sich dann

$$EW_{Per\,EW} = 6.105{,}50 \times 0{,}53 = 3.246{,}66$$

Wollen Sie Eindruck schinden? Dann zeigen Sie ihren Gesprächspartnern doch diese Formel. Das haben Sie gerade gerechnet.

$$EW_6 = \left(\frac{\frac{CF_5}{WACC}}{(1-t)} + CF_5 \right) \times (1+WACC)^{-6}$$

Dies rechnet sich nämlich auch als

$$EW_6 = \left(\frac{\frac{CF_5}{WACC}}{(1-t)} + CF_5 \right) \times \frac{1}{(1+WACC)^6}$$

Klasse, nicht wahr? Mathematik wird durch Formeln erst wirklich schwierig.

Zusätzlich zu den kumulierten Kapitalwerten der Perioden 1 bis 5 in Höhe von 678,23 T€ erhalten wir aus den Perioden 6 bis unendlich nochmals 3.246,66 T€, somit haben wir einen Gesamtwert dieser Investition gegen unendlich in Höhe von 3.924,89 T€. 50

Das schauen wir uns jetzt auch am Beispiel nochmals gesamthaft an. Ich habe für die Investitionsrechnung gegen unendlich im Excel Tool ein extra Tabellenblatt aufgebaut, da die Auswertung nicht identisch mit denen sind, die wir bei der Betrachtung ohne weitere Aktivierungen gemacht haben.

Bitte öffnen Sie jeweils fallbezogen das relevante Datenblatt. Hier müssen Sie im Excel Tool jetzt auf das Tabellenblatt ‚*Investitionsrechnung unendlich*' klicken.

Investitionsrechnung

Jahre	1	2	3	4	5	6
Cash Flow - Einzahlungsüberschuss	330,00	375,00	470,00	555,00	610,00	
Restwert (Liquidationserlöse 31.12.)					0,00	
Gesamt	330,00	375,00	470,00	555,00	610,00	610,00
Diskontfaktor	0,90	0,81	0,73	0,66	0,59	0,53
Diskontierter CF	297,03	303,81	342,73	364,28	360,38	
Kum. Diskontierte CF	297,03	600,84	943,57	1.307,85	1.668,23	
(Kapitalwert)					678,23	
Kapitalwerte der Cash Flows	-692,97	-389,16	-46,43	317,85	678,23	

In der 6. Periode haben wir den Einzahlungsüberschuss (Cash Flow) der Vorperiode erneut eingesetzt (konservative Planungsprämisse) und den Abzinsungsfaktor auf der Basis 11,10% 51

WACC v. St. für die 6. Periode in Höhe von 0,53 ausgewiesen.

Dann haben wir den Endwert (ewige Rente) mit 6.105,50 berechnet und mit dem Abzinsungsfaktor 0,53 diskontiert. Als Ergebnis erhalten wir den Barwert der ewigen Rente in Höhe von 3.246,66. Da dies der Barwert aus heutiger Sicht ist, habe ich ihn auch unter die Periode 1 gestellt.

Ewige Rente (Endwert) in Periode 6

Jahre	1	2	3	4	5	6
Endwert						6.105,50
Barwert des Endwertes					x	
Diskontsatz (v. St.)						11,10%
Abzinsungsfaktor in Periode 6						0,53
Barwert aus heutiger Sicht t_1	3.246,66					

Abschließend haben wir noch den Gesamtwert dieser Investition gerechnet. 52

Die Perioden 1 bis 5 erwirtschaften einen Kapitalwert in Höhe von 678,23 T€ (aus heutiger Sicht) und die Perioden 6 bis unendlich dann einen Barwert (auf der Basis einer ewigen Rente) nochmals von 3.246.66 T€ (erneut aus heutiger Sicht), gesamt also 3.924,89 T€.

Auch das schauen wir uns wieder in den Excel Berechnungen an.

Gesamtwert der Investition (gegen unendlich) mit 5 Detailperioden und ewiger Rente in Periode 6		
Jahre	1	
Kapitalwert der Perioden 1 bis 5	678,23	17,3%
Barwerte Perioden 6 bis unendlich	3.246,66	82,7%
Gesamtwert der Investition gegen unendlich	3.924,89	100,0%

53 Damit sind wir am Ziel, wir haben die Investition mit weiteren Aktivierungen und mit der Annahme *Laufzeit bis unendlich* sauber gerechnet.

Formeltechnisch sieht die gesamte gerade durchgeführte Endwertberechnung (Barwert BW der ewigen Rente ER) zusammenfassend folgendermaßen aus. Sie hatten sie Ihren Freunden eventuell ja schon gezeigt:

$$BW_{ER\,n} = \frac{\left(\frac{CF_{n-1}}{i} + CF_{n-1}\right)}{(1+i)^n}$$

mit i = WACC

also

$$BW_{ER\,n} = \frac{\left(\frac{CF_{n-1}}{WACC} + CF_{n-1}\right)}{(1+WACC)^n}$$

54 Anders geschrieben ergibt sich

$$BW_{ER\,n} = \left(\frac{CF_{n-1}}{WACC} + CF_{n-1}\right) \times \frac{1}{(1+WACC)^n}$$

für unseren konkreten Fall somit

$$BW_{ER\,6} = \left(\frac{CF_5}{WACC} + CF_5\right) \times \frac{1}{(1+WACC)^6}$$

Mit dem Cash Flow der Periode 5 als Basis für die ewige Rente in Höhe von 610 und dem WACC vor Steuern von 11,10% ergibt sich

$$BW_{ER\,6} = \left(\frac{610}{0{,}1110} + 610\right) \times \frac{1}{(1+0{,}1110)^6}$$

$$EW_{Per\,EW} = 6.105{,}50 \times 0{,}53 = 3.246{,}66$$

Da ist die ewige Rente aus heutiger Sicht wieder.

Erneut Klasse, nicht wahr?

Wenn Sie jetzt eventuell BWL studiert haben oder in anderen Büchern nachgeschlagen haben, als Sie ewige Renten berechnen mussten, dann kann es sein, dass Sie eine andere Formel für die Endwertberechnung gefunden haben. 55

Wir hatten gerade den Barwert der ewigen Rente so berechnet:

$$BW_{ER\,n} = \frac{\left(\frac{CF_{n-1}}{i} + CF_{n-1}\right)}{(1+i)^n}$$

also

$$BW_{ER\,n} = \left(\frac{CF_{n-1}}{i} + CF_{n-1}\right) \times \frac{1}{(1+i)^n}$$

In der Literatur sehen Sie aber häufig:

$$BW_{ER\,n} = \frac{\frac{CF_{n-1}}{i}}{(1+i)^n}$$

somit

$$BW_{ER\,n} = \left(\frac{CF_{n-1}}{i}\right) \times \frac{1}{(1+i)^{n-1}}$$

Es wird auch der Cash Flow der Vorperiode als Größe für die ewige Rente angesetzt, dann aber 56

- der Cash Flow nicht noch einmal für die laufende Periode addiert,
- dafür aber mit dem Diskontfaktor ebenfalls der Vorperiode abgezinst.

Was ist jetzt richtig?

Die Antwort heißt „derzeit beides", denn beide Rechnungen kommen zu einem identischen Ergebnis. Das derzeit werde ich später auflösen.

Rechnen wir auch die 2. Formel.

Ausgangsbasis ist dann

$$BW_{ER\,n} = \left(\frac{CF_{n-1}}{i}\right) \times \frac{1}{(1+i)^{n-1}}$$

Setzen wir unsere Zahlen ein. Der Cash Flow der Periode 5 lautet 610 und beim WACC v. St. von 11.10% errechnet für die Periode 5 ein Abzinsungsfaktor von gerundet 0,59. Damit ergibt sich 57

$$BW_{ER\,n} = \left(\frac{610}{0{,}1110}\right) \times \frac{1}{(1+0{,}1110)^5}$$

also

$$BW_{ER\,n} = \left(\frac{610}{0{,}1110}\right) \times \frac{1}{1{,}1110^5}$$

somit

$$BW_{ER_n} = 5.495{,}50 \times 0{,}59 = 3.246{,}66$$

58 Es errechnet sich der identische Barwert der ewigen Rente wie beim anderen Rechenansatz. Das zeigen auch die Excel basierten Rechnungen.

Erster Rechenweg mit

$$BW_{ER6} = \left(\frac{610}{0{,}1110} + 610 \right) \times \frac{1}{(1+0{,}1110)^6}$$

Ewige Rente (Endwert) in Periode 6

Jahre	1	2	3	4	5	6
Endwert						6.105,50
Barwert des Endwertes						
Diskontsatz (v. St.)					(x)	11,10%
Abzinsungsfaktor in Periode 6						0,53
Barwert aus heutiger Sicht t_1	3.246,66					

Zweiter Rechenweg mit

$$BW_{ER\,n} = \left(\frac{610}{0{,}1110} \right) \times \frac{1}{(1+0{,}1110)^5}$$

Parallelrechnung des Endwerte

Jahre	1	2	3	4	5	6
Endwert						5.495,50
Barwert des Endwertes						
Diskontsatz (v. St.)					(x)	11,10%
Abzinsungsfaktor						0,59
Barwert aus heutiger Sicht t_1	3.246,66					

59 Dies ist eigentlich logisch. Im ersten Fall haben wir den Wert der Periode 6 (Cash Flow 610 – Wert wie in Vorperiode wegen konservativer Planungsannahme) noch einmal mit in die ewige Rentenberechnung gezogen und dann mit einem Abzinsungsfaktor 0,53 der 6. Periode abgezinst.

Im 2. Ansatz fehlten die (additiven) Cash Flows der 6. Periode, wir haben aber auch mit dem Abzinsungsfaktor der 5. Periode diskontiert. Kurz gesagt, es fehlten hier bei der ewigen Rente einmal der periodische Cash Flow 610 T€, aber wir haben auch beim Diskontieren eine Periode nicht berücksichtigt (wir haben mit dem Abzinsungsfaktor der 5. Periode 0,59 gearbeitet). Somit haben wir aber die fehlenden 610 T€ wieder ausgeglichen.

Wozu aber 2 Ansätze?

Weil wir auch noch etwas erweitert rechnen können. Wir sind in der Lage, auch ein stetiges Wachstum in die ewige Rente zu integrieren, frei nach dem Motto:

60 In der Vergangenheit haben wir es immer geschafft, zu wachsen, zumindest haben wir die Inflation über die Verkaufspreise weiter geben können. Dies wird uns auch in der Zukunft gelingen.

Mathematisch gesehen haben wir jetzt eine geometrische Reihe mit Wachstum. Dies stellt man formeltechnisch so dar.

$$EW_g = \frac{ER}{i - g}$$

mit

- EW_g: Endwert bei Wachstum g
- ER: Ewige Rente
- g: Wachstumsrate (% p.a.)

Beispiel 61

Wir haben eine ewige Rente in Höhe von 610 bei einer Inflation von 10%, aber die ewige Rente wächst mit 5% p.a.

Daraus ergibt sich dann:

$$EW_g = \frac{ER}{i - g}$$

also

$$EW_g = \frac{610}{0{,}10 - 0{,}05}$$

somit

$$EW_g = \frac{610}{0{,}05} = 12.200{,}00$$

Ohne Wachstum wäre es nur 6.100,00 gewesen.

$$EW = \frac{ER}{i}$$

$$EW = \frac{610}{0{,}10} = 6.100{,}00$$

Jetzt wollen wir dieses Wachstum auch bei uns einmal integrieren. Wir nehmen einmal an, dass wir mit einem historisch begründeten Wachstum von 2,0% p.a. in unserem Beispiel arbeiten. Man könnte auch sagen, die zukünftige Inflation in Höhe von 2% p.a werden wir an die Kunden mit unseren Produkten über steigende Preise bei konstanten Kosten weiter geben können. 62

Dann ergibt sich im ersten Rechenansatz bei uns als Barwert BW der ewigen Rente (CF):

$$BW_{ER\,n_g} = \frac{\left(\frac{CF_{n-1}}{i - g} + CF_{n-1}\right)}{(1 + i)^n}$$

also 63

$$BW_{ER\,n_g} = \left(\frac{CF_{n-1}}{i-g} + CF_{n-1} \right) \times \frac{1}{(1+i)^n}$$

mit

- in unserem Fall 610 T€ als Cash Flow der Periode 6 (konservative Planungsprämisse, also Übernahme des Wertes aus der Vorperiode t_5)
- WACC v. St. 11.10%, damit Abzinsungsfaktor gerundet 0,53 in Periode 6
- Wachstumsfaktor g = 2,0% p.a.

64 somit

$$BW_{ER\,6_g} = \left(\frac{CF_5}{WACC - g} + CF_5 \right) \times \frac{1}{(1+WACC)^6}$$

$$BW_{ER\,6_g} = \left(\frac{610}{0{,}1110 - 0{,}02} + 610 \right) \times \frac{1}{(1+0{,}1110)^6}$$

Damit errechnen sich

$$BW_{ER\,6_g} = \left(\frac{610}{0{,}0910} + 610 \right) \times \frac{1}{1{,}1110^6}$$

das heißt bei genauer Berechnung (nicht gerundet)

$$BW_{ER\,6_g} = 7.313{,}30 \times 0{,}5318 = 3.888{,}92$$

65 Das schauen wir uns auch in unseren Excel Berechnungen konkret an. Bisher hatte ich dieses Wachstum nur ausgeblendet (siehe Kreuz am linken Rand des Excel Tabellenblattes).

Geben Sie in die Zelle I (wie Ida) 41 im Tabellenblatt ‚Investitionsrechnung unendlich' den Wert 2,0 (die Zelle ist als Prozentsatz formatiert) ein, und der Endwert erhöht sich sofort auch auf 2.517,69, abgezinst ergibt sich dann ein Endwert von 1.338,81.

Jahre	1	2	3	4	5	6
Endwert						7.313,30
Barwert des Endwertes						
Diskontsatz (v. St.)						11,10%
Abzinsungsfaktor in Periode 6						0,53
Barwert aus heutiger Sicht t_1	3.888,92					
Eingerechnetes Wachstum ab Endwertperiode p.a.						2,00%

Somit haben wir die Investition auch mit weiterem Wachstum beginnend mit der Periode der Endwertberechnung gemeistert. Es ergibt sich aus heutiger Sicht (t_1) mit den kumulierten Kapitalwerten der Perioden 1 bis 5 nun ein Gesamtwert in Höhe von 4.567,15 T€. 66

Jahre	1	
Kapitalwert der Perioden 1 bis 5	678,23	14,9%
Barwerte Perioden 6 bis unendlich	3.888,92	85,1%
Gesamtwert der Investition gegen unendlich	4.567,15	100,0%

Jetzt machen wir die gleiche Rechnung auch noch mit dem 2. Ansatz zur Endwertberechnung, also mit 67

$$BW_{ER\,n_g} = \frac{\frac{CF_{n-1}}{i-g}}{(1+i)^n}$$

somit

$$BW_{ER\,n\,g} = \left(\frac{CF_{n-1}}{i-g}\right) \times \frac{1}{(1+i)^{n-1}}$$

Dann sehen wir erneut mit unseren Zahlen 68

- 610 T€ als Cash Flow der Periode 5
- WACC v. St. 11.10%, damit Abzinsungsfaktor gerundet 0,59 in Periode 5
- Wachstumsfaktor g = 2,0% p.a.

$$BW_{ER\,6\,g} = \left(\frac{CF_5}{WACC - g}\right) \times \frac{1}{(1+WACC)^5}$$

$$BW_{ER\,6\,g} = \left(\frac{610}{0{,}1110 - 0{,}02}\right) \times \frac{1}{(1+0{,}1110)^5}$$

also 69

$$BW_{ER\,6\,g} = \left(\frac{610}{0{,}0910}\right) \times \frac{1}{1{,}1110^5}$$

somit bei exakter Rechnung ohne Rundungen

$$BW_{ER6g} = 6.7030{,}30 \times 0{,}59079 = 3.960{,}21$$

Jahre	1	2	3	4	5	6
Endwert						6.703,30
Barwert des Endwertes					(x)	
Diskontsatz (v. St.)						11,10%
Abzinsungsfaktor						0,59
Barwert aus heutiger Sicht t_1	3.960,21					
Eingerechnetes Wachstum ab Endwertperiode p.a.						2,00%

70 Und damit ergibt sich jetzt bei diesem 2. Rechensatz ein anderes Ergebnis für den Barwert der ewigen Rente.

Es ergibt sich somit ein Gesamtwert über diese Formel von 4.638,44,…

Jahre	1	2	3	4	5	6
Kapitalwert der Perioden 1 bis 5	678,23					
Barwerte Perioden 6 bis unendlich	3.960,21					
Gesamtwert der Investition gegen unendlich	4.638,44					

…, mitunter also ein wenig mehr als nach dem ersten Ansatz.

Aber bitte, lassen Sie uns diesen 2. Weg nicht länger verfolgen – **er ist nämlich falsch!**

71 Bitte merken Sie sich:

Werden ewige Renten berechnet, gibt es zwei Formeln zur Berechnung des Barwertes BW.

$$BW_{ER\,n_g} = \left(\frac{CF_{n-1}}{i-g} + CF_{n-1} \right) \times \frac{1}{(1+i)^n}$$

und

$$BW_{ER\,n\,g} = \left(\frac{CF_{n-1}}{i-g} \right) \times \frac{1}{(1+i)^{n-1}}$$

Solange wir keine weiteren Wachstumsannahmen treffen, kommen beide Rechenformeln zu einem identischen Ergebnis, werden allerdings Wachstumsraten für die ewige Rente eingestellt, dann ist nur der 1. Weg, also

$$BW_{ER\,n_g} = \left(\frac{CF_{n-1}}{i-g} + CF_{n-1} \right) \times \frac{1}{(1+i)^n}$$

richtig!

72 Im Excel Tool habe ich den zweiten falschen Weg auch farblich gekennzeichnet – mit rot für Halt oder Achtung und auch auf einer separaten Seite, wenn man das Tabellenblatt ‚*Investitionsrechnung unendlich*' an den Drucker schickt.

Warum habe ich Ihnen den 2. (falschen) Weg (bei Wachstumsannahme in der ewigen Rente) überhaupt gezeigt? Weil man die Berechnung so häufiger sieht und ich Sie somit darauf hinweisen, elegant sagt man wohl ‚sensibilisieren' wollte.

Generell muss man aus meiner Sicht zu dem Wachstumsfaktor noch etwas sagen. Ich halte ihn generell für falsch. Alleine die Annahme, dass eine Investition gegen unendlich läuft, ist ja schon gewagt. Dann aber auch noch ein weiteres Wachstum in die ewige Rente einzurechnen, ist m.E. schon echt (‚über')theoretisch.

Allerdings werde ich Ihnen später in diesem Kapital noch etwas dazu zeigen. Bei Unternehmensbe- 73
wertungen sieht man das Wachstum sehr häufig auf der Verkäuferseite in die Kalkulationen des Gesamtwertes (nicht sichtbar wie bei uns mit offenem Ausweis der 2,0%) integriert und dann ist auch noch mit dem falschen Rechenansatz der Endwert berechnet. Dies steigert den Wert sofort doppelt, wenn auch logisch eigentlich nicht haltbar und mathematisch falsch.

Ich stelle jetzt den Wachstumsfaktor im Excel Tool wieder auf Null, weil ich es als unlogisch betrachte.

Nur weil es mathematisch möglich ist, heißt das nicht, dass es auch sinnvoll ist. Und mit einer ‚Null' als Wachstumsannahme in der ewigen Rente, sind auch beide Berechnungen wieder im Ergebnis identisch und richtig.

F. Grafische Darstellung der Ergebnisse

Hier können wir eigentlich auf die bekannten Darstellungen mit Säulen- und Kuchendiagramm zu- 74
rückgreifen. Eigentlich? Ja, aufgrund der Lesbarkeit der Excel Rechenschritte hatte ich mich entschieden, lediglich 5 Perioden zu rechnen und dann sofort auf die Endwertberechnung über zu gehen. Ich hatte Ihnen bereits gesagt, dass dies eigentlich zu früh ist, denn der Endwert nimmt dann sehr hohe Werte an, wie wir gerade schon gesehen haben.

Das zeige Ihnen zunächst an unserem Beispiel.

Das waren unsere Berechnungen (kein Wachstum in der ewigen Rente).

Investitionsrechnung

Jahre	1	2	3	4	5	6
Cash Flow - Einzahlungsüberschuss	330,00	375,00	470,00	555,00	610,00	
Restwert (Liquidationserlöse 31.12.)					0,00	
Gesamt	330,00	375,00	470,00	555,00	610,00	610,00
Diskontfaktor	0,90	0,81	0,73	0,66	0,59	0,53
Diskontierter CF	297,03	303,81	342,73	364,28	360,38	
Kum. Diskontierte CF (Kapitalwert)	297,03	600,84	943,57	1.307,85	1.668,23 678,23	
Kapitalwerte der Cash Flows	-692,97	-389,16	-46,43	317,85	678,23	

Endwert		6.105,50
Barwert des Endwertes		
Diskontsatz (v. St.)		11,10%
Abzinsungsfaktor in Periode 6		0,53
Barwert aus heutiger Sicht t_1	3.246,66	

Kapitalwert der Perioden 1 bis 5	678,23	17,3%
Barwerte Perioden 6 bis unendlich	3.246,66	82,7%
Gesamtwert der Investition gegen unendlich	3.924,89	100,0%

75 Sie sehen, der Endwert (Barwert der ewigen Rente) zählt 82,7% des gesamten Wertes.

Das liegt daran, dass in der 6. Periode der Abzinsungsfaktor immer noch 0,53 beträgt. Hätten wir die Rechnungen mit 8 bis 10 Detailperioden gemacht und den Endwert in der 9. bzw. 11. Periode berechnet, dann sähe die Situation schon ein wenig anders aus, weil der Diskont

- bei Endwertberechnung in der 9. Periode 0,39 und
- bei Endwertberechnung in der 11. Periode 0,31,

jeweils gerundet, beträgt.

76 Sie können sich denken, wie jetzt eine Grafik als Säulendiagramm und/oder Kuchendiagramm mit einem Endwert von 82,7 % aussieht. Aus diesem Grund möchte ich auch darauf verzichten.

Je länger Sie Ihr Investment detailliert rechnen und auf die ewige Rente verzichten, desto eher können Sie auch wieder grafische Auswertungen anbieten. Das Problem dabei ist aber, dass wir keine Technik kennen, die uns in die Lage versetzt, auch nur annähernd genau 9 bis 11 Perioden sauber d.h. belastbar zu planen. Hier beißt sich die Katze in den Schwanz, denn bei dieser Planungsungenauigkeit kann ich gleich wieder früher eine ewige Rente rechnen.

G. Weitergehende Auswertungen und Analysen

77 Beim Ansatz ohne weitere Aktivierungen hatten wir jetzt

- KW abs
- KW in %
- CAGR in %
- Annuität
- Break Even
- Interner Zinsfuß

gerechnet.

Ich kann Ihnen jetzt schon gleich sagen, dass dieser Unterpunkt im jetzigen Kapitel, ähnlich den grafischen Darstellungen, wieder sehr kurz sein könnte. Denn, eigentlich können wir bis auf den Kapitalwert in absoluter Größe keine weitere Kennzahl für die gesamte Laufzeit (unendlich) berechnen.

Da wir gegen unendlich gerechnet haben, können wir ‚n' (für Anzahl der Perioden) nicht bestimmen. Wir wissen zwar, dass hier ‚unendlich' gemeint ist und in der Mathematik gibt es dafür auch das Zeichen ∞ (liegende Acht), aber dieses können wir hier nur in der Formel nutzen, rechnen können wir damit nur bedingt.

78 Was man in solchen Fällen dann häufig tut, ist folgendes. Man berechnet für die Detailperioden (vor ewiger Rente) die entsprechenden Kennzahlen und fügt dann an, …"das fortan sich das Investment auf der Basis einer ewigen Rente folgendermaßen entwickelt".

Allerdings hat dies auch einen großen Nachteil, wie wir gleich sehen werden.

Tun wir dies aber trotzdem in unserem Beispiel, dann sehen wir, dass sich die Ergebnisse im Vergleich zum Ansatz ohne weitere Aktivierungen dramatisch verschlechtern. Auch das ist logisch, da sich die Kapitalwerte der Perioden 1 bis 5 aufgrund der kumulierten Investitionen (die wir ja von den kumulierten Barwerten der periodischen Einzahlungsüberschüsse – Cash Flows – abziehen müssen) in den genannten Perioden von 500 T€ auf 990 T€ gesteigert haben.

79 Unser Kapitalwert nach 5 Perioden ist von 1.168,23 T€ auf 678,12 T€ gefallen. Dies ist genau die Differenz von o.g. 500 T€ auf 990 T€ ursprüngliches Investment.

Schauen wir uns beide weiteren Auswertungen nochmals im Detail an. Das einzige Schöne daran ist, dass wir nicht erneut alle o.g. weiteren Detaillierungen rechnen müssen, denn ein Blick in das Tabellenblatt ‚*Investitionsrechnungen limitiert*' zeigt uns auch schon alle Ergebnisse auf der Basis des neuen Kapitalwertes nach 5 Jahren von 678,23 T€.

In weiser Voraussicht des Fortganges dieses Buches hatte ich von Beginn an ‚WENN' Abfragen bei der Berechnung der Kapitalwerte hinterlegt. Haben wir noch Abschreibungen in der 6. Periode, dann rechnet Excel das gesamte bis zur Periode 5 eingesetzte Kapital (bei uns 990 T€) heraus, ansonsten wird das ursprüngliche Investment in t_0 (bei uns 500 T€) in Abzug gebracht.

Es gilt also wieder zu berechnen:

- KW abs
- KW in %
- CAGR in %
- Annuität
- Break Even
- Interner Zinsfuß,

allerdings nur für die Perioden 1 bis 5.

Und da sind die Ergebnisse auch schon – schauen Sie im Excel Tool erneut in das Tabellenblatt ‚*Investitionsrechnungen limitiert*' und da sehen Sie folgende Ergebnisse: 80

Weitergehende Analysen und Ergebnisse

Kapitalwert (NPV) absolut	$K_0 = -A_0 + \sum_{t=1}^{n} \frac{CF_n}{(1+i)^n}$	**678,23**
Kapitalwert (NPV) in %	$KW(\%) = \frac{KW(abs.)}{A_0} \times 100$	**135,65%**
CAGR in %	$CAGR_{(\%)} = \left(\sqrt[n]{1+\frac{KW}{A_0}} - 1\right) \times 100$	**18,70%**

Break Even

Weg 1

$$BreakEven = Periodevon\ C1 - \frac{C1}{C2 - C1}$$

mit Periode c_1 = letzter negativer Kaptialwert
Kapitalwert Periode c_1 (letzter neg. KW)
Kapitalwert Periode c_2 (erster pos. KW)

Weg 2

$$BreakEven = \frac{|L_1|}{L_2 \div 12} Monate$$

im Jahr des 1. positiven Kapitalwertes

mit L_1 = letzter negativer Kapitalwert als absoluter Wert
L2 = Barwert in der Periode des 1 positives Kapitalwertes

Jahre	**1**	**2**	**3**	**4**	**5**
Weg 1: BE nach Jahren	-	-	-	**3,13**	-
Weg 2: BE nach Monaten	-	-	-	**1,53**	-

Annuität

$$An = K_0 \times \frac{(1+i)^n \times i}{(1+i)^n - 1}$$

183,97

K_0 = Kapitalwert	**678,23**
Zähler	**0,1878855**
Nenner	**0,6926622**
Annuitätenfaktor	**0,27125127**

Interner Zinsfuß IZF
Regula-Falsi Formel

$$IZF = i_1 + K_1 \times \frac{i_2 - i_1}{K_1 - K_2}$$

Vor-St.	**76,60%**
Nach-St.	**57,45%**

81 Im Vergleich dazu kopiere ich Ihnen auch nochmals die Ergebnisse der identischen Berechnung für den Fall ohne weitere Aktivierungen in den Folgeperioden ein.

Da wird man nämlich richtig neidisch auf den alten Zustand.

Aber wir dürfen auch eines nicht vergessen. Im dem uns so sympathischen 1. Fall ohne weitere Aktivierungen war unser Investment nach 5 Jahren ‚am Ende'. Hier im Fall mit weiteren Aktivierungen haben wir allerdings noch sehr, sehr, sehr…, sehr viele Jahre vor uns und verdienen an unserem Investment. Sie erinnern sich. Unser Investment wirft jedes Jahr bei Substanzerhalt und konservativer Planungsprämisse 610 T€ ab. Abgezinst und damit aus heutiger Sicht als Barwert ist dies zwar bei weitem weniger, aber…

82 Schauen wir uns jetzt die weiteren Analyseergebnisse des 1. Falles ohne Folgeinvestitionen vergleichend nochmals an.

Weitergehende Analysen und Ergebnisse

Kapitalwert (NPV) absolut	$K_0 = -A_0 + \sum_{t=1}^{n} \frac{CF_n}{(1+i)^n}$	**1.168,23**
Kapitalwert (NPV) in %	$KW(\%) = \frac{KW(abs.)}{A_0} \times 100$	**233,65%**
CAGR in %	$CAGR_{(\%)} = \left(\sqrt[n]{1+\frac{KW}{A_0}} - 1\right) \times 100$	**27,25%**

Break Even

Weg 1

$$BreakEven = Periodevon\ C1 - \frac{C1}{C2 - C1}$$

mit Periode c_1 = letzter negativer Kaptialwert
Kapitalwert Periode c_1 (letzter neg. KW)
Kapitalwert Periode c_2 (erster pos. KW)

Weg 2

$$BreakEven = \frac{|L_1|}{L_2 \div 12} Monate$$

im Jahr des 1. positiven Kapitalwertes

Jahre	**1**	**2**	**3**	**4**	**5**
Weg 1: BE nach Jahren	-	**1,67**	-	-	-
Weg 2: BE nach Monaten	-	**8,02**	-	-	-

Annuität	$An = K_0 \times \frac{(1+i)^n \times i}{(1+i)^n - 1}$		**316,88**
Interner Zinsfuß IZF Regula-Falsi Formel	$IZF = i_1 + K_1 \times \frac{i_2 - i_1}{K_1 - K_2}$	**Vor-St.**	**77,99%**
		Nach-St.	**58,49%**

Das sah schon anders aus. 83

Was bringt uns jetzt die eigentlich schlechten Ergebnisse aus dem 2. Fall, also mit weiteren Aktivierungen?

Einiges, denn wir wissen, dass wir trotz Folgeinvestitionen in unserem Beispiel im 4. Jahr (4 Jahre aus der Unendlichkeit ist doch gar nichts) bereits Break Even sind. Dies ist Ihnen noch gar nicht so richtig aufgefallen, geben Sie es nur zu.

Anfang des 4. Jahres haben wir ***schon*** einen positiven Kapitalwert! Und dies bedeutet, dass wir für die ersten 5 Perioden auch einen

- positiven KW in %
- positiven CAGR in %
- Annuität größer ‚Null'
- Break Even innerhalb der Laufzeit
- positiven internen Zinsfuß, wenn auch gering,

haben. Und dann kommt ja noch der Rest der Perioden 6 bis unendlich…!

84 Wir können diese ersten 5 Perioden auch wieder grafisch darstellen. Folgende grafischen Darstellungen habe ich auch aus dem uns schon bekannten Tabellenblatt ‚*Investitionsgrafiken*' im Excel Tool kopiert. Auch diese Grafiken habe ich so angelegt, dass wir Sie zweimal nutzen können.

Bevor wir uns diese anschauen, bitte ich Sie, aber zunächst noch einmal einen konzentrierten Blick auf die eigentlichen Berechnungen aus dem Tabellenblatt ‚*Investitionrechnung – limitiert*', die hier ja auch für die ersten 5 Detailperioden passen, zu werfen.

85 Wir haben in der Tat am Ende des 4. Jahres bereits einen positiven Kapitalwert, trotz weiterer Investitionen in den Folgeperioden, die fast die Abschreibungen aus dem ursprünglichen Investment ausgleichen.

Investitionsrechnung

Jahre	1	2	3	4	5
Cash Flow - Einzahlungsüberschuss	330,00	375,00	470,00	555,00	610,00
Restwert (Liquidationserlöse 31.12.)					0,00
Gesamt	330,00	375,00	470,00	555,00	610,00
Diskontfaktor	0,90	0,81	0,73	0,66	0,59
Diskontierter CF	297,03	303,81	342,73	364,28	360,38
Kum. Diskontierte CF (Kapitalwert)	297,03	600,84	943,57	1.307,85	1.668,23 678,23
Kapitalwerte der Cash Flows	-692,97	-389,16	-46,43	317,85	678,23

Jetzt sehen Sie es auch, richtig?

86 Dann können wir uns diese Kapitalwertentwicklung auch grafisch wieder anschauen, einmal als Säulen- und einmal als Kuchendiagramm (natürlich nur für die ersten 5 geplanten Detailperioden).

Die Investition als grafische Darstellungen

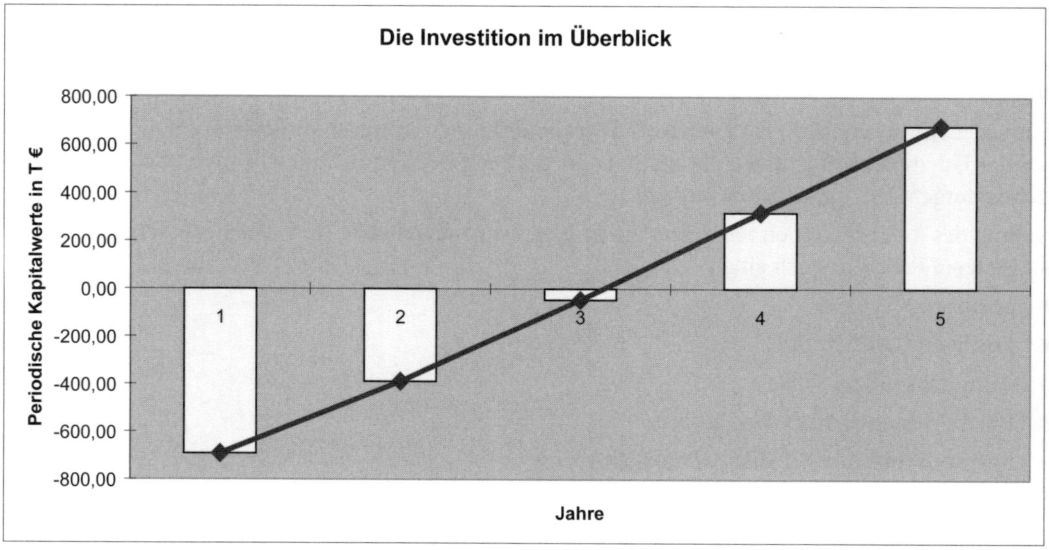

Und das Kuchendiagramm ‚schieben' wir sofort hinterher.

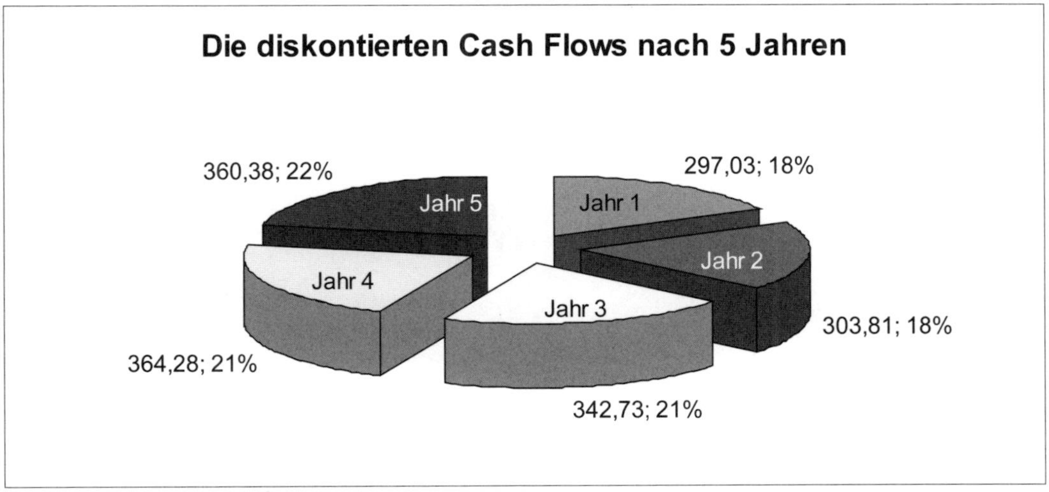

Und da Sie jetzt sehen, dass die Auswertungen gar nicht so uninteressant sind, schauen Sie sich bitte auch noch einmal die weiteren Analysen und Auswertungen unter dem folgenden Aspekt an. Was bringt bzw. wie rechnet sich diese Investition mit weiteren Aktivierungen in den ersten 5 Jahren? 87

Gar nicht so uninteressant, oder?

Die Deutung von Investitionsrechnungen muss man durch Übung erlernen und stellen Sie bitte die Ergebnisse immer in den richtigen Laufzeitkontext. Erst dann machen die Aussagen auch erst wirklich Sinn.

Weitergehende Analysen und Ergebnisse

Kapitalwert (NPV) absolut	$K_0 = -A_0 + \sum_{t=1}^{n} \frac{CF_n}{(1+i)^n}$	**678,23**
Kapitalwert (NPV) in %	$KW(\%) = \frac{KW(abs.)}{A_0} \times 100$	**135,65%**
CAGR in %	$CAGR_{(\%)} = \left(\sqrt[n]{1+\frac{KW}{A_0}} - 1\right) \times 100$	**18,70%**

Break Even

Weg 1

$$BreakEven = Periode von\ C1 - \frac{C1}{C2 - C1}$$

mit Periode c_1 = letzter negativer Kaptialwert
Kapitalwert Periode c_1 (letzter neg. KW)
Kapitalwert Periode c_2 (erster pos. KW)

Weg 2

$$BreakEven = \frac{|L_1|}{L_2 \div 12} Monate$$

im Jahr des 1. positiven Kapitalwertes

mit L_1 = letzter negativer Kapitalwert als absoluter Wert
L2 = Barwert in der Periode des 1 positives Kapitalwertes

Jahre	**1**	**2**	**3**	**4**	**5**
Weg 1: BE nach Jahren	-	-	-	**3,13**	-
Weg 2: BE nach Monaten	-	-	-	**1,53**	-

Annuität

$$An = K_0 \times \frac{(1+i)^n \times i}{(1+i)^n - 1}$$

183,97

K_0 = Kapitalwert	**678,23**
Zähler	**0,1878855**
Nenner	**0,6926622**
Annuitätenfaktor	**0,27125127**

Interner Zinsfuß IZF
Regula-Falsi Formel

$$IZF = i_1 + K_1 \times \frac{i_2 - i_1}{K_1 - K_2}$$

Vor-St.	**76,60%**
Nach-St.	**57,45%**

88 Bitte üben Sie jetzt nochmals die Deutung dieser Berechnungen. Machen Sie eine kleine Präsentation in Ihrem Arbeitszimmer oder vor einem Spiegel.

Kommen Sie nicht weiter, lesen Sie vorne im Buch nochmals nach. Wir haben diese Berechnungen sogar zweimal im Detail durchgeführt und interpretiert.

Schaffen Sie diese Präsentation innerhalb von 3 bis 5 Minuten ohne Zögern und Nachdenken, dann haben Sie verstanden und das ist klasse. Seien Sie nicht deprimiert, wenn es nicht auf Anhieb klappt – es hat bei mir auch länger (Jahre gedauert).

Stellen Sie sich vor, die/der Chef(in) sitzt vor Ihnen oder der noch nicht überzeugte Finanzer bzw. Controller. Der Banker wäre der falsche Adressat – der benötigt eine GuV. Diese internen Berechnungen sind nicht sein ‚Metier'.

H. QIKV

Wir könnten jetzt sogar auch für die Perioden 1 bis 5 wieder den Ansatz der „Star Alliance“ rechnen, also ohne Diskontierung, um die steuerlichen Einflüsse in den Kapitalkosten zu eliminieren und um so einen besseren Vergleich auf internationaler Ebene in Bezug auf das operative Einkommen zu haben, also die QIKV – Qualifizierte interne Kapitalverzinsung. 89

Aber, überlegen Sie einmal – kennen Sie ein Flugzeug, das bei Substanzerhaltsinvestitionen unendlich fliegt. Nach 30, in manchen Ländern auch 40 bis 50 Jahren, fliegt die Kiste nicht mehr, also sollten wir hier auch nicht weiter rechnen. Das wäre reine Theorie, wenngleich mathematisch möglich.

Wenn Sie das allerdings reizt, nur für die ersten 5 Jahre und zur Übung, dann führe ich Sie ganz kurz durch, allerdings ohne Kommentierungen. Gehen Sie in das Tabellenblatt ‚*QIKV*‘ und schauen Sie sich die Berechnung an. Auch dort habe ich bei der Berechnung der ‚*Netto*‘ Cash Flow mit ‚WENN‘ Abfragen gearbeitet, so dass gar keine manuelle Veränderungen notwendig werden.

Im Fall ohne Aktivierungen sah das Ergebnis folgendermaßen aus:

Investitionsrechnung

Jahre	1	2	3	4	5
Cash Flow - Einzahlungsüberschuss	330,00	375,00	470,00	555,00	610,00
Restwert (Liquidationserlöse)					0,00
Gesamt	330,00	375,00	470,00	555,00	610,00
Kumunlierte Cash Flows	330,00	705,00	1.175,00	1.730,00	2.340,00 1.840,00
Netto' Cash Flows	-170,00	205,00	675,00	1.230,00	1.840,00

Die dort periodisch subtrahierten 500 T€ ursprüngliches Investment mussten wir jetzt aber durch 990 T€ ersetzen. Damit erhalten wir inklusive weiterer Aktivierungen für die ersten 5 Perioden: 90

Investitionsrechnung

Jahre	1	2	3	4	5
Cash Flow - Einzahlungsüberschuss	330,00	375,00	470,00	555,00	610,00
Restwert (Liquidationserlöse)					0,00
Gesamt	330,00	375,00	470,00	555,00	610,00
Kumulierte Cash Flows	330,00	705,00	1.175,00	1.730,00	2.340,00 1.350,00
Netto' Cash Flows	-660,00	-285,00	185,00	740,00	1.350,00

Sie sehen wieder die Differenz in Höhe von 490 T€.

Grafisch sieht die QIKV Berechnung für diese 5 Perioden mit weiteren Aktivierungen dann folgendermaßen aus:

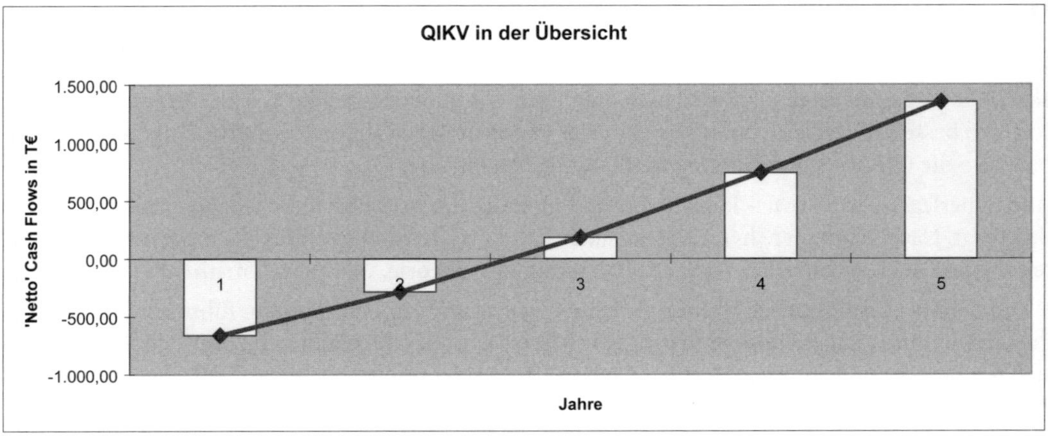

91 Oder als Kuchendiagramm für die ersten 5 Jahre erhalten Sie:

8

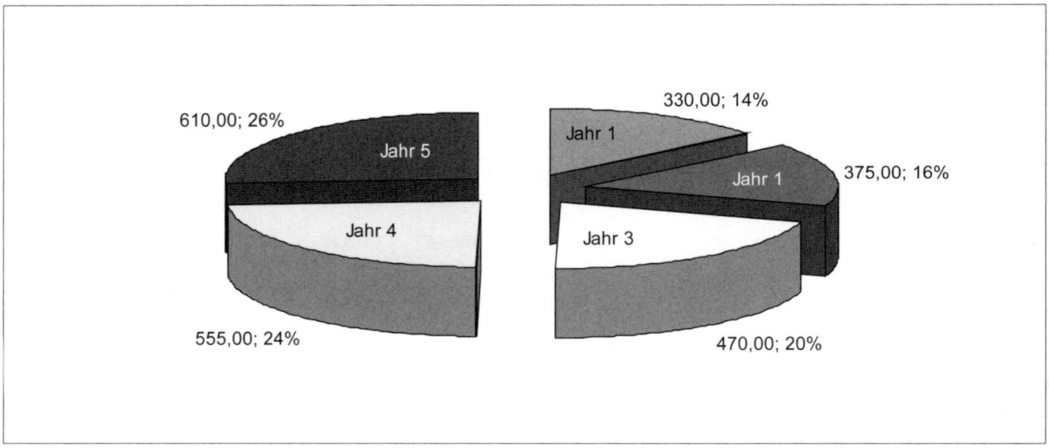

Für die Detailberechnungen ergibt sich dann:

Weitergehende Analysen und Ergebnisse auf Basis QIKV

"Kapitalwert (NPV)" absolut $$K_0 = -A_0 + \sum_{t=1}^{n} CF_n$$ **1.350,00**

Kapitalwert (NPV) in % $$KW(\%) = \frac{KW(abs.)}{A_0} \times 100$$ **270,00%**

CAGR in % $$CAGR_{(\%)} = \left(\sqrt[n]{1 + \frac{KW}{A_0}} - 1\right) \times 100$$ **29,91%**

Break Even

Weg 1 $$BreakEven = Periode\,von\ C1 - \frac{C1}{C2 - C1}$$

Weg 2 $$BreakEven = \frac{|L_1|}{L_2 \div 12} Monate$$ im Jahr des 1. positiven Kapitalwertes

Jahre	**1**	**2**	**3**	**4**	**5**
Weg 1: BE nach Jahren	-	-	2,61	-	-
Weg 2: BE nach Monaten	-	-	7,28	-	-

Annuität nicht rechenbar, da keine Diskontierung

Interner Zinsfuß IZF nicht rechenbar, da keine Diskontierung

Sehen Sie, was wir nicht alles (zumindest für die ersten 5 Perioden Interessantes) berechnen können. Dann können wir aber sofort auch die GuV als nächstes Thema wieder angehen.

I. Die Gewinn und Verlustrechnung bei weiteren Aktivierungen

Wir haben unsere Berechnungen so aufgelegt, dass wir 5 Detailperioden berechnen und im 6. Jahr 92
eine ewige Rente (als Endwert) ansetzen.

Da unser Excel Tool von Anfang an so aufgesetzt wurde, dass wir beide Fälle

- limitiert über 5 Jahre, ohne weiteren Aktivierungen
- gegen unendlich mit weiteren Aktivierungen in der Perioden 1 bis 5

damit rechnen können, brauchen wir jetzt zunächst gar nichts tun, außer das richtige Tabellenblatt im Excel anzuklicken.

Dann gehen Sie doch wieder einmal in das Tabellenblatt ‚*GuV*', da finden Sie auch schon unsere neue Gewinn- und Verlustrechnung für die Jahre 1 bis 5.

Strukturierte Gewinn- und Verlustrechnung (GuV)

Jahre	1	2	3	4	5
Umsatz	1.000,00	1.100,00	1.200,00	1.300,00	1.400,00
Cash Kosten (Betrieb)	670,00	725,00	730,00	745,00	790,00
EBITD (Betr. Erg. v. AfA)	330,00	375,00	470,00	555,00	610,00
Abschreibungen	110,00	130,00	152,00	176,00	198,00
EBIT (Betriebsergebnis)	**220,00**	**245,00**	**318,00**	**379,00**	**412,00**
Zinsen	23,10	27,30	31,92	36,96	41,58
EGT	**196,90**	**217,70**	**286,08**	**342,04**	**370,42**
Außerordentliches Ergebnis	**0,00**	**0,00**	**0,00**	**0,00**	**0,00**
Ergebnis vor Steuern	**196,90**	**217,70**	**286,08**	**342,04**	**370,42**
Steuern	**49,23**	**54,43**	**71,52**	**85,51**	**92,61**
Jahresüberschuss	**147,68**	**163,28**	**214,56**	**256,53**	**277,82**

93 Wir sehen, dass trotz der weiteren Aktivierungen nach wie vor alle Jahresüberschüsse positiv sind. Das ist natürlich sehr gut.

Zuerst einmal aber: wie sind wir denn an die GuV gekommen? Richtig, wir brauchten die Abschreibungen aus dem Anlagespiegel und konnten dann mittels Einzahlungsüberschuss aus der internen Rechnung das Betriebsergebnis bestimmen. Die Umsätze hatten wir ja (wir hatten Sie anders mit Einzahlungen bezeichnet). Die Differenz aus Einzahlungen (jetzt hier Umsatz genannt) und dem Einzahlungsüberschuss (in der GuV *EBITD – Earnings before Interest and Taxes and Depreciation*, operatives Ergebnis vor Zinsen, Steuern und Abschreibungen genannt) ergibt die Cash Kosten.

94 Unterhalb des Betriebsergebnisses hatten wir aus der Überleitung auch die Fremdkapitalzinsen sauber, außerordentliche Erträge und Aufwendungen hatten wir keine geplant und damit steht erneut das Vor-Steuern Ergebnis. Der Steuersatz in Höhe von 25% ist bekannt, damit konnte der Jahresüberschuss bzw. Jahresfehlbetrag berechnet werden.

Schauen wir uns die einzelnen Bausteine nochmals langsam im Detail an.

Die Umsatzerlöse sind uns aus der Ausgangsdatenlage oder der Deckungsbeitragrechnung bekannt.

Umsatz	**1.000,00**	**1.100,00**	**1.200,00**	**1.300,00**	**1.400,00**

Das EBITD war auch leicht zu ermitteln.

95 Aus dem Ausgangsdatenmaterial konnten wir den Einzahlungsüberschuss bestimmen. In unserem Fall hatten wir ja richtigerweise keine Abschreibungen oder Zinsen, noch kalkulatorische Größen in den Einzahlungsüberschuss eingerechnet.

Der Einzahlungsüberschuss ist die Differenz aus Umsätzen und ‚Cash' Kosten, den operativen Aus**zahlungen**.

Jahre	1	2	3	4	5	6
(Zusatz) Umsätze	1.000,00	1.100,00	1.200,00	1.300,00	1.400,00	
Prokos (Variable Kosten)	450,00	470,00	500,00	500,00	510,00	
Promotion	50,00	55,00	60,00	65,00	70,00	
Vertriebskosten	60,00	80,00	70,00	80,00	90,00	
(Fixe) Strukturkosten der Produktion (ohne AfA und Zinsen)	30,00	40,00	45,00	40,00	50,00	
+ Abschreibungen	0,00	0,00	0,00	0,00	0,00	
+ Zinsen	0,00	0,00	0,00	0,00	0,00	
+ kalkulatorische Aufschläge auf Abschreibungen	0,00	0,00	0,00	0,00	0,00	
+ kalkulatorische Aufschläge auf Zinsen	0,00	0,00	0,00	0,00	0,00	
(Fixe) Strukturkosten der Produktion (mit ev. (kalk) AfA und Zinsen)	30,00	40,00	45,00	40,00	50,00	
(Fixe) Strukturkosten der Administration	80,00	80,00	55,00	60,00	70,00	
Summe Kosten	670	725	730	745	790	

Eine andere Alternative wäre die Deckungsbeitragsrechnung gewesen. 96

Deckungsbeitragsrechnung

		1	2	3	4	5
	Umsatz	**1.000,00**	**1.100,00**	**1.200,00**	**1.300,00**	**1.400,00**
-	Proportionale Kosten (ProKo)	450,00	470,00	500,00	500,00	510,00
=	**Deckungsbeitrag (DB) I**	**550,00**	**630,00**	**700,00**	**800,00**	**890,00**
-	Promotion	50,00	55,00	60,00	65,00	70,00
=	**Deckungsbeitrag (DB) II**	**500,00**	**575,00**	**640,00**	**735,00**	**820,00**
-	Vertriebskosten	60,00	80,00	70,00	80,00	90,00
=	**Deckungsbeitrag (DB) III**	**440,00**	**495,00**	**570,00**	**655,00**	**730,00**
-	Strukturkosten der Produktion	30,00	40,00	45,00	40,00	50,00
=	**Deckungsbeitrag (DB) IV**	**410,00**	**455,00**	**525,00**	**615,00**	**680,00**
-	Strukturkosten der Administration	80,00	80,00	55,00	60,00	70,00
=	**Deckungsbeitrag (DB) V = Standardergebnis**	**330,00**	**375,00**	**470,00**	**555,00**	**610,00**
	Geplante Umsatzrendite (Basis KORE)	**33,00%**	**34,09%**	**39,17%**	**42,69%**	**43,57%**

Ansonsten hätten wir zudem aus der Überleitung unsere richtigen Daten ermitteln können, da wir dort Abschreibungen und Zinsen, sowie eventuell eingerechnete kalkulatorischen Größen, für den Sprung in die GuV eliminieren. 97

Gleichzeitig haben wir dort aber auch die Fremdkapitalzinsen richtig berechnet, damit wir sie dann in die GuV unterhalb des Betriebsergebnisses ansetzen können.

Überleitungen in die GuV

Jahre		1	2	3	4	5
Bilanzielle AfA		110,00	130,00	152,00	176,00	198,00
Kalkulatorische AfA		0,00	0,00	0,00	0,00	0,00
Bilanzielle Zinsen		23,10	27,30	31,92	36,96	41,58
Kalkulatorische Zinsen		0,00	0,00	0,00	0,00	0,00
Cash Flow Investitionsrechnung		330,00	375,00	470,00	555,00	610,00
+ Zinsen	bilanziell	0,00	0,00	0,00	0,00	0,00
	kalkulatorisch	0,00	0,00	0,00	0,00	0,00
	gesamt	0,00	0,00	0,00	0,00	0,00
+ AfA	bilanziell	0,00	0,00	0,00	0,00	0,00
	kalkulatorisch	0,00	0,00	0,00	0,00	0,00
	gesamt	0,00	0,00	0,00	0,00	0,00
= EBITD in GuV		330,00	375,00	470,00	555,00	610,00

98 Mit dem EBITD hatten wir per Differenzrechung zum Umsatz auch die Cash Kosten und somit stand der Oberbau der GuV.

Umsatz	1.000,00	1.100,00	1.200,00	1.300,00	1.400,00
Cash Kosten (Betrieb)	670,00	725,00	730,00	745,00	790,00
EBITD (Betr. Erg. v. AfA)	330,00	375,00	470,00	555,00	610,00

Ausgangspunkt für die nächsten Schritte waren die Abschreibungen aus der AfA Tabelle im Tabellenblatt ‚*Anlagespiegel*'.

Abschreibetafel

Jahre	1	2	3	4	5	6
Abschreibungen						
AfA auf Anfangsinvestition	100	100	100	100	100	0
AfA aus Weiteren Aktivierungen P1	10	10	10	10	10	0
AfA aus Weiteren Aktivierungen P2		20	20	20	20	*20*
AfA aus Weiteren Aktivierungen P3			22	22	22	*22*
AfA aus Weiteren Aktivierungen P4				24	24	*24*
AfA aus Weiteren Aktivierungen P5					22	*22*
Summe AfA	110	130	152	176	198	*88*

99 Diese periodischen Abschreibungen haben wir in die GuV übernommen.

Abschreibungen	110,00	130,00	152,00	176,00	198,00

Damit konnten wir auch das Betriebsergebnis sofort ermitteln, denn

EBITD (Einzahlungsüberschuss bzw. Cash Flow auf Basis Betriebsergebnis)
- AfA (Abschreibungen)
= EBIT (Betriebsergebnis)

Somit hatten wir in unserer GuV

EBITD (Betr. Erg. v. AfA)	330,00	375,00	470,00	555,00	610,00

Abschreibungen	110,00	130,00	152,00	176,00	198,00

Damit stand auch das Betriebsergebnis 100

EBIT (Betriebsergebnis)	**220,00**	**245,00**	**318,00**	**379,00**	**412,00**

Die (bilanziellen) Zinsen sind uns aus der Überleitung bekannt.

Bilanzielle Zinsen	**23,10**	**27,30**	**31,92**	**36,96**	**41,58**

Damit hatten wir auch das Ergebnis der gewöhnlichen Geschäftstätigkeit EGT, denn
EBIT (Betriebsergebnis)
- Zinsen
= EGT (Ergebnis der gewöhnlichen Geschäftstätigkeit).

EGT	**196,90**	**217,70**	**286,08**	**342,04**	**370,42**

Und so stand der ‚Mittelbau' der GuV. 101

EBITD (Betr. Erg. v. AfA)	330,00	375,00	470,00	555,00	610,00
Abschreibungen	110,00	130,00	152,00	176,00	198,00
EBIT (Betriebsergebnis)	**220,00**	**245,00**	**318,00**	**379,00**	**412,00**
Zinsen	23,10	27,30	31,92	36,96	41,58
EGT	**196,90**	**217,70**	**286,08**	**342,04**	**370,42**

Außerordentliche Erträge und Aufwendungen sind keine geplant.

Außerordentliches Ergebnis	**0,00**	**0,00**	**0,00**	**0,00**	**0,00**

Damit hatten wir auch das Ergebnis vor Steuern, das in diesem Fall identisch mit dem EGT ist.

Ergebnis vor Steuern	**196,90**	**217,70**	**286,08**	**342,04**	**370,42**

102 Der Steuersatz ist mit 25% bekannt, Verlustvorträge mussten keine gerechnet werden. Damit war auch die steuerliche Belastung schnell gerechnet.

Steuern	49,23	54,43	71,52	85,51	92,61

Und der Jahresüberschuss/der Jahresfehlbetrag war nur noch die logische Konsequenz daraus.

Jahresüberschuss	147,68	163,28	214,56	256,53	277,82

103 Der Unterbau der GuV stand damit auch.

EGT	196,90	217,70	286,08	342,04	370,42
Außerordentliches Ergebnis	0,00	0,00	0,00	0,00	0,00
Ergebnis vor Steuern	196,90	217,70	286,08	342,04	370,42
Steuern	49,23	54,43	71,52	85,51	92,61
Jahresüberschuss	147,68	163,28	214,56	256,53	277,82

Sie wundern sich wahrscheinlich, warum ich hier die Überleitung in die GuV noch einmal so intensiv erläutere. Die Erfahrung aus meinen Seminaren zeigt, dass hier viele Teilnehmer immer wieder Verständnisprobleme haben und aus diesem Grund habe ich hier sehr detailliert nochmals den Übergang in das externe Rechnungswesen dargestellt.

Und die GuV brauchen wir ja für die Banker und zur Berechnung der angelsächsischen Ansätze.

I. Die Basis für die Betrachtungen gegen unendlich

104 Wir sind aber angetreten, unsere Investition jetzt mit weiteren Aktivierungen und gegen unendlich zu rechnen. Die Auswirkungen der weiteren Aktivierungen sehen wir in der GuV in den jetzt höheren Abschreibungen und höheren Zinsaufwendungen für das Fremdkapital und damit in den entsprechend reduzierten Jahresüberschüssen.

Strukturierte Gewinn- und Verlustrechnung (GuV)

Jahre	1	2	3	4	5
Umsatz	1.000,00	1.100,00	1.200,00	1.300,00	1.400,00
Cash Kosten (Betrieb)	670,00	725,00	730,00	745,00	790,00
EBITD (Betr. Erg. v. AfA)	330,00	375,00	470,00	555,00	610,00
Abschreibungen	110,00	130,00	152,00	176,00	198,00
EBIT (Betriebsergebnis)	220,00	245,00	318,00	379,00	412,00
Zinsen	23,10	27,30	31,92	36,96	41,58
EGT	196,90	217,70	286,08	342,04	370,42
Außerordentliches Ergebnis	0,00	0,00	0,00	0,00	0,00
Ergebnis vor Steuern	196,90	217,70	286,08	342,04	370,42
Steuern	49,23	54,43	71,52	85,51	92,61
Jahresüberschuss	147,68	163,28	214,56	256,53	277,82

8

Was machen wir jetzt, um die angelsächsischen Verfahren auch sauber gegen unendlich rechnen zu können. Genau, wir brauchen die GuV einschließlich 6. Periode. Dies ist dann auch ganz einfach gemacht....da ist sie schon. 105

Strukturierte Gewinn- und Verlustrechnung (GuV)

Jahre	1	2	3	4	5	6
Umsatz	1.000,00	1.100,00	1.200,00	1.300,00	1.400,00	*1.400,00*
Cash Kosten (Betrieb)	670,00	725,00	730,00	745,00	790,00	*790,00*
EBITD (Betr. Erg. v. AfA)	330,00	375,00	470,00	555,00	610,00	*610,00*
Abschreibungen	110,00	130,00	152,00	176,00	198,00	*88,00*
EBIT (Betriebsergebnis)	220,00	245,00	318,00	379,00	412,00	*522,00*
Zinsen	23,10	27,30	31,92	36,96	41,58	*41,58*
EGT	196,90	217,70	286,08	342,04	370,42	*480,42*
Außerordentliches Ergebnis	0,00	0,00	0,00	0,00	0,00	*0,00*
Ergebnis vor Steuern	196,90	217,70	286,08	342,04	370,42	480,42
Steuern	49,23	54,43	71,52	85,51	92,61	120,11
Jahresüberschuss	147,68	163,28	214,56	256,53	277,82	360,32

Wie bin ich denn daran gekommen? 106

Ich hatte die 6. Periode im Tabellenblatt ‚*GuV*' bisher nur ausgeblendet. Klicken Sie doch einmal auf das Kreuz am oberen Ende der Tabelle. Dann öffnet sich schon diese 6. Periode.

107 Und wie komme ich an die Werte? Umsätze für das 6. Jahr hatten wir doch gar keine vorgegeben. Richtig, diese 6. Periode ist auch nicht eine Planperiode im eigentlichen Sinne, sondern nur Ausgangspunkt für die spätere Berechnung der angelsächsischen Verfahren gegen unendlich und hier speziell für die Berechnung der Endwerte bzw. der ewigen Rente.

Ich führe Sie durch.

Zunächst muss ich Ihnen dabei nochmals die Prämissen bei Rechnungen gegen unendlich zeigen, denn diese sind für das Zahlenwerk dieses 6. Jahres durchaus relevant.

Für die Perioden der Endwertberechnung (ewige Rente) gilt

1. Konservative Planungsannahme und
2. Substanzerhalt.

108 Damit können wir dann auch loslegen. Ich habe das Excel Tool und damit die GuV hier in der 6. Periode jetzt folgendermaßen aufgebaut.

Wenn wir im 6. Jahr noch Abschreibungen haben, dann rechnet Excel diese 6. Periode, ansonsten wird in allen Zeilen ein ‚Null' ausgewiesen.

In unserem Beispiel haben wir aufgrund der weiteren Aktivierungen noch Abschreibungen, also wird die 6. Periode berechnet.

Jetzt kommt der Grundsatz der konservativen Planungsannahme ins Spiel. Demnach sollen für die Periode der Endwerte konservative Zahlen angesetzt werden, damit keine ‚hockeystick' Effekte eintreten. Damit habe ich beim Umsatz erneut den vorperiodischen Wert, also die 1.400 aus der Periode 5 angesetzt.

109 Die gleiche Logik und Rechnung habe ich dann bei den Cash Kosten verfolgt. Da wir in der 6. Periode noch Abschreibungen haben, sind die Kosten erneut der 5. Periode angesetzt worden. Damit wird das EBITD – der Einzahlungsüberschuss oder Cash Flow auf der Basis des Betriebsergebnisses automatisch per Subtraktion berechnet.

Die Abschreibungen in der 6. Periode – wir reden ja die ganze Zeit davon – sind bekannt bzw. gegeben und damit berechnet sich auch das Betriebsergebnis sofort.

Da wir keine Tilgungen geplant haben, sondern auf der Basis der endfälligen Tilgung ‚unterwegs' sind, mache ich beim Fremdkapitalaufwand auch wieder einen Zugriff auf den Wert der Vorperiode. Nochmals, dies geschieht immer nur dann, wenn wir in der 6. Periode noch Abschreibungen haben.

110 Damit ist das EGT – Ergebnis der gewöhnlichen Geschäftstätigkeit – erneut per Subtraktion bestimmt. Außerordentliche Erträge und Aufwendungen haben wir nicht geplant, damit ist das EGT identisch mit dem Vor-Steuer Ergebnis. Um Verlustvorträge brauchen wir uns hier eigentlich nicht zu kümmern, da die angelsächsischen Verfahren später immer vom Betriebsergebnis aus starten. Dennoch wollen wir korrekt sein.

Damit steht die 6. Periode komplett und nochmals, sie ist keine saubere Planung, sondern die Grundlage für die angelsächsischen Berechnungen gegen unendlich, mitunter also für die ewige Rente.

111 Alle Werte in der 6. Periode dürfen nur dann erscheinen, wenn wir noch Abschreibungen in der 6. Periode haben. So haben wir unseren Fall hier definiert. Stellen Sie also die weiteren Aktivierungen vorne im Excel Tool alle wieder auf ‚Null', müssen Sie auch in dieser GuV in der 6. Periode wieder lauter ‚Nullen' sehen. Ist dies der Fall, dann haben Sie auch die Gewissheit, dass unser Excel Tool richtig arbeitet.

Machen wir also diese Prüfung, nicht aber bevor wir uns die weiteren Aktivierungen einmal dezidiert aufgeschrieben haben. Ansonsten können wir uns eventuell nicht mehr an unsere Zahlen erinnern.

Weitere Aktivierungen	50	100	110	120	110	0

Wir setzen also die Aktivierungen im Tabellenblatt ‚*Datenmaterial*' alle zurück auf ‚Null'. 112

Weitere Aktivierungen	0	0	0	0	0	0

In der Tat, unser Excel Tool arbeitet richtig.

Strukturierte Gewinn- und Verlustrechnung (GuV)

Jahre	1	2	3	4	5	6
Umsatz	1.000,00	1.100,00	1.200,00	1.300,00	1.400,00	*0,00*
Cash Kosten (Betrieb)	670,00	725,00	730,00	745,00	790,00	*0,00*
EBITD (Betr. Erg. v. AfA)	330,00	375,00	470,00	555,00	610,00	*0,00*
Abschreibungen	100,00	100,00	100,00	100,00	100,00	*0,00*
EBIT (Betriebsergebnis)	**230,00**	**275,00**	**370,00**	**455,00**	**510,00**	*0,00*
Zinsen	21,00	21,00	21,00	21,00	21,00	*0,00*
EGT	**209,00**	**254,00**	**349,00**	**434,00**	**489,00**	***0,00***
Außerordentliches Ergebnis	**0,00**	**0,00**	**0,00**	**0,00**	**0,00**	***0,00***
Ergebnis vor Steuern	**209,00**	**254,00**	**349,00**	**434,00**	**489,00**	**0,00**
Steuern	**52,25**	**63,50**	**87,25**	**108,50**	**122,25**	**0,00**
Jahresüberschuss	**156,75**	**190,50**	**261,75**	**325,50**	**366,75**	**0,00**

8

Dann bitte aber wieder die alten Werte 113

Weitere Aktivierungen	50	100	110	120	110	0

eingeben. Wir erhalten wieder unsere GuV mit den bereits bekannten Zahlen in der 6. Periode.

Strukturierte Gewinn- und Verlustrechnung (GuV)

Jahre	1	2	3	4	5	6
Umsatz	1.000,00	1.100,00	1.200,00	1.300,00	1.400,00	*1.400,00*
Cash Kosten (Betrieb)	670,00	725,00	730,00	745,00	790,00	*790,00*
EBITD (Betr. Erg. v. AfA)	330,00	375,00	470,00	555,00	610,00	*610,00*
Abschreibungen	110,00	130,00	152,00	176,00	198,00	*88,00*
EBIT (Betriebsergebnis)	**220,00**	**245,00**	**318,00**	**379,00**	**412,00**	*522,00*
Zinsen	23,10	27,30	31,92	36,96	41,58	*41,58*
EGT	**196,90**	**217,70**	**286,08**	**342,04**	**370,42**	***480,42***
Außerordentliches Ergebnis	**0,00**	**0,00**	**0,00**	**0,00**	**0,00**	***0,00***
Ergebnis vor Steuern	**196,90**	**217,70**	**286,08**	**342,04**	**370,42**	**480,42**
Steuern	**49,23**	**54,43**	**71,52**	**85,51**	**92,61**	**120,11**
Jahresüberschuss	**147,68**	**163,28**	**214,56**	**256,53**	**277,82**	**360,32**

8

J. Das EVA® Verfahren

114 Jetzt können wir uns wieder mit den angelsächsischen Verfahren beschäftigen. Fangen wir wieder mit dem EVA Verfahren an.

Das EVA misst die periodische Wertsteigerung bzw. Wertvernichtung eines eingesetzten Kapitals.

Zunächst arbeiten wir mit dem multiplikativen Ansatz.

I. Multiplikativer Ansatz

115 Beim multiplikativen Ansatz müssen wir den *Return on Capital* (*ROC – Kapitalrendite*) berechnen. Dazu brauchen wir als Zählergröße dann das Betriebsergebnis nach Steuern (*NOPAT – Net Operating Profit After Taxes*).

Außerdem brauchen wir das Kapital jeweils zu Periodenbeginn und zu Buchwerten. Dies kennen wir aus dem Anlagespiegel heraus.

Jetzt brauchen wir aber zusätzlich die Werte der 6. Periode.

Gewinn- und Verlustechnung

Jahre	1	2	3	4	5	6
Umsatz	1.000,00	1.100,00	1.200,00	1.300,00	1.400,00	1.400,00
Auszahlungen (Cash Kosten)	670,00	725,00	730,00	745,00	790,00	790,00
Einzahlungsüberschuss (EBITD)	330,00	375,00	470,00	555,00	610,00	610,00
Abschreibungen	110,00	130,00	152,00	176,00	198,00	88,00
Betriebsergebnis (EBIT)	220,00	245,00	318,00	379,00	412,00	522,00
- Steuern	55,00	61,25	79,50	94,75	103,00	130,50
Betriebsergebnis n. St. (NOPAT)	**165,00**	**183,75**	**238,50**	**284,25**	**309,00**	**391,50**

Kapitalentwicklung zu Buchwerten						
zu Periodenanfang	550,00	540,00	520,00	488,00	422,00	224,00
zu Peridenende	440,00	410,00	368,00	312,00	224,00	224,00

Wenn Sie beim Kapital einmal die 6. Periode betrachten, sehen Sie, dass ich dort auch schon den Substanzerhalt eingearbeitet habe. Anfangs- und Endkapital sind identisch mit 224 T€. 116

Dann kann es losgehen.

Wir brauchen für den multiplikativen Weg

- ROC – Kapitalrendite (%)
- WACC – Gesamtkapitalkostensatz (%)
- Spread – ökonomische Marge (%)
- Capital Employed – Zins tragendes Kapital (abs.)

und dann errechnet sich das EVA in den einzelnen Perioden folgendermaßen. Bitte beachten Sie, dass wir jetzt wieder den WACC als Nach-Steuer Größe einsetzen müssen, da wir auch das Betriebsergebnis nach Steuern gerechnet haben.

Investitionsrechnung mittels EVA® - multiplikativer Rechenweg

Jahre	1	2	3	4	5	6 to infinity
Alternative Berechnung (Multiplikativer Weg)						
ROC - erwirtschaftete Kapitalrendite	30,0%	34,0%	45,9%	58,2%	73,2%	174,8%
WACC - geforderte Kapitalrendite	8,3%	8,3%	8,3%	8,3%	8,3%	8,3%
Spread - Überrendite	21,7%	25,7%	37,5%	49,9%	64,9%	166,5%
Capital begin. - Kap. Periodenbeginn	550,00	540,00	520,00	488,00	422,00	224,00
EVA® - GWB	119,21	138,80	195,21	243,62	273,87	372,85

II. Subtraktiver Ansatz

117 Ausgangspunkt für unsere Berechnungen ist wieder das Betriebsergebnis, welches wir auf den Wert nach Steuern (*NOPAT – Net Operating Profit After Taxes*) umrechnen müssen. Die Steuerquote ist nach wie vor 25% und daher ist die Berechnung bereits gemacht.

Vom Betriebsergebnis nach Steuern ziehen wir dann die Kapitalbelastung der einzelnen Perioden ab. Die Kapitalbelastung (*Capital Charge(s)* in der englischen Sprache) ist die absolute Forderung Dritter, also der WACC in absoluten Zahlen.

Diese erhalten wir durch Multiplikation des WACC in % mit dem Zins tragenden Kapital und diese beiden Posten haben wir in der Tabelle zur Berechnung des multiplikativen Weges bereits dezidiert ausgewiesen.

Investitionsrechnung mittels EVA® - subtraktiver Rechenweg

Jahre	1	2	3	4	5	6 to infinity
Betriebsergebnis n. St. (NOPAT)	165,00	183,75	238,50	284,25	309,00	391,50
- Kapitalbelastung (Capital Charge)	45,79	44,96	43,29	40,63	35,13	18,65
= GWB/EVA®	119,21	138,80	195,21	243,62	273,87	372,85

118 Sie sehen, die periodischen EVA sind in beiden Rechenansätzen identisch. Wir haben auch schon den Grund dafür hergeleitet. Wir haben dies anhand der grafischen Zerlegung der EVA Berechnungen erläutert. Schauen Sie nochmals in das Tabellenblatt ‚*Executive Summary*'.

Wir werden diese grafische Darstellung aber hier wieder einkopieren.

Jetzt haben wir mit den periodischen EVA wieder zukünftige Werte berechnet. Zur Würdigung aus heutiger Sicht benötigen wir aber Barwerte, also müssen wir wieder

- diskontieren
- multiplizieren
- kumulieren.

Und da sind dann auch schon unsere Ergebnisse:

Investitionsrechnung mittels EVA® - subtraktiver Rechenweg

Jahre	1	2	3	4	5	6 to infinity
Betriebsergebnis n. St. (NOPAT)	165,00	183,75	238,50	284,25	309,00	391,50
- Kapitalbelastung (Capital Charge)	45,79	44,96	43,29	40,63	35,13	18,65
= GWB/EVA®	119,21	138,80	195,21	243,62	273,87	372,85
Diskontfaktor	0,92	0,85	0,79	0,73	0,67	0,62
Diskontierte GWB/EVA®	110,05	118,28	153,57	176,93	183,61	
Kum. Diskontierte GWB/EVA®	110,05	228,33	381,91	558,84	**742,45**	
(Barwert der GWB/EVAs)					**742,45**	

Jetzt geht es wieder an die Berechnung der ewigen Rente, denn der ausgewiesene grau unterlegte Betrag in Höhe von 742,45 T€ ist lediglich die Summe der abgezinsten Barwerte der EVA der Perioden 1 bis 5, wir nennen ihn auch ‚*MVA – Market Value Added*, also in unserem Fall 119

$$MVA_n = \sum_{n=1}^{5} \frac{EVA_n}{(1+WACC)^n}$$

Dann wollen wir uns wieder die Formel für die Endwertberechnung herholen. Wir haben schon gesehen, dass es zwei verschiedene Berechnungen gibt, die beide zum gleichen Ergebnis kommen, solange wir kein Wachstum ab der Periode der Endwertberechnung ansetzen.

Dann ist nur noch einer der beiden Rechenwege richtig und mit genau diesem wollen wir jetzt ausschließlich fortfahren.

Übrigens, im Gegensatz zu den klassischen Investitionsrechnungen, bei denen wir *vor Abschreibungen* auf den Einzahlungsüberschuss (Cash Flow) zugegriffen haben und bei denen wir aus diesem Grund (vor Abschreibungen) auch die 5. und 6 Periode aus der Prämisse der konservativen Planung der Endwertperiode identisch hatten, ist die 6. Periode nun von den 5. Periode verschieden. 120

Betrachten Sie nochmals unsere GuV bis zum Betriebsergebnis in der 5. und 6. Periode. Umsatz, operative Auszahlungen und Einzahlungsüberschuss sind identisch, die Abschreibungen hingegen nicht.

Daher können auch die Betriebsergebnisse in den Jahren 5 und 6 nicht identisch sein und in Folge dessen muss auch das EVA in den jeweiligen Perioden unterschiedlich sein.

Gewinn- und Verlustechnung

Jahre	1	2	3	4	5	6
Umsatz	1.000,00	1.100,00	1.200,00	1.300,00	1.400,00	1.400,00
Auszahlungen (Cash Kosten)	670,00	725,00	730,00	745,00	790,00	790,00
Einzahlungsüberschuss (EBITD)	330,00	375,00	470,00	555,00	610,00	610,00
Abschreibungen	110,00	130,00	152,00	176,00	198,00	88,00
Betriebsergebnis (EBIT)	220,00	245,00	318,00	379,00	412,00	522,00
- Steuern	55,00	61,25	79,50	94,75	103,00	130,50
Betriebsergebnis n. St. (NOPAT)	**165,00**	**183,75**	**238,50**	**284,25**	**309,00**	**391,50**

Bei den klassischen Investitionsrechnungen hatten wir folgende Formel genutzt bzw. Rechnung getätigt. Man sieht deutlich, dass wir immer auf die Vorperiode (n – 1) zugreifen. 121

Jetzt müssen wir aber die Werte (EVA) der Endwertperiode zugreifen. Somit lautet die Formel jetzt:

$$BW_{ER_{EVA}\,n} = \left(\frac{EVA_n}{i} + EVA_n\right) \times \frac{1}{(1+i)^n}$$

mit $BW_{ER\,EVA_n}$ = Barwert (BW) der ewigen Rente (ER) der EVA in Periode n

Anders geschrieben ergibt sich

$$BW_{ER_{EVA\ n}} = \left(\frac{EVA_n}{i} + EVA_n \right) \times \frac{1}{(1+i)^n}$$

für unseren konkreten Fall somit

$$BW_{ER_{EVA\ 6}} = \left(\frac{EVA_6}{i} + EVA_6 \right) \times \frac{1}{(1+i)^6}$$

mit

Jahre	1	2	3	4	5	6 to infinity
Betriebsergebnis n. St. (NOPAT)	165,00	183,75	238,50	284,25	309,00	391,50
- Kapitalbelastung (Capital Charge)	45,79	44,96	43,29	40,63	35,13	18,65
= GWB/EVA®	119,21	138,80	195,21	243,62	273,87	372,85

- EVA_6 = EVA der (Endwert)Periode 6 = 372,85
- i = WACC = 8,33%

also

$$BW_{ER_{EVA\ 6}} = \left(\frac{372{,}85}{0{,}0833} + 372{,}85 \right) \times \frac{1}{(1+0{,}0833)^6}$$

Genau gerechnet ohne Rundungen ergibt sich

$$BW_{ER_{EVA\ 6}} = (4.478{,}70 + 372{,}85) \times \frac{1}{1{,}0833^6}$$

$$BW_{ER_{EVA\ 6}} = 4.851{,}55 \times 0{,}62 = 3.002{,}68$$

122 Somit ergibt sich für die Berechnung der ewigen Rente und den Gesamtwert dieses Investments nach Steuern und nach periodischen Kapitalkosten auf der Basis des EVA Ansatzes:

MVA aus Detailperioden	742,45	17,3%		
+ Endwert (6. Periode)	3.002,68	69,9%		
+ Kapital zu Betrachtungsbeginn	550,00	12,8%		
Wert der Investition	4.295,13	100,0%	Wertsteigerung des EK	3.745,13

Erinnern Sie sich bitte daran, dass wir beim EVA Ansatz das Kapital zu Betrachtungsbeginn (Anfangskapital in Periode 1) hinzuaddieren müssen.

Der Gesamtwert dieser Investition nach Steuern und nach periodischen Kapitalkosten auf der Basis des EVA Ansatzes beträgt 4.295,13 T€. Davon kommen 17,3% (742,45 T€) aus den Perioden 1 bis 5, 69,9% (3.002,68 T€) aus den Perioden 6 bis unendlich und 12,8% (550,00 T€) vom eingesetzten Kapital zu Beginn der Betrachtungen.

Bei den klassischen Investitionsverfahren hatten wir 990 T€ herausrechnen müssen. Dies war notwendig, weil wir auf der Basis der Einzahlungsüberschüsse gearbeitet hatten, also vor Abschreibungen, und damit das *gesamte* eingesetzte Kapital in Abzug bringen mussten. 123

Hier arbeiten wir auf der Basis des Betriebsergebnisses, also nach Abschreibungen. Die Abschreibungen haben die periodischen Ergebnisse schon reduziert.

Generell lassen sich beide Verfahren auch schon deshalb nicht direkt miteinander vergleichen, weil wir einmal vor Steuern (klassische Investitionsrechenverfahren) und hier nach Steuern (angelsächsische Investitionsrechenverfahren) arbeiten.

Fassen wir die Berechnungen mit den EVA Ansätzen gegen unendlich noch einmal auf einen Blick zusammen.

Investitionsrechnung mittels EVA® - subtraktiver Rechenweg

Jahre	1	2	3	4	5	6 to infinity
Betriebsergebnis n. St. (NOPAT)	165,00	183,75	238,50	284,25	309,00	391,50
- Kapitalbelastung (Capital Charge)	45,79	44,96	43,29	40,63	35,13	18,65
= GWB/EVA®	119,21	138,80	195,21	243,62	273,87	372,85
Diskontfaktor	0,92	0,85	0,79	0,73	0,67	0,62
Diskontierte GWB/EVA®	110,05	118,28	153,57	176,93	183,61	
Kum. Diskontierte GWB/EVA® (Barwert der GWB/EVAs)	110,05	228,33	381,91	558,84	742,45 742,45	

MVA aus Detailperioden	742,45	17,3%		
+ Endwert (6. Periode)	3.002,68	69,9%		
+ Kapital zu Betrachtungsbeginn	550,00	12,8%		
Wert der Investition	4.295,13	100,0%	Wertsteigerung des EK	3.745,13

Investitionsrechnung mittels EVA® - multiplikativer Rechenweg

Jahre	1	2	3	4	5	6 to infinity
Alternative Berechnung (Multiplikativer Weg)						
ROC - erwirtschaftete Kapitalrendite	30,0%	34,0%	45,9%	58,2%	73,2%	174,8%
WACC - geforderte Kapitalrendite	8,3%	8,3%	8,3%	8,3%	8,3%	8,3%
Spread - Überrendite	21,7%	25,7%	37,5%	49,9%	64,9%	166,5%
Capital begin. - Kap. Periodenbeginn	550,00	540,00	520,00	488,00	422,00	224,00
EVA® - GWB	119,21	138,80	195,21	243,62	273,87	372,85

Sie sehen rechts vom Gesamtwert noch den Begriff ‚*Wertsteigerung des EK*'. Bitte haben Sie noch etwas Geduld, ich werde später darauf zurückkommen. 124

K. Das FCF Verfahren

125 Auch hier starten wir wieder mit dem Betriebsergebnis nach Steuern. Dieses haben wir auch beim EVA Verfahren genutzt und wir können also wieder die Berechnungen aus dem Tabellenblatt *,GuV II'* heranziehen bzw. einkopieren.

Gewinn- und Verlustechnung

Jahre	1	2	3	4	5	6
Umsatz	1.000,00	1.100,00	1.200,00	1.300,00	1.400,00	1.400,00
Auszahlungen (Cash Kosten)	670,00	725,00	730,00	745,00	790,00	790,00
Einzahlungsüberschuss (EBITD)	330,00	375,00	470,00	555,00	610,00	610,00
Abschreibungen	110,00	130,00	152,00	176,00	198,00	88,00
Betriebsergebnis (EBIT)	220,00	245,00	318,00	379,00	412,00	522,00
- Steuern	55,00	61,25	79,50	94,75	103,00	130,50
Betriebsergebnis n. St. (NOPAT)	**165,00**	**183,75**	**238,50**	**284,25**	**309,00**	**391,50**

126 Zum *NOPAT* (Betriebsergebnis nach Steuern) müssen wir die Abschreibungen addieren (kennen wir exakt aus dem Anlagespiegel) und dann die Investitionen der ***Folgeperiode*** subtrahieren. Damit erhalten wir den Freien Cash Flow (*Free Cash Flow*), also den periodischen Betrag, der theoretisch zur Ausschüttung an Dritte (Banker für Tilgungen, Aktionäre als Dividenden) zur Verfügung stünde.

Wichtig ist, dass wir bei den Neuinvestitionen jeweils auf die der nächsten Periode zugreifen. Diese werden als bereits verplant definiert und damit stehen diese verplanten Summen auch nicht mehr theoretisch zur Ausschüttung an Dritte zur Verfügung.

Unsere geplanten weiteren Investitionen lauten:

Weitere Aktivierungen	**50**	**100**	**110**	**120**	**110**	**wie AfA**

Damit müssen wir in unserer FCF Rechnung dann sehen:

- Investitionen (Investments)	100,00	110,00	120,00	110,00	0,00	88,00

Dann schauen wir einmal.

In der Tat, wir sehen die periodischen Verschiebungen.

Investitionsrechnung mittels Freiem Cash Flow

Jahre	1	2	3	4	5	6 to infinity
Betriebsergebnis n. St. (NOPAT)	165,00	183,75	238,50	284,25	309,00	391,50
+ AFA (Depreciation)	110,00	130,00	152,00	176,00	198,00	88,00
= Cash Flow (n. St.)	275,00	313,75	390,50	460,25	507,00	479,50
- Investitionen (Investments)	100,00	110,00	120,00	110,00	0,00	88,00
= Freier (Free) Cash Flow (FCF)	175,00	203,75	270,50	350,25	507,00	391,50

Bei den ausgewiesenen Freien Cash Flows handelt es sich aber auch wieder um zukünftige Werte, daher müssen wir erneut 127

- diskontieren
- multiplizieren
- kumulieren.

Somit diskontieren wir wieder mit dem Nach-Steuer WACC (‚Copeland') von 8,33% und erhalten die Barwerte der FCF, die dann noch zu kumulieren sind.

Jahre	1	2	3	4	5	6 to infinity
Diskontfaktor	0,92	0,85	0,79	0,73	0,67	0,62
Diskontierte FCF	161,55	173,64	212,80	254,37	339,91	
Kumlierte diskontierte FCF	161,55	335,19	547,99	802,36	1.142,27	

Wir erhalten damit für die Perioden 1 bis 5 einen Gesamtwert in Höhe von 1.142,27 T€.

Im Übrigen müssen wir jetzt auch wieder wie bei den EVA Verfahren auf den FCF der 6. Periode zugreifen.

Im Gegensatz zu den klassischen Investitionsrechnungen, bei denen wir *vor Abschreibungen* auf den Einzahlungsüberschuss (Cash Flow) zugegriffen haben und bei denen wir aus diesem Grund (vor Abschreibungen) auch in der 5. und 6. Periode, bedingt durch die Prämisse der konservativen Planung der Endwertperiode, identische Werte hatten, ist die 6. Periode nun von der 5. Periode (wie beim EVA Ansatz) verschieden, weil wir auf der Basis des Betriebsergebnisses und dies ist nach Abschreibungen, rechnen. 128

Jetzt geht es aber erneut an die Berechnung der ewigen Rente in der 6. Periode.

Die Formel dazu lautet:

$$BW_{ER\,FCF_n} = \frac{\left(\frac{FCF_n}{i} + FCF_n\right)}{(1+i)^n}$$

mit $BW_{ER\,FCF_n}$ = Barwert (BW) der ewigen Rente (ER) der FCF in Periode n

Anders geschrieben ergibt sich

$$BW_{ER\,FCF\;n} = \left(\frac{FCF_n}{i} + FCF_n \right) \times \frac{1}{(1+i)^n}$$

für unseren konkreten Fall somit

$$BW_{ER_{FCF}\,6} = \left(\frac{FCF_6}{i} + FCF_6 \right) \times \frac{1}{(1+i)^6}$$

129 mit

Investitionsrechnung mittels Freiem Cash Flow

Jahre	1	2	3	4	5	6 to infinity
Betriebsergebnis n. St. (NOPAT)	165,00	183,75	238,50	284,25	309,00	391,50
+ AFA (Depreciation)	110,00	130,00	152,00	176,00	198,00	88,00
= Cash Flow (n. St.)	275,00	313,75	390,50	460,25	507,00	479,50
- Investitionen (Investments)	100,00	110,00	120,00	110,00	0,00	88,00
= Freier (Free) Cash Flow (FCF)	175,00	203,75	270,50	350,25	507,00	391,50

- FCF_6 = FCF der (Endwert)Periode 6 = 391,50
- i = WACC = 8,33%

also

$$BW_{ER_{EVA}\,6} = \left(\frac{391{,}50}{0{,}0833} + 391{,}50 \right) \times \frac{1}{(1+0{,}0833)^6}$$

Genau gerechnet ohne Rundungen ergibt sich

$$BW_{ER_{FCF}\,6} = (4.702{,}70 + 391{,}50) \times \frac{1}{1{,}0833^6}$$

$$BW_{ER_{EVA}\,6} = 5.094{,}20 \times 0{,}62 = 3.152{,}86$$

130 Somit ergibt sich für die Berechnung der ewigen Rente und für den Gesamtwert dieses Investments nach Steuern und nach periodischen Kapitalkosten auf der Basis des FCF Ansatzes:

Ergebnis Perioden 1 bis 5	**1.142,27**	**26,6%**
Endwert (6. Periode)	**3.152,86**	**73,4%**
Gesamtwert	**4.295,13**	**100,0%**

FCF Steigerung p.a. in % (ab Per. TV)	0,0%

Kennen Sie diesen Gesamtwert in Höhe von 4.295,13 T€? Ja, in der Tat, es ist erneut der gleiche Wert, wie bei der Berechnung über den EVA Ansatz. Das ist klasse, denn wir wissen damit auch, dass die Mathematik in unseren Berechnungen nach wie vor stimmt. 131

Der Gesamtwert dieser Investition nach Steuern und nach periodischen Kapitalkosten auf der Basis des FCF Ansatzes beträgt 4.295,13 T€. Davon kommen 26,6% (1.142,27 T€) aus den Perioden 1 bis 5, 73,4% (3.152,86 T€) aus den Perioden 6 bis unendlich. Mit dem zu Beginn der Betrachtungen eingesetzten Kapital müssen wir nichts mehr tun.

Rufen wir uns nochmals die – zugegeben etwas hässliche – Formel auf, warum EVA und FCF Berechnungen und Bewertungen zu identischen Ergebnissen kommen müssen, wenn wir mathematisch und logisch richtig unterwegs sind.a

Es gilt:

$$\sum_{n=1}^{\infty} \frac{FCF_n}{(1+i)^n} = \sum_{t=1}^{n} \frac{EVA_n}{(1+i)^n} + K_O$$

da

$$\sum_{n=1}^{\infty} AFA_n = K_0$$

Auch hier wollen wir uns alle Berechnungen nochmals im Zusammenhang anschauen. 132

Investitionsrechnung mittels Freiem Cash Flow

Jahre	1	2	3	4	5	6 to infinity
Betriebsergebnis n. St. (NOPAT)	165,00	183,75	238,50	284,25	309,00	391,50
+ AFA (Depreciation)	110,00	130,00	152,00	176,00	198,00	88,00
= Cash Flow (n. St.)	275,00	313,75	390,50	460,25	507,00	479,50
- Investitionen (Investments)	100,00	110,00	120,00	110,00	0,00	88,00
= Freier (Free) Cash Flow (FCF)	175,00	203,75	270,50	350,25	507,00	391,50

Jahre	1	2	3	4	5	6 to infinity
Diskontfaktor	0,92	0,85	0,79	0,73	0,67	0,62
Diskontierte FCF	161,55	173,64	212,80	254,37	339,91	
Kumlierte diskontierte FCF	161,55	335,19	547,99	802,36	1.142,27	

Ergebnis Perioden 1 bis 5	1.142,27	26,6%
Endwert (6. Periode)	3.152,86	73,4%
Gesamtwert	4.295,13	100,0%

FCF Steigerung p.a. in % (ab Per. TV)	0,0%

L. Ewige Rente mit Wachstum

133 Unten neben dem Gesamtwert sehen Sie, dass ich hier auch wieder eine (theoretische) Steigerung der ewigen Rente vorgesehen habe.

Dazu müssen wir rechnen

$$BW_{ER\,FCF\,n_g} = \left(\frac{FCF_n}{i-g} + FCF_n \right) \times \frac{1}{(1+i)^n}$$

Nehmen wir wieder einmal eine Steigerung von 2,00% p.a. an

$$BW_{ER\,FCF\,6_{2,0\%}} = \left(\frac{391{,}50}{0{,}0833 - 0{,}02} + 391{,}50 \right) \times \frac{1}{(1+0{,}0833)^6}$$

Genau gerechnet ohne Rundungen ergibt sich

$$BW_{ER\,FCF\,6_{2,0\%}} = (6.189{,}72 + 391{,}50) \times \frac{1}{(1{,}0833)^6}$$

$$BW_{ER\,FCF\,6_{2,0\%}} = 6.581{,}22 \times 0{,}62 = 4.073{,}19$$

Ergebnis Perioden 1 bis 5	1.142,27	21,9%
Endwert (6. Periode)	4.073,19	78,1%
Gesamtwert	5.215,46	100,0%

FCF Steigerung p.a. in % (ab Per. TV)	2,0%

134 Damit ergäbe sich ein neuer Gesamtwert von 5.215,46 T€.

Vielleicht ist Ihnen aufgefallen, dass ich die theoretisch mögliche Steigerung der ewigen Rente bei den EVA Ansätzen nicht ausgewiesen habe.

Die Antwort ist einfach: bei den EVA Ansätzen kann man die Steigerung p.a. der ewigen Rente nicht auf diesem Weg integrieren!

Stellen wir aber bitte die Steigerung wieder mit dem ‚Null' Wert ein. Wie gesagt, es ist nur eine theoretische Möglichkeit, die ich nicht mag, weil ich sie für nicht logisch erachte.

Aber Achtung, in der Praxis finden Sie diese Steigerung ganz häufig (zur Ergebnisverbesserung) irgendwo versteckt in der Berechnung des Endwertes. Meist wird sie dann mit *‚Inflationsausgleich'* begründet. Diese Argumentation ist aber auch falsch, da die Inflation schon im *Risikofreien Satz* r_f bei der Kapitalkostenkalkulation enthalten ist.

M. Das Executive Summary I

135 Jetzt können wir wieder meine Lieblingsdarstellung mit Zahlen und Leben füllen.

Bitte seien Sie nicht erstaunt, dass ich nun (zunächst) nur wieder 5 Perioden darstellen werde, Die ewige Rente auf der Basis der jeweils 6. Periode bei den EVA und FCF werde ich dann durch eine Erweiterung der Darstellung integrieren.

Betrachten wir zunächst noch einmal die ‚Konstruktion'. Die EVA Berechnung wird über beide Wege dargestellt, dann werden unten die Aussagen noch um die Cash Flows und die Freien Cash Flows erweitert. 136

Schauen Sie gerne auch noch einmal in die Rechnungen ohne weitere Aktivierungen. Da habe ich Sie auch präsentativ durch diese Grafik geführt und wir hatten gemerkt, da steckt richtig viel Information ‚drin'.

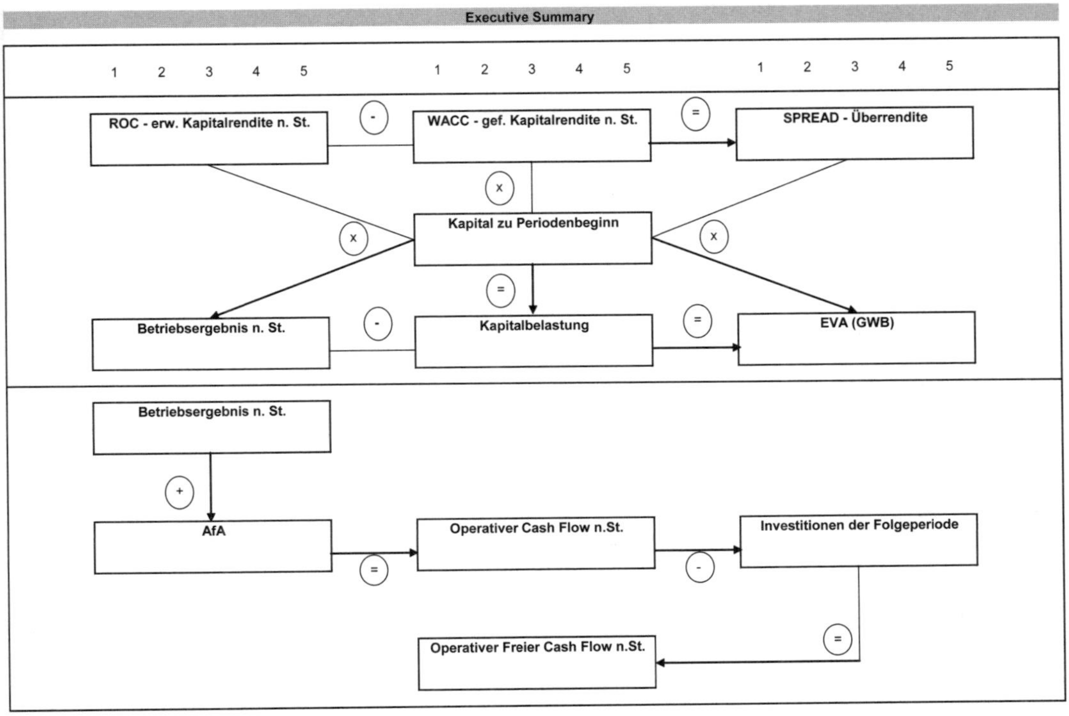

Dann füllen wir das Diagramm wieder – zuerst die EVAs.

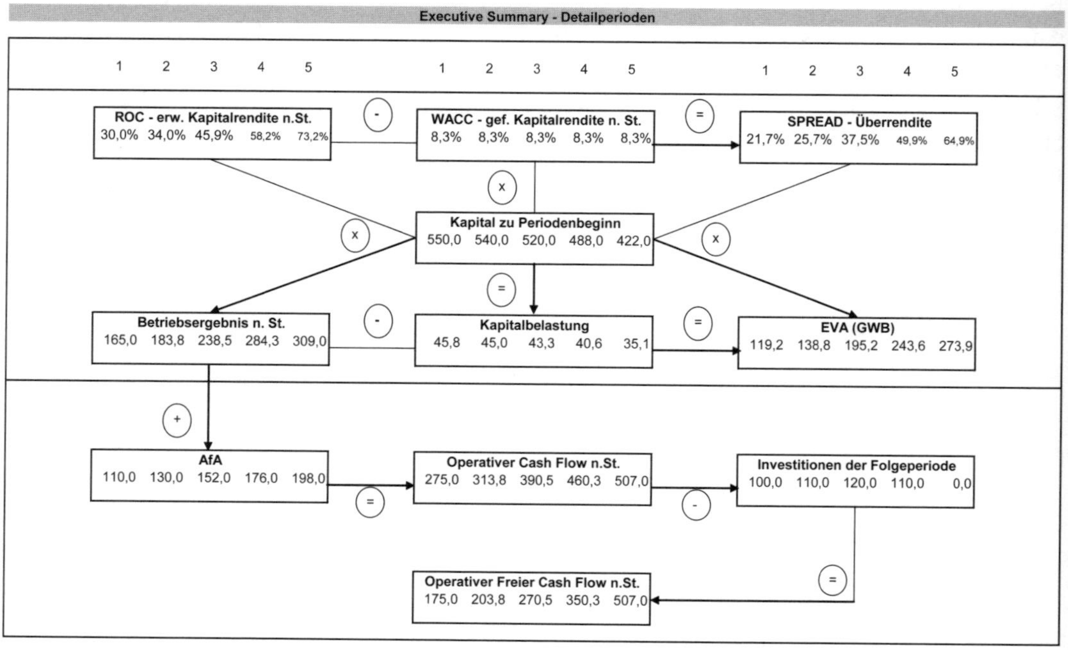

137 Ich liebe diese Darstellung. Sie ist übrigens wirklich von mir und nicht irgendwo aus der Literatur kopiert! Und da bin ich richtig stolz ‚drauf'.

Was machen wir jetzt mit der ewigen Rente?

Hier machen wir noch einige Ergänzungen zum obigen ‚*Executive Summary*'.

Wie gefällt Ihnen dies?

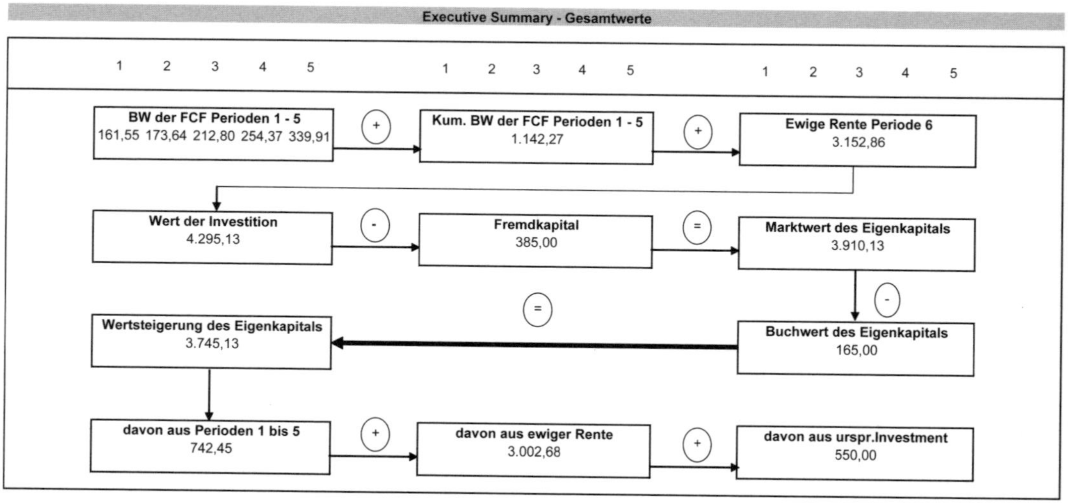

138 Lesen Sie bitte von oben links den Pfeilen folgend.

Darüber hinaus mache ich dann noch einige Zusatzauswertungen. Die Frage dabei ist, um welchen Faktor die Marktwerte die jeweiligen Buchwerte überschreiten. Wir nennen das die Q-Ratios.

Schlagen Sie einmal bei www.wikipedia.de nach. Dort finden Sie eine sehr gute Definition[3]. 139

„Tobin's Q (deutsch: Tobins Quotient) ist eine Kennzahl zur Unternehmensbewertung. Der (dimensionslose) Quotient ist benannt nach James Tobin, Träger des Nobelpreises für Wirtschaftswissenschaften im Jahr 1981, der diese Kennzahl ab 1968 propagierte. Ein gebräuchliches deutsches Synonym ist **Marktwert-Buchwert-Verhältnis**, obwohl es sich tatsächlich um ein Marktwert-Substanzwert-Verhältnis oder **Kurs-Substanzwert-Verhältnis** handelt.

Das Tobin's Q wird ermittelt, in dem man den Marktwert eines Unternehmens (Aktienkapitalisierung plus Verbindlichkeiten) durch die Wiederbeschaffungskosten aller Vermögensgegenstände teilt (nicht zu verwechseln mit den steuer- oder handelsrechtlichen Buchwerten).

Wenn diese Kennzahl größer als 1 ist, bedeutet dies, dass das Unternehmen an der Börse teurer gehandelt wird als die Summe seines Vermögens ausmacht. Dieser Mehrwert kann dadurch erreicht werden, dass ein Unternehmen größere Erträge erwirtschaftet, als auf Grund der Vermögenswerte erwartet werden konnte. Ein weiterer Grund für einen überproportionalen Marktwert liegt in positiven Erwartungen auf künftige Erträge, die den Börsenkurs eines Unternehmens in die Höhe treiben. 140

Ein Q kleiner als 1 würde dagegen bedeuten, dass die Vermögensgegenstände größere Wiederanschaffungskosten haben als das Gesamtunternehmen. Das Unternehmen wird also „unter Wert" gehandelt, was es zu einem Kandidaten für eine Übernahme oder einer fremdfinanzierten Übernahme macht, da das ganze Unternehmen weniger kostet als seine Teile. Tobin's Q kann daher auch für Anleger als (statische) Kennzahl zur Unternehmensbewertung dienen…."

Dieser Zusammenhang ist auch auf unsere Investitionsrechnung übertragbar. Genau genommen haben wir mit den FCF und EVA Berechnungen gegen unendlich sogar eine Unternehmensbewertung gemacht. Sie haben es nur nicht gewusst und ich habe es Ihnen nicht gesagt. 141

Der von uns gerechnete FCF Ansatz ist der am häufigsten gerechnete Ansatz bei Unternehmensbewertungen weltweit.

Ersetzen Sie die Begriffe Börsenwert und Aktienkapitalisierung einfach durch Marktwert des Eigenkapitals. Ich werde dies noch aufklären.

Zusätzlich mache ich dann noch einige operative Auswertungen.

3 Zugriff erfolgte am 07. Oktober 2009.

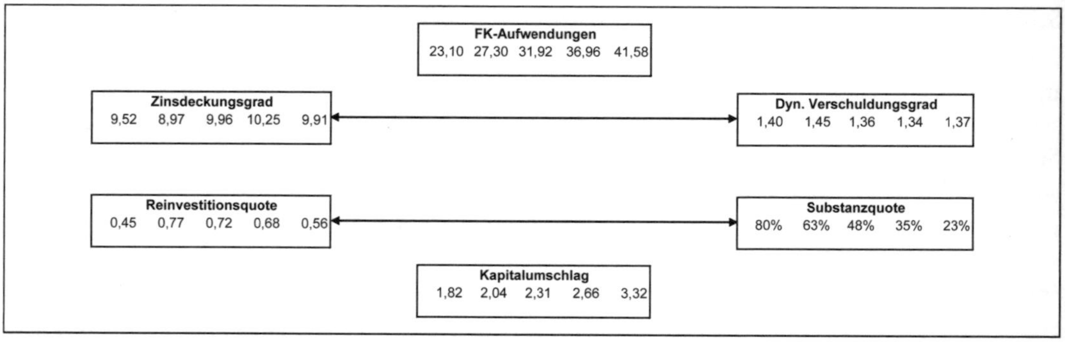

142 Daran sehe ich dann auch noch einiges!

Also, genug der Informationen. Ich führe Sie jetzt einmal durch mein komplettes ‚Executive Summary'.

Mit dieser Investition mit ewiger Rentenberechnung in der 6. Periode werden in den ersten 5 geplanten Jahren operative Ergebnisse nach Steuern in Höhe von

Betriebsergebnis n. St.				
165,0	183,8	238,5	284,3	309,0

verdient, dies entspricht einer Kapitalrendite (jeweils basierend auf dem o.g. Buchkapital zu Periodenbeginn) in Höhe von

ROC - erw. Kapitalrendite n.St.				
30,0%	34,0%	45,9%	58,2%	73,2%

.

143 Diesen erwirtschafteten Renditen stehen Kapitalforderungen der Kapitalgeber (Banken und Aktionäre) von

Kapitalbelastung				
45,8	45,0	43,3	40,6	35,1

gegenüber, dies entspricht einem Gesamtkapitalkostensatz in Höhe von

WACC - gef. Kapitalrendite n. St.				
8,3%	8,3%	8,3%	8,3%	8,3%

.

144 Als Ergebnis (Differenz aus erwirtschafteter und geforderter Rendite, jeweils nach Steuern) erwirtschaftet diese Investition periodische Wertsteigerungen von

SPREAD - Überrendite				
21,7%	25,7%	37,5%	49,9%	64,9%

,

das entspricht in absoluten Werten in den einzelnen Jahren einem jeweiligen EVA in Höhe von

EVA (GWB)				
119,2	138,8	195,2	243,6	273,9

Weitere Investitionen in den Folgeperioden sind auch geplant. Es wird auch davon ausgegangen, dass Ersatzinvestitionen (zu Beginn der Folgeperiode) getätigt werden müssen. 145

Investitionen der Folgeperiode				
100,0	110,0	120,0	110,0	0,0

Somit erklären sich auch die unterschiedlichen Abschreibungsbeträge

AfA				
110,0	130,0	152,0	176,0	198,0

und die Entwicklung der Buchwerte in folgender Höhe.

Kapital zu Periodenbeginn				
550,0	540,0	520,0	488,0	422,0

Es ergibt sich somit periodisch ein sehr hoher operativer Cash Flow nach Steuern, 146

Operativer Cash Flow n.St.				
275,0	313,8	390,5	460,3	507,0

der aufgrund der weiteren Investitionen in den Folgeperioden aber nicht in kompletter Höhe (theoretisch) zur Ausschüttung steht. Der Freie Cash Flow ist aber immer noch beeindruckend.

Operativer Freier Cash Flow n.St.				
175,0	203,8	270,5	350,3	507,0

Diese Investition rechnet sich wirklich ausgezeichnet!

Dies zeigen auch die Auswertungen auf operativer Ebene. Trotz Einsatz von 70% Fremdkapital für das ursprüngliche Investment und alle Folgeaktivierungen sehen wir einen ausgezeichneten Zinsdeckungsgrad[4]. 147

4 In meinen Büchern ‚Bilanzanalyse mit Kennzahlen – Fallorientierte Bilanzoptimierung' und ‚Bilanzgestaltung – Fallorientierte Bilanzerstellung und Beratung', beide erschienen im Gabler Verlag, gehe ich dezidiert auf diese und viele andere Kennzahlen und deren Wertungskorridore, dargestellt auch an einem Excel basierten Beispiel, ein. Zinsdeckungsgrad = Betriebsergebnis dividiert durch Zinsaufwand. Um welchen Faktor übersteigt das operative Ergebnis die Zinsaufwendungen an die Banken? Als Ergebnis sollte mehr als ein Faktor 3 stehen, 5 ist ‚befriedigend' und 7 und mehr ‚sehr gut'.

Zinsdeckungsgrad				
9,52	8,97	9,96	10,25	9,91

148 Die Fremdkapitalaufwendungen können jederzeit leicht aus dem operativen Cash Flow nach Steuern bzw. dem konservativeren Freien Cash Flow nach Steuern bedient werden.

FK-Aufwendungen				
23,10	27,30	31,92	36,96	41,58

Operativer Cash Flow n.St.				
275,0	313,8	390,5	460,3	507,0

Operativer Freier Cash Flow n.St.				
175,0	203,8	270,5	350,3	507,0

149 Die Dynamische Verschuldung[5] weist ebenfalls über alle Perioden sehr gute Werte aus.

Dyn. Verschuldungsgrad				
1,40	1,45	1,36	1,34	1,37

Die weiteren Aktivierungen bleiben unter den Werten der Abschreibungen,

Reinvestitionsquote				
0,45	0,77	0,72	0,68	0,56

dementsprechend steigt der Kapitalumschlag[6].

Kapitalumschlag				
1,82	2,04	2,31	2,66	3,32

150 Damit verlieren wir sukzessiv an Substanz. Die Buchwerte der Vermögensgegenstände, jeweils zu Periodenende, fallen im Vergleich zu den Anschaffungs- und Herstellungskosten (AK/HEK) kontinuierlich, wie die Substanzquote zeigt.

Substanzquote				
80%	63%	48%	35%	23%

5 Dynamische Verschuldung = periodische Verschuldung dividiert durch Cash Flow auf der Basis des Jahresüberschusses, damit nach Steuern. Wie viele Jahre dauert es, bis wir aus periodischem Cash Flow nach Steuern die Verschuldung wieder auf Null zurückführen können. Als Ergebnis sollte weniger als 7 Jahre stehen, 5 sind ‚befriedigend' und 3 und weniger ‚sehr gut'.

6 Kapitalumschlag = Umsatz dividiert durch Buchwerte des eingesetzten Kapitals. Wie hoch ist die Rotationsgeschwindigkeit bzw. Reproduktionsgeschwindigkeit des eingesetzten Kapitals. Der Wert sollte bei produzierenden Unternehmen auf jeden Fall größer 1 sein, ein Wert von 1,5 bis 2,0 gilt als ‚befriedigend', oberhalb von 2,5 als ‚sehr gut'.

In den 5 Jahren der Detailbetrachtungen werden Barwerte der Freien Cash Flows beim genannten konstanten WACC von 8,33% (siehe oben) erwirtschaftet in Höhe von 151

BW der FCF Perioden 1 - 5				
161,6	173,6	212,8	254,4	339,9

Damit ergibt sich ein kumulierter Barwert der Freien Cash Flows in den 5 Detailperioden von

Kum. BW der FCF Perioden 1 - 5
1.142,27

Zuzüglich der ewigen Rente gerechnet in Periode 6 (ohne weitere Wachstumsannahmen, g = 0) 152

Ewige Rente Periode 6
3.152,86

ergibt sich ein Gesamtwert des Investments (gegen unendlich) in Höhe von

Wert der Investition
4.295,13

Rechnen wir aus diesem Gesamtwert die Verbindlichkeiten zu Beginn der Betrachtungen, also zum Zeitpunkt t_1 heraus (70% von 550 T€) 153

Fremdkapital
385,00

dann ergibt sich ein Marktwert des Eigenkapitals (Börsenwert und Aktienkapitalisierung) von

Marktwert des Eigenkapitals
3.910,13

Hier sprechen wir auch vom ‚*Fair Value of Equity*'. Ziehen wir außerdem noch das Eigenkapital zu Betrachtungsbeginn, also t_1 ab, 154

Buchwert des Eigenkapitals
165,00

dann erhalten wir die Wertsteigerung des Eigenkapitals[7] über alle (unendlichen Perioden).

Wertsteigerung des Eigenkapitals
3.745,13

7 Wenn Sie diesen Wert jetzt noch einmal mit der Berechnung des Gesamtwertes über die EVA Verfahren vergleichen…

155 Diese Wertsteigerung setzt sich zusammen aus den kumulierten Barwerten der EVA der Perioden 1 bis 5 (*Market Value Added – MVA* Perioden 1 bis 5)

davon aus Perioden 1 bis 5
742,45

und dem Barwert der ewigen Rente (*Market Value Added – MVA* Perioden 6 bis unendlich)

davon aus ewiger Rente
3.002,68

sowie dem Investment zu Beginn des Jahres t_1 in Höhe von 500 T€ in t_0 und 50 T€ t_1, also

davon aus urspr.Investment
550,00

156 Somit ergibt sich folgendes Gesamtbild mit Q-Ratios.

Jeder Kapitalgeber bekommt nach periodischen Kapitalkosten nach Steuern für 1 €uro Investment gegen unendlich 7,81 € zurück.

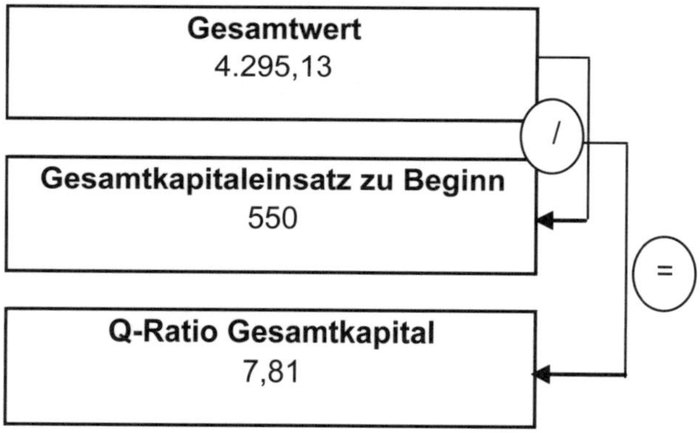

157 Jeder Eigenkapitalgeber hingegen bekommt nach periodischen Kapitalkosten nach Steuern für 1 €uro Investment gegen unendlich jedoch 23,70 € zurück.

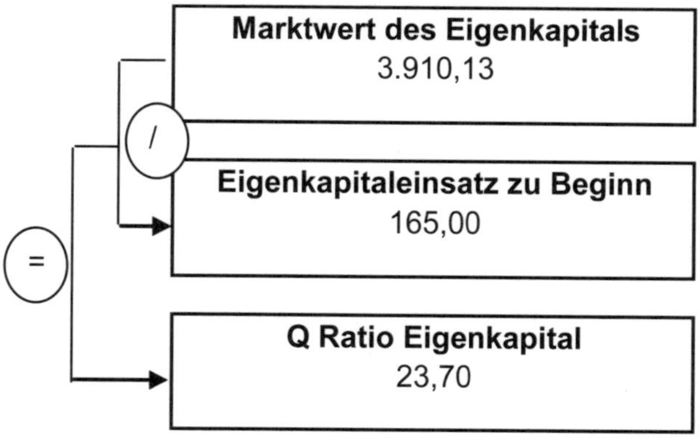

Hier sieht man sehr schön den Effekt der ‚Leverage' Finanzierung. 158

Ende der Präsentation.

Ist doch klasse, was man aus diesem ‚*Executive Summary*' alles herauslesen kann.

Sicher, zunächst muss man die Zusammenfassung selbst, die Inhalte und die Berechnungen verstehen, aber dies ist eine Frage der Übung. Ich hatte Ihnen bereits gesagt, dass ich auch lange Zeit gebraucht habe, die Zusammenhänge (auch in der Tiefe mit den mathematischen Verknüpfungen und Formeln) zu verstehen, aber dadurch darf man sich nicht entmutigen lassen.

Außerdem erwartet niemand von Ihnen, dass Sie immer alles frei präsentieren. In Ihrem Unterneh- 159
men wird man auch so ‚große Augen' machen, wenn Sie eine solche Zusammenfassung mit Hilfe von Handzetteln machen. Ihre Kolleg(inn)en werden Sie trotzdem bewundern und beneiden, der (die) Chef(in) wird ebenfalls ganz begeistert sein.

„Da spricht jemand mit Ahnung"!

Schauen wir uns das ‚Executive Summary' nochmals komplett an und üben Sie doch an dieser Stelle direkt einmal. Kopieren Sie sich die letzten Seiten aus diesem Buch heraus und nutzen Sie sie als Handzettel, wenn Sie nicht mehr weiter wissen.

Fertig? Dann kommt hier Ihre Präsentationsvorlage.

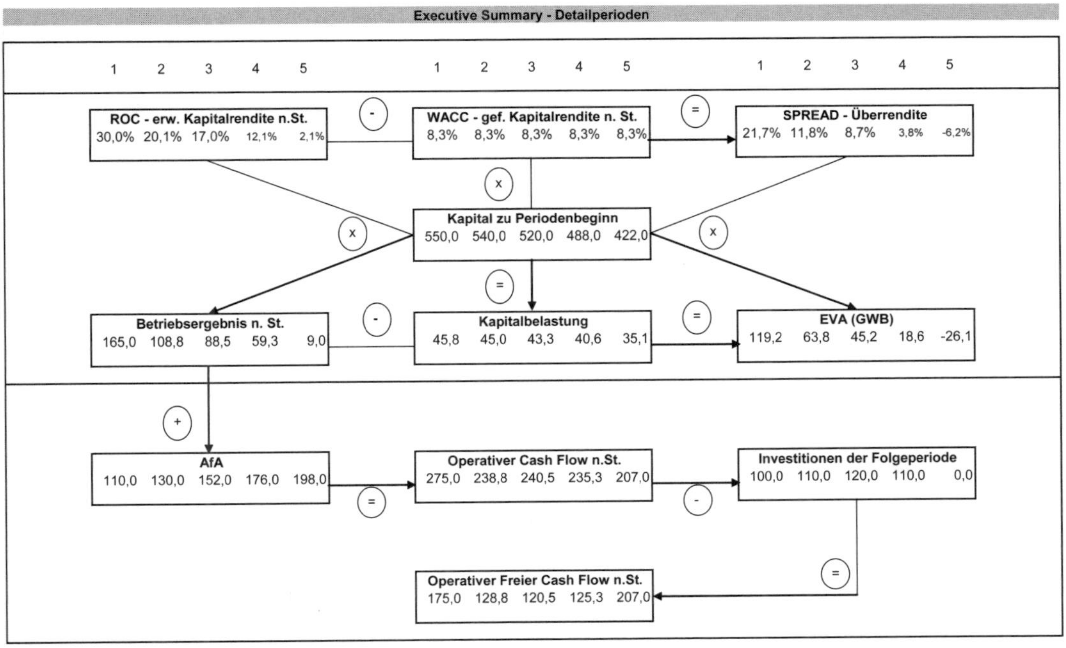

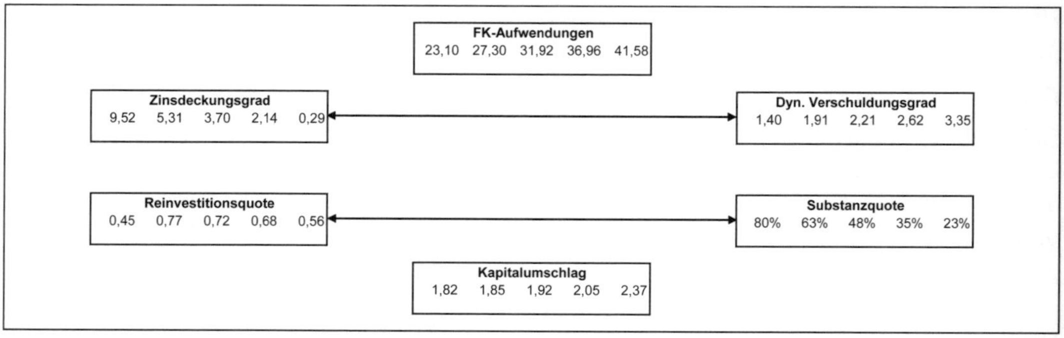

Executive Summary - Gesamtwerte

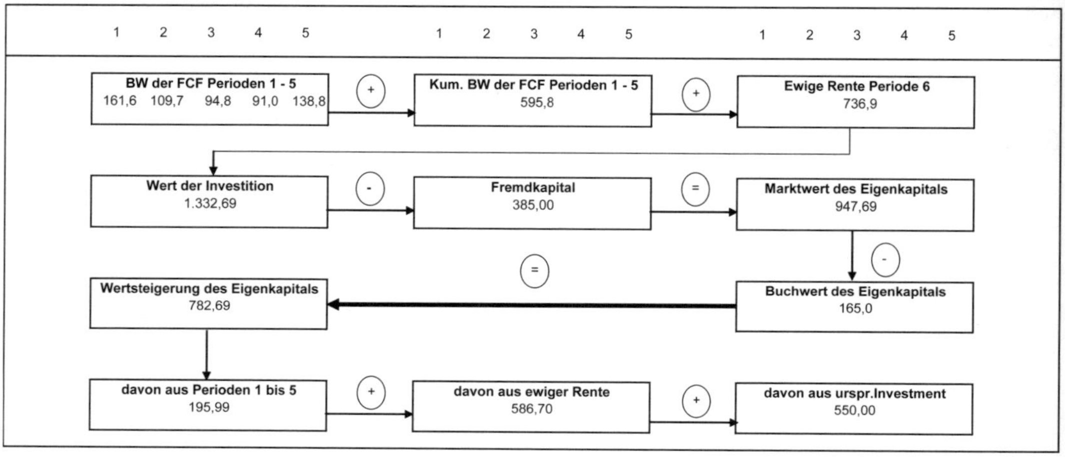

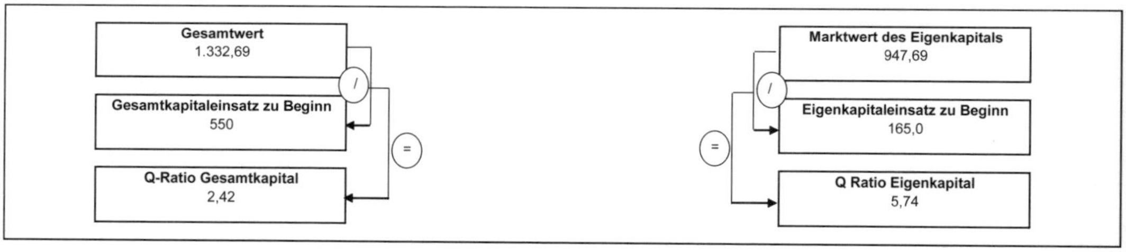

160 Klasse!

Sie können übrigens diese Erweiterungen beim ‚Executive Summary' auch auf den ersten Fall ohne weitere Aktivierungen übertragen. Beim Endwert (ewige Rente) steht dann zwar eine ‚Null', aber das macht ja nichts.

Damit Sie vergleichen können. Das würde dann übrigens so aussehen. Ich habe lediglich im Tabellenblatt ‚*Datenmaterial*' die weiteren Aktivierungen temporär wieder alle auf ‚Null' gestellt.

Executive Summary - Detailperioden

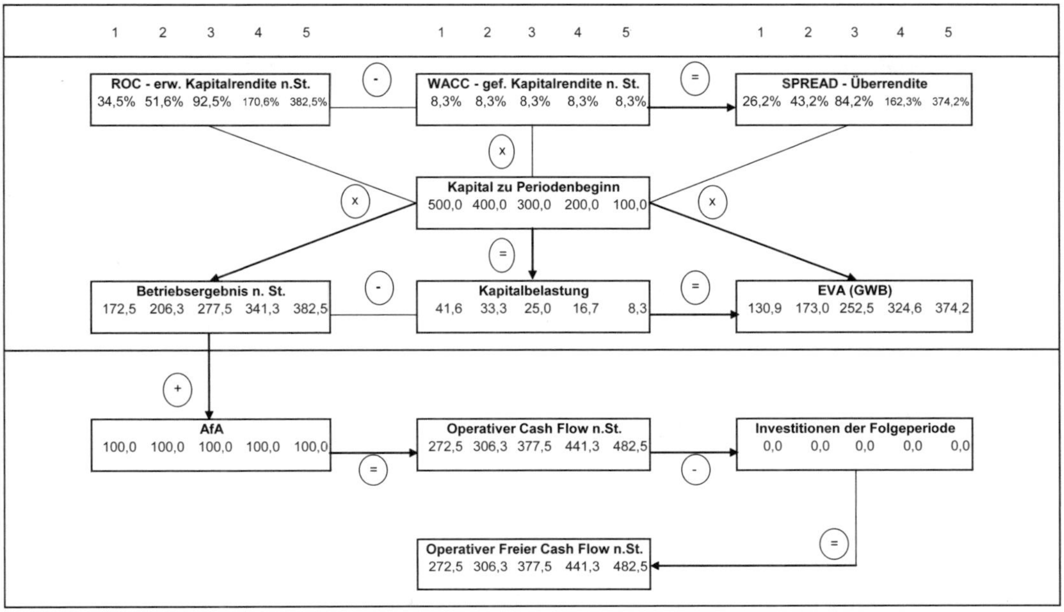

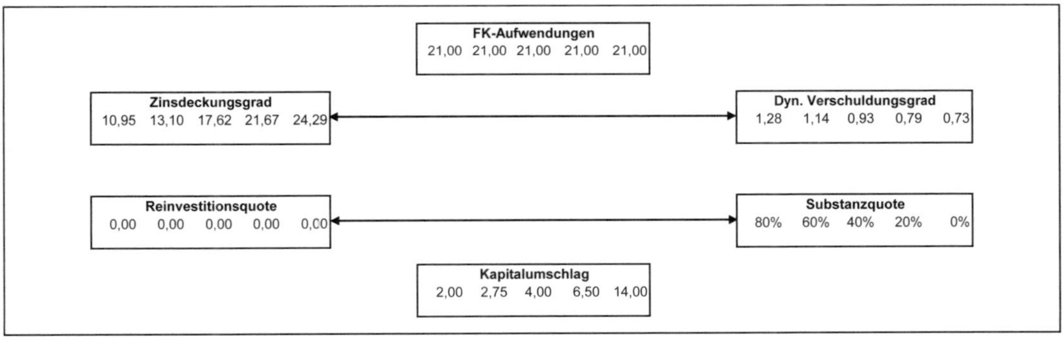

Executive Summary - Gesamtwerte

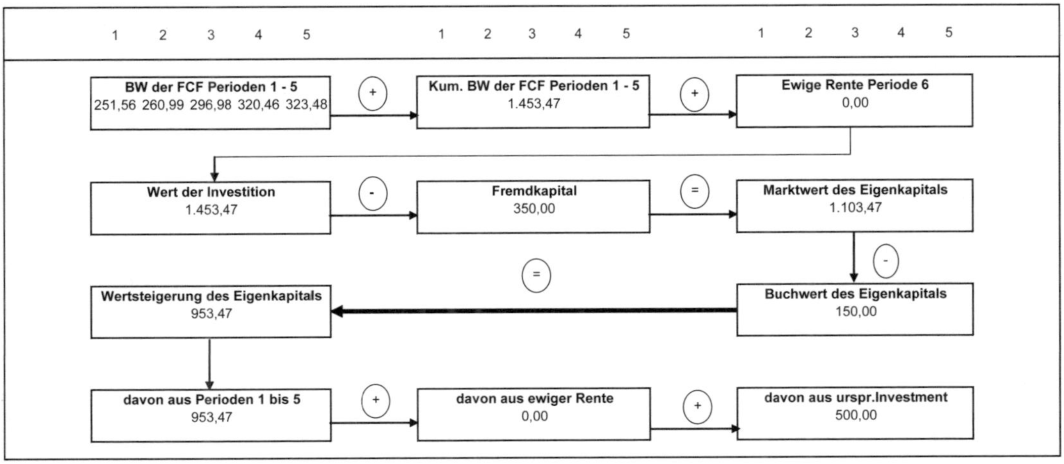

161 So schnell geht's!

Probieren Sie doch einmal Ihre Präsentation mit diesen Ergebnissen.

Ich habe jetzt im Excel Tool im Tabellenblatt ‚*Datenmaterial*' die weiteren Aktivierungen wieder mit den uns bekannten Werten beziffert, also

Weitere Aktivierungen	**50**	**100**	**110**	**120**	**110**	**wie AfA**

N. Das Executive Summary II

162 Es gibt noch ein weiteres ‚*Executive Summary*', das ich Ihnen gerne zeigen möchte. Dies ist dann aber wirklich das ‚*High End*'.

Schauen Sie einmal in das Tabellenblatt „*Executive Summary II*'.

Executive Summary II

Wertveränderung/Wertbeitrag in EURO pro.....

	1 Umsatz-EURO					1 Kapital-EURO				
Perioden	1	2	3	4	5	1	2	3	4	5
vor Steuer	0,16	0,17	0,22	0,25	0,26	0,29	0,34	0,50	0,67	0,87
nach Steuer	0,12	0,13	0,16	0,19	0,20	0,22	0,26	0,38	0,50	0,65

Q-Gesamtkapital	Q-Eigenkapital
7,81	23,70

163 Auch diese Zusammenfassung habe ich Ihnen im Fall ohne Aktivierungen nicht gezeigt, da ich zuerst noch die Erklärung der ‚Q-Ratios' im Fall mit weiteren Aktivierungen abwarten wollte.

Dies sind übrigens Informationen, die ‚Heuschrecken', also ‚Hedge' Fonds und ‚US Raider' lieben.

Sie sind an allem interessiert, was nach hohen Wertsteigerungen ‚riecht'. Je schneller sie zu erzielen sind, desto besser.

Was sie suchen, lässt sich genau mit der ‚Q-Ratio' darstellen.

Diese Kennzahl können Sie übrigens sowohl mit einem Großbuchstaben ‚Q' als auch mit einem Kleinbuchstaben ‚q' schreiben. Man sieht beide Schreibweisen. 164

Man suche Firmen mit (derzeit) geringer Bewertung, wo eventuell der Marktwert sogar geringer als der Buchwert (Q<1) ist, kaufe diese günstig und tue alles, möglichst schnell ein Q>1 zu erwirtschaften.

Dann verkaufe man die Firma wieder schnellstmöglich. Leider ist sie dann häufiger aber bereits so ausgebeutet, dass sie nicht mehr lange überleben kann.

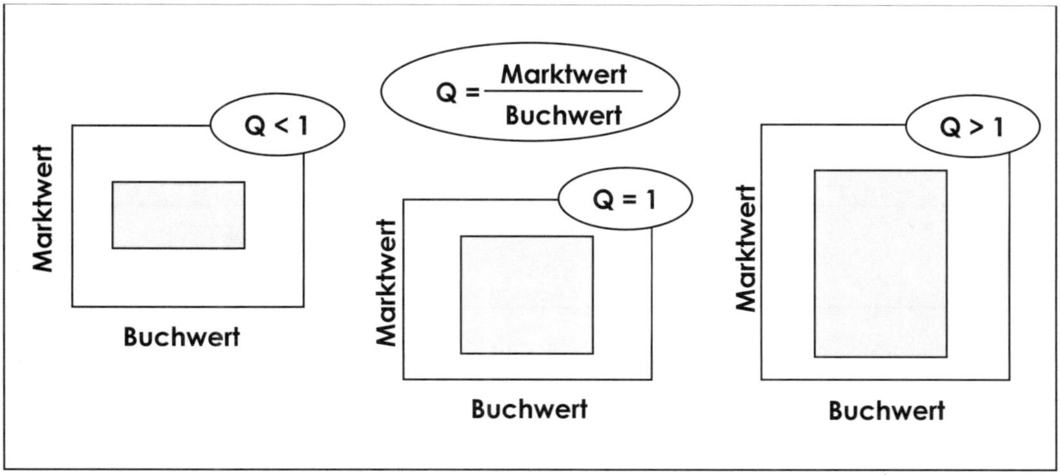

Sie interessieren sich damit vor allem für die kurzfristige Wertentwicklung pro Umsatz- und/oder Kapitaleuro vor bzw. nach Steuern. Und das weist diese Berechnung aus. Dabei handelt es sich um nichts anderes als den ‚Spread' (Wertsteigerung bzw. -vernichtung pro Kapitaleuro) bzw. die EVA-Marge (EVA dividiert durch den Umsatz, ergibt die Wertsteigerung bzw. -vernichtung pro Umsatzeuro). 165

Per Division durch (1–t), also das ‚tax shield' bzw. ‚Steuerschutz', erhält man dann die entsprechenden Vor-Steuer Werte.

Was wird pro €uro Umsatz bzw. Kapital vor bzw. nach Steuern an Wertveränderungen in den Einzelperioden und/oder gesamt erzielt?

Auch diese Zusammenfassung können Sie wieder für den Fall ohne weitere Aktivierungen anbieten. Die Ergebnisse sähen dann folgendermaßen aus:

Executive Summary II

Perioden	1	2	3	4	5	1	2	3	4	5
Wertveränderung/Wertbeitrag in EURO pro.....										
	1 Umsatz-EURO					**1 Kapital-EURO**				
vor Steuer	0,17	0,21	0,28	0,33	0,36	0,35	0,58	1,12	2,16	4,99
nach Steuer	0,13	0,16	0,21	0,25	0,27	0,26	0,43	0,84	1,62	3,74

Q-Gesamtkapital	Q-Eigenkapital
2,91	7,36

8

166 Um diese Zusammenfassung lesen, präsentieren und verstehen zu können, und das Verstehen bezieht sich hier besonders auf die Zuhörer, sollten Sie allerdings schon einige Erfahrung mit EVA Berechnungen haben. Ansonsten zeigen Sie diese Seite besser nicht – es führt nur zu Diskussionen.

Abschließend können wir auch erneut unser Flussdiagramm zeigen. Sie erinnern sich, wir hatten die gesamte Investition und die Auswertungen in einer großen mathematischen Funktion dargestellt.

Werttreiberanalyse (hier nur Periode 1)

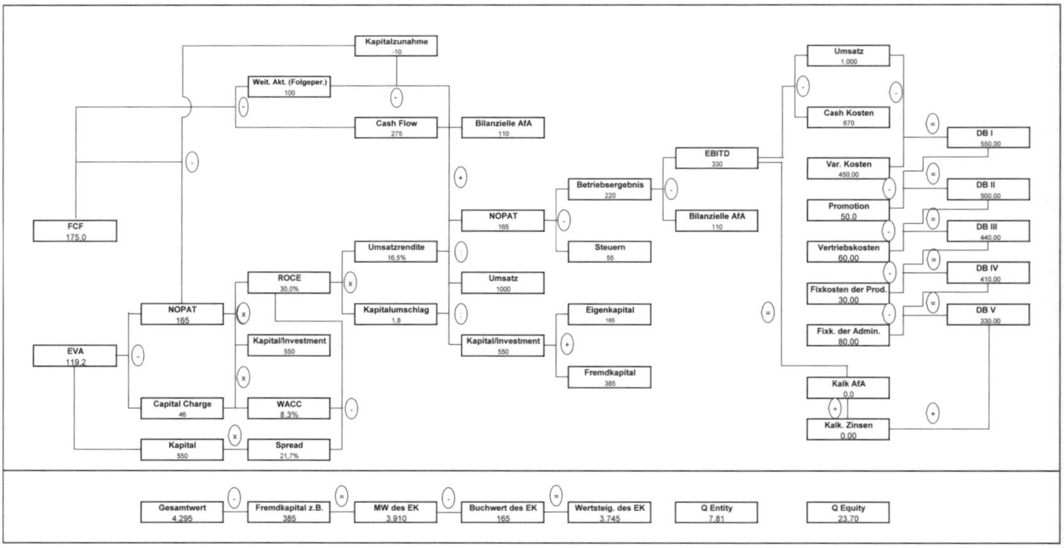

167 Bitte denken Sie daran, dass die Auswertungen CAGR, interner Zinsfuss, Annuität bei unendlichen Betrachtungen (über die gesamte Betrachtungsperiode) keinen Sinn machen und deshalb fehlen Sie hier. Wir könnten allenfalls den Break Even ausweisen. Dies aber auch nur, solange er in unserem Beispiel in den ersten fünf Jahren eintritt.

Auch hier zeige ich Ihnen das Flussdiagramm zur besseren Lesbarkeit wieder im Querformat.

Werttreiberanalyse (hier nur Periode 1)

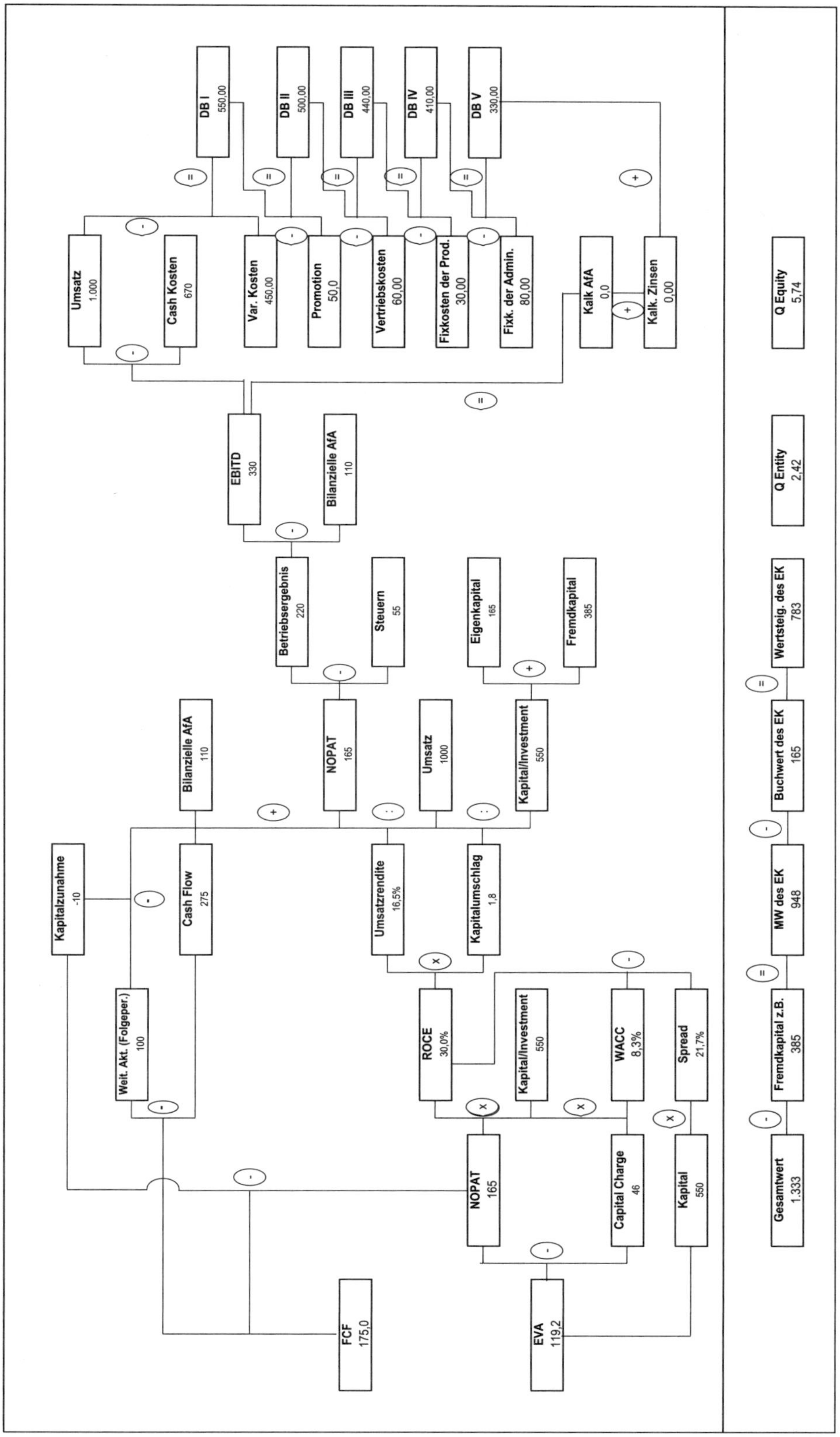

O. Zusammenfassungen

168 Wo stehen wir jetzt wieder in unseren Analysen? Ziemlich am Ende. Es reicht ja jetzt auch wirklich.

Wir sind unsere Rechenwege erneut gegangen, dieses Mal aber mit weiteren Aktivierungen und mit einer Rechnung gegen unendlich.

Allerdings haben wir unser ‚*Executive Summary I*' jetzt noch einmal erweitert (das ‚*Executive Summary II*' habe hier nicht abgebildet) und mussten aus dem Flussdiagramm gewisse Informationen herausnehmen, die sich bei Betrachtung gegen unendlich nicht rechnen lassen bzw. keinen Sinn machen.

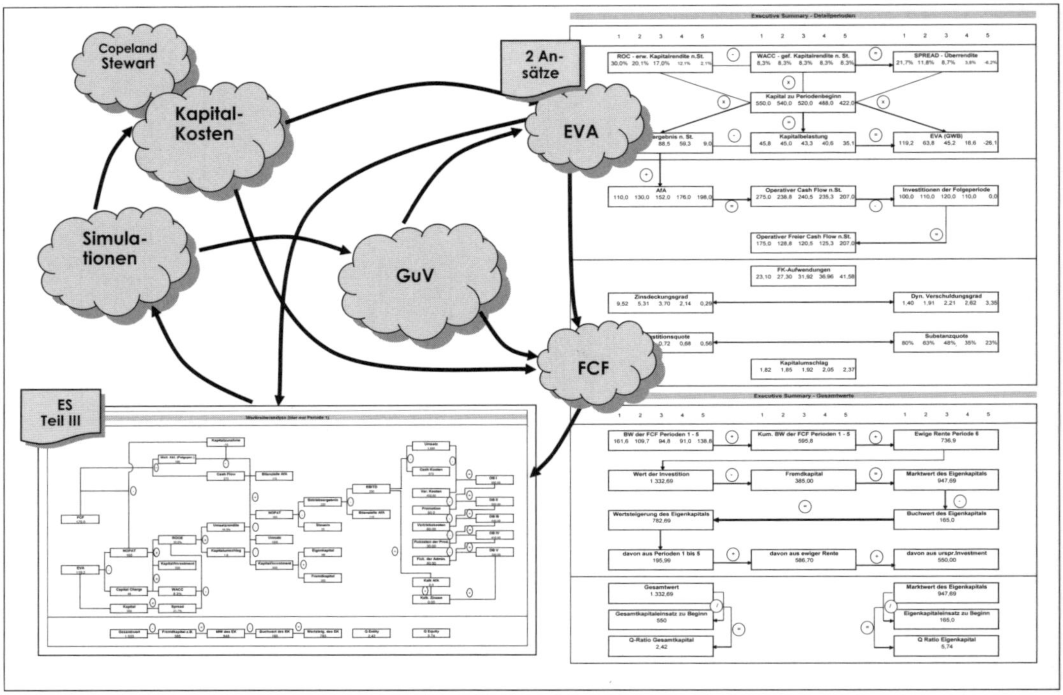

169 Wir sind damit in der Tat am Ende unseres Weges.

Und es war ein langer, aber wie ich meine, interessanter Weg. Wir haben Zusammenhänge und Formeln gerechnet, die wir ansonsten mit großem Bogen gemieden hätten, aber es war gar nicht so schwierig.

Wir haben aber damit gelernt, Investitionen zu ‚sezieren' und das kann richtig Spaß machen.

Bewundern wir uns also selbst ein wenig, in dem wir unseren Weg nochmals mit Stolz ‚Revue' passieren lassen.

Stellen wir uns zunächst unseren langen Weg formeltechnisch dar, dieses Mal mit weiteren Aktivierungen. Begonnen hatten wir erneut mit der Berechnung der Einzelperioden, dann erweitert um die ewige Rente.

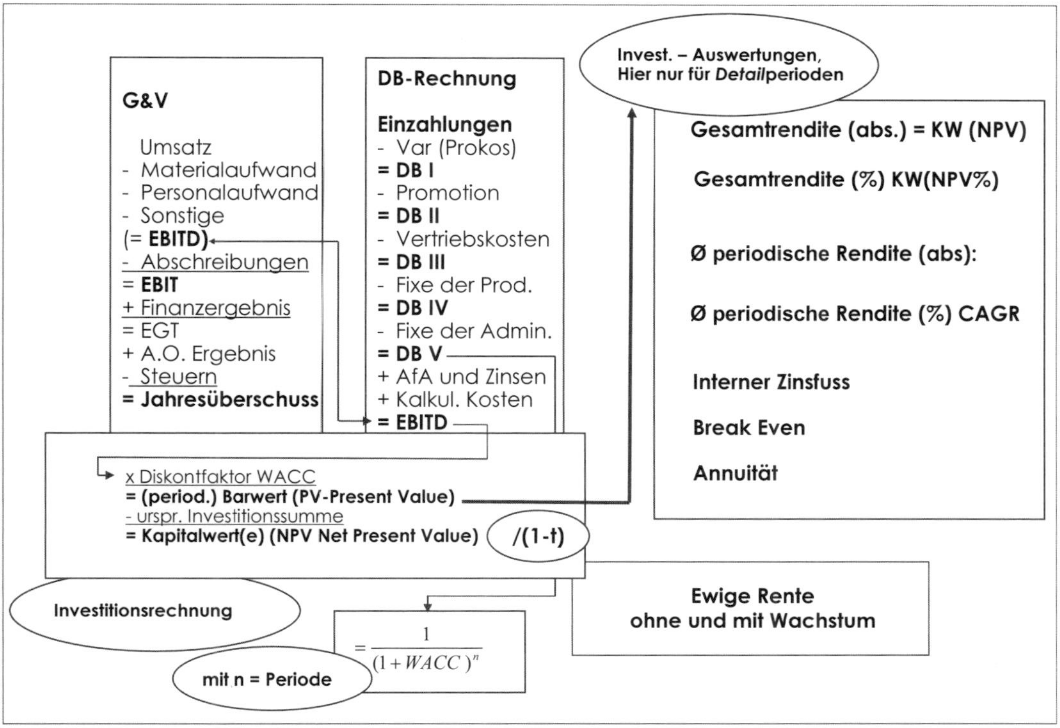

Dann haben wir auch die Kapitalkosten gerechnet, auch wenn sich bei den berechneten Größen keine Änderungen ergaben. 170

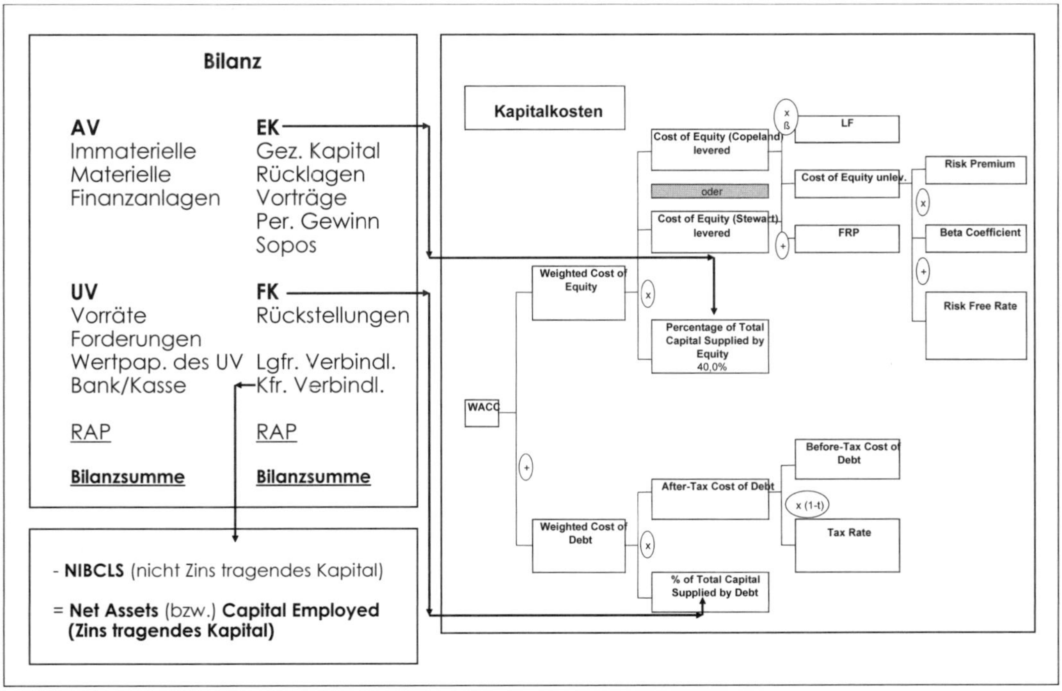

171 Als nächstes waren EVA- und FCF Betrachtungen, also die angelsächsischen Ansätze, wieder an der Reihe….

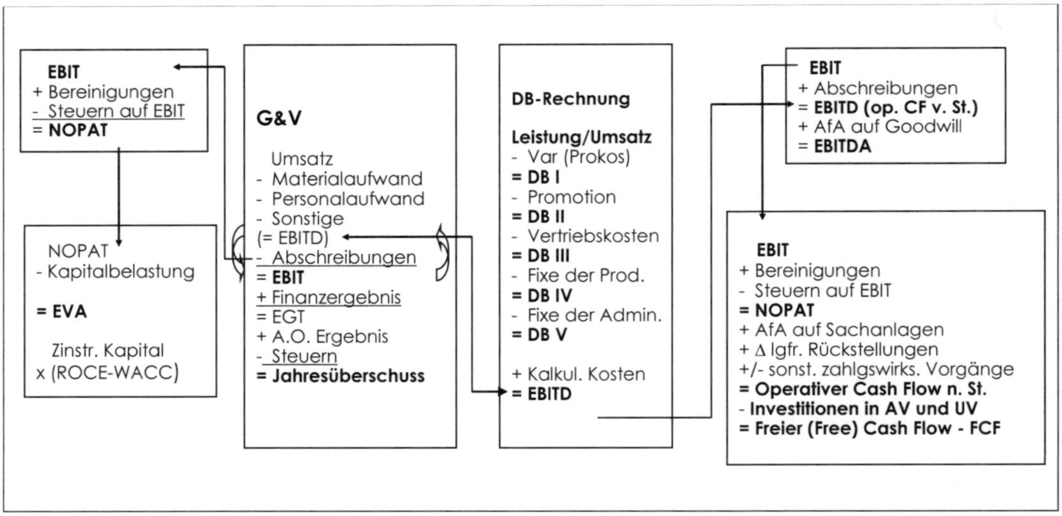

…, die wir dann allerdings auch bei diesen Verfahren um die Endwertbetrachtungen (ewige Rente) mit und ohne Wachstum ergänzten.

Generell gilt:

$$\sum_{n=1}^{\infty}\frac{FCF_n}{(1+WACC)^n} = K_0 + \sum_{n=1}^{\infty}\frac{EVA_n}{(1+WACC)^n}$$

K_0: Kapital zu Betrachtungsbeginn
DP: Detailperioden
TV: Terminal Value - Endwert (ewige Rente)
BB: Betrachtungsbeginn

Alternativ: Restwertberechnung in Periode$_{DP+1}$)

$$\sum_{n=1}^{DP}\frac{FCF_{DP}}{(1+WACC)^{DP}} + TV_{DP+1} = CE_{BB} + \sum_{n=1}^{DP}\frac{EVA_{DP}}{(1+WACC)^{DP}} + TV_{DP+1}$$

mit TV $= \dfrac{\dfrac{FCF(EVA)_{DP+1}}{WACC} + FCF(EVA)_{DP+1}}{(1+WACC)^{DP+1}}$

172 Ja, ja, das haben Sie gerechnet.
Unser Weg war lang und das war er in der wirklich letzten Übersicht.

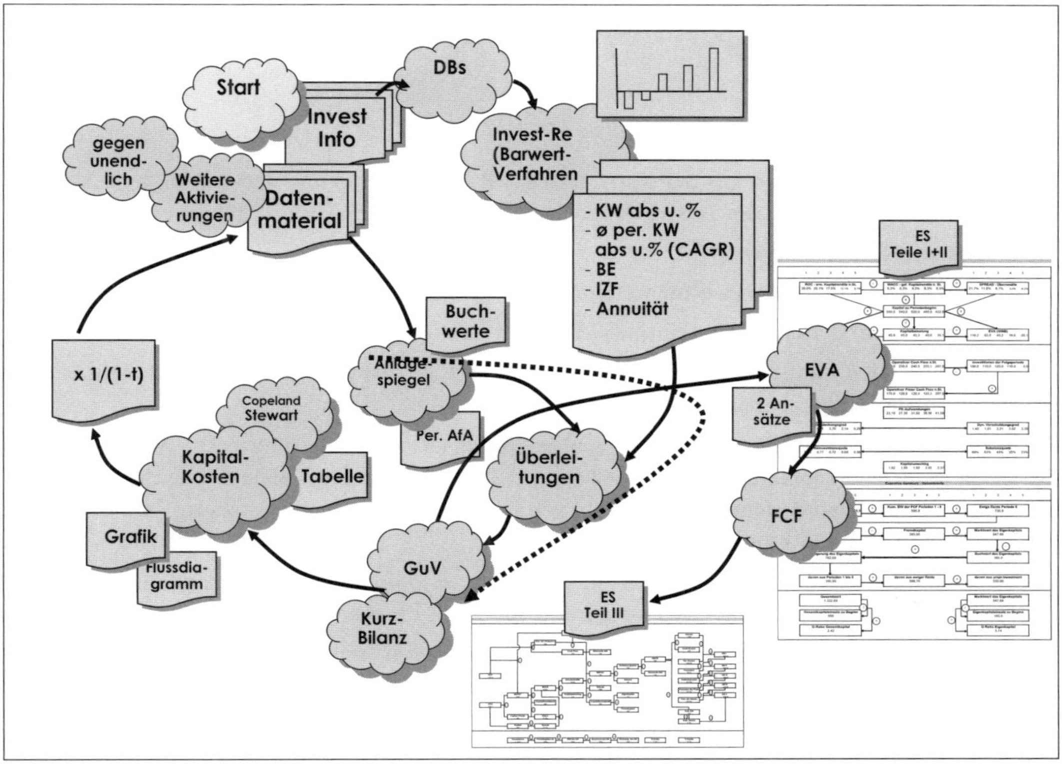
Start
DBs
Invest Info
gegen unend-lich
Weitere Aktivie-rungen
Daten-material
Invest-Re (Barwert-Verfahren
- KW abs u. %
- ø per. KW abs u.% (CAGR)
- BE
- IZF
- Annuität
ES Teile I+II
Buch-werte
Anlage-spiegel
x 1/(1-t)
EVA
2 An-sätze
Copeland Stewart
Per. AfA
Kapital-Kosten
Tabelle
Überlei-tungen
FCF
Grafik
Flussdia-gramm
GuV
Kurz-Bilanz
ES Teil III

8

§ 9 Auswirkungen der Investition auf die HTC GuV bzw. Bilanz

1 Nachdem wir die Investition aus den verschiedensten Sichtweisen analysiert haben, fehlt jetzt nur noch die finale Betrachtung der Auswirkungen auf die bestehende GuV und Bilanz der HTC.

Wir haben jetzt 2 Alternativen:

- wir arbeiten mit dem Ansatz ohne weitere Aktivierungen oder alternativ
- wir arbeiten mit dem Ansatz inklusive weiterer Investitionen.

Ich entscheide mich hier für die leichtere Variante, damit Sie den etwas schwierigeren Ansatz dann selbständig als Abschluss behandeln können.

2 Dafür müssen Sie sich aber zunächst beim Gabler Verlag (www.gabler–steuern.de) oder bei mir auf der Homepage der Akademie (www.ifak-bgl.com) die entsprechenden Dateien in der fertigen Version (nicht Übung) herunterladen. Die Dateien gehören zum Buch ‚Bilanzgestaltung - Fallorientierte Bilanzerstellung und Beratung'.

Selbstverständlich zeige ich die Veränderungen in den periodischen GuVs und Bilanzen natürlich auch immer hier im Buch auf, speziell für alle, die nicht mit Excel arbeiten wollen.

Dann schlage ich außerdem folgendes vor. Diese Excel Datei ist in der Lage, insgesamt 6 Perioden zu planen. In o.g. Buch haben wir uns nur mit drei Jahren beschäftigt (da ansonsten ähnlich diesem Buch die Lesbarkeit der Zahlen in den Einzelperioden leiden würde) und die Perioden 4 bis 6 ausgeblendet.

3 Mein Vorschlag ist jetzt folgender. Wir schauen uns das (Plan)Zahlenwerk einmal vor und einmal nach Investition an. Dann können wir besser vergleichen.

Dazu ändere ich die Perioden 4 bis 6 in 1 bis 3 und kopiere Zahlen eben diese Perioden 1 bis 3 nochmals ein.

Bei den ‚*COGS – Cost of Goods Sold*' berechnen wir die investitionsbezogenen operativen Auszahlungen Material und bezogene Leistungen, Personalkosten und sonstige betriebliche Aufwendungen und Erträge prozentual nach dem jetzigen IST der HTC. Wir hatten sie ja als einen kompletten Posten in der GuV zur Investition stehen lassen.

A. Die Investititionsdaten für die HTC GuV

4 Dann können wir auch schon loslegen. Wir müssen folgende Datenbasis integrieren:

Datenmaterial für die Investitionsrechnung

Jahre	1	2	3	4	5	6
(Zusatz) Umsätze	1.000,00	1.100,00	1.200,00	1.300,00	1.400,00	
Prokos (Variable Kosten)	450,00	470,00	500,00	500,00	510,00	
Promotion	50,00	55,00	60,00	65,00	70,00	
Vertriebskosten	60,00	80,00	70,00	80,00	90,00	
(Fixe) Strukturkosten der Produktion (ohne AfA und Zinsen)	30,00	40,00	45,00	40,00	50,00	
+ Abschreibungen	0,00	0,00	0,00	0,00	0,00	
+ Zinsen	0,00	0,00	0,00	0,00	0,00	
+ kalkulatorische Aufschläge auf Abschreibungen	0,00	0,00	0,00	0,00	0,00	
+ kalkulatorische Aufschläge auf Zinsen	0,00	0,00	0,00	0,00	0,00	
(Fixe) Strukturkosten der Produktion (mit ev. (kalk) AfA und Zinsen)	30,00	40,00	45,00	40,00	50,00	
(Fixe) Strukturkosten der Administration	80,00	80,00	55,00	60,00	70,00	
Summe Kosten	670	725	730	745	790	

Diese Daten hatten sich in der GuV zur Investition folgendermaßen dargestellt… 5

Strukturierte Gewinn- und Verlustrechnung (GuV)

Jahre	1	2	3	4	5
Umsatz	1.000,00	1.100,00	1.200,00	1.300,00	1.400,00
Cash Kosten (Betrieb)	670,00	725,00	730,00	745,00	790,00
EBITD (Betr. Erg. v. AfA)	330,00	375,00	470,00	555,00	610,00
Abschreibungen	100,00	100,00	100,00	100,00	100,00
EBIT (Betriebsergebnis)	230,00	275,00	370,00	455,00	510,00
Zinsen	21,00	21,00	21,00	21,00	21,00
EGT	209,00	254,00	349,00	434,00	489,00
Außerordentliches Ergebnis	0,00	0,00	0,00	0,00	0,00
Ergebnis vor Steuern	209,00	254,00	349,00	434,00	489,00
Steuern	52,25	63,50	87,25	108,50	122,25
Jahresüberschuss	156,75	190,50	261,75	325,50	366,75

…und diese wollen wir jetzt in die GuV der HTC integrieren.

I. Adaption der COGS

Also verteilen wir zunächst die *COGS – Cost of Goods Sold*, die auszahlungswirksamen Aufwendungen. Im Ist (Detail GuV der HTC) sieht dies für die ersten drei Jahre folgendermaßen aus: 6

Material & bezogene Leistungen	36.813	73%	53.695	77%	64.800	76%
Personal	9.862	20%	10.743	16%	14.400	17%
Sonstige betrieblichen Aufwendungen	3.522	7%	4.849	7%	6.300	7%
	50.197	100%	69.287	100%	85.500	100%

Verteilen wir die COGS der Investition nach identischem prozentualem Schlüssel, so ergibt sich:

Material & bezogene Leistungen	491	73%	562	77%	553	76%
Personal	132	20%	112	16%	123	17%
Sonstige betrieblichen Aufwendungen	47	7%	51	7%	54	7%
	670	100%	725	100%	730	100%

7 Diese setzen wir jetzt in die GuV der HTC ein, wir müssen also in der GuV periodisch

- die Umsätze um 1.000 T€, 1.100 T€ und 1.200 T€,
- die Materialaufwendungen um 491 T€, 562 T€ und 553 T€,
- die Personalaufwendungen um 132 T€, 112 T€ und 123 T€,
- die sonstigen Aufwendungen um 47 T€, 51 T€ und 54 T€

erhöhen.

II. Integration der weiteren Investitionsdaten

8 Außerdem müssen wir noch

- die Abschreibungen jeweils um 100 T€,
- die Zinsaufwendungen jeweils um 21 T€ erhöhen und dann
- die Steuern periodisch neu rechnen.

In der Bilanz müssen wir

- das Sachanlagevermögen um 400 T€, 300 T€ und 200 T€
- die Verbindlichkeiten gegenüber Banken um periodisch 350 T€
- den Bankbestand um 182 T€, 138 T€ und 436 T€ und abschließend
- den Jahresüberschuss im Eigenkapital um 181 T€, 191 T€ und 287 T€ erhöhen.

9 Damit haben wir unser neues Zahlenwerk.

Nochmals, wir stellen eine ‚Vorher – Nachher' Situation dar und wir tun so, als ob sich ansonsten nichts anderes tun würde. Wir sprechen auch von ‚ceteris paribus'[1].

Die Ausgangssituation ändert sich somit auch nicht.

BLOCK I			
Jahre	2010	2011	2012
Periode	1	2	3
Einheit für GuV und Bilanzdaten	Tsd. EUR	Tsd. EUR	Tsd. EUR
Umsatz bzw. Mehrwertsteuer in %	19,0%	19,0%	19,0%
Umsatz bzw. Mehrwertsteuerfaktor	1,19	1,19	1,19
Exportquote im Vertrieb	0%	0%	0%
also nationales Geschäft im Verkauf	100%	100%	100%
Importquote im Einkauf	0%	0%	0%
also nationales Geschäft im Einkauf	100%	100%	100%
Tage p.a. (Arbeits- oder Kalendertage)	365	365	365
(Standard) Unternehmenssteuersatz	25,0%	25,0%	25,0%

Dann wollen wir uns aber sofort die GuV und Bilanz, jeweils im Vollformat und in der Strukturdarstellung anschauen.

1 An dieser Stelle muss ich zugeben, dass ich mit einigen weiteren Annahmen gearbeitet habe, die ich bisher nicht Aus der lateinische Sprache für Annahme ‚unter sonst gleichen Bedingungen'.

B. Die HTC GuV vor und nach Investition

Fangen wir mit der GuV an und innerhalb dieses Zahlenwerkes zunächst mit dem Vollformat nach 10
HGB.

Die folgenden Abbildungen muss ich jetzt teilweise im Querformat einstellen, da Sie ansonsten die 6 Perioden nebeneinander nicht lesen können.

		Ohne Investition						Mit Investition					
	(Kalender) Jahr	**Tsd. EUR 2010**		**Tsd. EUR 2011**		**Tsd. EUR 2012**		**Tsd. EUR 2010**		**Tsd. EUR 2011**		**Tsd. EUR 2012**	
	Periode	**1**		**2**		**3**		**1**		**2**		**3**	
1.	**Gesamterlöse/Umsatzerlöse**	**54.007**	100%	**69.617**	100%	**92.000**	100%	**55.007**	100%	**70.717**	100%	**93.200**	100%
1.1	*... davon Umsatzerlöse Sparte I*	*22.745*	*42%*	*31.178*	*45%*	*41.020*	*45%*	*23.745*	*43%*	*32.278*	*46%*	*42.220*	*45%*
1.2	*... davon Umsatzerlöse Sparte II*	*18.153*	*34%*	*22.392*	*32%*	*28.550*	*31%*	*18.153*	*33%*	*22.392*	*32%*	*28.550*	*31%*
1.3	*... davon Umsatzerlöse Sparte III*	*8.122*	*15%*	*10.002*	*14%*	*12.300*	*13%*	*8.122*	*15%*	*10.002*	*14%*	*12.300*	*13%*
1.4	*... davon Umsatzerlöse Sparte IV*	*3.998*	*7%*	*5.012*	*7%*	*7.840*	*9%*	*3.998*	*7%*	*5.012*	*7%*	*7.840*	*8%*
1.5	*... davon Umsatzerlöse Sparte V*	*989*	*2%*	*1.033*	*1%*	*2.290*	*2%*	*989*	*2%*	*1.033*	*1%*	*2.290*	*2%*
2.	Bestandsveränderungen (Erhöhung +; Verminderung -)	186	0%	4.568	7%	-2.000	-2%	186	0%	4.568	6%	-2.000	-2%
3.	Andere aktivierte Eigenleistungen	0	0%	0	0%	0	0%	0	0%	0	0%	0	0%
4.	Sonstige betriebliche Erträge	423	1%	408	1%	450	0%	423	1%	408	1%	450	0%
	Betriebsleistung	**54.616**	101%	**74.593**	107%	**90.450**	98%	**55.616**	101%	**75.693**	107%	**91.650**	98%
5.	Materialaufwand	36.813	68%	53.695	77%	64.800	70%	37.304	68%	54.257	77%	65.353	70%
5.1	*... für Roh-, Hilfs- und Betriebsstoffe und bezogenen Waren*	*27.140*	*50%*	*43.706*	*63%*	*53.450*	*58%*	*27.631*	*50%*	*44.268*	*63%*	*54.003*	*58%*
5.2	*... für bezogene Leistungen*	*9.673*	*18%*	*9.989*	*14%*	*11.350*	*12%*	*9.673*	*18%*	*9.989*	*14%*	*11.350*	*12%*
	Bruttoertrag/Rohertrag/Wertschöpfung	**17.803**	33%	**20.898**	30%	**25.650**	28%	**18.312**	33%	**21.436**	30%	**26.297**	28%
6.	Personalkosten	9.862	18%	10.743	15%	14.400	16%	9.994	18%	10.855	15%	14.523	16%
6.1	*... davon Geschäftsführergehalt*	*822*	*2%*	*822*	*1%*	*1.120*	*1%*	*822*	*1%*	*822*	*1%*	*1.120*	*1%*
6.2	*... davon Löhne & Gehälter*	*6.765*	*13%*	*7.454*	*11%*	*9.050*	*10%*	*6.897*	*13%*	*7.566*	*11%*	*9.173*	*10%*
6.3	*... davon soziale Abgaben/Aufwendungen für Altersverversorgung*	*2.275*	*4%*	*2.467*	*4%*	*4.230*	*5%*	*2.275*	*4%*	*2.467*	*3%*	*4.230*	*5%*
7.	Abschreibungen	435	1%	499	1%	420	0%	535	1%	599	1%	520	1%
7.1	*... davon auf Vermögensgegenstände des Anlagevermögens*	*435*	*1%*	*499*	*1%*	*420*	*0%*	*535*	*1%*	*599*	*1%*	*520*	*1%*
7.2	*... davon auf Vermögensgegenstände des Umlaufvermögens*	*0*	*0%*	*0*	*0%*	*0*	*0%*	*0*	*0%*	*0*	*0%*	*0*	*0%*
8.	Sonstige betriebliche Aufwendungen	3.522	7%	4.849	7%	6.300	7%	3.569	6%	4.900	7%	6.354	7%
8.1	*... davon Miet- und Leasingaufwendungen*	*1.409*	*3%*	*2.102*	*3%*	*2.900*	*3%*	*1.409*	*3%*	*2.102*	*3%*	*2.900*	*3%*
8.2	*... davon Vertriebskosten*	*775*	*1%*	*896*	*1%*	*1.150*	*1%*	*775*	*1%*	*896*	*1%*	*1.150*	*1%*
8.3	*... davon Verwaltungskosten*	*1.338*	*2%*	*1.705*	*2%*	*2.250*	*2%*	*1.338*	*2%*	*1.705*	*2%*	*2.250*	*2%*
8.4	*... davon Sonstige*	*0*	*0%*	*146*	*0%*	*0*	*0%*	*47*	*0%*	*197*	*0%*	*54*	*0%*
	Gesamtaufwand (ohne Material und bezogene Waren/Leistungen)	**13.819**	26%	**16.091**	23%	**21.120**	23%	**14.098**	26%	**16.354**	23%	**21.397**	23%
	Betriebsergebnis	**3.984**	7%	**4.807**	7%	**4.530**	5%	**4.214**	8%	**5.082**	7%	**4.900**	5%
9.	Erträge aus Beteiligungen	0	0%	0	0%	0	0%	0	0%	0	0%	0	0%
9.1	*...davon aus verbundenen Unternehmen*	*0*	*0%*	*0*	*0%*	*0*	*0%*	*0*	*0%*	*0*	*0%*	*0*	*0%*
10.	Erträge aus Wertpapieren und Ausleihungen des Finanz-AV	218	0%	144	0%	125	0%	218	0%	144	0%	125	0%
10.1	*...davon aus verbundenen Unternehmen*	*0*	*0%*	*0*	*0%*	*0*	*0%*	*0*	*0%*	*0*	*0%*	*0*	*0%*
11.	Sonstige Zinsen und Erträge	40	0%	71	0%	50	0%	40	0%	71	0%	50	0%
11.1	*...davon aus verbundenen Unternehmen*	*0*	*0%*	*0*	*0%*	*0*	*0%*	*0*	*0%*	*0*	*0%*	*0*	*0%*
12.	Abschreibungen auf Finanzanlagen/Wertpapiere des UV	0	0%	0	0%	0	0%	0	0%	0	0%	0	0%
13.	Zinsen und ähnliche Aufwendungen	119	0%	128	0%	140	0%	140	0%	149	0%	161	0%
13.1	*...davon an verbundene Unternehmen*	*0*	*0%*	*0*	*0%*	*0*	*0%*	*0*	*0%*	*0*	*0%*	*0*	*0%*
	Finanzergebnis	**139**	0%	**87**	0%	**35**	0%	**118**	0%	**66**	0%	**14**	0%
14.	**Ergebnis der gewöhnlichen Geschäftstätigkeit (EGT)**	**4.123**	8%	**4.894**	7%	**4.565**	5%	**4.332**	8%	**5.148**	7%	**4.914**	5%
15.	Außerordentliche Erträge	0	0%	0	0%	0	0%	0	0%	0	0%	0	0%
16.	Außerordentliche Aufwendungen	0	0%	0	0%	0	0%	0	0%	0	0%	0	0%
17.	**Außerordentliche Ergebnis**	**0**	0%	**0**	0%	**0**	0%	**0**	0%	**0**	0%	**0**	0%
	Ergebnis vor Steuern	**4.123**	8%	**4.894**	7%	**4.565**	5%	**4.332**	8%	**5.148**	7%	**4.914**	5%
18.	Steuern vom Einkommen und Ertrag	1.055	2%	1.224	2%	1.126	1%	1.083	2%	1.287	2%	1.229	1%
19.	Sonstige Steuern	113	0%	185	0%	163	0%	113	0%	185	0%	123	0%
20.	**Jahresüberschuss/Jahresfehlbetrag**	**2.955**	5%	**3.485**	5%	**3.276**	4%	**3.136**	6%	**3.676**	5%	**3.563**	4%

In der strukturierten Darstellung sieht man die Veränderungen ein wenig besser:

(Kalender) Jahr Periode	Tsd. EUR 2010 1		Tsd. EUR 2011 2		Tsd. EUR 2012 3		Tsd. EUR 2010 1		Tsd. EUR 2011 2		Tsd. EUR 2012 3	
Gesamterlöse/Umsatzerlöse	**54.007,00**	**100%**	**69.617,00**	**100%**	**92.000,00**	**100%**	**55.007,00**	**100%**	**70.717,00**	**100%**	**93.200,00**	**100%**
Betriebsleistung	*54.616,00*	*101%*	*74.593,00*	*107%*	*90.450,00*	*98%*	*55.616,00*	*101%*	*75.693,00*	*107%*	*91.650,00*	*98%*
Bruttoertrag/Rohertrag/Wertschöpfung	**17.803,00**	**33%**	**20.898,00**	**30%**	**25.650,00**	**28%**	**18.311,64**	**33%**	**21.436,15**	**30%**	**26.296,74**	**28%**
Gesamtaufwand (ohne Material und bezogene Waren/Leistungen)	*13.819,00*	*26%*	*16.091,00*	*23%*	*21.120,00*	*23%*	*14.097,64*	*26%*	*16.354,15*	*23%*	*21.396,74*	*23%*
Betriebsergebnis	**3.984,00**	**7%**	**4.807,00**	**7%**	**4.530,00**	**5%**	**4.214,00**	**8%**	**5.082,00**	**7%**	**4.900,00**	**5%**
Finanzergebnis	**139,00**	**0%**	**87,00**	**0%**	**35,00**	**0%**	**118,00**	**0%**	**66,00**	**0%**	**14,00**	**0%**
Ergebnis der gewöhnlichen Geschäftstätigkeit (EGT)	**4.123,00**	**8%**	**4.894,00**	**7%**	**4.565,00**	**5%**	**4.332,00**	**8%**	**5.148,00**	**7%**	**4.914,00**	**5%**
Außerordentliche Ergebnis	**0,00**	**0%**	**0,00**	**0%**	**0,00**	**0%**	**0,00**	**0%**	**0,00**	**0%**	**0,00**	**0%**
Ergebnis vor Steuern	*4.123,00*	*8%*	*4.894,00*	*7%*	*4.565,00*	*5%*	*4.332,00*	*8%*	*5.148,00*	*7%*	*4.914,00*	*5%*
Steuern	*1.168,00*	*2%*	*1.409,00*	*2%*	*1.289,00*	*1%*	*1.196,00*	*2%*	*1.472,00*	*2%*	*1.351,50*	*1%*
Jahresüberschuss/Jahresfehlbetrag	**2.955,00**	**5%**	**3.485,00**	**5%**	**3.276,00**	**4%**	**3.136,00**	**6%**	**3.676,00**	**5%**	**3.562,50**	**4%**

Dann wollen wir uns auch die Bilanz anschauen, auch zunächst wieder im Vollformat.

C. Die HTC Bilanz vor und nach Investition

		Ohne Investition						Mit Investition					
		Tsd. EUR		Tsd. EUR		Tsd. EUR		Tsd. EUR		Tsd. EUR		Tsd. EUR	
	(Kalender) Jahr	2010		2011		2012		2010		2011		2012	
	Periode	1		2		3		1		2		3	
Aktiva													
	Ausstehende Einlagen	0	0%	0	0%	0	0%	0	0%	0	0%	0	0%
I.	Immaterielle Wirtschaftsgüter	**66**	**0%**	**95**	**0%**	**80**	**0%**	**66**	**0%**	**95**	**0%**	**80**	**0%**
	... davon Konzessionen, Schutzrechte, Lizenzen	*66*	0%	*95*	0%	*80*	0%	*66*	0%	*95*	0%	*80*	0%
	... davon Geschäfts- und Firmenwert	*0*	0%	*0*	0%	*0*	0%	*0*	0%	*0*	0%	*0*	0%
	... davon geleistete Anzahlungen	*0*	0%	*0*	0%	*0*	0%	*0*	0%	*0*	0%	*0*	0%
II.	Sachanlagen	**1.523**	**7%**	**1.549**	**6%**	**1.300**	**5%**	**1.923**	**9%**	**1.849**	**7%**	**1.500**	**5%**
	... davon Grundstücke und Gebäude	*0*	0%	*0*	0%	*0*	0%	*0*	0%	*0*	0%	*0*	0%
	... davon technische Anlagen & Maschinen	*1.523*	7%	*1.549*	6%	*1.300*	5%	*1.923*	9%	*1.849*	7%	*1.500*	5%
	... davon andere Anlage, Betriebs- Geschäftsausstattung	*0*	0%	*0*	0%	*0*	0%	*0*	0%	*0*	0%	*0*	0%
	... davon geleistete Anzahlungen und Anlagen im Bau	*0*	0%	*0*	0%	*0*	0%	*0*	0%	*0*	0%	*0*	0%
III.	Finanzanlagen	**775**	**4%**	**1.040**	**4%**	**1.500**	**5%**	**775**	**4%**	**1.040**	**4%**	**1.500**	**5%**
	... davon Anteile an verbundenen Unternehmen	*0*	0%	*0*	0%	*0*	0%	*0*	0%	*0*	0%	*0*	0%
	... davon Ausleihungen an verbundene Unternehmen	*0*	0%	*0*	0%	*0*	0%	*0*	0%	*0*	0%	*0*	0%
	... davon Beteiligungen	*0*	0%	*0*	0%	*0*	0%	*0*	0%	*0*	0%	*0*	0%
	... davon Ausleihungen an Unternehmen, mit den ein Beteiligungsverhältnis besteht	*0*	0%	*0*	0%	*0*	0%	*0*	0%	*0*	0%	*0*	0%
	... davon Wertpapiere des Anlagevermögens	*775*	4%	*1.040*	4%	*1.500*	5%	*775*	4%	*1.040*	4%	*1.500*	5%
	... davon Sonstige Ausleihungen	*0*	0%	*0*	0%	*0*	0%	*0*	0%	*0*	0%	*0*	0%
A	***Summe Anlagevermögen***	**2.364**	**11%**	**2.684**	**11%**	**2.880**	**10%**	**2.764**	**13%**	**2.984**	**12%**	**3.080**	**11%**
I.	Vorräte	**7.187**	**34%**	**12.560**	**49%**	**12.270**	**45%**	**7.187**	**33%**	**12.560**	**49%**	**12.270**	**44%**
	... davon Roh-, Hilfs- und Betriebsstoffe	*5.001*	24%	*5.770*	23%	*6.999*	25%	*5.001*	23%	*5.770*	22%	*6.999*	25%
	....davon unfertige Erzeugnisse, unfertige Leistungen	*888*	4%	*1.363*	5%	*1.720*	6%	*888*	4%	*1.363*	5%	*1.720*	6%
	... davon fertige Erzeugnisse und Waren	*1.033*	5%	*5.126*	20%	*3.100*	11%	*1.033*	5%	*5.126*	20%	*3.100*	11%
	... davon Handelswaren	*265*	1%	*301*	1%	*451*	2%	*265*	1%	*301*	1%	*451*	2%
	... davon geleistete Anzahlungen	*0*	0%	*0*	0%	*0*	0%	*0*	0%	*0*	0%	*0*	0%
II.	Forderungen und sonstige Vermögensgegenstände	**6.610**	**31%**	**7.392**	**29%**	**8.010**	**29%**	**6.610**	**31%**	**7.392**	**29%**	**8.010**	**29%**
	... davon Forderungen aus Lieferungen und Leistungen	*5.664*	27%	*6.148*	24%	*6.760*	25%	*5.664*	26%	*6.148*	24%	*6.760*	24%
	... davon Forderungen gegen verbundene Unternehmen	*0*	0%	*0*	0%	*0*	0%	*0*	0%	*0*	0%	*0*	0%
	... davon gegen Unternehmen, mit denen ein Beteiligungsverhältnis besteht	*0*	0%	*0*	0%	*0*	0%	*0*	0%	*0*	0%	*0*	0%
	... davon sonstige Vermögensgegenstände	*946*	4%	*1.244*	5%	*1.250*	5%	*946*	4%	*1.244*	5%	*1.250*	4%
III.	Wertpapiere	**0**	**0%**	**0**	**0%**	**0**	**0%**	**0**	**0%**	**0**	**0%**	**0**	**0%**
	... davon Anteile an verbundene Unternehmen	*0*	0%	*0*	0%	*0*	0%	*0*	0%	*0*	0%	*0*	0%
	... davon eigene Anteile	*0*	0%	*0*	0%	*0*	0%	*0*	0%	*0*	0%	*0*	0%
	... davon sonstige Wertpapiere	*0*	0%	*0*	0%	*0*	0%	*0*	0%	*0*	0%	*0*	0%
IV	Kasse, Bank und Schecks	***3.746***	***18%***	***1.824***	***7%***	***3.399***	***12%***	***3.928***	***18%***	***1.962***	***8%***	***3.835***	***14%***
B	***Summe Umlaufvermögen***	**17.543**	**83%**	**21.776**	**86%**	**23.679**	**86%**	**17.725**	**82%**	**21.914**	**85%**	**24.115**	**86%**
C	***Rechnungsabgrenzungsposten***	**1.124**	**5%**	**953**	**4%**	**910**	**3%**	**1.124**	**5%**	**953**	**4%**	**910**	**3%**
D	**Nicht durch Eigenkapital gedeckter Fehlbetrag**	**0**	**0%**	**0**	**0%**	**0**	**0%**	**0**	**0%**	**0**	**0%**	**0**	**0%**
Summe Aktiva		**21.031**	**100%**	**25.413**	**100%**	**27.469**	**100%**	**21.613**	**100%**	**25.851**	**100%**	**28.105**	**100%**

Auch hier wollen wir uns zusätzlich wieder die strukturierte Darstellung anschauen.

Passiva												
I. Gezeichnetes Kapital	2.100	10%	2.100	8%	2.100	8%	2.100	10%	2.100	8%	2.100	7%
II. Kapitalrücklage	2.023	10%	2.023	8%	2.023	7%	2.023	9%	2.023	8%	2.023	7%
III. Gewinnrücklagen	404	2%	1.157	5%	2.017	7%	404	2%	1.157	4%	2.017	7%
… davon gesetzliche Rücklage	*0*	*0%*	*0*	*0%*	*0*	*0%*	*0*	*0%*	*0*	*0%*	*0*	*0%*
… davon Rücklage für eigene Anteile	*0*	*0%*	*0*	*0%*	*0*	*0%*	*0*	*0%*	*0*	*0%*	*0*	*0%*
… davon satzungsgemäße Rücklagen	*0*	*0%*	*0*	*0%*	*0*	*0%*	*0*	*0%*	*0*	*0%*	*0*	*0%*
… davon andere Gewinnrücklagen	*404*	*2%*	*1.157*	*5%*	*2.017*	*7%*	*404*	*2%*	*1.157*	*4%*	*2.017*	*7%*
IV. Gewinnvortrag/Verlustvortrag	0	0%	0	0%	0	0%	0	0%	0	0%	0	0%
V. Jahresüberschuss/Jahresfehlbetrag	2.955	14%	3.485	14%	3.276	12%	3.136	15%	3.676	14%	3.563	13%
VI. Sonderposten mit Rücklageanteil	11	0%	0	0%	0	0%	11	0%	0	0%	0	0%
A Eigenkapital	**7.493**	**36%**	**8.765**	**34%**	**9.416**	**34%**	**7.674**	**36%**	**8.956**	**35%**	**9.703**	**35%**
I. Rückstellungen für Pensionen & ähnliche Verpflichtungen	1.184	6%	1.213	5%	1.240	5%	1.184	5%	1.213	5%	1.240	4%
II. Steuerrückstellungen	1.153	5%	2.416	10%	2.700	10%	1.153	5%	2.416	9%	2.700	10%
III. Sonstige Rückstellungen	2.168	10%	3.582	14%	3.500	13%	2.168	10%	3.582	14%	3.500	12%
B Rückstellungen	**4.505**	**21%**	**7.211**	**28%**	**7.440**	**27%**	**4.505**	**21%**	**7.211**	**28%**	**7.440**	**26%**
… davon Anleihen, davon konvertibel	*0*	*0%*	*0*	*0%*	*0*	*0%*	*0*	*0%*	*0*	*0%*	*0*	*0%*
… davon Verbindlichkeiten gegenüber Kreditinstituten	*1.841*	*9%*	*2.328*	*9%*	*2.596*	*9%*	*2.191*	*10%*	*2.578*	*10%*	*2.946*	*10%*
… davon erhaltene Anzahlungen auf Bestellungen	*37*	*0%*	*9*	*0%*	*20*	*0%*	*37*	*0%*	*9*	*0%*	*20*	*0%*
… davon Verbindlichkeiten aus Lieferungen & Leistungen	*3.970*	*19%*	*3.743*	*15%*	*4.346*	*16%*	*3.970*	*18%*	*3.743*	*14%*	*4.346*	*15%*
… davon Verbindlichkeiten aus der Annahme gezogener/Ausstellung eigener Wechsel	*2.064*	*10%*	*2.052*	*8%*	*2.400*	*9%*	*2.064*	*10%*	*2.052*	*8%*	*2.400*	*9%*
… davon Verbindlichkeiten gegen verbundene Unternehmen	*0*	*0%*	*0*	*0%*	*0*	*0%*	*0*	*0%*	*0*	*0%*	*0*	*0%*
… davon Verbindlichkeiten gegenüber Unternehmen, mit denen ein Beteiligungsverhältnis besteht	*0*	*0%*	*0*	*0%*	*0*	*0%*	*0*	*0%*	*0*	*0%*	*0*	*0%*
… davon sonstige Verbindlichkeiten	*1.121*	*5%*	*1.251*	*5%*	*1.200*	*4%*	*1.121*	*5%*	*1.251*	*5%*	*1.200*	*4%*
a) aus Steuern	*771*	*4%*	*901*	*4%*	*850*	*3%*	*771*	*4%*	*901*	*3%*	*850*	*3%*
b) davon im Rahmen der sozialen Sicherheit	*350*	*2%*	*350*	*1%*	*350*	*1%*	*350*	*2%*	*350*	*1%*	*350*	*1%*
C Verbindlichkeiten	**9.033**	**43%**	**9.383**	**37%**	**10.562**	**38%**	**9.383**	**43%**	**9.633**	**37%**	**10.912**	**39%**
D Rechnungsabgrenzungsposten	**0**	**0%**	**54**	**0%**	**51**	**0%**	**51**	**0%**	**51**	**0%**	**51**	**0%**
Summe Passiva	**21.031**	**100%**	**25.413**	**100%**	**27.469**	**100%**	**21.613**	**100%**	**25.851**	**100%**	**28.106**	**100%**

(Kalender) Jahr	Tsd. EUR 2010		Tsd. EUR 2011		Tsd. EUR 2012		Tsd. EUR 2010		Tsd. EUR 2011		Tsd. EUR 2012	
Periode	1		2		3		1		2		3	
Aktiva												
Ausstehende Einlagen	0,00	0%	0,00	0%	0,00	0%	0,00	0%	0,00	0%	0,00	0%
I. Immaterielle Wirtschaftsgüter und Finanzanlagen	*841,00*	*4%*	*1.135,00*	*4%*	*1.580,00*	*6%*	*841,00*	*4%*	*1.135,00*	*4%*	*1.580,00*	*6%*
II. Sachanlagen	*1.523,00*	*7%*	*1.549,00*	*6%*	*1.300,00*	*5%*	*1.923,00*	*9%*	*1.849,00*	*7%*	*1.500,00*	*5%*
A Summe Anlagevermögen	**2.364,00**	**11%**	**2.684,00**	**11%**	**2.880,00**	**10%**	**2.764,00**	**13%**	**2.984,00**	**12%**	**3.080,00**	**11%**
I. Vorräte	*7.187,00*	*34%*	*12.560,00*	*49%*	*12.270,00*	*45%*	*7.187,00*	*33%*	*12.560,00*	*49%*	*12.270,00*	*44%*
II. Forderungen und sonstige Vermögensgegenstände	*7.734,00*	*37%*	*8.345,00*	*33%*	*8.920,00*	*32%*	*7.734,00*	*36%*	*8.345,00*	*32%*	*8.920,00*	*32%*
III. Kasse, Bank, Schecks und Wertpapiere	*3.746,00*	*18%*	*1.824,00*	*7%*	*3.399,00*	*12%*	*3.928,00*	*18%*	*1.962,00*	*8%*	*3.835,00*	*14%*
B Summe Umlaufvermögen	**18.667,00**	**89%**	**22.729,00**	**89%**	**24.589,00**	**90%**	**18.849,00**	**87%**	**22.867,00**	**88%**	**25.025,00**	**89%**
Nicht durch Eigenkapital gedeckter Fehlbetrag	**0,00**	**0%**	**0,00**	**0%**	**0,00**	**0%**	**0,00**	**0%**	**0,00**	**0%**	**0,00**	**0%**
Summe Aktiva	**21.031,00**	**100%**	**25.413,00**	**100%**	**27.469,00**	100%	**21.613,00**	**100%**	**25.851,00**	**100%**	**28.105,00**	**100%**
Passiva												
A Eigenkapital	**7.493,00**	**36%**	**8.765,00**	**34%**	**9.416,00**	**34%**	**7.674,00**	**36%**	**8.956,00**	**35%**	**9.702,50**	**35%**
B Rückstellungen	**4.505,00**	**21%**	**7.211,00**	**28%**	**7.440,00**	**27%**	**4.505,00**	**21%**	**7.211,00**	**28%**	**7.440,00**	**26%**
davon nicht zinstragend	3.307,00	16%	6.167,00	24%	6.089,00	22%	3.307,00	15%	6.167,00	24%	6.089,00	22%
davon zinstragend	1.198,00	6%	1.044,00	4%	1.351,00	5%	1.198,00	6%	1.044,00	4%	1.351,00	5%
C Verbindlichkeiten	**9.033,00**	**43%**	**9.437,00**	**37%**	**10.613,00**	**39%**	**9.434,00**	**44%**	**9.684,00**	**37%**	**10.963,00**	**39%**
davon nicht zinstragend	*4.741,00*	*23%*	*4.698,00*	*18%*	*5.247,00*	*19%*	*4.792,00*	*22%*	*4.695,00*	*18%*	*5.247,00*	*19%*
davon zinstragend	*4.292,00*	*20%*	*4.739,00*	*19%*	*5.366,00*	*20%*	*4.642,00*	*21%*	*4.989,00*	*19%*	*5.716,00*	*20%*
Summe Passiva	**21.031,00**	**100%**	**25.413,00**	**100%**	**27.469,00**	**100%**	**21.613,00**	**100%**	**25.851,00**	**100%**	**28.105,50**	**100%**

Sie sehen, die Veränderungen aus der Investition werden sichtbar.

Welche Veränderungen insgesamt bei der Analyse sichtbar werden, zeige ich Ihnen auf den nächsten Seiten. Allerdings werde ich diese nicht kommentieren, da ich ansonsten mein Buch ‚Bilanzgestaltung – Fallorientierte Bilanzerstellung und Beratung' erneut schreiben würde. In diesem Werk habe ich alle folgenden Kennzahlen am Beispiel der HTC dezidiert analysiert und hinsichtlich der Aussagen und Wertungen bzw. optimaler Größen durchgesprochen. 11

D. Analyse der Veränderungen durch die Investition

Für die, die dieses Buch schon kennen – hier haben Sie erneut die Gelegenheit, Bekanntes aufzufrischen bzw. Gelerntes anzuwenden. 12

Oben links in den Auswertungen sehen Sie immer den Bereich, für den die Auswertungen gelten. Sie finden diese Auswertungen jeweils 1:1 im Excel Tool.

- Vermögen und Vermögensstruktur
- Kapital- und Kapitalstruktur
- Liquidität, Cash Flow bzw. Investitionspolitik
- Erfolg und Erfolgsstrukturen
- Renditen
- Sonstige Kennzahlen
- Executive Summary, d.h. ‚Trichteranalyse'

I. Vermögen und Vermögensstruktur

Vermögensstruktur			2010 1	2011 2	2012 3	2010 1	2011 2	2012 3
Gesamtkapitalumschlag (Faktor) (Wie häufig wird das Kapital auf Basis der Erlöse umgeschlagen?) oder (Wie hoch ist die Rotations- bzw. Reproduktionsgeschwindigkeit des eingesetzten Kapitals?)	Zähler	Gesamterlöse	54.007,00	69.617,00	92.000,00	55.007,00	70.717,00	93.200,00
	Nenner	Bilanzsumme	21.031,00	25.413,00	27.469,00	21.613,00	25.851,00	28.105,00
	Ergebnis	*Division*	2,57	2,74	3,35	2,55	2,74	3,32
Anlagenintensität (%) (Wie viel % der Bilanzsumme steckt im Anlagevermögen ?) (Gibt einen Hinweis auf die Investitionstätigkeit und Flexibilität)	Zähler	Summe Anlagevermögen	2.364,00	2.684,00	2.880,00	2.764,00	2.984,00	3.080,00
	Nenner	Bilanzsumme	21.031,00	25.413,00	27.469,00	21.613,00	25.851,00	28.105,00
	Ergebnis	*Division x 100*	11,24%	10,56%	10,48%	12,79%	11,54%	10,96%
Vorratsumschlag (Faktor) (Wie häufig werden die Bestände auf Basis der Erlöse umgeschlagen?) (Je höher der Bestandsumschlag, desto besser, da wenig gebundenes Kapital)	Zähler	Gesamterlöse	54.007,00	69.617,00	92.000,00	55.007,00	70.717,00	93.200,00
	Nenner	Summe Vorräte	7.187,00	12.560,00	12.270,00	7.187,00	12.560,00	12.270,00
	Ergebnis	*Division*	7,51	5,54	7,50	7,65	5,63	7,60
Vorräte zu Umsatz (%) (Kehrwert zum Vorratsumschlag in %) Die Vorräte machen wie viel Prozent des Umsatzes aus?	Zähler	Summe Vorräte	7.187,00	12.560,00	12.270,00	7.187,00	12.560,00	12.270,00
	Nenner	Gesamterlöse	54.007,00	69.617,00	92.000,00	55.007,00	70.717,00	93.200,00
	Ergebnis	*Division x 100*	13,3%	18,0%	13,3%	13,1%	17,8%	13,2%

Reichweite Bestände (Tage) Berechnungsalternative 1 Die Bestände reichen für wie viele Tage, gemessen an Umsatz/Kalendertagen	Zähler	Tage	365	365	365	365	365	365
	Nenner	Vorratsumschlag	7,51	5,54	7,50	7,65	5,63	7,60
	Ergebnis	*Division*	48,57	65,85	48,68	47,69	64,83	48,05
Berechnungsalternative 2:	Zähler	Tage * Summe Vorräte	2.623.255,00	4.584.400,00	4.478.550,00	2.623.255,00	4.584.400,00	4.478.550,00
	Nenner	Gesamterlöse	54.007,00	69.617,00	92.000,00	55.007,00	70.717,00	93.200,00
	Ergebnis	*Division*	48,57	65,85	48,68	47,69	64,83	48,05
Reichweite Bestände (Jahresüberschuss als Basis) (Tage und Jahre) Die Bestände reichen für wie viele Tage, gemessen an Ergebnistagen nach Steuern (Jahresüberschuss)	Zähler	Tage * Summe Vorräte	2.623.255,00	4.584.400,00	4.478.550,00	2.623.255,00	4.584.400,00	4.478.550,00
	Nenner	Jahresüberschuss	2.955,00	3.485,00	3.276,00	3.136,00	3.676,00	3.562,50
	Ergebnis	*Division* (Tage) Jahre JÜ in % der Bestände	887,73 2,43 41,1%	1.315,47 3,60 27,7%	1.367,08 3,75 26,7%	836,50 2,29 43,6%	1.247,12 3,42 29,3%	1.257,14 3,44 29,0%
Debitorenziel (Tage) (Wie viele Tage dauert es im Schnitt, bis Forderungen eingehen?) (Gibt Auskunft über die Effizienz des Forderungsmanagements)	Zähler	Forderungen (ohne sonst. VM-Gegenstände)	5.664,00	6.148,00	6.760,00	5.664,00	6.148,00	6.760,00
	Nenner	Gesamterlöse	54.007,00	69.617,00	92.000,00	55.007,00	70.717,00	93.200,00
		erhöht um Mwst.	64.268,33	82.844,23	109.480,00	65.458,33	84.153,23	110.908,00
		koorigiert um nat./internationales Geschäft	64.268,33	82.844,23	109.480,00	65.458,33	84.153,23	110.908,00
	Ergebnis	*Division x Tage*	32,17	27,09	22,54	31,58	26,67	22,25

Kreditorenziel (Tage) (Wie viele Tage dauert es im Schnitt,	Zähler	Verbindlichkeiten aus L&L	3.970,00	3.743,00	4.346,00	3.970,00	3.743,00	4.346,00
bis Verbindlichkeiten gezahlt werden?) (Gibt Auskunft über die Effizienz der Skontoziehung und der Zahlungssaldi)	Nenner	(Veränd. zu VJ) Roh- Hilfs- und Betriebsstoffe	k.A.	769,00	1.229,00	k.A.	769,00	1.229,00
		(Veränd. zu VJ) Handelswaren	k.A.	36,00	150,00	k.A.	36,00	150,00
		Material & bezogene Leistungen	36.813,00	53.695,00	64.800,00	37.304,36	54.256,85	65.353,26
		Gesamt	36.813,00	54.500,00	66.179,00	37.304,36	55.061,85	66.732,26
		erhöht um Mwst.	43.807,47	64.855,00	78.753,01	44.392,19	65.523,60	79.411,39
		korrigiert um nat./internationales Geschäft	43.807,47	64.855,00	78.753,01	44.392,19	65.523,60	79.411,39
	Ergebnis	*Division x Tage*	33,08	21,07	20,14	32,64	20,85	19,98
Reichweite Liquide Mittel (Tage) (Für wie viele Tage reichen die liquiden Mittel?	Zähler	Liquide Mittel	3.746,00	1.824,00	3.399,00	3.928,00	1.962,00	3.835,00
(Gibt Auskunft über die Zahlungsfähigkeit)	Nenner	Umsatzerlöse	54.007,00	69.617,00	92.000,00	55.007,00	70.717,00	93.200,00
	Ergebnis	*Division x Tage*	25,32	9,56	13,49	26,06	10,13	15,02
Operative Zahlungsziele: Vergleich (Tage)		Kreditotorisches Ziel	33,08	21,07	20,14	32,64	20,85	19,98
Wie sieht der operative Tage-Status aus Eingangs- und Ausgangsrechnungen (Debitoren- und Kreditorenziel) aus?		Debitorisches Ziel	32,17	27,09	22,54	31,58	26,67	22,25
	Ergebnis	*Saldo I*	0,91	-6,02	-2,39	1,06	-5,82	-2,27
Wie sieht der Saldo erweitert um die Kassen- und Bankreichweite aus?		Reichweite Kasse und Bank	25,32	9,56	13,49	26,06	10,13	15,02
		Saldo II	26,23	3,54	11,09	27,12	4,31	12,75
Umschlagsdauer Umlaufvermögen (Tage) (Wie lange dauert es, bis das kurzfristig gebundene Kapital durch	Zähler	Summe Umlaufvermögen	18.667,00	22.729,00	24.589,00	18.849,00	22.867,00	25.025,00
Erlöse umgeschlagen bzw. reproduziert wird?)	Nenner	Gesamterlöse	54.007,00	69.617,00	92.000,00	55.007,00	70.717,00	93.200,00
(Gibt Auskunft über die Kapitalrentabilität und das NUV Management)	Ergebnis	*Division x Tage*	126,16	119,17	97,55	125,07	118,03	98,01

II. Kapital und Kapitalstruktur

Kapitalstruktur			2010 1	2011 2	2012 3	2010 1	2011 2	2012 3
Eigenkapitalquote (%) nach HGB Basis Eigenkapital nach HGB (Wie viel Prozent der Bilanzsumme/ des Kapitals wird von Eigenkapital gestellt?) (Gibt Auskunft über die Solidität der Kapitalbasis - "Krisenkapital")	Zähler	Eigenkapital nach HGB	7.493,00	8.765,00	9.416,00	7.674,00	8.956,00	9.702,50
	Nenner	Bilanzsumme	21.031,00	25.413,00	27.469,00	21.613,00	25.851,00	28.105,00
	Ergebnis	*Division x 100*	35,63%	34,49%	34,28%	35,51%	34,64%	34,52%
EK-Quote haftendes Eigenkapital (%) (Wie viel % der Bilanzsumme kann als Sicherheit / Haftungskapital gelten, da Eigenkapital?) (Gibt Auskunft über die Solidität der Kapitalbasis - "erweitertes Krisen-kapital")	Zähler	Haftendes Eigenkapital	7.427,00	8.670,00	9.336,00	7.608,00	8.861,00	9.622,50
	Nenner	Bilanzsumme	21.031,00	25.413,00	27.469,00	21.613,00	25.851,00	28.105,00
	Ergebnis	*Division x 100*	35,31%	34,12%	33,99%	35,20%	34,28%	34,24%
EK-Quote wirtschaftliches Eigenkapital (%) Basis wirtschaftliches Eigenkapital (Wie viel Prozent der Bilanzsumme/ des Kapitals wird von Eigenkapital, *das adhoc zur Verfügung steht*, gestellt?) (Gibt Auskunft über die Solidität der Kapitalbasis - "Krisenkapital")	Zähler	Wirtschaftliches Eigenkapital	9.679,50	12.275,50	13.056,00	9.860,50	12.466,50	13.342,50
	Nenner	Bilanzsumme	21.031,00	25.413,00	27.469,00	21.613,00	25.851,00	28.105,00
	Ergebnis	*Division x 100*	46,02%	48,30%	47,53%	45,62%	48,22%	47,47%
Fremdkapitalquote (%) Ergibt sich mathematisch natürlich aus (1-Eigenkapitalquote)	Zähler	Fremdkapital (gesamt inkl. Rückstellungen)	13.538,00	16.648,00	18.053,00	13.939,00	16.895,00	18.402,50
	Nenner	Bilanzsumme	21.031,00	25.413,00	27.469,00	21.613,00	25.851,00	28.105,00
	Ergebnis	*Division x 100*	64,37%	65,51%	65,72%	64,49%	65,36%	65,48%
Leverage (Faktor) Beschreibt das Verhältnis von Fremd- zu Eigenkapital	Zähler	Fremdkapital (gesamt inkl. Rückstellungen)	13.538,00	16.648,00	18.053,00	13.939,00	16.895,00	18.402,50
	Nenner	Eigenkapital	7.493,00	8.765,00	9.416,00	7.674,00	8.956,00	9.702,50
	Ergebnis	*Division*	1,81	1,90	1,92	1,82	1,89	1,90

Verb. aus L&L Quote (%) (Wie viel % des Fremdkapitals stammt von Lieferanten und Sonstigen, ist daher kurzfristig und ist damit in naher Zukunft fällig?)	Zähler	Verbindlichkeiten aus L. & L.	3.970,00	3.743,00	4.346,00	3.970,00	3.743,00	4.346,00
(Achtung: bei Skontogewährung) (Gibt Auskunft über die anstehenden Zahlungsverpflichtungen und den Liquiditätsbedarf einerseits und die kostenfreie Finanzierung über Lieferanten andererseits)	Nenner	Rückstellungen + Verbindlichkeiten + Passive Rechnungsabgrenzungsposten Gesamtes Fremdkapital	4.505,00 9.033,00 0,00 13.538,00	7.211,00 9.383,00 54,00 16.648,00	7.440,00 10.562,00 51,00 18.053,00	4.505,00 9.383,00 51,00 13.939,00	7.211,00 9.633,00 51,00 16.895,00	7.440,00 10.912,00 51,00 18.403,00
	Ergebnis	*Division x 100*	29,32%	22,48%	24,07%	28,48%	22,15%	23,62%
Debitoren zu Kreditoren (absolut) (Wie ist das Verhältnis von zukünftigen Zahlungseingängen zu zukünftigen Zahlungsausgängen) ohne Berücksichtigung der liquiden Mittel?) (Gibt Auskunft über die Zahlungsfähigkeit)	Zähler	Forderungen (ohne sonst. Ver. Gegenstände)	5.664,00	6.148,00	6.760,00	5.664,00	6.148,00	6.760,00
	Nenner	Verbindlichkeiten aus L & L	3.970,00	3.743,00	4.346,00	3.970,00	3.743,00	4.346,00
	Ergebnis	*Division*	1,43	1,64	1,56	1,43	1,64	1,56
Kurzfristiges Fremdkapital Quote (%) (Wie viel % der Bilanzsumme ist mit Fremdkapital und dieses auch noch kurzfristig finanziert?)	Zähler	kurzfristige Rückstellungen + kurzfristige Verbindlichkeiten + kurzfristige P-RAPS Summe kurzfristiges Fremdkapital	3.307,00 5.008,00 0,00 8.315,00	6.167,00 6.799,00 54,00 13.020,00	6.089,00 7.817,00 51,00 13.957,00	3.307,00 5.008,00 51,00 8.366,00	6.167,00 6.799,00 51,00 13.017,00	6.089,00 7.817,00 51,00 13.957,00
(Gibt Auskunft über die Solidität der Fremdkapitalfinanzierung bzw. über anstehende Zahlungsverpflichtungen)	Nenner	Bilanzsumme	21.031,00	25.413,00	27.469,00	21.613,00	25.851,00	28.105,00
	Ergebnis	*Division x 100*	39,54%	51,23%	50,81%	38,71%	50,35%	49,66%
Langfristiges Fremdkapital Quote (%) (Wie viel % der Bilanzsumme ist mit langfristigem Fremdkapital inkl. langfristige Rückstellungen finanziert?)	Zähler	Summe langfristiges Fremdkapital	5.223,00	3.628,00	4.096,00	5.573,00	3.878,00	4.446,00
	Nenner	Bilanzsumme	21.031,00	25.413,00	27.469,00	21.613,00	25.851,00	28.105,00
(Gibt Auskunft über die Bilanzstruktur auf der Passivseite)	Ergebnis	*Division x 100*	24,83%	14,28%	14,91%	25,79%	15,00%	15,82%

III. Liquidität, Cash Flow bzw. Investitionspolitik

Liquidität & Finanzkraft			**2010** **1**	**2011** **2**	**2012** **3**	**2010** **1**	**2011** **2**	**2012** **3**
Liquidität I (%) (In welcher Relation stehen prozentual Flüssige Mittel zum kurzfristigen Fremdkapital?) (Gibt Auskunft über die adhoc Zahlungsfähigkeit)	Zähler	Flüssige Mittel	3.746,00	1.824,00	3.399,00	3.928,00	1.962,00	3.835,00
	Nenner	Summe kurzfristiges Fremdkapital	8.315,00	13.020,00	13.957,00	8.366,00	13.017,00	13.957,00
	Ergebnis	*Division x 100*	45,05%	14,01%	24,35%	46,95%	15,07%	27,48%
Liquidität II (%) - 'enge' Betrachtung (In welcher Relation stehen prozentual Forderungen und Flüssige Mittel zu den Verbindlichkeiten aus Lieferungen und Leistungen?) (Gibt Auskunft über die Solidität der kurz- bis mittelfristigen Finanzierungsposition)	Zähler	Forderungen aus L. & L. + Sonstige Vermögensgegenstände + Flüssige Mittel	5.664,00 946,00 3.746,00 10.356,00	6.148,00 1.244,00 1.824,00 9.216,00	6.760,00 1.250,00 3.399,00 11.409,00	5.664,00 946,00 3.928,00 10.538,00	6.148,00 1.244,00 1.962,00 9.354,00	6.760,00 1.250,00 3.835,00 11.845,00
	Nenner	Verbindlichkeiten aus L&L	3.970,00	3.743,00	4.346,00	3.970,00	3.743,00	4.346,00
	Ergebnis	*Division x 100*	260,86%	246,22%	262,52%	265,44%	249,91%	272,55%
Liquidität II (%) - 'weite' Betrachtung (In welcher Relation stehen prozentual Forderungen und flüssige Mittel zum kurzfristigen Fremdkapital?) (Gibt Auskunft über die Solidität der kurz- bis mittelfristigen Finanzierungsposition)	Zähler	Forderungen aus L. & L. + Sonstige Vermögensgegenstände + Flüssige Mittel	5.664,00 946,00 3.746,00 10.356,00	6.148,00 1.244,00 1.824,00 9.216,00	6.760,00 1.250,00 3.399,00 11.409,00	5.664,00 946,00 3.928,00 10.538,00	6.148,00 1.244,00 1.962,00 9.354,00	6.760,00 1.250,00 3.835,00 11.845,00
	Nenner	Verbindlichkeiten aus L&L + Sonstiges kurzfristiges Fremdkapital = Summe kurzfristiges Fremdkapital	3.970,00 4.345,00 8.315,00	3.743,00 9.277,00 13.020,00	4.346,00 9.611,00 13.957,00	3.970,00 4.396,00 8.366,00	3.743,00 9.274,00 13.017,00	4.346,00 9.611,00 13.957,00
	Ergebnis	*Division x 100*	124,55%	70,78%	81,74%	125,96%	71,86%	84,87%
Liquidität III (%) (In welcher Relation steht prozentual das Umlaufvermögen - Bestände, Forderungen und Flüssige Mittel - zum kurzfristigen Fremdkapital?) (Gibt Auskunft über die Solidität der kurz- bis mittelfristigen Finanz-) position)	Zähler	Summe Umlaufvermögen	17.543,00	21.776,00	23.679,00	17.725,00	21.914,00	24.115,00
	Nenner	Summe kurzfristiges Fremdkapital	8.315,00	13.020,00	13.957,00	8.366,00	13.017,00	13.957,00
	Ergebnis	*Division x 100*	210,98%	167,25%	169,66%	211,87%	168,35%	172,78%

Cash Flow/Gesamtkapital (%) (misst die Liquidität /die Cash Generierung pro Kapital Euro)	Zähler	Jahresüberschuss bzw. Jahresfehlbetrag + Abschreibungen = Cash Flow	2.955,00 435,00 3.390,00	3.485,00 499,00 3.984,00	3.276,00 420,00 3.696,00	3.136,00 535,00 3.671,00	3.676,00 599,00 4.275,00	3.562,50 520,00 4.082,50
(Ist ein klares Indix für die Renditestärke)	Nenner	Bilanzsumme	21.031,00	25.413,00	27.469,00	21.613,00	25.851,00	28.105,50
	Ergebnis	*Division x 100*	16,12%	15,68%	13,46%	16,99%	16,54%	14,53%
Cash Flow - Umsatzrate (%) (misst die Liquidität /die Cash Generierung pro Umsatz Euro)	Zähler	Cash Flow	3.390,00	3.984,00	3.696,00	3.671,00	4.275,00	4.082,50
(Ist ein klares Indix für die Renditestärke)	Nenner	Gesamterlöse	54.007,00	69.617,00	92.000,00	55.007,00	70.717,00	93.200,00
	Ergebnis	*Division x 100*	6,28%	5,72%	4,02%	6,67%	6,05%	4,38%
Probe Cash Flow - Umsatzrate (%)	Zähler	Cash Flow zu Bilanzsumme	16,12%	15,68%	13,46%	16,99%	16,54%	14,53%
	Nenner	Kapitalumschlag	2,57	2,74	3,35	2,55	2,74	3,32
	Ergebnis	*Division (Cash Flow - Umsatzrate)*	6,28%	5,72%	4,02%	6,67%	6,05%	4,38%
Anlagendeckung I (%) (Wie viel % der Aktiva sind mit Eigenkapital (nach HGB Definition) finanziert?) ("Goldene Finanzierungsregel") (Gibt Auskunft über die Solidität der Finanzierung und über die Anlagen-) werte zu Buch)	Zähler	Eigenkapital nach HGB Definition	7.493,00	8.765,00	9.416,00	7.674,00	8.956,00	9.702,50
	Nenner	Summe Anlagevermögen	2.364,00	2.684,00	2.880,00	2.764,00	2.984,00	3.080,00
	Ergebnis	*Division x 100*	316,96%	326,56%	326,94%	277,64%	300,13%	315,02%
Anlagendeckung I - ohne Finanzanlagen (%) (Wie viel % der Aktiva sind mit Eigenkapital (nach HGB Definition) finanziert?) ("Goldene Finanzierungsregel")	Zähler	Eigenkapital nach HGB Definition	7.493,00	8.765,00	9.416,00	7.674,00	8.956,00	9.702,50
(Gibt Auskunft über die Solidität der Finanzierung und über die Anlagen-) werte zu Buch)	Nenner	Summe Anlagevermögen - Finanzanlagen	2.364,00 775,00 1.589,00	2.684,00 1.040,00 1.644,00	2.880,00 1.500,00 1.380,00	2.764,00 775,00 1.989,00	2.984,00 1.040,00 1.944,00	3.080,00 1.500,00 1.580,00
	Ergebnis	*Division x 100*	471,55%	533,15%	682,32%	385,82%	460,70%	614,08%
Anlagendeckung II (%) (Wie viel % der Aktiva sind mit langfristigem Kapital finanziert?) ("Silberne Finanzierungsregel")	Zähler	Eigenkapital + Summe langfristiges Fremdkapital	7.493,00 5.223,00 12.716,00	8.765,00 3.628,00 12.393,00	9.416,00 4.096,00 13.512,00	7.674,00 5.573,00 13.247,00	8.956,00 3.878,00 12.834,00	9.702,50 4.446,00 14.148,50
(Gibt Auskunft über die Solidität der Finanzierung und über die Anlagen-) werte zu Buch)	Nenner	Summe Anlagevermögen - Finanzanlagen	2.364,00 775,00 1.589,00	2.684,00 1.040,00 1.644,00	2.880,00 1.500,00 1.380,00	2.764,00 775,00 1.989,00	2.984,00 1.040,00 1.944,00	3.080,00 1.500,00 1.580,00
	Ergebnis	*Division x 100*	800,25%	753,83%	979,13%	666,01%	660,19%	895,47%

(Dyn. Verschuldung) Kredittilgungsdauer (Jahre) (Wie lange dauert es, bis aus dem CF nach Steuern die Effektivverschuldung getilgt werden kann?) (Dynamischer Verschuldungsgrad) (Gibt Auskunft über die Kreditwürdigkeit und Bonität)	Zähler	Langfristiges Fremdkapital - langfristige Rückstellungen + Summe kurzfristiges Fremdkapital - Forderungen - Flüssige Mittel = Effektivverschuldung	5.223,00 1.198,00 8.315,00 6.610,00 3.746,00 1.984,00	3.628,00 1.044,00 13.020,00 7.392,00 1.824,00 6.388,00	4.096,00 1.351,00 13.957,00 8.010,00 3.399,00 5.293,00	5.573,00 1.198,00 8.366,00 6.610,00 3.928,00 2.203,00	3.878,00 1.044,00 13.017,00 7.392,00 1.962,00 6.497,00	4.446,00 1.351,00 13.957,00 8.010,00 3.835,00 5.207,00
	Nenner	Cash Flow	3.390,00	3.984,00	3.696,00	3.671,00	4.275,00	4.082,50
	Ergebnis	*Division*	0,59	1,60	1,43	0,60	1,52	1,28
Investitionsquote I (%) (Wie viel % des Umsatzes steht im Anlagevermögen) (Substanzkennzahl, um Reinvestitionsquoten berechnen zu können, siehe auch folgende Investitionskennzahlen)	Zähler	Anlagevermögen	2.364,00	2.684,00	2.880,00	2.764,00	2.984,00	3.080,00
	Nenner	Gesamterlöse	54.007,00	69.617,00	92.000,00	55.007,00	70.717,00	93.200,00
	Ergebnis	Division x 100	4,4%	3,9%	3,1%	5,0%	4,2%	3,3%
Investitionsquote II (%) (Wie viel % vom Umsatz wird wieder reinvestiert?) (Gibt Auskunft über die Investitionstätigkeit bzw. den Substanzerhalt)	Zähler	Veränderung Anlagevermögen (Immmat & SAV) + Abschreibungen auf Sachanlagevermögen = Periodische (Brutto)Investitionen	k.A. 435,00 #WERT!	55,00 499,00 554,00	-264,00 420,00 156,00	k.A. 535,00 #WERT!	-45,00 599,00 554,00	-364,00 520,00 156,00
	Nenner	Gesamterlöse	54.007,00	69.617,00	92.000,00	55.007,00	70.717,00	93.200,00
	Ergebnis	*Division x 100*	#WERT!	0,80%	0,17%	#WERT!	0,78%	0,17%
(Re)Investitionsquote III (%) (Berechnet eine Substanzsteigerung oder Substanzreduktion) (Managementkennzahl, in Verbindung mit Kapitalumschlag (Kap-U), Kapitalrendite (ROI) und Umsatzrendite (ROS)	Zähler	Periodische Investitionen	#WERT!	554,00	156,00	#WERT!	554,00	156,00
	Nenner	Abschreibungen auf AV	435,00	499,00	420,00	535,00	599,00	520,00
	Ergebnis	Division	#WERT!	1,11	0,37	#WERT!	0,92	0,30
Selbstfinanzierungsquote operatives AV (%) (Wie viel % der Sachanlagevermögens kann aus dem Cash Flow nach Steuern periodisch wieder angeschafft werden?) (Gibt Auskunft über die Substanzerhaltungsmöglichkeiten, aber Achtung: wenn SAV niedrig (Buchwerte), dann fehlerhafte Deutung möglich)	Zähler	Jahresüberschuss bzw. Jahresfehlbetrag + Abschreibungen	2.955,00 435,00 3.390,00	3.485,00 499,00 3.984,00	3.276,00 420,00 3.696,00	3.136,00 535,00 3.671,00	3.676,00 599,00 4.275,00	3.562,50 520,00 4.082,50
	Nenner	Grundstücke und Gebäude + Betriebs- und Geschäftsausstattung	0,00 1.523,00 1.523,00	0,00 1.549,00 1.549,00	0,00 1.300,00 1.300,00	0,00 1.923,00 1.923,00	0,00 1.849,00 1.849,00	0,00 1.500,00 1.500,00
	Ergebnis	*Division x 100*	222,59%	257,20%	284,31%	190,90%	231,21%	272,17%

IV. Erfolg und Erfolgsstruktur

Erfolgsstruktur			2010 1	2011 2	2012 3	2010 1	2011 2	2012 3
Bruttoertragsquote (in %) (Wie hoch ist die Wertschöpfung in % von den Erlösen?) (Gibt Auskunft darüber, welche Mehrwerte aus Verkauf & Service generiert werden)	Zähler	Bruttoertrag	17.803,00	20.898,00	25.650,00	18.311,64	21.436,15	26.296,74
	Nenner	Gesamterlöse	54.007,00	69.617,00	92.000,00	55.007,00	70.717,00	93.200,00
	Ergebnis	*Division x 100*	32,96%	30,02%	27,88%	33,29%	30,31%	28,22%
Einstandskosten (%) (Wie viel % vom Umsatz werden bereits durch Rechnungen an Dritte für Material/Leistungen aufgezehrt? (Gibt Auskunft darüber, wie viel "Luft" noch für die (Finanzierung der) anderen betrieblichen Aufwendungen verbleibt)	Zähler	Material und bezogene Leistungen	36.813,00	53.695,00	64.800,00	37.304,36	54.256,85	65.353,26
	Nenner	Gesamterlöse	54.007,00	69.617,00	92.000,00	55.007,00	70.717,00	93.200,00
	Ergebnis	*Division x 100*	68,16%	77,13%	70,43%	67,82%	76,72%	70,12%
Personalkostenintensität I (in %) (Wie viel der Gesamterlöse müssen für Personalkosten aufgewendet werden?) (GF wird rausgerechnet, da eventuell kalkulatorischer Unternehmerlohn) (Gibt Auskunft über die Kostenstruktur)	Zähler	Personalkosten - … davon Geschäftsführergehalt	9.862,00 822,00 9.040,00	10.743,00 822,00 9.921,00	14.400,00 1.120,00 13.280,00	9.993,63 822,00 9.171,63	10.855,41 822,00 10.033,41	14.522,95 1.120,00 13.402,95
	Nenner	Gesamterlöse	54.007,00	69.617,00	92.000,00	55.007,00	70.717,00	93.200,00
	Ergebnis	*Division x 100*	16,74%	14,25%	14,43%	16,67%	14,19%	14,38%
Personalkostenintensität II (in %) (Wie viel der Gesamterlöse müssen für Personalkosten aufgewendet werden?) (Gibt Auskunft über die Kostenstruktur)	Zähler	Personalkosten	9.862,00	10.743,00	14.400,00	9.993,63	10.855,41	14.522,95
	Nenner	Gesamterlöse	54.007,00	69.617,00	92.000,00	55.007,00	70.717,00	93.200,00
	Ergebnis	*Division x 100*	18,26%	15,43%	15,65%	18,17%	15,35%	15,58%
Abschreibungsintensität (in %) (Wie viel der Gesamterlöse müssen für Abschreibungen aufgewendet werden?) (AFA ist Aufwand, keine Auszahlung) (Gibt Auskunft über Substanzabbau und Cash Mittel neben Ergebnis)	Zähler	Abschreibungen	435,00	499,00	420,00	535,00	599,00	520,00
	Nenner	Gesamterlöse	54.007,00	69.617,00	92.000,00	55.007,00	70.717,00	93.200,00
	Ergebnis	*Division x 100*	0,81%	0,72%	0,46%	0,97%	0,85%	0,56%

Mietaufwandsquote (in %) (Wie viel der Gesamterlöse müssen für Miete und Leasing aufgewendet werden?)	Zähler	Miet- und Leasingaufwendungen	1.409,00	2.102,00	2.900,00	1.409,00	2.102,00	2.900,00
	Nenner	Gesamterlöse	54.007,00	69.617,00	92.000,00	55.007,00	70.717,00	93.200,00
(Gibt auch Auskunft darüber, ob EK steigernde Maßnahmen getroffen) wurden)	Ergebnis	*Division x 100*	2,61%	3,02%	3,15%	2,56%	2,97%	3,11%
Zinsintensität (in %) (Wie viel % der Erlöse müssen für Finanzierungskosten aufgewendet werden?)	Zähler	Zinsaufwendungen	119,00	128,00	140,00	140,00	149,00	161,00
	Nenner	Gesamterlöse	54.007,00	69.617,00	92.000,00	55.007,00	70.717,00	93.200,00
(Gibt Auskunft darüber, wie gut das Fremdkapital verhandelt wurde)	Ergebnis	*Division x 100*	0,22%	0,18%	0,15%	0,25%	0,21%	0,17%
Zins-und Miet-Intensität (in %) (Wie viel der Gesamterlöse müssen für Mieten, Leasing und aufgewendet werden?)	Zähler	Miet- und Leasingaufwendungen + Zinsaufwendungen	1.409,00 119,00 1.528,00	2.102,00 128,00 2.230,00	2.900,00 140,00 3.040,00	1.409,00 140,00 1.549,00	2.102,00 149,00 2.251,00	2.900,00 161,00 3.061,00
	Nenner	Gesamterlöse	54.007,00	69.617,00	92.000,00	55.007,00	70.717,00	93.200,00
(Gibt Auskunft über die Kostenstruktur und die Effizienz des Managements)	Ergebnis	*Division x 100*	2,83%	3,20%	3,30%	2,82%	3,18%	3,28%
Zinsdeckung Wie häufig deckt das Betriebsergebnis die Zinsforderungen der FK-Geber	Zähler	Betriebsergebnis	3.984,00	4.807,00	4.530,00	4.214,00	5.082,00	4.900,00
	Nenner	Zinsen	119,00	128,00	140,00	140,00	149,00	161,00
(Gibt Auskunft über die Zinszahlungsfähigkeit)	Ergebnis	Division	33,5	37,6	32,4	30,1	34,1	30,4
Rückstellungsintensität (in %) (Wie viel der Gesamterlöse sind als Rückstellungen eingestellt werden?)	Zähler	Rückstellungen f. Pensionen & ähnl. Verpflicht. Steuerrückstellungen Sonstige Rückstellungen	1.184,00 1.153,00 2.168,00 4.505,00	1.213,00 2.416,00 3.582,00 7.211,00	1.240,00 2.700,00 3.500,00 7.440,00	1.184,00 1.153,00 2.168,00 4.505,00	1.213,00 2.416,00 3.582,00 7.211,00	1.240,00 2.700,00 3.500,00 7.440,00
(Gibt Auskunft über (Eventual) Verpflichtungen gegenüber Dritten) und deren Entwicklung im Vergleich zum Umsatz)	Nenner	Gesamterlöse	54.007,00	69.617,00	92.000,00	55.007,00	70.717,00	93.200,00
	Ergebnis	*Division x 100*	8,34%	10,36%	8,09%	8,19%	10,20%	7,98%
Rückstellungsquote (in%)	Zähler	Rückstellungen gesamt	4.505,00	7.211,00	7.440,00	4.505,00	7.211,00	7.440,00
(Gibt Auskunft über (Eventual) Verpflichtungen gegenüber Dritten) und deren Entwicklung im Vergleich zum gesamten Bilanzkapital)	Nenner	Bilanzsumme	21.031,00	25.413,00	27.469,00	21.613,00	25.851,00	28.105,00
	Ergebnis	*Division x 100*	21,42%	28,38%	27,09%	20,84%	27,89%	26,47%

V. Renditen

Rentabilität			2010 1	2011 2	2012 3	2010 1	2011 2	2012 3
Umsatzrentabilität (%) (Wie viel Ergebnis vor Steuern wird pro Umsatz-Euro erzeugt?) (ROS - Return on Sales)	Zähler	Ergebnis vor Steuern	4.123,00	4.894,00	4.565,00	4.332,00	5.148,00	4.914,00
	Nenner	Gesamterlöse	54.007,00	69.617,00	92.000,00	55.007,00	70.717,00	93.200,00
(Gibt Auskunft über die Rückflüsse/ Gewinne und damit die Ertragskraft)	Ergebnis	*Division x 100*	7,63%	7,03%	4,96%	7,88%	7,28%	5,27%
Umsatzrentabilität (%) (Wie viel Ergebnis nach Steuern wird pro Umsatz-Euro erzeugt?) (ROS - Return on Sales)	Zähler	Jahresüberschuss	2.955,00	3.485,00	3.276,00	3.136,00	3.676,00	3.562,50
	Nenner	Gesamterlöse	54.007,00	69.617,00	92.000,00	55.007,00	70.717,00	93.200,00
(Gibt Auskunft über die Rückflüsse/ Gewinne und damit die Ertragskraft)	Ergebnis	*Division x 100*	5,47%	5,01%	3,56%	5,70%	5,20%	3,82%
Gesamtkapitalrentabilität I (%) (Wie viel Ergebnis **vor** Steuern wird pro Kapital-Euro erzeugt?) (ROC - Return on Capital)	Zähler	Ergebnis vor Steuern	4.123,00	4.894,00	4.565,00	4.332,00	5.148,00	4.914,00
	Nenner	Bilanzsumme	21.031,00	25.413,00	27.469,00	21.613,00	25.851,00	28.105,50
(Gibt Auskunft über die Rückflüsse/ Gewinne und damit die Ertragskraft pro Investiv-Euro)	Ergebnis	*Division x 100*	19,60%	19,26%	16,62%	20,04%	19,91%	17,48%
Gesamtkapitalrentabilität II (%) (Wie viel Ergebnis vor Steuern wird pro Kapital-Euro erzeugt?) ("echter" ROC - Return on Capital)	Zähler	Ergebnis vor Steuern + Zinsaufwendungen	4.123,00 119,00 4.242,00	4.894,00 128,00 5.022,00	4.565,00 140,00 4.705,00	4.332,00 140,00 4.472,00	5.148,00 149,00 5.297,00	4.914,00 161,00 5.075,00
(Gibt Auskunft über die Rückflüsse/ Gewinne und damit die Ertragskraft)	Nenner	Bilanzsumme	21.031,00	25.413,00	27.469,00	21.613,00	25.851,00	28.105,50
(Fokus: produzierende Unternehmen)	Ergebnis	*Division x 100*	20,17%	19,76%	17,13%	20,69%	20,49%	18,06%
Eigenkapitalrentabilität (HGB) (%) (Wie viel Ergebnis vor Steuern wird pro Eigenkapital-Euro erzeugt?) (ROE - Return on Equity before taxes)	Zähler	Ergebnis vor Steuern	4.123,00	4.894,00	4.565,00	4.332,00	5.148,00	4.914,00
	Nenner	Eigenkapital (nach HGB Gliederung)	7.493,00	8.765,00	9.416,00	7.674,00	8.956,00	9.702,50
(Gibt Auskunft über die Rückflüsse/ Gewinne und damit die Ertragskraft auf das eingesetzt Eigenkapital)	Ergebnis	*Division x 100*	55,02%	55,84%	48,48%	56,45%	57,48%	50,65%

N. St. Eigenkapitalrentabilität (HGB) (%) (Wie viel Ergebnis **nach** Steuern wird pro Eigenkapital-Euro erzeugt?) (ROE - Return on Equity after taxes)	Zähler	Jahresüberschuss/Jahresfehlbetrag	2.955,00	3.485,00	3.276,00	3.136,00	3.676,00	3.562,50
	Nenner	Eigenkapital (nach HGB Gliederung)	7.493,00	8.765,00	9.416,00	7.674,00	8.956,00	9.702,50
	Ergebnis	*Division x 100*	39,44%	39,76%	34,79%	40,87%	41,05%	36,72%
Eigenkapitalumschlag (Faktor) (Wie häufig wird das Eigenkapital auf Basis der Erlöse umgeschlagen?) oder (Wie hoch ist die Rotations- bzw. Reproduktionsgeschwindigkeit des eingesetzten Eigenkapitals?)	Zähler	Gesamterlöse	54.007,00	69.617,00	92.000,00	55.007,00	70.717,00	93.200,00
	Nenner	Eigenkapital (nach HGB Gliederung)	7.493,00	8.765,00	9.416,00	7.674,00	8.956,00	9.702,50
	Ergebnis	*Division*	7,21	7,94	9,77	7,17	7,90	9,61
Betriebsergebnis/Betriebskapital (%) **Operative Rentabilität in %** (Wie hoch ist die Rendite, der Rückfluss auf Basis des operativen Ergebnisses gemessen an Sachanlagen und Umlaufvermögen, bereinigt um Ergebnisse aus verbundenen Unternehmen.?)	Zähler	Bruttoertrag - Personalkosten - Miet- und Leasingaufwendungen - Vertriebskosten - Verwaltungskosten - Sonstige - Abschreibungen = Betriebsergebnis	17.803,00 9.862,00 1.409,00 775,00 1.338,00 0,00 435,00 3.984,00	20.898,00 10.743,00 2.102,00 896,00 1.705,00 146,00 499,00 4.807,00	25.650,00 14.400,00 2.900,00 1.150,00 2.250,00 0,00 420,00 4.530,00	18.311,64 9.993,63 1.409,00 775,00 1.338,00 47,01 535,00 4.214,00	21.436,15 10.855,41 2.102,00 896,00 1.705,00 196,74 599,00 5.082,00	26.296,74 14.522,95 2.900,00 1.150,00 2.250,00 53,79 520,00 4.900,00
(Operative Kapitalrendite) (Gibt Auskunft über die Effizienz des eigentlichen operativen Geschäftsbetriebes) (Ähnlich dem ROC, aber nur auf der) Basis der Operations	Nenner	Bilanzsumme - Ausstehende Einlagen - Immaterielle Wirtschaftsgüter - Finanzanlagen - Forderungen geg. verb. Untern./Ges. - Forderungen geg. Beteiligungen	21.031,00 0,00 66,00 775,00 0,00 0,00 20.190,00	25.413,00 0,00 95,00 1.040,00 0,00 0,00 24.278,00	27.469,00 0,00 80,00 1.500,00 0,00 0,00 25.889,00	21.613,00 0,00 66,00 775,00 0,00 0,00 20.772,00	25.851,00 0,00 95,00 1.040,00 0,00 0,00 24.716,00	28.105,50 0,00 80,00 1.500,00 0,00 0,00 26.525,50
	Ergebnis	*Division x 100*	19,73%	19,80%	17,50%	20,29%	20,56%	18,47%
Fremdkapitalrentabilität (in %) (Was kostet das gesamte Fremdkapital?)	Zähler	Zinsaufwendungen	119,00	128,00	140,00	140,00	149,00	161,00
(Gibt Auskunft über die Kapitalkostenintensität bzw. das Management bei Kreditoren und Kreditverhandlungen)	Nenner	Summe langfristiges Fremdkapital + Summe kurzfristiges Fremdkapital	5.223,00 8.315,00 13.538,00	3.628,00 13.020,00 16.648,00	4.096,00 13.957,00 18.053,00	5.573,00 8.366,00 13.939,00	3.878,00 13.017,00 16.895,00	4.446,00 13.957,00 18.403,00
(Achtung: Skonto ziehen erhöht FK-Kosten, ist aber betriebswirtschaftlich sinnvoll)	Ergebnis	*Division x 100*	0,88%	0,77%	0,78%	1,00%	0,88%	0,87%

VI. Sonstige Kennzahlen

Sonstiges		2010 1	2011 2	2012 3	2010 1	2011 2	2012 3
Haftendes Eigenkapital (Summe)	Summe Eigenkapital	7.493,00	8.765,00	9.416,00	7.674,00	8.956,00	9.702,50
	- nicht anrechenbarer Anteil der Sonderposten	0,00	0,00	0,00	0,00	0,00	0,00
(Ist ein 'korrigiertes und damit im Schadensfall 'belastbares' Eigenkapital)	- Ausstehende Einlagen	0,00	0,00	0,00	0,00	0,00	0,00
	- Immaterielle Wirtschaftsgüter	66,00	95,00	80,00	66,00	95,00	80,00
	+ Subordinierte Darlehen	0,00	0,00	0,00	0,00	0,00	0,00
		7.427,00	8.670,00	9.336,00	7.608,00	8.861,00	9.622,50
Wirtschaftliches Eigenkapital (Summe)	Summe haftendes Eigenkapital	7.427,00	8.670,00	9.336,00	7.608,00	8.861,00	9.622,50
	- Beteiligungen, auch an verb. Untern./Ges	0,00	0,00	0,00	0,00	0,00	0,00
(Ist ein korrigiertes Eigenkapital, das häufig bei Kreditvergaben Grunde gelegt wird)	- Forderungen geg. verb. Untern./Ges.	0,00	0,00	0,00	0,00	0,00	0,00
	- nicht durchgeführte Wertberichtigung	0,00	0,00	0,00	0,00	0,00	0,00
	+ 50% der langfristige Rückstellungen	2.252,50	3.605,50	3.720,00	2.252,50	3.605,50	3.720,00
	+ Verbindlichkeiten geg. verb. Untern./Ges	0,00	0,00	0,00	0,00	0,00	0,00
	+ Stille Reserven AV	0,00	0,00	0,00	0,00	0,00	0,00
		9.679,50	12.275,50	13.056,00	9.860,50	12.466,50	13.342,50
Korrigiertes Eigenkapital I (ohne Einzelfallprüfung)	Summe Eigenkapital nach HGB Definition	7.493,00	8.765,00	9.416,00	7.674,00	8.956,00	9.702,50
(Ist ein individuelles 'ehrliches' EK, dass zwar teilweise physisch verborgen, aber belastbar und im operativen) Tagesgeschäft als Basis für Verhandlungen mit Kunden und in der Presse m.E. angesetzt werden kann	+ Subordinierte Darlehen	0,00	0,00	0,00	0,00	0,00	0,00
	+ Stille Reserven AV	0,00	0,00	0,00	0,00	0,00	0,00
	+ Beteiligungen, auch an verb. Untern./Ges	0,00	0,00	0,00	0,00	0,00	0,00
	- Ausstehende Einlagen	0,00	0,00	0,00	0,00	0,00	0,00
	- nicht anrechenbarer Anteil der Sonderposten	0,00	0,00	0,00	0,00	0,00	0,00
	- nicht durchgeführte Wertberichtigung	0,00	0,00	0,00	0,00	0,00	0,00
		7.493,00	8.765,00	9.416,00	7.674,00	8.956,00	9.702,50
Eigenkapitalquote (%) Basis Korrigiertes Eigenkapital I	Korrigiertes Eigenkapital I	7.493,00	8.765,00	9.416,00	7.674,00	8.956,00	9.702,50
(Wie viel Prozent der Bilanzsumme/ des Kapitals wird vom korrigierten EK I gestellt?)	Bilanzsumme	21.031,00	25.413,00	27.469,00	21.613,00	25.851,00	28.105,00
(Gibt Auskunft über die Solidität der Finanzierung)	*Division x 100*	35,63%	34,49%	34,28%	35,5%	34,6%	34,5%

Korrigiertes Eigenkapital II (mit Einzelfallprüfungen) (Ist eine erweiterte individuelle Eigenkapitalgröße, wobei aber die Positionen einer jeweiligen Einzelfall-prüfung unterzogen werden müssen)	Summe Korrigiertes Eigenkapital I	7.493,00	8.765,00	9.416,00	7.674,00	8.956,00	9.702,50
	- Immaterielle Wirtschaftsgüter	x 0,00	x 0,00	x 0,00	x 0,00	x 0,00	x 0,00
	- Forderungen geg. verb. Untern./Ges.	x 0,00	x 0,00	x 0,00	x 0,00	x 0,00	x 0,00
	- Verbindlichkeiten geg. verb. Untern./Ges	x 0,00	x 0,00	x 0,00	x 0,00	x 0,00	x 0,00
	+ 50% der langfristige Rückstellungen	x 2.252,50	x 3.605,50	x 3.720,00	x 2.252,50	x 3.605,50	x 3.720,00
		9.745,50	12.370,50	13.136,00	9.926,50	12.561,50	13.422,50
Eigenkapitalquote (%) Basis Korrigiertes Eigenkapital II (Wie viel Prozent der Bilanzsumme/ des Kapitals wird vom korrigierten EK II gestellt?) (Gibt Auskunft über die erweiterte einzelfallgeprüfte Solidität der Finanzierung)	Korrigiertes Eigenkapital II	9.745,50	12.370,50	13.136,00	9.926,50	12.561,50	13.422,50
	Bilanzsumme	21.031,00	25.413,00	27.469,00	21.613,00	25.851,00	28.105,00
	Division x 100	46,34%	48,68%	47,82%	45,9%	48,6%	47,8%
Summe Fremdkapital	Rückstellungen	4.505,00	7.211,00	7.440,00	4.505,00	7.211,00	7.440,00
	+ Verbindlichkeiten	9.033,00	9.383,00	10.562,00	9.383,00	9.633,00	10.912,00
	+ Passive Rechnungsabgrenzungsposten	0,00	54,00	51,00	51,00	51,00	51,00
		13.538,00	16.648,00	18.053,00	13.939,00	16.895,00	18.403,00
Summe langfristiges Fremdkapital	Langfristige Rückstellungen	1.198,00	1.044,00	1.351,00	1.198,00	1.044,00	1.351,00
	+ Langfristige Verbindlichkeiten	4.025,00	2.584,00	2.745,00	4.375,00	2.834,00	3.095,00
	+ Langfristige P-RAPS	0,00	0,00	0,00	0,00	0,00	0,00
		5.223,00	3.628,00	4.096,00	5.573,00	3.878,00	4.446,00
Summe kurzfristiges Fremdkapital	Kurzfristige Rückstellungen	3.307,00	6.167,00	6.089,00	3.307,00	6.167,00	6.089,00
	+ Kurzfristige Verbindlichkeiten	5.008,00	6.799,00	7.817,00	5.008,00	6.799,00	7.817,00
	+ Kurzfristige P-RAPS	0,00	54,00	51,00	51,00	51,00	51,00
		8.315,00	13.020,00	13.957,00	8.366,00	13.017,00	13.957,00
Bankers' Cash Flow (CF I) (Ist die Kennzahl für die interne Cash Generierung)	Jahresüberschuss/Jahresfehlbetrag	2.955,00	3.485,00	3.276,00	3.136,00	3.676,00	3.562,50
	+ Abschreibungen	435,00	499,00	420,00	535,00	599,00	520,00
		3.390,00	3.984,00	3.696,00	3.671,00	4.275,00	4.082,50
Cash Flow (detaillierter CF II) (Detailliertere Berechnung des Cash Flow) (Gibt Auskunft über die Innen-Finanzierungskraft n. Steuern)	Jahresüberschuss/Jahresfehlbetrag	2.955,00	3.485,00	3.276,00	3.136,00	3.676,00	3.562,50
	+ Abschreibungen	435,00	499,00	420,00	535,00	599,00	520,00
	+ Erhöhung/ -Verminderung Rückstellungen	0,00	2.706,00	229,00	0,00	2.706,00	229,00
	+ Einstellung/ -Auflösung Sonderposten	0,00	-11,00	0,00	0,00	-11,00	0,00
	- Ausschüttungen	0,00	0,00	0,00	0,00	0,00	0,00
	+ Einlagen/-Entnahmen	0,00	0,00	0,00	0,00	0,00	0,00
		3.390,00	6.679,00	3.925,00	3.671,00	6.970,00	4.311,50

E. Abschlussbemerkungen

13 Jetzt sind wir aber wirklich am Ende. Danke dafür, dass Sie durchgehalten haben.

Sie können gerne auch die Auswirkungen der Version mit den weiteren Aktivierungen in die GuV und Bilanz der HTC integrieren. Dies würde aber den Rahmen dieses Buches dann endgültig sprengen.

Ich wünsche Ihnen allseits viel Spaß und Erfolg bei Ihren Investitionsrechnungen sowie bei der Analyse der Auswirkungen auf ein bestehendes oder geplantes Zahlenwerk und hoffe, dass Ihnen die Lektüre oder besser das Durcharbeiten dieses Werkes ebenfalls Spaß gemacht hat.

14 Wollen Sie unter Anleitung einmal solche Rechnungen aufbauen und durchgehen, gerne auch im Kollegenkreis mit echten Zahlen Ihrer Gesellschaft, dann schauen Sie sich einmal auf meiner Homepage www.ifak-bgl.com die angebotenen Seminare zu den Themenstellungen an oder kontaktieren Sie mich einfach per Email oder per Telefon, wenn Sie individuelle Programme diskutieren möchten. Meine Telefonnummer bzw. Email Adresse finden Sie auf meiner Homepage oder geben Sie einfach in einer Suchmaschine ‚Internationale Führungsakademie Berchtesgadener Land' ein.

Alles Gute, viel Erfolg und allseits viel Spaß!

§ 10 Das Wesentliche

A. Klassische Investitionsrechnungen

Investitionsrechnungen sind zahlungsorientierte Betrachtungen – es werden nur Ein- und Aus*zahlungen* betrachtet. Deshalb sprechen wir in der deutschen Sprache beim Saldo auch vom Ein*zahlungs*überschuss (im englischen *Cash* Flow). 1

Aufwendungen, die nicht auszahlungswirksam sind (z.B. Abschreibungen) und Erträge, die nicht einzahlungswirksam sind (z.B. Rückstellungsauflösungen[1]) haben in der Investitionsrechnung nichts zu suchen!

Investitionsrechnungen, wie wir sie in Zentraleuropa rechnen, sind immer Vor-Steuer Kalkulationen!

Der Kapitalwert ist die Gesamtrendite einer Investition über die gesamte Laufzeit vor Steuern, aber nach ursprünglicher Investitionsauszahlung (Investitionssumme) und nach Zinszahlungen und Dividenden (Forderungen Dritter), ausgedrückt entweder als absolute Größe oder als Prozentsatz (in Relation zu dieser ursprünglichen Investitionssumme). 2

Beim Break Even handelt sich um den Zeitpunkt, zu dem das investierte Kapital zuzüglich einer Verzinsung in Höhe des Kalkulationszinsfußes wieder aus den Rückzahlungen des Projektes gewonnen wurde, es sich also amortisiert hat.

Eine Investition ist dann wirklich gut, wenn 3

- aus den kumulierten Cash Flows
- basierend auf den Jahresüberschüssen (also nach Steuern)
- während bzw. am Ende der Laufzeit
- Tilgungen, Eigenkapitalrückzahlungen und Dividenden für alle Jahre der Laufzeit
- sowie der Eigenkapitalanteil von anstehenden notwendigen Neuinvestitionen bei Kostensteigerungen bedient werden können.

Für den Nachweis muss eine GuV erstellt werden. 4

Die o.g. Konditionen für wirklich gute Investitionen werden dann sehr häufig erfüllt, wenn

- der CAGR in der Investitionsrechnung einen Wert von ca.10% und/oder
- der Break Even nach der Hälfte der Laufzeit erreicht ist.

Nimmt der Wert des

- CAGR in der Investitionsrechnung sogar einen Wert von ca.12% und mehr an
- kann der Break Even auch ‚erst' nach 60% der Laufzeit erreicht werden.

Da ein Break Even nicht immer eindeutig berechnet werden kann, ist der CAGR die wichtigere der beiden Berechnungsgrößen. 5

Damit ist die nachfolgende Formel die ‚Königsformel' der Investitionsrechnung (der Ansatz nach ‚Baldwin').

1 Rückstellungsauflösungen sollen hier nur als Beispiel für nicht einzahlungswirksame Erträge genannt werden. In Investitionsrechnungen planen wir solche jedoch nur äußerst selten.

$$CAGR_{(\%)} = \left(\sqrt[n]{1 + \frac{Kapitalwer\ t}{Investitio\ n}} - 1 \right) \times 100\ .$$

6 Der interne Zinsfuß ist der Zinssatz,

- bei dem das Abzinsen von Ein- und Auszahlungsströmen zu einem Kapitalwert von ‚Null' führt.
- bei dem das Abzinsen von Ein- und Auszahlungsströmen (Cash Flows) zu kumulierten abgezinsten Barwerten in identischer Höhe mit der ursprünglichen Investitionsauszahlung führt.
- bei dem das Abzinsen von Ein- und Auszahlungsströmen zu einem Break Even am letzten Tag (letzte Stunde, letzte Minute) der Laufzeit der Investition führt.
- bei dem das Abzinsen von Ein- und Auszahlungsströmen zu einer Annuität von ‚Null' führt.

B. Angelsächsische Ansätze

7 Die ökonomische Wertdefinition zeigt, dass immer dann Wert geschaffen wird, wenn der ROI (ROE) größer ist als die Gesamt(Eigen-)kapitalkosten. Bei der wertorientierten Betrachtung muss also eine erwirtschaftete Rendite ermittelt werden, die den geforderten Renditen (Kapitalkosten) gegenübergestellt wird. Das in der Gewinn- und Verlust-Rechnung ausgewiesene oder in der Deckungsbeitragsrechnung hergeleitete Ergebnis kann aber ohne weitere Anpassungen nicht die Basis sein.

Der oder das *EVA* (die EVA hört man eigentlich nie) – *Economic Value Added* – misst die periodische Wertveränderung (Wertsteigerung oder Wertvernichtung) eines eingesetzten Kapitals.

Der FCF – Freier Cash Flow[2] – hingegen ist der Betrag, der theoretisch zur Auszahlung an Dritte (Banken in Form von Kreditrückzahlungen, Aktionären in Form von Dividenden) zur Verfügung stünde.

EVA- und FCF Berechnungen von Investitionen kommen immer zum gleichen Ergebnis.

2 Im englischen Free Cash Flow

Stichwortverzeichnis

fette Zahlen = Paragraph
andere Zahlen = Randnummer